超圖解
ESP32
應用實作
THE ULTIMATE GUIDE TO ESP32

超圖解 ESP32 應用實作

THE ULTIMATE GUIDE TO ESP32

感謝您購買旗標書,
記得到旗標網站
www.flag.com.tw
更多的加值內容等著您…

<請下載 QR Code App 來掃描>

● FB 官方粉絲專頁:旗標知識講堂

● 旗標「線上購買」專區:您不用出門就可選購旗標書!

● 如您對本書內容有不明瞭或建議改進之處,請連上
旗標網站,點選首頁的 聯絡我們 專區。

若需線上即時詢問問題,可點選旗標官方粉絲專頁
留言詢問,小編客服隨時待命,盡速回覆。

若是寄信聯絡旗標客服 email,我們收到您的訊息
後,將由專業客服人員為您解答。

我們所提供的售後服務範圍僅限於書籍本身或內
容表達不清楚的地方,至於軟硬體的問題,請直接
連絡廠商。

學生團體　　訂購專線:(02)2396-3257 轉 362
　　　　　　傳真專線:(02)2321-2545

經銷商　　　服務專線:(02)2396-3257 轉 331
　　　　　　將派專人拜訪
　　　　　　傳真專線:(02)2321-2545

國家圖書館出版品預行編目資料

超圖解 ESP32 應用實作/趙英傑作. -- 初版. -- 臺北市:
旗標科技股份有限公司, 2024.06　　面;　公分

ISBN 978-986-312-792-5(平裝)

1.CST: 微電腦　　2.CST: 微處理機

471.516　　　　　　　　　　　　113005928

作　　　者/趙英傑

發 行 所/旗標科技股份有限公司

　　　　　台北市杭州南路一段15-1號19樓

電　　　話/(02)2396-3257(代表號)

傳　　　真/(02)2321-2545

劃撥帳號/1332727-9

帳　　　戶/旗標科技股份有限公司

監　　　督/黃昕暐

執行企劃/黃昕暐

執行編輯/黃昕暐

美術編輯/林美麗

封面設計/林美麗

校　　　對/黃昕暐

新台幣售價:820 元

西元 2024 年 6 月初版

行政院新聞局核准登記-局版台業字第 4512 號

ISBN　978-986-312-792-5

感謝您購買本書，筆者假設您閱讀過《**超圖解 Arduino 互動設計入門**》以及《**超圖解 ESP32 深度實作**》，本書不包含關於 Arduino 和 ESP32 開發的基本知識，主題內容也不和這兩本書重複。

隨著 Arduino 的普及，電子零件賣場和網路商店都買得到相容開發板和各種電子模組，加上「積木圖像式」程式開發環境的發明，讓即使不具電子和程式設計經驗的人士，也能輕易完成 Arduino 電子作品。做一些「如果感測器觸發某個事件，則啟動某個元件」這樣的應用，確實很簡單；修改一下現成的範例，也能用電子模組和程式庫洋洋灑灑做出一系列好像很厲害的東西，但很多應用場合，並不是連接模組、剪貼程式碼就能解決。

在如今 AI 聊天助理大行其道的年代，相較於用「積木圖像」堆砌的程式，AI 助理更容易理解「正統」的 Arduino 程式語言，也就是 C/C++ 這種「文字式」語言。第 2 章會說明如何在程式編輯器導入 AI 助理，協助我們編寫程式。

電子模組和程式庫彷彿料理調理包，不用上廚藝課，也無須了解它們的神秘配方，簡單幾個步驟就能在家複刻大師級美味，不僅省去繁瑣的備料過程，也不會把廚房弄得一片狼藉。我想表達的是，Arduino 專案必須整合電子和程式設計，有些人不是科班出身，對電子電路一知半解因而淡化它，只把電子模組當作黑盒子，不畫電路圖也無法解釋電路原理，甚至不實際接線，只用模擬器軟體展示實驗成果；取決於你的目的和教學對象，這在某些場合可被允許，像是中小學生的創客班或者體驗課程，但從「整合電子和程式」的觀點來看，這種偏廢的學習方式是錯的。

就像「完成一道料理」跟「學習廚藝」，是兩碼子事，我們不能片面地以為：現在是調理包速成的時代，廚師親力親為的料理方式已經過時了。即便是簡單的清炒高麗菜，食材的切法、下鍋順序、火候、時間和調味，都會影響成品，要動手嘗試才能領會。

本書的實作範例也有使用程式庫，更重要的是，其中幾個主要的程式庫，都是自行編寫或者改良自既有的程式碼，使其更符合專案需求。例如，第 5 章用於檢測馬達轉速和轉向的程式庫、第 6 章採用中斷處理常式的開關按鍵程式庫、第 7 章的馬達驅動程式庫，以及第 10 章的 PID 演算法程式庫，所以本書並不單純介紹程式庫怎麼用，更說明怎麼自己寫。

我自己也常用現成的電子模組，但某些電路難免會用到基礎元件（電阻、電容和 IC），先在麵包板組裝測試，成功後再焊接到洞洞板。閱讀電路圖與焊接，都是電子 DIY 的基本技能·如果你喜歡動手做，將會在製作過程感到樂趣無窮。從硬體製作到程式開發，當你的作品動起來的那一刻，所有付出的心血都值得了。

本書也有刊載模組的電路圖，像第 5 章的霍爾感測器（檢測馬達轉速和轉向）模組，筆者繪製了電路圖，也附上說明和運作原理，第 7 章比較了幾款常見的馬達驅動器，也說明了電路和驅動 IC 的運作原理。日後，即便讀者在專案中採用類似但不同的模組或元件，也能更加理解它們的參數和使用方式。

近年來，隨著免費或開源的電路模擬、PCB 電路板設計軟體和桌上型製造工具的普及（如：3D 列印機和 CNC 數值加工機），以及 PCB 製造和物流費用的下滑，電子 DIY 愛好者在家也能製造出精良的作品。
《**超圖解 Arduino 互動設計入門**》的附錄 D 介紹了焊接工具，以及基本的焊接技巧，本書第 9 章則補充了新的焊接與 DIY 工具，並以圖解說明製作循跡自走車和自製小型機械鍵盤的完整過程。

Arduino 官方的程式開發工具目前是 2.x 版本，本書仍採用 1.x 版，因為某些外掛工具僅支援 1.x 版。IDE 1.x 版工具本身採用 Java 程式語言開發，2.x 版則採用 JavaScript 語言開發，所以它們的外掛程式不相容。此外，本書也採用另一個頗受專業人士推崇，免費開源的 PlatformIO IDE（簡稱 PIO），PIO 的操作介面不像 Arduino 官方 IDE 那麼「友善」，但 Arduino IDE 1.x 版和 2.x 版的所有功能，PIO 都有而且更強大，所以本書用了三個章節的篇幅詳細介紹 PIO。

有人說，技術不比創意和設計重要。在開發 Mac 電腦過程中，賈伯斯（Steve Jobs）曾要求在文書處理軟體中加入選用字體的功能，一位資深軟體工程師反駁：字體外型沒有意義，只要能表達內容就夠了。那位工程師當場被解僱。

其實，Arduino 最初就是為了非電子電機背景的互動藝術創作者而誕生，但是創新設計不能只淪為紙上談兵，而且你的靈感可能很快就成為別人借鑑、茁壯的養分。實踐力、技術力、營銷力…都是成功的要件。曾在 Podcast 節目聽到某位創業投資者的訪談，他說，很多提案者所謂的原創，他早已聽了千百遍。「創意」一詞太空泛，哪個行業領域不需要創新思維？

Discovery（探索）頻道曾有個標語「就是想知道」，因為好奇心驅使人類文明進步。笛卡兒也曾說，越學習，越發現自己的無知。當你不斷地探索和學習自動化機械，會發現基礎科學的重要，例如，本書第 1 章的加熱器和第 9 章的自走車，它們都仰賴始於操控軍艦的一個 PID 數學方程式。Arduino 互動設計，不僅可以很藝術，也可以很科學，它是個跨領域的實驗素材。

在撰寫本書的過程中，非常感謝旗標科技的黃昕暐先生提供許多專業的看法，並且購入多個不同款式的 ESP32 開發板實測本書的範例，例如，詳盡測試第 12 章的 ESP32-S3 開發板的 USB 和 UART 上傳模式，以及第 14 章的 ESP32-S3 USB JTAG 偵錯介面，還有其他糾正內容的錯誤、添加文字讓文章更通順、晚上和假日加班改稿…由衷感謝昕暐先生對本書的貢獻。筆者也依照這些想法和指正，逐一調整解說方式，讓圖文內容更清楚易懂。也謝謝本書的美術編輯以及封面設計林美麗小姐，容忍筆者數度調整版型。

趙英傑 2024.5.20
於台中糖安居
https://swf.com.tw/

本書範例

本書範例以章節區分放在個別的資料夾下，請至以下網址下載：

https://www.flag.com.tw/DL.asp?F4793

目錄

4 chapter

Visual Studio Code、AI 程式助手與動態 PID 調整網頁

5 chapter

檢測馬達轉速與移動距離

6 chapter

建立中斷類別程式

7 chapter

DRV8833 馬達驅動模組及其控制模式

8 chapter
循跡感測器以及擴充類比和 數位輸入埠

9 chapter
組裝循跡自走車

10 chapter
自走車的控制程式

11 chapter | 解析 ESP32-S2 與 ESP32-S3 開發板

12 chapter | 使用 PlatformIO IDE 開發 Arduino 專案

13　PlatformIO 的檢查工具與單元測試

chapter

14　硬體偵錯與 JTAG 介面

chapter

15　USB 介面入門與人機介面裝置實作

chapter

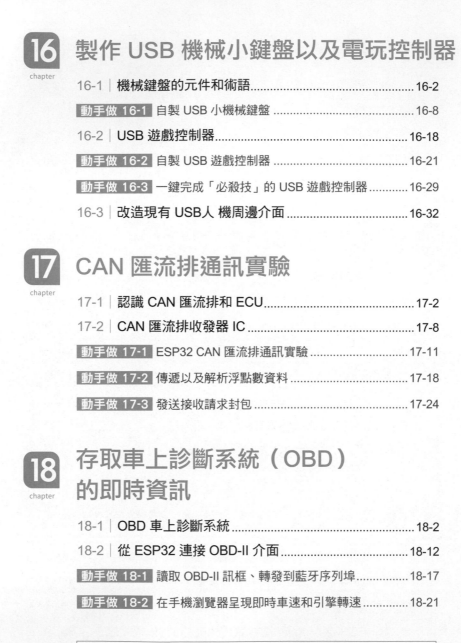

16 製作 USB 機械小鍵盤以及電玩控制器

chapter

17 CAN 匯流排通訊實驗

chapter

18 存取車上診斷系統（OBD）的即時資訊

chapter

本書索引網址：https://swf.com.tw/?p=1976

1

PID 控制入門

溫度控制、車輛定速巡航、升降梯平穩起停，或其他要求穩定的自動控制場合，通常都會採用稱為 **PID（比例 - 積分 - 微分）控制器**的演算法。PID 控制器能調節系統的輸出，以維持目標值並抑制系統變動；「系統」代表各種自動控制應用，例如：烤箱和機械運動裝置。本章將透過溫度控制器實作 PID 控制器，這個溫控器包含一個發熱器和溫度感測器，它能依照指示把表面溫度提升到指定的攝氏度數，並嘗試穩定維持溫度。底下先介紹溫控器當中負責發熱的 **MCH 高溫陶瓷發熱元件**。

1-1 MCH 高溫陶瓷發熱元件簡介

MCH（Metal Ceramics Heater，金屬陶瓷發熱體）元件，一般稱為 MCH 高溫陶瓷發熱元件，是一種在陶瓷坯體表面印刷高熔點金屬（如：鎢、鉬、錳…），再燒結而成的發熱體，外型通常呈矩形或圓形薄片狀，也有圓柱、圓環等外型，可取代電湯匙（包覆鎢絲的不鏽鋼 U 型管）和 PTC 加熱器，具有耐腐蝕、耐高溫、壽命長、導熱性能良好等優點，廣泛應用於加熱保溫裝置、醫療和航太設備。

MCH 發熱體元件（以下稱為「加熱片」）的主要規格是尺寸和電阻或電壓值，其發熱溫度和工作電壓成線性正比，**從電路設計的觀點來看，加熱片相當於電阻器**。加熱片有兩條引線（不分正負極），加上電壓即可發熱，電壓越高，其表面溫度也越高。筆者選用的 RP1570 型加熱片以尺寸命名，代表 15 ×70mm（厚 1.2mm），外觀如下：

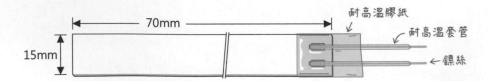

有些商家採用電壓，有些用電阻值來標示加熱片，但學過歐姆定律都知道，這兩個值彼此相關。以商家提供的表 1-1 數據為例（「空燒」代表加

熱時沒有接觸任何東西），
經過簡單計算即可推導出
加熱片的電流和電阻值，
而且還可知道這些數據不
是來自同款加熱片。

表1-1

電壓／功率	空燒溫度	電壓／功率	空燒溫度
3.7V／1.3W	40℃	5V／16W	230℃
3.7V／9W	150℃	12V／12W	230℃
5V／2.5W	65℃	24V／60W	400℃

根據歐姆定律，可從電壓和功率推導電流和電阻值：

$$W（功率）= V（電壓）\times I（電流）\implies I = \frac{W}{V} \implies R（電阻）= \frac{電壓（V）}{電流（I）}$$

根據上面的公式，可計算出表 1-2 的 5V／2.5W 和 3.7V／9W 是兩款不同阻
值的加熱片。

表1-2

電流	電阻	電流	電阻
2.5W／5V = 0.5A	5V／0.5A = 10Ω	9W／3.7V ≈ 2.43A	3.7V／2.43A ≈ 1.5Ω

這些估算出來的電流是加熱片瞬間啟動的最大電流；發熱體加熱後內阻會
變大所以電流會變小，但實際的變化不重要，重點是驅動電路必須能承受
加熱片的最大電流。

如果用電阻值來區分，加熱片的選擇範圍大約介於 0.5Ω~1600Ω。從歐姆
定律可知，如果要求低電壓、高發熱溫度、升溫快，就選擇低阻值的款
式，但耗電流量也會增大。

加熱片規格的電壓值只是提供參考，因它的極限溫度通常都超過 500℃，
在極限溫度之內，你可以施加任何電壓，但務必從低電壓開始測試，而且
實驗時要避免肢體直接碰觸加熱片！此外，也請避免將加熱片升到高溫之
後再去接觸低溫的物品，這樣可能會損壞加熱片。

底下的實驗，筆者採用 2Ω（5V/10W）款式，但本實驗著重在「恆溫控
制」，並不要求高溫，為了安全起見，讀者可以選用 20Ω（約 5V/1.3W），
控制電路和程式邏輯都一樣，只是升降溫的數據不同。

$$I = \frac{V}{R} \quad \Rightarrow \quad \frac{5V}{20\Omega} = \boxed{0.25A} \qquad W = V \times I \quad \Rightarrow \quad 5\,V \times 0.25A = \boxed{1.25W}$$

大功率 MOSFET 電子開關

筆者選用 2Ω（5V/10W）的 MCH
高溫陶瓷加熱片，也就是大約消
耗 2A 電流，所以此加熱片要採
用 TIP120 之類的電晶體驅動，相
關說明請參閱《**超圖解 Arduino
互動設計入門**》第 10 章。

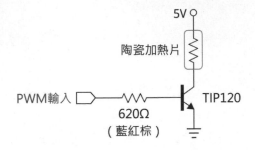

另一種方式是採用如下圖左的大功率 MOS 電子開關模組，右下圖是它的
電路，當作開關的元件是兩個並聯的 MOSFET，相當於一個可控制大電流
的電晶體：

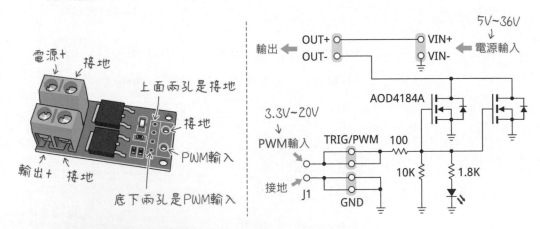

這個開關模組的主要規格如下，驅動此加熱片綽綽有餘：

● 工作電壓：5V~36V

● 輸出電壓與電流：5V~36V，常溫下可持續輸出 15A，若加上散熱片，輸
  出電流可達 30A，當然，實際輸出要看你連接的電源供應器而定。

● PWM 輸入：高電位可介於 3.3V~20V，頻率範圍 0~20KHz。

直流馬達驅動板 L298N 的電流輸出也能達到 2A，負載電壓 4.5V~46V，是不是也能用來驅動陶瓷加熱片？

 可以，但太浪費了。驅動加熱片僅需要一個電晶體，而馬達驅動 IC 內部是由 4 個電晶體或 MOSFET 組成的 H 橋電路。這款「大功率 MOS 電子開關模組」價錢僅約 LN298N 模組的 1/10。如果手邊沒有大功率電晶體或 MOSFET，用馬達驅動板來做實驗也行。

另有一種相當於結合 MOSFET 和 BJT 電晶體的 IGBT（Insulated Gate Bipolar Transistor，絕緣閘極雙極性電晶體）元件，其電路符號如下圖左，它同時具備 MOSFET 和 BJT 的優點，輸入阻抗高、導通電壓低、開關切換速度比電晶體快，廣泛用於大功率（幾十到數百安培）電壓控制電路。

動手做 1-1 陶瓷加熱片電路

實驗說明：找出陶瓷加熱片的「電壓 - 溫度」的線性關係，也就是，從微控器輸出多少 PWM（電壓）值，溫度會上昇到幾度。兩個點可構成一條直線，所以我們至少需要測試兩個 PWM 值的溫度。

這個實驗將測試 3 個 PWM 值：30, 60, 90。每次加熱 5 分鐘之後測量溫度，然後將 PWM 輸出成 0，等待 5 分鐘讓加熱片降溫，再進行下一輪測試。

實驗材料

MCH 高溫陶瓷加熱片	1 片
大功率 MOS 電子開關模組	1 組
熱敏電阻	1 個
10KΩ 電阻	1 個
ESP32 開發板	1 個

實驗電路

本章的所有溫控實驗，都採用這個電路。為了配合 ESP32，右下的熱敏電阻分壓電路的電源必須採用 3.3V，而陶瓷加熱片的電源不會輸入到 ESP32 控制腳，所以它的電源可接 5V 或更高。

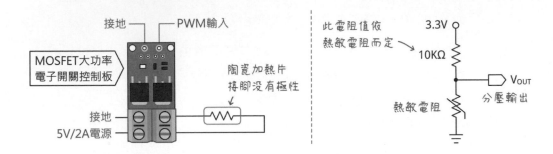

底下是麵包板組裝電路示範，請注意！此加熱片的最大消耗電流為 2A，所以它的**電源要額外供電，不可接 ESP32 開發板的 5V 輸出**。

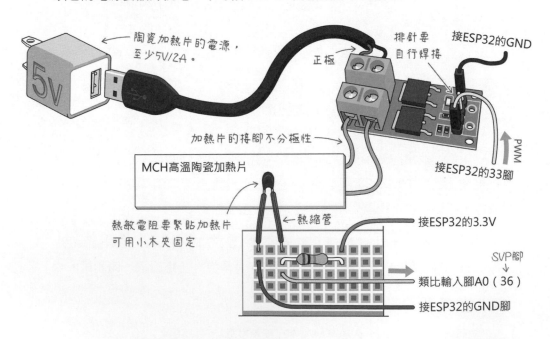

筆者實際上是把熱敏電阻的分壓電路焊接在一小塊 PCB 板，然後用金屬紮線帶（常見於捆綁電線或麵包的束帶）把熱敏電阻和加熱片緊貼固定在一

起；在實際的應用場合，可用**高溫導熱膠**黏貼 MCH 陶瓷加熱片。為了避免熱敏電阻的接腳短路，它的兩個接腳最好套上塑膠管或者熱縮管。

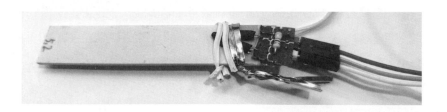

加熱片的電源，我使用手機的 5V 充電器，你可以剪斷 USB 充電線，分出裡面的正、負接線，連接到 MOSFET 板的 Vin+ 和 Vin- 接點。USB 電源線裡的紅線代表正極、黑線代表接地（負極），但實際連接之前，最好先用電錶確認一下正負極。

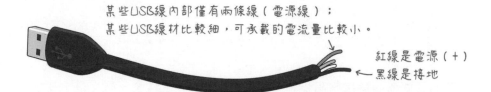

某些USB線內部僅有兩條線（電源線）；
某些USB線材比較細，可承載的電流量比較小。

紅線是電源（+）
黑線是接地

或者在 MOSFET 的電源輸入端焊接一個 micro USB 或 USB-C 母座（你可以買第 15 章提及的 micro USB 或 USB-C 母座的 PCB 轉接板，方便焊接）。

使用左移運算子計算 2 的次方值

從 Arduino UNO R3 換成 ESP32，在類比輸入方面要留意，ESP32 的**類比輸入電壓範圍預設值為 0~3.6V**，此值可透過 analogSetAttenuation() 函式調整（參閱《**超圖解 ESP32 深度實作**》第 2 章），**類比輸入轉數位（ADC）的解析度預設是 12 位元**，代表 ADC 的數值範圍介於 0~4095，這個解析度值可透過 analogReadResolution() 函式調整。

Arduino UNO R3 的 ADC 解析度是 10 位元，所以數值範圍介於 0~1023。在使用某些僅考慮 Arduino UNO R3 開發板的程式庫時，必須把 ESP32 的解析度調降成 10 位元，否則會產生計算錯誤。以「熱敏電阻值轉攝氏溫度」為例，轉換公式如下，推導過程請參閱《**超圖解 ESP32 深度實作**》第 18 章：

$$R = \frac{\text{類比輸入值} \times 10K\Omega}{\text{類比輸入最大值} - \text{類比輸入值}} \quad \xrightarrow{\text{設類比輸入最大值} = 1023} \quad \frac{\text{類比輸入值} \times 10K\Omega}{1023 - \text{類比輸入值}}$$

底下的函式假設熱敏電阻接在 THERMO_PIN 常數定義腳、ADC 是 10 位元（類比感測最大值為 1023），若採用 ESP32 預設的 ADC 解析度執行此函式，將得到錯誤的結果。

```
// 熱敏電阻感測值轉換成攝氏溫度值
float readTemp(float R0 = 10000.0, float beta = 3950.0) {
  int adc = analogRead(THERMO_PIN);      // 讀取熱敏電阻感測值
  float T0 = 25.0 + 273.15;
  float r = (adc * R0) / (1023 - adc);  // 假設 adc 最大值為 1023
  // 傳回攝氏溫度
  return 1 / (1 / T0 + 1 / beta * log(r / R0)) - 273.15;
}
```

我們可以在程式開頭宣告 ADC 解析度位元的常數，讓上面的函式自動採用對應的最大值。筆者將此常數命名成 ADC_BITS：

```
#define ADC_BITS 10   // 類比輸入解析度 10 位元
```

函式需要把 ADC 位元值 10 轉換成 1023，也就是計算 $2^{10}-1=1023$。math.h 的 **pow() 函式**可計算某數的 n 次方，而 2 的 n 次方則可透過**左移運算子**迅速求得，底下兩行敘述都會顯示 1024：

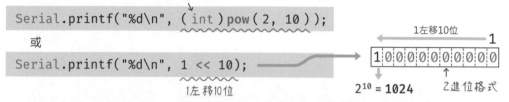

pow()函式傳回double型態值，所以這裡用(int)轉成整數。

```
Serial.printf("%d\n", (int)pow(2, 10));
```

或

```
Serial.printf("%d\n", 1 << 10);
```

1左移10位

1左移10位

2^{10} = 1024

2進位格式

因此上面的函式程式可用左移運算子改寫：

```
float readTemp(float R0 = 10000.0, float beta = 3950.0) {
  int adc = analogRead(THERMO_PIN);    // 讀取熱敏電阻感測值
  float T0 = 25.0 + 273.15;
  // 計算(2 的 ADC_BITS 次方)-1
  float r = (adc * R0) / ((1 << ADC_BITS) - 1 - adc);
  // 傳回攝氏溫度
  return 1 / (1 / T0 + 1 / beta * log(r / R0)) - 273.15;
}
```

請注意，底下的寫法是錯的，因為 **<< 位移運算子的優先順序低於 +, - 運算子**，所以底下的敘述將先計算 ADC_BITS-1，再處理位移。

```
float r = (adc * R0) / (1 << ADC_BITS - 1 - adc); // 錯誤的敘述
```

陶瓷加熱片測試程式

筆者把實驗的 PWM 值紀錄在 PWMs 陣列，每隔 5 分鐘在**序列埠監控視窗**顯示攝氏溫度值，完整的程式碼如下：

```
#define THERMO_PIN 36    // 熱敏電阻分壓輸入腳
#define HEATER_PIN 33    // 陶瓷加熱片的 PWM 輸出腳
#define ADC_BITS 10      // 類比輸入解析度 10 位元
#define INTERVAL_MS (5 * 60 * 1000L) // 5 分鐘
#define PWM_CHANNEL 0    // PWM 通道

const uint16_t PWMs[] = {30, 0, 60, 0, 90, 0};  // PWM 值
// PWM 值的數量
const uint8_t TOTAL_PWMs = sizeof(PWMs) / sizeof(PWMs[0]);
uint16_t power = 0;      // PWM 的輸出值
uint32_t prevTime;       // 前次時間

// 熱敏電阻值轉換成攝氏溫度值
float readTemp(float R0 = 10000.0, float beta = 3950.0) {
  int adc = analogRead(THERMO_PIN);    // 讀取熱敏電阻感測值
  float T0 = 25.0 + 273.15;
  // 轉換成溫度值
  float r = (adc * R0) / ((1 << ADC_BITS) - 1 - adc);
  // 傳回攝氏溫度
  return 1 / (1 / T0 + 1 / beta * log(r / R0)) - 273.15;
}

void setup() {
  Serial.begin(115200);
  pinMode(HEATER_PIN, OUTPUT);

  power = PWMs[0];        // 讀取第 1 筆 PWM 值
  Serial.printf("PWM:%d", power);
  analogSetAttenuation(ADC_11db); // 設定類比輸入上限 3.6V
  analogReadResolution(ADC_BITS); // 設定 ADC（類比轉數位）的解析度

  ledcSetup(PWM_CHANNEL, 1000, 8);// 設置 PWM：通道 0、1KHz、8 位元
  ledcAttachPin(HEATER_PIN, PWM_CHANNEL);
  ledcWrite(PWM_CHANNEL, power);  // 開始加熱
  prevTime = millis();            // 紀錄前次時間
}

void loop() {
  static uint8_t index = 0;             // PWM 陣列的索引
```

```
uint32_t now = millis();

if (index < TOTAL_PWMs - 1) {
  // 每隔 5 分鐘測量一次溫度，並輸出下一個 PWM 值
  if (now - prevTime >= INTERVAL_MS) {
    prevTime = now;
    power = PWMs[++index];              // 取出下一筆 PWM 值

    float temp = readTemp();            // 取得感測溫度值
    Serial.printf(", 溫度:%.2f\n", temp);
    ledcWrite(PWM_CHANNEL, power);   // 輸出 PWM 值
    Serial.printf("PWM:%d", power);
  }
}
}
```

實驗結果

編譯並上傳程式碼，**序列埠監控視窗**將顯示如左下圖的結果。

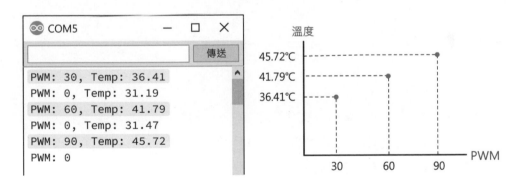

你的實驗數據可能會不同，實際上，筆者在不同時段測試了四次，每次的結果都不太一樣。因為元件有誤差，微控器輸出的 PWM 也不是精準的恆定值，再加上不同測試環境溫度和加熱介質，都會影響實驗結果。

動手做 1-2 開放迴路（open-loop）控制陶瓷加熱片

取出上一節實驗中的兩個數據，即可繪製出如下的陶瓷加熱片「電壓 – 溫度」線性變化圖：

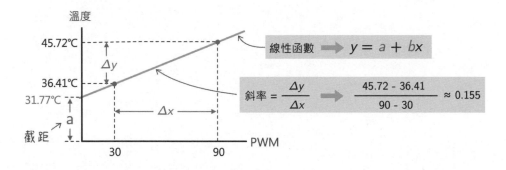

兩點構成的直線可透過線性函數表示：

$$溫度 \rightarrow y = a + bx \leftarrow 電壓$$

截距（基準溫度）、斜率

帶入溫度和斜率，可算出「基準溫度」是 31.77℃，也就是在陶瓷加熱片施加電壓時，溫度將從 31.77℃ 起跳。再次強調，這個溫度值跟測試環境（室溫）相關，並不是恆定值，你測試的結果可能跟我不一樣。

$$y = a + bx \implies 45.72 = a + 0.155 \cdot 90$$
$$\implies a = 45.72 - 0.155 \cdot 90$$
$$\implies a = 31.77$$

求出基準溫度後，即可推算出輸入 PWM 值之後的溫度，例如：

$$PWM = 60 \implies 31.77 + 0.155 \cdot 60 = \mathbf{41.07}$$

呃⋯推測出來的溫度跟實際會有誤差。我們也可以推算出輸出 6.45PWM 約可升溫 1°C：

$$1PWM \approx 0.155°C \quad \Longrightarrow \quad 1°C = \frac{1}{0.155} \approx 6.45PWM$$

所以，假設要產生 40°C，PWM 值大約是 53。

$$40°C = (40 - 31.77) \cdot 6.45$$
$$\approx 53PWM$$

根據以上的推論，實際寫個程式計算加熱到 40°C 所需的 PWM 值，每隔 1 秒鐘驗證加熱結果，程式運作流程如下：

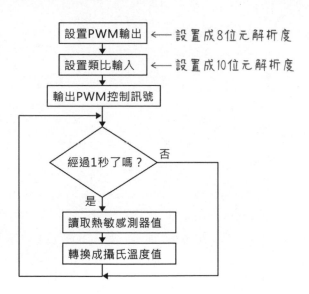

完整的程式碼：

```
#define THERMO_PIN 36      // 熱敏電阻分壓輸入腳
#define HEATER_PIN 33      // 陶瓷加熱片的 PWM 輸出腳
#define ADC_BITS 10        // 類比輸入解析度 10 位元，最高 12 位元
#define INTERVAL_MS 1000   // 1 秒
#define PWM_CHANNEL 0      // PWM 通道


float setPoint = 40.0;     // 目標溫度
float baseTemp;            // 儲存基底溫度
```

```
float delta = 0.155;
float pwmPerDeg = 6.45;
int power = 0;    // PWM 輸出值

float readTemp(float R0 = 10000.0, float beta = 3950.0) {
  int adc = analogRead(THERMO_PIN); // 讀取並設定基底溫度
  float T0 = 25.0 + 273.15;
  float r = (adc * R0) / ((1 << ADC_BITS) - 1 - adc);
  return 1 / (1 / T0 + 1 / beta * log(r / R0)) - 273.15;
}

void setup() {
  Serial.begin(115200);
  pinMode(HEATER_PIN, OUTPUT);

  ledcSetup(PWM_CHANNEL, 1000, 8); // 設置 PWM 通道、頻率和解析度
  ledcAttachPin(HEATER_PIN, PWM_CHANNEL);   // 設定 PWM 輸出腳

  // 設定類比轉數位（ADC）的電壓和解析度
  analogSetAttenuation(ADC_11db); // 類比輸入上限 3.6V，這一行可不寫
  analogReadResolution(ADC_BITS); // ADC 位元解析度

  baseTemp = readTemp();

  power = int((setPoint - baseTemp) * pwmPerDeg);
  ledcWrite(PWM_CHANNEL, power); // 開始加熱
}

void loop() {
  static uint32_t prevTime = 0;  // 紀錄前次時間的「靜態」區域變數
  uint32_t now = millis();          // 紀錄當前時刻

  if (now - prevTime >= INTERVAL_MS) {  // 若過了 1 秒…
    prevTime = now;
    float temp = readTemp();       // 取得感測溫度值
    Serial.printf("%d, %.2f\n", power, temp);
  }
}
```

在 loop() 函式中，宣告紀錄前次時間的 prevTime 變數敘述前面加上 **static**（**直譯為「靜態」），代表該區域變數在函式結束之後，不會消失**，而是像全域變數般地持續保留值。

實驗結果

編譯上傳之後，在室溫超過 28℃的場合測試，加熱溫度可超過41℃。這裡要強調一點，程式依照我們預估的 PWM 值控制加熱片，而實際的溫度跟預估值有所出入，是很正常的，因為這個程式並沒有修正實際和預估的偏差。

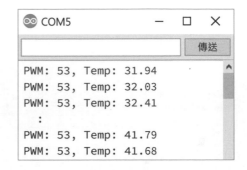

在室溫約 20℃ 的場合測試，持續運作 10 分鐘，溫度只能達到 38.05℃（由於初始溫度和目標溫度差距比較大，所以 PWM 輸出值也比較高）。

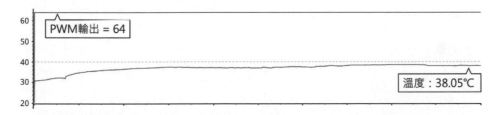

這個範例的結構類似下圖，控制系統根據既定的運算式，根據目標溫度值輸出一個控制量來控制火力，而溫度計的測量結果並不會改變火侯的控制量。

這種控制方式稱為**開迴路控制系統**（open-loop control system）。不少家電都採用這種控制方式，例如：電風扇、瓦斯爐、調光器、音響音量控制、洗衣脫水機…。以電扇為例，按下預設的風速開關馬達就轉動，風扇無法感測更不會校正轉速。

動手做 1-3 閉迴路（closed-loop）控制系統以及起停式控制

上一節的實驗電路具備檢測溫度的感測器，程式可在加熱器溫度上升到目標值時停止加熱、冷卻至低於目標溫度時再重新加熱，理論上便能讓溫度保持在目標值。

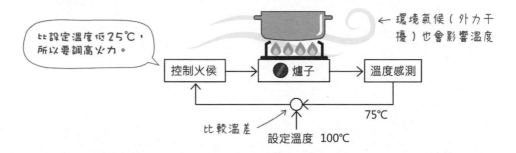

感測值與控制器之間形成一個迴路，修正控制輸出，這種控制方式稱為**閉迴路控制系統**（closed-loop control system）。

修改後的閉迴路版本如下，為了增快升溫的速度，筆者設定一個增益值 gain 並將它乘上輸出 PWM 值，接著透過 constrain() 讓 PWM 值的範圍保持在 0~255。

```
        :略
float setPoint = 40.0;   // 目標溫度
float gain = 2.0;        // 增益（PWM 的放大倍率）
int   power = 0;         // PWM 輸出值

void setup() {
  Serial.begin(115200);
  pinMode(HEATER_PIN, OUTPUT);

  ledcSetup(PWM_CHANNEL, 1000, 8);   // 設置 PWM
  ledcAttachPin(HEATER_PIN, PWM_CHANNEL); // 設置 PWM 輸出腳
  analogReadResolution(ADC_BITS);    // 設定 ADC 解析度位元
```

```
  baseTemp = readTemp();                    // 設定初始溫度
  // 計算 PWM 輸出，在其中乘上一個「增益」值
  power = int(gain * (setPoint - baseTemp) * pwmPerDeg);
  power = constrain(power, 0, 255); // 限制 PWM 輸出的範圍
}

void loop() {
  static uint32_t prevTime = 0;
  uint32_t now = millis();

  if (now - prevTime >= INTERVAL_MS) {  // 若經過 1 秒鐘…
    prevTime = now;
    float temp = readTemp();          // 取得攝氏溫度值

    if (temp < setPoint) {             // 若感測溫度小於目標溫度…
      ledcWrite(PWM_CHANNEL, power);    // …開始加熱
      Serial.print(power);
    } else {
      ledcWrite(PWM_CHANNEL, 0);   // 否則，停止加熱（控制輸出 0）
      Serial.print("0");
    }

    Serial.printf(",%.2f\n", temp);// 向序列埠輸出目前的 PWM 和溫度值
  }
}
```

實驗結果

編譯上傳 ESP32 之後，開啟**序列繪圖家**可觀察到類似下圖的 PWM 輸出與
溫度變化曲線：

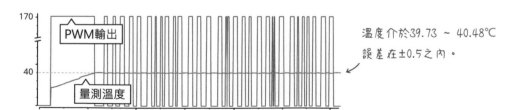

溫度介於39.73 ~ 40.48℃
誤差在±0.5之內。

從中可看到開開關關的 PWM 變化，讓加熱片的溫度維持在目標值 40℃ 左右。這種控制方式稱為**起停式控制**（ON-OFF 或 bang-bang control），優點是程式設計簡單，缺點很明顯：如果加熱的火力小，溫度上升慢；火力大，溫度上升太快，很容易超出預設溫度太多。

1-2 PID 控制與方塊圖

加熱器的控制器輸出應該隨著溫度動態調整，但調整參數值的大小不好拿捏，不同鍋具、水量和食材都會影響加熱時間，因此，業界通常採用稱為 **PID** 的控制方法。

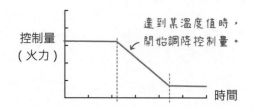

PID 廣泛用於自動控制領域，源自於 20 世紀初的美國海軍船舶自動控制系統研究，其名稱源自**比例**、**積分**和**微分**三個英文單字的首字母，分別代表三個控制方程式。PID 產生的輸出是**感測值和目標值，於現在、過去和預測未來的偏差狀態的加總。**

P, I, D 這三個方程式不一定要全部用上，最重要的 **P（比例控制器）**可單獨使用，或結合 P 和 I（稱為 **PI 控制器**）或 P 和 D（稱為 **PD 控制器**）。D 所代表的 Derivative 其實是「導數」，微分的英文是 differential，嚴格來說，兩者的意義不一樣，但在 PID 應用中，導數和微分同樣都代表「預估未來變化」。

自動控制系統的方塊圖

自動控制系統通常使用**方塊圖**（block diagram）來呈現系統的結構、元件連結和因果關係。下圖顯示一個輸入為 x，輸出為 y 的控制系統，方塊代表元件，箭頭代表訊號及其傳輸方向。

底下部分內文將使用這種形式的方塊圖來解說。方塊圖還有兩個常見的**綜合點**（summing point，也譯作「比較點」）以及**分支點**（branch point 或 take-off point）圖像。**綜合點**用一個空心圓或者帶有叉號 (X) 的圓圈表示，它有兩個或更多個輸入和一個輸出，代表對輸入進行相加或相減。

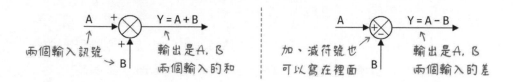

分支點用於表示訊號同時傳入其他地方的點。左下圖的訊號輸入端有個分支點，代表訊號 x 將同時傳入控制器 A 和控制器 B。

右上圖的訊號輸出端有個分支點，代表輸出訊號 y 也將傳送到輸入端的「綜合點」，像這種從輸出回傳到輸入的訊號，稱為**回授**（feedback）。

1-3 比例控制器（P）

PID 控制程式的關鍵在於「動態調節」，以日常煮東西為例，爐子的火力幾乎不會被固定在某個大小。就拿煮火鍋來說，一開始轉大火快速煮開高湯，然後加入食材、轉中火，最後轉小火保溫。

在這個例子中，「水滾開了」是「目標值」，如果目前的水溫和目標值的差距較大，就要加大火力；若差異較小，則降低火力。溫度感測器測量到的**感測溫度值**以及**目標溫度值**之間的差異，稱為**誤差（error）**或**偏差**。若用線條圖分別呈現量測溫度和火力控制量（PWM）的變化，大概會像這樣：

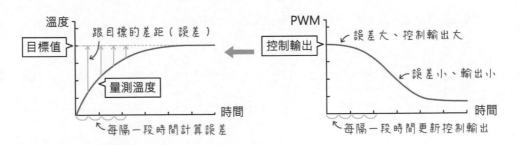

「比例控制」系統屬於一種**閉迴路控制系統**，用底下的方塊圖表示。在典型的控制系統方塊圖中，被控制裝置統稱**受控體**（plant，直譯為「工廠」）。

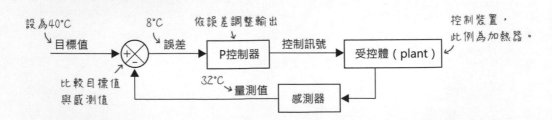

相較於**起停式控制**，這種方式的 PWM 輸出不是固定的，而是**依照誤差的比例增大或縮減 PWM 值**。假設目標溫度是 40℃，而目前的量測溫度是 32℃，所以誤差是 40-32=8。假設加熱的 PWM（火力值）介於 0~255，如果直接用誤差 8 當作 PWM 值來控制加熱片，因為火力太微弱，無法提升溫度；而且誤差 8 是「溫度值」，而非 PWM 值。

解決辦法是將誤差值乘以一個倍率（增益值），例如上文估算的 6.45 倍（升溫 1℃）或自訂的倍率，如：30 倍，得到 30×8=240，此 PWM 值就能讓加熱片迅速升溫。這就是比例控制器的思維，「**比例增益」命名為 Kp**，運算式寫成：**Kp 增益乘上誤差：**

Kp 增益值的大小，視應用場景而定，我們要自己找出最合適的倍率。若 PWM 有效值介於 0~255，火力全開的話，此誤差值大約要乘上 32（因 32 × 8 = 256）。隨著誤差降低，PWM 的輸出值也會減少，假設誤差為 2℃，乘上增益的 PWM 輸出將是 32 × 2 = 64。

誤差較大		誤差較小	
Kp (40 - 32)	設 $Kp=1$ → **8**	Kp (40 - 38)	設 $Kp=1$ → **2**
Kp (40 - 32)	設 $Kp=30$ → **240**	Kp (40 - 38)	設 $Kp=30$ → **60**

動手做 1-4　採用 P 控制器的陶瓷加熱器

實驗說明：製作一個比例溫控裝置，讓加熱溫度維持在 40℃。實驗過程需要測試不同 kp 值，所以需要有接收序列輸入浮點 Kp 值的功能。

實驗程式：這個程式運作流程如下：

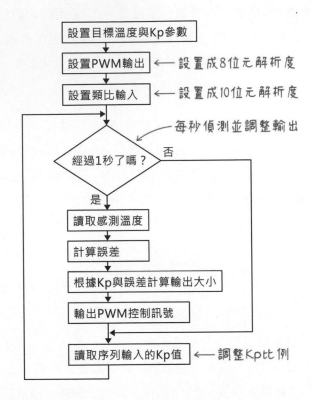

設置目標溫度與Kp參數

設置PWM輸出 ← 設置成8位元解析度

設置類比輸入 ← 設置成10位元解析度

每秒偵測並調整輸出

經過1秒了嗎？ 否

是

讀取感測溫度

計算誤差

根據Kp與誤差計算輸出大小

輸出PWM控制訊號

讀取序列輸入的Kp值 ← 調整Kp比例

底下是完整的程式碼：

```
#define THERMO_PIN 36        // 熱敏電阻分壓輸入腳
#define HEATER_PIN 33        // 陶瓷加熱片的 PWM 輸出腳
#define ADC_BITS 10          // 類比輸入解析度 10 位元
#define INTERVAL_MS 1000     // 間隔時間 1 秒
#define PWM_CHANNEL 0        // PWM 通道


float setPoint = 40.0;   // 目標溫度
float kp = 32;       // kp 參數，預設為 32，可透過序列埠更改

// 讀取溫度，此函式將傳回浮點格式的攝氏溫度值
float readTemp(float R0 = 10000.0, float beta = 3950.0){
  uint16_t adc = analogRead(THERMO_PIN);   // 讀取熱敏電阻感測值
  float T0 = 25.0 + 273.15;
  // ADC 解析度為 10 位元
  float r = (adc * R0) / (( 1<< ADC_BITS) -1 - adc);
```

```
    // 轉換成攝氏溫度
    return 1 / (1 / T0 + 1 / beta * log(r / R0)) - 273.15;
}

void readSerial(){   // 讀取序列埠輸入的浮點 Kp 值
    while (Serial.available()) {
        kp = Serial.parseFloat();   // 讀取序列埠字串並解析成浮點數字
        Serial.printf("kp= %.2f\n", kp); // 顯示用戶輸入的浮點數字
        // 遇到 '\n' 結尾時退出 while 迴圈
        if (Serial.read() == '\n')  break;
    }
}

void setup() {
    pinMode(HEATER_PIN, OUTPUT);
    Serial.begin(115200);

    ledcSetup(PWM_CHANNEL, 1000, 8); // 設置 PWM
    ledcAttachPin(HEATER_PIN, PWM_CHANNEL);
    analogReadResolution(ADC_BITS);   // 設定 ADC 解析度位元
}

void loop() {
    static uint32_t prevTime = 0;     // 前次檢測時間
    uint32_t now = millis();          // 當前時刻
    if (now - prevTime >= INTERVAL_MS) {
        prevTime = now;

        float temp = readTemp();         // 讀取溫度
        float error = setPoint - temp; // 計算誤差
        float power = kp * error;        // 計算 P 控制值
        power = constrain(power, 0, 255);   // 限制 PWM 的範圍

        ledcWrite(PWM_CHANNEL, (int)power); // 輸出 PWM
        // 向序列埠輸出溫度和 PWM 值
        Serial.printf("%.2f,%d\n"; temp, (int)power);
    }

    readSerial();   // 讀取序列埠輸入值
}
```

實驗結果

編譯上傳程式到 ESP32 之後，開啟**序列繪圖家**，將能看到 PWM 輸出和溫度的變化圖，從中可看到 PWM 輸出會隨著溫度變化而增減。

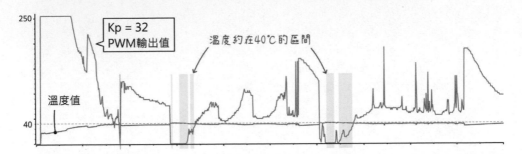

關閉**序列繪圖家**、開啟**序列監控視窗**，則可看到 "PWM 輸出, 溫度" 數值。溫度將上升至接近目標但低於目標值。

Kp 參數值可透過序列埠修改，先輸入 0，等到加熱片溫度降到常溫，再輸入新的 Kp 值：

下圖是筆者測試 Kp=50 的加熱片溫度變化圖：

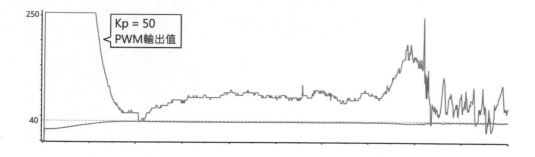

P 控制器的穩態誤差

實務應用通常不太關心 PWM 的變化，重點是被控制對象（加熱片溫度）和目標值的差異。請修改 loop() 函式的序列輸出，令它顯示 "目標溫度, 感測溫度"：

```
void loop() {
    :略                       原本的序列輸出改成註解
  // Serial.printf("%d,%.2f\n", (int)power, temp);
  Serial.printf("%.2f,%.2f\n", setPoint, temp);
  }
                              新增序列輸出"目標溫度,感測溫度\n"

  readSerial();  // 讀取序列埠輸入值
}
```

重新編譯上傳程式到 ESP32，底下是 Kp=50 以及 Kp=150 的溫度變化：

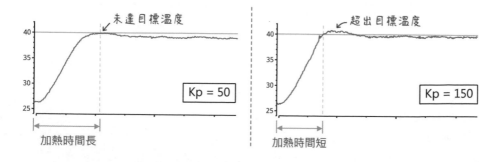

你可以反覆實驗不同大小的 Kp 值，最後可歸納出這樣的結果：Kp 值小，無法達到目標溫度；Kp 值大，溫度會上下起伏。超出目標值的部分稱為「**過衝（overshoot）**」，過度往下修正的部分稱為「**下衝（undershoot）**」，

但無論 Kp 值低或高，溫度始終無法穩定收斂到目標值，這個誤差值也稱為「**穩態誤差（steady-state error）**」。

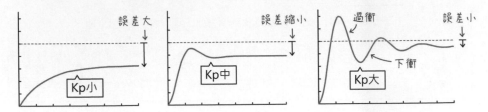

我們可以嘗試替 PWM 加上一個數值來彌補誤差，這個值稱為**偏移值（bias）**，以 kp 50 為例，經過數次實驗，加上 40 即可讓測量溫度經常保持在 39.94 和 40.05℃ 之間。

```
float temp = readTemp();            // 讀取溫度
float error = setPoint - temp;      // 計算誤差
float power = kp * error + 40;      // 加上偏移值
power = constrain(power, 0, 255);   // 確保PWM輸出值的範圍
```

但這個偏移值的大小，會受到環境、加熱介質以及目標值的影響，因此需要經過反覆調校找出比較合適的值，也就是說，系統無法自動消除**穩態誤差**，所以不是個好辦法。

📈 輸出訊號的時間常數、上升時間和穩定時間

輸出訊號從開始到達目標值的 63.2% 時間值（通常簡化成 63%），稱為**時間常數**，數學符號寫作 τ（讀音 tau，似「淘」）；從 10% 上升到 90% 的這段時間，稱為**上升時間**，比例增益（Kp）越大、上升時間越短；從 0 到達目標值 ±2% 的時間，稱作**穩定時間**。

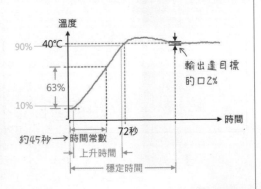

PID 控制器的取樣週期應該要低於時間常數的 1/10。此例的時間常數為 45 秒，取樣時間應至少是 4.5 秒，所以本單元程式設置的 1 秒或 0.5 秒綽綽有餘。

2

PI 和 PID 控制器

維基百科有個顯示 PID 控制器參數調整效果的 GIF 動畫（網址：https://bit.ly/3XakdDL），這是其中調整 P 增益（Kp）效果的示意圖，可看出調高 Kp 增益值，輸出的反應也越快，但可能會過衝，而穩態誤差依然存在，圖中的 Kp 只是示意值，實際值依應用場合和設備而定：

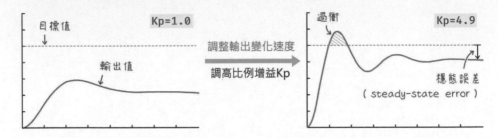

在 P 控制器中加入**積分（I）運算**可消除穩態誤差，結合這兩個運算方程式的演算法，稱為 PI 控制器。

2-1 積分控制器（I）

「積分」代表「累計」，PI 控制器的積分方程式將從系統啟動開始，**持續累計誤差值**。把這些「累計誤差」加入之前的 P 值，輸出訊號就被「堆高」，從而消除穩態誤差。

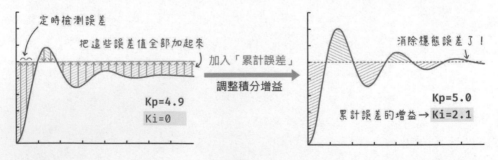

積分的本質是「求取某個範圍的面積」，特別是**曲線**構成的形狀。直線構成的形狀比較容易計算面積，所以積分運算的原理就是把複雜的形狀分割成數個矩形，個別計算它們的面積再全部加總，即可得到複雜形狀的相近面積值。

輸出訊號的「累計誤差」相當於左下圖灰色部分的面積，切割的矩形越細，最後加總的面積就越趨近實際的大小，而**積分增益（Ki）**則用於放大或縮小面積值。

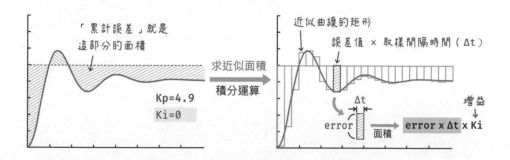

> 數學、物理通常將變化用大寫的希臘字母 Δ（唸作 delta）表示，時間 t 的變化寫作 Δt、x 軸的變化寫作 Δx；也有人用小寫的 delta 字母 δ 代表變化。

結合比例與積分的 PI 控制器的方塊圖如下：

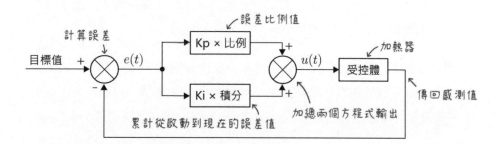

直接從程式實作比較容易理解，延續動手做 1-2 的程式碼，新增全域積分增益變數 ki，先預設為 0，執行時再調整此值。

```
float ki = 0;    // 積分增益
```

把計算 P, I 方程式的敘述寫成函式 computePI()，它接收一個浮點格式的輸入值（此例為溫度值），儲存誤差總和的 errorSum 變數在函式中要宣告成 **static（靜態）**，才能累計紀錄每次的誤差。

```
float computePI(float in) {
  static float errorSum = 0;        // 儲存累計誤差的靜態區域變數
  float error = setPoint - in;      // 計算誤差
  // 間隔時間（秒），d 代表 Δ (delta)
  float dt = INTERVAL_MS / 1000.0;

  // 計算累計誤差，error * dt 用於計算本次取樣的切片面積
  errorSum += error * dt;
  errorSum = constrain(errorSum, 0, 255);  // 限制累計誤差值的大小

  float output = kp * error + ki * errorSum; // 合計 P 和 I 的運算值
  output = constrain(output, 0, 255);       // 限制輸出值的大小
  return output;
}
```

依應用情況，積分運算的間隔時間可以採**分、秒、毫秒**…等單位，溫度控制的應用，採用秒數為單位比較合適。假設取樣間隔時間（INTERVAL_MS）設為 500 毫秒，則要除以 1000 變成「秒」單位（0.5 秒）；若用毫秒單位（如：500 毫秒），「累計誤差」算式把誤差值乘上 500 間隔時間，最後加總的數字會非常龐大（假設誤差 8℃，500 × 8 = 4000）。

有個小細節要留意，間隔時間 INTERVAL_MS 值是整數，1000 也是整數，兩者相除的結果也是整數。為了產生浮點數，1000 要寫成 1000.0，或者在其中一個運算元前面加上 (float) 或 (double)，強制將它轉成浮點型態。例如：

```
float dt = (float) INTERVAL_MS / 1000;   // 間隔時間（秒）
```

積分運算的飽和（windup）現象

積分值是從系統啟動到目前的誤差值加總，總和數字可能會遠超過有效的輸出範圍。 用模型車來舉例，假設它採用 PI 計算預設速度與實際速度的差異來調整油門，讓車子定速行駛。

行駛於陡峭的山路時，模型車因馬力不足導致速度開始降低，誤差變大，PI 控制器便增加油門。然而，這山坡陡峭到馬達使盡最大出力仍無法維持速度，導致誤差持續擴大、累積誤差不斷增加。

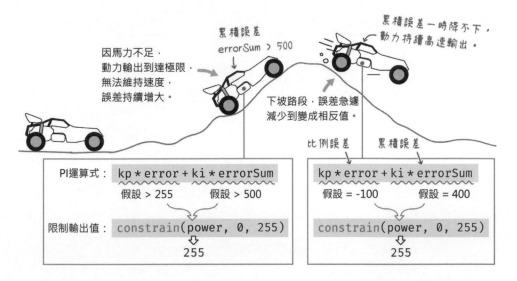

上圖左顯示在上坡路段，累積誤差超過 500，但經過 constrain() 函式，輸出仍維持在 0~255 以內。而在需要減速的下坡路段，PI 方程式的輸出仍是 255，所以模型車無法平穩行駛⋯這種超額累計積分值的現象稱為**飽和（windup）**；為了**消除飽和（anti-windup）**，讓 PI 算式得以快速回到正常值，計算累積誤差之後通常會加上限制數值範圍的敘述，此處限制在 0~255，因為 8 位元解析度的 PWM 上限為 255，你也可以嘗試縮限範圍，例如，0~150。

```
errorSum += error * dt;      // 累積誤差，可能會「飽和」
// 限制累計誤差值的大小，消除飽和
errorSum = constrain(errorSum, 0, 255);
```

2-2 拆解逗號分隔字串

之後的程式碼需要讀取來自序列輸入的目標值（setpoint）以及 Kp 和 Ki 參數，所以本文先介紹並編寫讀取、解析序列資料的程式。筆者把 PI 參數資料用逗號分隔，像這樣：

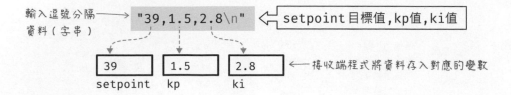

輸入逗號分隔 資料（字串）→ "39,1.5,2.8\n" ← setpoint目標值,kp值,ki值

39 / 1.5 / 2.8 ← 接收端程式將資料存入對應的變數
setpoint / kp / ki

使用 String 物件分割字串

我們先把問題簡化，只考慮從一個字串分割取出兩個整數的情況。假設 str 變數存放了包含一個逗號的字串，逗號的索引位置存在 index 變數，則程式可透過下列兩個 substring() 方法取出逗號前後的數字字串：

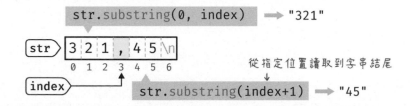

str.substring(0, index) ⟹ "321"

str [3 2 1 , 4 5 \n]
     0 1 2 3 4 5 6

index →

從指定位置讀取到字串結尾
↓
str.substring(index+1) ⟹ "45"

運用上述邏輯編寫分隔序列輸入逗號分隔兩個整數資料的程式碼：

```
void setup() {
  Serial.begin(115200);
}

void loop() {
  if (Serial.available() > 0) {
    // 持續讀取到 '\n' 結尾
    String str = Serial.readStringUntil('\n');

    int index = str.indexOf(',');   // 取得字串中的 ',' 位置
    if (index != -1) {              // 如果有找到 ',' 字元…
      // 取得 ',' 字元之前的子字串
      String n1 = str.substring(0, index);
      // 取得 ',' 字元之後的子字串
      String n2 = str.substring(index + 1);
      Serial.printf("數字1:%d\n", n1.toInt()); // 把字串轉成整數
      Serial.printf("數字2:%d\n", n2.toInt());
    }
  }
}
```

在線上 ESP32 模擬器（Wokwi）編譯測試程式，可驗證程式能正確取出兩個數字：

```
load:0x40080400,len:2972
entry 0x400805dc
數字1 : 321
數字2 : 45
```

關於 ESP32 模擬器的說明，請參閱筆者網站的〈Wokwi：免費的 ESP32 開發板 Arduino, MicroPython 線上模擬器（一）〉貼文，網址：https://swf.com.tw/?p=1671。

使用 sscanf() 函式分割字串

讀取並解析逗號分隔字串的另一個簡單辦法是透過 C 語言內建的 sscanf() 函式，函式名稱開頭的 s 代表 string（字串），"scan" 代表「掃描」，f 則是 formatted（格式化）之意。字串資料的分隔字元不限於逗號，底下的範例使用空格分隔資料，資料內容包含字串、字元和整數：

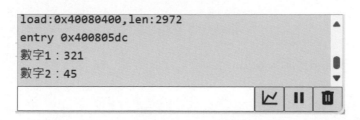

sscanf() 函式的「格式符號字元」與 printf() 相同。**如果資料元素的型態不是字串，則接收資料的變數名稱前面要加上 "&"，代表透過位址存取該變數。** 底下是用逗號分隔資料元素的例子：

```
char drink[] = "Latte,M,60";    用逗號分隔元素
sscanf( drink, "%[^,],%c,%d", name, &size, &price );

              只讀取不是逗號的字元
```

這段程式碼將在序列埠輸出：" 品名：Latte 容量：M 價格：60"。

```
void setup() {
  char name[30], size;          // 接收字串和字元型態資料的變數
  int price;                    // 接收整數型態資料的變數
  char drink[] = "Latte,M,60";  // 逗號分隔資料（字串）
  // 讀取並以逗號分割資料
  sscanf(drink, "%[^,],%c,%d", name, &size, &price);

  Serial.begin(115200);
  Serial.printf("品名:%s\t容量:%c\t價格:%d\n",
                name, size, price);
}

void loop() { }
```

解析序列輸入的逗號分隔字串

筆者把讀取與解析序列埠輸入資料的程式碼寫成 readSerial() 函式，儲存目標值（setpoint）、kp 和 ki 參數值的變數，設為全域變數：

```
float setpoint, kp, ki; // 宣告接收逗號分隔字串資料的 3 個變數
```

讀取序列輸入資料的 readSerial() 函式程式碼如下：

```
void readSerial() {
  if (Serial.available()) {  // 若有序列資料輸入…
    // …持續讀到 '\n' 並存入 txt
    String txt = Serial.readStringUntil('\n');

    // 解析逗號分隔字串，分成 3 個浮點資料分別存入 setpoint,kp 和 ki ⬇
```

```
sscanf( txt.c_str(), "%f,%f,%f", &setPoint, &kp, &ki );
```
取出 String 物件裡的　　　　　嘗試以 3 個逗號分隔的
字元陣列格式資料　　　　　　浮點數字解析字串

```
   // 顯示剛剛讀入的參數資料值
   Serial.printf("setPoint= %f, kp= %f, ki= %f\n",
     setPoint, kp, ki);
  }
}
```

> 採用 8 位元微控器的 Arduino 開發板，如：Uno, Leonardo, MEGA2560,⋯ 等，
> sscanf() 函式不支援解析浮點數值。若要在這些板子上解析出字串裡的浮點數
> 字，可改用 strtok() 或 atof() 函式。

動手做 2-1　加入積分運算的 PI 控制器

實驗說明：替動手做 1-4 的比例控制器中加入積分控制項，並且允許透過
序列埠傳送 " 目標值 ,kp,ki" 格式的設定參數。

實驗程式

```
#define THERMO_PIN 36        // 熱敏電阻分壓輸入腳
#define HEATER_PIN 33        // 陶瓷加熱片的 PWM 輸出腳
#define ADC_BITS 10          // 類比輸入解析度 10 位元
#define PWM_CHANNEL 0        // PWM 通道
#define PWM_BITS 8           // 8 位元解析度
#define PWM_FREQ 1000        // 1KHz
#define INTERVAL_MS 500      // 間隔時間 500 毫秒

float setPoint = 40.0;    // 目標溫度
float kp = 0.0;           // 比例增益
float ki = 0.0;           // 積分增益
float errorSum = 0;       // 累計誤差
```

```
void readSerial() {
  if (Serial.available()) { // 若有序列資料輸入…
    // …持續讀到 '\n' 並存入 txt
    String txt = Serial.readStringUntil('\n');
    // 解析逗號分隔字串，分成 3 個浮點資料分別存入 setpoint,kp 和 ki
    sscanf(txt.c_str(), "%f,%f,%f", &setPoint, &kp, &ki);
    // 顯示剛剛讀入的參數資料值
    Serial.printf("setPoint= %f, kp= %f, ki= %f\n",
                  setPoint, kp, ki);
  }
}


float readTemp(float R0 = 10000.0, float beta = 3950.0) {
  int adc = analogRead(THERMO_PIN);
  float T0 = 25.0 + 273.15;
  float r = (adc * R0) / (1023 - adc);
  return 1 / (1 / T0 + 1 / beta * log(r / R0)) - 273.15;
}


float computePI(float in) {
  float error = setPoint - in;        // 計算誤差
  float dt = INTERVAL_MS / 1000.0;    // 間隔時間 (單位是秒)

  errorSum += error * dt;             // 累計誤差
  errorSum = constrain(errorSum, 0, 255); // 限制累計誤差值的大小
  float output = kp * error + ki * errorSum;  // 計算 PI
  output = constrain(output, 0, 255);      // 限制輸出值的大小
  return output;
}


void setup() {
  Serial.begin(115200);
  pinMode(HEATER_PIN, OUTPUT);
  // 設定類比輸入
  analogSetAttenuation(ADC_11db);    // 類比輸入上限 3.6V
  analogSetWidth(ADC_BITS);          // 10 位元解析度
  ledcSetup(PWM_CHANNEL, PWM_FREQ, PWM_BITS); // 設置 PWM 輸出
  ledcAttachPin(HEATER_PIN, PWM_CHANNEL);     // 指定輸出腳
}
```

```
void loop() {
  static uint32_t prevTime = 0;    // 前次檢測時間
  uint32_t now = millis();

  if (now - prevTime >= INTERVAL_MS) {
    prevTime = now;

    float temp = readTemp();                    // 讀取溫度
    float power = (int) computePI(temp);   // 計算 PI

    ledcWrite(PWM_CHANNEL, (int)power);     // 加熱
    Serial.printf("%.2f,%.2f\n", setPoint, temp);
  }

  readSerial(); // 讀取序列埠輸入值
}
```

編譯上傳程式到 ESP32 之後，在**序列埠監控視窗**輸入目標溫度、Kp 和 Ki 參數，執行結果如下：

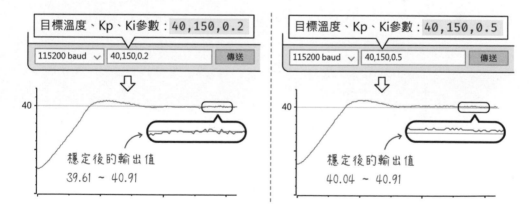

微調 PI 控制參數

調整 PID 控制器的 Kp 和 Ki 等參數值，讓系統輸出穩定趨於目標值的過程，稱為**調校（tuning）參數**。最基本也是很常用的調校方式為「試誤法」，也

就是先輸入一個假定的參數值，然後觀察系統的輸出，若不符合預期，就逐漸增加或減少參數值，直到輸出趨於目標值。

試誤的過程並非盲目地瞎猜，而是先估算誤差，再推算合適的參數。 每次僅調整一個參數值，調校的步驟如下：

1 Kp 和 Ki 參數都先設成 0。

2 先調整 Kp 參數值，假設在溫差 5℃ 的情況下，希望系統能火力全開，盡速達到目標值，Kp 值可設成 50，因為 PWM 上限為 255。如果溫度上升太慢或者穩態誤差太大，達不到目標值，就調高 Kp 值。

以溫控的例子來說，Kp 每次可增加 5 或 10；若溫度值暴衝或者大多處於超過目標值的狀態，則調降 Kp 值。

3 記下找出的合適 Kp 值，然後把 Kp 值設為 0，讓加熱器溫度降到初始溫度之後，再輸入剛才的 Kp 值驗證看看。

4 調好 Kp，再開始調 Ki。P 控制器已經讓輸出趨近目標值，例如，假設跟目標值的誤差約 1℃，但從啟動到現在，溫度誤差可能已經累積到數十甚至上百，所以 Ki 參數應該從 0.1 甚至 0.01 開始調整。

2-3 微分控制器（D）

PI 控制器可再加上微分方程式，抑制訊號快速變化。底下是典型的 PID 控制器的方塊圖，誤差經過比例、積分和微分運算之後加總成控制輸出值：

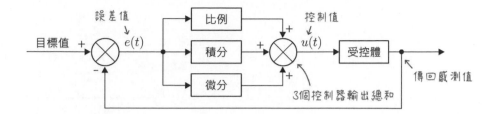

先複習一下微分的概念。底下是呈現**時間**與**移動距離**變化的線條圖，若物體以**等速移動**，只要擷取其中的一段，計算出斜率（平均速率），就能推算出任何時間點的移動距離。例如，6 秒時的移動距離為**時間 × 速率**=6×0.5=3m。

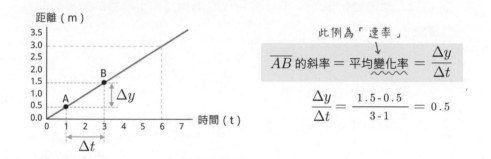

來看另一個例子，假設有個 f(t) 函數構成的曲線（此函數的內容不重要），在這條曲線的 A, B 兩點之間畫一條直線（稱為「割線」），也能求得 AB 兩點之間的**平均變化率**。

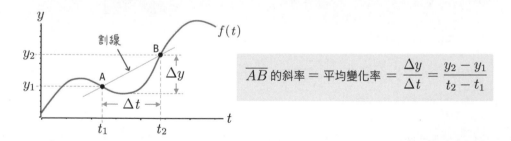

但此曲線任一點的變化率並不相同，如果用平均變化率估算 A 點的前後走勢，結果是錯的。求 A 點附近的變化率，B 要逐漸往 A 靠攏，A, B 兩點在 t 軸的差距為 Δt，如下圖左：

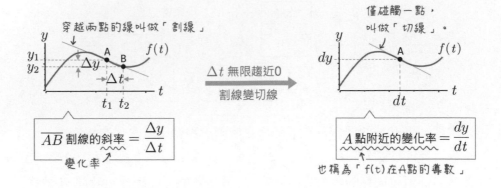

當 AB 兩點的差距（Δt）趨近於 0 但不等於 0 時，**割線**變成**切線**，A 點的 dy/dt 值就是**瞬時變化率**（dy 和 dt 分別代表兩組極靠近座標的差異值）也稱為**導數**。

類比（連續）訊號與數位（離散）訊號

 額⋯上面講的斜率和變化率跟控制程式有什麼關係？

 導數就是函數圖形在某一點的變化率。在控制系統上，透過檢測輸出訊號的變化率，即可判斷是否將過衝或低衝，藉此調控輸出值。

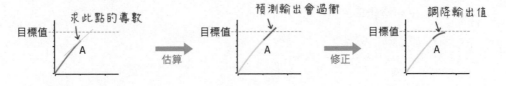

 哦～原來如此！可是，AB 兩點逐漸逼近成一個點⋯感覺怪怪的，到底是一個點還是兩個點？

 遠看像一個點，無限放大看，是緊鄰的兩個點，這是「極限」的概念。舉例來說，從太空看地球是圓的，但當視角逐漸放大到地表層面時，地面是平的，你雙腳站立的兩個點就能構成地表的切線。

 那要怎麼在程式中計算某個點的瞬時變化率呢？

 其實程式計算的不是瞬時變化率，而是兩個時間點之間的變化率。

 蛤？那不就不準確了嗎？

 以氣溫來說，在真實世界的變化是連續的，從 18 度到 19 度之間，可以切割成 18.001, 18.002,… 等無限多變化。數位訊號則是每隔一段時間對連續訊號取樣，所以它不連續、不存在中間變化，也稱為**離散**（**discrete**）訊號。

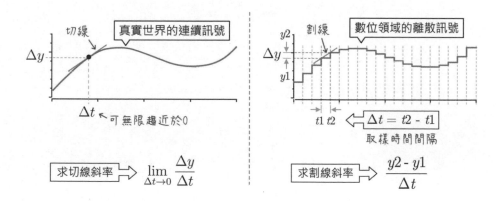

本文的程式雖以每隔 1 秒或 0.5 秒擷取溫度感測值，不是「瞬時」，但足以推測溫度的變化趨勢。

 我懂了～因為微處理器是依循時脈運作的機器，不管它的速度多快、取樣頻率多高，它感知到的仍是不連續的離散訊號。透過取樣得到數據，只要符合應用場合的需求即可，不一定要非常精細。

沒錯！就是這樣。回顧之前的積分方程式，左下是求「連續訊號」面積的積分運算，右下則是求「離散訊號」切片總面積的運算式：

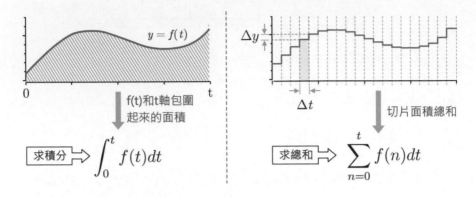

左下圖標示：
$y = f(t)$

f(t)和t軸包圍
起來的面積

求積分 $\Rightarrow$ $\displaystyle\int_0^t f(t)dt$

右下圖標示：
Δy

Δt

切片面積總和

求總和 $\Rightarrow$ $\displaystyle\sum_{n=0}^t f(n)dt$

求切片總和面積的運算式就是：

全部切片面積加總 $\Rightarrow$ $\displaystyle\sum_{n=0}^t f(n)dt = \underset{\underset{\text{取樣時間間隔}}{\uparrow}}{\overset{\overset{\text{取樣值0}}{\downarrow}}{f(0)}}dt + \overset{\overset{\text{取樣值1}}{\downarrow}}{f(1)}dt + \overset{\overset{\text{取樣值2}}{\downarrow}}{f(2)}dt + ... + f(n)dt$

所以之前處理積分的程式寫成：

```
errorSum += error * dt;     // 累計誤差
```

微積分教學文件大多以類似下圖的方式介紹極限和導數，極限就是「無限逼近」。

y值因應 x而變，
所以稱作「應變數」。

y是f(x)函數的輸出值 $\Rightarrow$ $y = f(x)$

自變數

只有一個自變數的函數，
叫做「一元函數」。

圖中標示：
$f(x)$
$f(a+h)$
B
A
$f(a)$
h
a
$a+h$
x
y

下圖左是求趨近 A 處的變化率的數學式，其中的 lim 代表 limit（極限），這個變化率也稱為 **f(x) 在 x=a 的導數，也可以寫成 f'(x) 或 dy/dx**，在此只要知道導數的意義和記法，實際的計算方式不是本文的重點，完整的說明，可參閱維基百科《導數》條目（網址：https://bit.ly/3lh1WRc）。

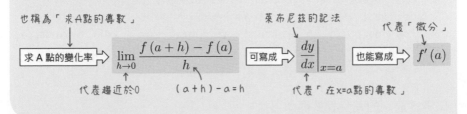

動手做 2-2　加入微分方程式的 PID 控制器

實驗說明：替動手做 2-1 的比例・積分控制器中加入微分控制項，並且允許透過序列埠傳送 " 目標值 ,kp,ki,kd" 格式的設定參數。

目標溫度、Kp、Ki、Kd參數：`40,80,0.25,250`

`115200 baud` ∨　`40,80,0.25,250`　傳送

實驗程式

PID 控制器中的微分方程式，就是求取「前後感測值的變化程度」：

$$變化率 \longrightarrow \frac{\Delta y}{\Delta t} \longrightarrow \frac{\Delta error}{\Delta t} = \frac{error - prevError}{dt}$$

（前後誤差　當前誤差　前次誤差）

底下是計算 PID 的自訂函式，在之前的 PI 計算函式中加入兩個變數，以及微分計算式，為了持續記錄從程式執行以來的累計誤差，這兩個定義在函式裡的變數必須宣告成 static。

static (靜態) 修飾字代表在函式執行後，仍保留變數值。

```
float computePID( float in ) {
  static float errorSum = 0;      // 累計誤差
  static float prevError = 0;     // 前次誤差值
    : 略
  float errorRate = (error - prevError) / dt;    // 溫度變化率
  prevError = error;   // 儲存本次誤差              // 微分項
  float output = kp * error + ki * errorSum + kd * errorRate;
    : 略
}
```

PID 溫度控制的完整程式碼如下：

```
#define THERMO_PIN 36      // 熱敏電阻分壓輸入腳
#define HEATER_PIN 33      // 陶瓷加熱片的 PWM 輸出腳
#define ADC_BITS 10        // 類比輸入解析度 10 位元
#define INTERVAL_MS 500    // 500 毫秒
#define PWM_CHANNEL 0      // PWM 通道 (0~15)
#define PWM_BITS 8         // 8 位元解析度
#define PWM_FREQ 1000      // PWM 頻率 1KHz

float setPoint = 40.0;    // 目標溫度
float kp = 0.0;           // 比例增益
float ki = 0.0;           // 積分增益
float kd = 0.0;           // 微分增益

void readSerial() {         // 讀取序列輸入字串的函式
  if (Serial.available()) {
    String data = Serial.readStringUntil('\n');
    sscanf(data.c_str(), "%f,%f,%f,%f", &setPoint,
      &kp, &ki, &kd);
    Serial.printf("setPoint= %.2f, kp= %.2f, ki= %.2f,
      kd= %.2f\n", setPoint, kp, ki, kd);
  }
}

float readTemp(float R0 = 10000.0, float beta = 3950.0) {
  : 取得攝氏溫度值的程式不變，故略…
}

float computePID(float in) {          // 計算 PID
  static float errorSum = 0;          // 累計誤差
```

```
  static float prevError = 0;        // 前次誤差值
  float error = setPoint - in;       // 當前誤差
  float dt = INTERVAL_MS / 1000.0;   // 間隔時間（秒）

  errorSum += error * dt;                  // 積分：累計誤差
  errorSum = constrain(errorSum, 0, 255);  // 限制積分範圍
  // 微分：誤差程度變化
  float errorRate = (error - prevError) / dt;

  prevError = error;   // 儲存本次誤差

  float output = kp * error + ki * errorSum + kd * errorRate;
  // 計算 PID
  output = constrain(output, 0, 255);   // 限制輸出值範圍
  return output;
}

void setup() {
  Serial.begin(115200);
  pinMode(HEATER_PIN, OUTPUT);
  // 設定類比輸入
  analogSetAttenuation(ADC_11db);   // 類比輸入上限 3.6V
  analogReadResolution(ADC_BITS);   // 設定 ADC 解析度位元
  ledcSetup(PWM_CHANNEL, PWM_FREQ, PWM_BITS); // 設置 PWM 輸出
  ledcAttachPin(HEATER_PIN, PWM_CHANNEL);       // 指定輸出腳
}

void loop() {
  static uint32_t prevTime = 0;    // 前次時間，宣告成「靜態」變數
  uint32_t now = millis();         // 目前時間
  if (now - prevTime >= INTERVAL_MS) {
    prevTime = now;

    float temp = readTemp();        // 讀取溫度
    float power = computePID(temp);     // 計算 PID
    ledcWrite(PWM_CHANNEL, (int)power); // 輸出 PID 運算值
    Serial.printf("%.2f,%.2f\n", setPoint, temp);
  }

  readSerial();    // 讀取序列輸入參數
}
```

實驗結果

編譯上傳程式檔之後，kd, ki 和 kd 參數預設都是 0，所以 PID 計算結果也是 0。請在**序列埠監控視窗**或者**序列繪圖家**輸入逗號分隔的 "目標值 ,kp,ki,kd" 參數，底下是筆者輸入目標值 40，以及不同 kp, ki 和 kd 參數的結果：

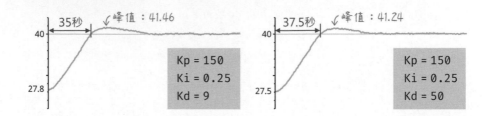

跟調校 PI 控制器一樣，如果是重新調整，必須先把 Kp, Ki 和 Kd 都設成 0，再從 Kp 開始陸續調整各項參數。

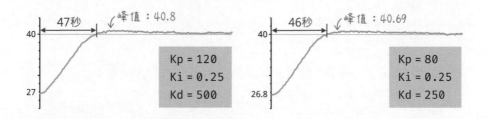

總結 P, I, D 各個方程式的功用

PID 各個方程式的功用總結如下：

● 比例 P：縮短上昇時間，加快反應速度。

● 積分 I：消除穩態誤差。

● 微分 D：減少訊號過衝或下衝。

Kp, Ki 和 Kd 參數值對系統穩定的影響則如表 2-1 所示：

表 2-1

參數	上升時間	過衝	穩定時間	穩態誤差	穩定度
Kp	減少	增加	小改變	減少	降低
Ki	減少	增加	增加	消除	降低
Kd	微小改變	降低	降低	理論上沒影響	若 Kd 值小則有改善

本章開頭提到維基百科上的 PID 調節效果 GIF 動畫，最後呈現 D 控制項的運作結果，像下圖左顯示 PID 控制器的 Kd（微分）參數原本是 0.8，輸出訊號呈現過衝現象，調高 Kd 值，就把波動抑制下來了。

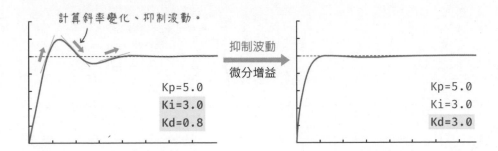

D（微分）方程式有助於預測系統行為，也能改善系統的穩定性，但前提是輸入（誤差）訊號沒有太多雜訊，也就是短時間內的波動不大。調高 Kd 參數，D 控制器將對訊號的波動變得敏感。

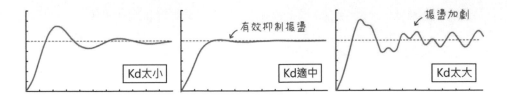

倘若目標值改變，或者受到雜訊干擾，因而導致輸入訊號發生大幅變化，D 控制器也會產生強烈的反應。為了避免這種情況，可在輸入端增添「低通濾波器」濾除高頻振盪訊號，或者乾脆不用微分方程，僅採用 P 或 PI 控制器。溫度控制屬於「低速」控制系統，溫度的變化不像馬達的轉速變化那麼快，所以通常會加入 D 控制器。

2-4 PID 的數學方程式

在網路上搜尋 PID 資料，你會看到一些數學方程式，它們的符號和表達式可能都不太一樣，一個原因是數學家慣用的符號不同，就像電路圖中的電阻，有些人畫成長方形，有些人慣用三角鋸齒形。主要原因則是它們描述的訊號類型不同，這個方程式適用於**連續（類比）訊號**，其中的 e 代表 error（誤差）：

$$u(t) = K_p e(t) + K_i \int_0^t e(\tau)d\tau + K_d \frac{d}{dt}e(t)$$

<small>當前誤差</small> · <small>積分變數，其值從0到當前時間。</small>
<small>當前的控制輸出</small> · <small>比例項</small> · <small>積分項</small> · <small>微分項</small>

離散（數位）訊號的 PID 方程式則寫成底下這個樣子，其中的 Ts 時間間隔常數，也有人寫成 dt。經過第一章和本章的說明和實作練習，相信讀者對它們不感到陌生。

$$u(k) = K_p e(k) + K_i T_s \sum_{i=0}^{k} e(i) + K_d \frac{e(k) - e(k-1)}{T_s}$$

<small>取樣時間</small> · <small>當前誤差</small> · <small>從開始加總誤差到現在</small> · <small>現在和前一時刻的誤差差值</small>
<small>取樣時間間隔</small>

以上的 PID 方程式也稱為**並聯式（Parallel）PID**，它有另一種稱為「**理想的（Ideal）PID**」方程式寫法，Kp 參數也作用在 Ki 和 Kd 控制項，像這樣：

$$u(t) = K_p \left(e(t) + \underbrace{\frac{1}{\tau_i}}_{\text{重設速率}} \int_0^t e(\tau)d\tau + \underbrace{\tau_d \frac{d}{dt}}_{\text{微分時間}} e(t) \right) + \underbrace{b}_{\text{可選擇性地加入偏移值}}$$

$$= K_p e(t) + \underbrace{\frac{K_p}{\tau_i}}_{K_i} \int_0^t e(t)dt + \underbrace{K_p \tau_d}_{K_d} \frac{de(t)}{dt}$$

理想的 PID 方程式最後的 b 是一個**偏移（bias）值**，用於調整 PID 輸出的基準。某些情況有必要設定偏移值，例如，假設控制器的有效輸出範圍為 0~100%，但感測器的有效測量範圍僅為 20~80%，此時就能透過 20% 偏移值調整輸出。

理想的 PID 方程式當中的 Ti 常數也稱為「**積分時間**」，代表積分方程式累積誤差的時間。Ti 的倒數 1/Ti 稱為「**重設速率（reset rate）**」，代表積分方程式回應誤差變化的速率。1/Ti 比較能詮釋積分方程式對誤差變化的反應，例如，假設 Ti 很小，1/Ti 就會很大，代表積分方程式能快速反應誤差的變化。

調整 PID 參數的齊格勒－尼科爾斯（Ziegler-Nichols）方式

除了用「試誤法」和經驗調整 PID 參數，也有工程師和學者研究、歸納了調整 PID 參數的方式，例如：**齊格勒－尼科爾斯（Ziegler-Nichols**，以下簡稱 Z-N 調整法）以及 **strm-Hgglund**（論文原文：https://bit.ly/3LUAOss），它們都以發明者的名字命名。

Z-N 調整法是最知名的方法，在 1940 年代早期由 John G. Ziegler（約翰·齊格勒）和 Nathaniel B. Nichols（納撒尼爾·尼科爾斯）兩位工程師提出，分成「閉迴路調整法」和「開迴路調整法」兩種，比較常用且簡單的是「閉迴路調整法」，操作步驟如下：

1 先把 **Ki（積分增益）**和 **Kd（微分增益）都設為 0**，然後逐漸增加 Kp（比例增益），直到系統產生持續的規律（neutral 或 constant）振盪。

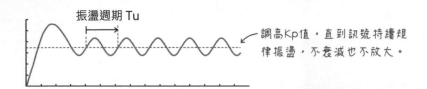

振盪週期 Tu

調高 Kp 值，直到訊號持續規律振盪，不衰減也不放大。

2 記錄此時的**振盪週期 Tu**，以及 Kp 比例增益，稱它為 **Ku（臨界增益）**。

3 根據控制類型（P、PI、PD 或 PID），將臨界增益 Ku 和振盪週期 Tu 代入表 2-2 的公式，計算出 Kp、Ki 和 Kd 增益值。

表 2-2

類型	Kp	Ti	Td	Ki (Kp/Ti)	Kd (Td/Kp)
P	0.5Ku	無	無	無	無
PI	0.45Ku	Tu/1.2	無	0.54Ku/Tu	無
PD	0.8Ku	無	Tu/8	無	0.1KuTu
PID	0.6Ku	Tu/2	Tu/8	1.2Ku/Tu	0.075KuTu
少許過衝	Ku/3	Tu/2	Tu/3	(2/3)Ku/Tu	(1/9)Ku/Tu
沒有過衝	0.2Ku	Tu/2	Tu/3	(2/5)Ku/Tu	(1/15)Ku/Tu

4 將計算出的增益設定到控制器上，並觀察系統反應。如果需要，可以微調增益以改善性能。

補充說明，**Z-N 調整方法**無法適用於每一種 PID 控制器應用，而且在某些應用中，為了獲取 Tu 值而刻意讓裝置或機械大幅振盪，可能會造成危險。

3

藍牙無線調整 PID 參數
並於快閃記憶體
儲存偏好設定

某些自動控制應用，如：自走車，不適合用有線連接電腦調整 PID 參數，所以本章將建立採用典型藍牙（Bluetooth 2.x 版）無線調整參數的程式。此外，PID 參數調整完畢後，應該保存在微控板的快閃記憶體，日後開機啟動直接讀取並套用已存的參數，不用再調整，因此本章也將介紹在快閃記憶體儲存參數值的程式。

3-1 使用典型藍牙無線調整 PID 參數

ESP32 開發板支援典型藍牙以及低功耗藍牙（BLE，Bluetooth 4.x 版），新款 ESP32 系列僅支援 BLE，如 ESP32-S3，但 BLE 的 Arduino 以及用戶端（如：網頁）程式比較複雜一些，詳細的說明以及範例請參閱《**超圖解 ESP32 深度實作**》第 15 章，閱讀本章以及第 4 章的網頁程式後，要將本文的範例改成 BLE 版本也不是難事。

動手做 3-1 透過典型藍牙調整 PID 參數

實驗說明：讓控制板接收藍牙序列連線，調整 PID 參數。

實驗材料

具備典型藍牙（Bluetooth 2.x 版）的 ESP32 開發板，如：WEMOS LOLIN32 或 ESP32 D1 mini。

實驗程式

把原本的有線 UART 序列通訊程式改成無線藍牙序列通訊，基本上只要把 "Serial" 改成藍牙物件名稱即可。首先建立藍牙物件並宣告儲存目標值（setpoint）、kp, ki 和 kd 值的全域變數：

```
#include <BluetoothSerial.h> // 引用典型藍牙序列埠程式庫

BluetoothSerial BT;               // 建立 ESP32 典型藍牙物件
float setpoint, kp, ki, kd;  // 接收逗號分隔字串資料的變數
```

在 setup() 函式中初始化有線序列埠和藍牙序列埠連線。藍牙物件的 begin()
會傳回初始化成功與否的 true 或 false 值,因此,若藍牙序列埠無法初始
化,底下的程式將顯示錯誤訊息並重置 ESP32:

```
void setup() {
  Serial.begin(115200);             // 用於顯示調校 PID 的訊息

  if (!BT.begin("ESP32溫控板")) { // 啟用典型藍牙
    Serial.println("無法初始化藍牙,重新啟動ESP32…");
    ESP.restart();  // 重新啟動 ESP32
  } else {
    Serial.println("藍牙初始化完畢!");
  }
}
```

在 loop() 函式中判斷藍牙是否收到資料,稍後的程式將加入「在快閃記憶
體中儲存 PID 參數值」的功能,這裡僅先寫一個虛構片段:如果收到字串
"save",則傳回 "data saved."(資料已存),否則解析逗號分隔字串。

```
void loop() {
  if (BT.available()) {   // 若藍牙收到資料…
    // 持續讀取,直到 '\n' 字元
    String msg = BT.readStringUntil('\n');

    if (msg == "save") {             // 若輸入資料是 "save"
      BT.println("data saved."); // 傳回 "data saved."(資料已存)
      return;  // 結束本次資料處理
    }
    // 解析逗號分隔字串,把資料存入各個浮點型態變數
    sscanf(msg.c_str(), "%f,%f,%f,%f", &setpoint, &kp, &ki, &kd);
    // 在藍牙和有線 UART 序列埠輸出資料
```

```
    BT.printf("setpoint= %f, kp= %f, ki= %f, kd= %f\n",
              setpoint, kp, ki, kd);
    Serial.printf("setpoint= %f, kp= %f, ki= %f, kd= %f\n",
                  setpoint, kp, ki, kd);
  }
}
```

請編譯並上傳程式到 ESP32 開發板備用。

用手機 App 測試藍牙調控 PID 參數

你可以用具備藍牙介面的電腦或手機測試藍牙序列通訊，本單元採用 Android 手機上的 Serial Bluetooth Terminal（序列藍牙終端機）App 測試。請先在手機藍牙設定畫面與「ESP32 溫控板」配對。

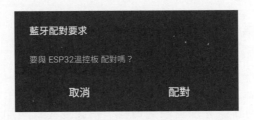

然後開啟 Serial Bluetooth Terminal（序列藍牙終端機）App，進入它的 Settings（設置）畫面，將 **Send（傳送）** 的 Newline（新行）設成 LF（代表在傳送字串後面自動加上 '\n' 字元）。

Receive（**接收**）的 Newline（新行）設成 CR+LF（代表訊訊息以 '\r\n' 字元結尾，此為 Serial.println() 輸出的換行字元組合）。

在 **Devices**（**裝置**）設定，確定連線裝置是「ESP32 溫控板」。

與 ESP32 開發板連線後，輸入逗號分隔的 PID 參數設定字串，例如："39,30,0.5,0"，送出後看到 ESP32 回應你剛才輸入的設定值，就代表成功了。

透過 FreeRTOS 在另一個處理器核心執行藍牙序列程式

WEMOS LOLIN32 以及 ESP32 D1 mini 開發板採用的 ESP-WROOM-32 模組，具備雙核心，有些 ESP32 的處理器是單核心，例如：ESP32-S2, ESP32-C3 和 ESP32-H2。雙核心可分擔處理器的工作，上一節的藍牙序列通訊程式和主程式在同一個核心執行（預設是核心 1），本單元程式將運用 FreeRTOS，在 ESP32 的核心 0 建立兩個自訂任務：

● **readBTtask**：從藍牙序列埠讀取並解析逗號分隔字串，基本上就是把上一節的 loop() 函式內容挪到這個任務。

● **writeBTtask**：每隔兩秒在藍牙序列埠輸出 "hello"，這個任務單純只為了示範傳送訊息。

FreeRTOS 以及任務（task）的說明，請參閱《**超圖解 ESP32 深度實作**》第
17 和 18 章。程式開頭的變數宣告以及 readBTtask 任務的程式碼如下，有
一點要留意，之前的判斷是否收到 "save" 字串的條件式，將會執行 return
而結束函式。**如果在任務函式中執行 return，該任務也將結束，所以這裡要
刪除之前程式裡的 return**。

```
#include <BluetoothSerial.h>  // 藍牙序列埠

BluetoothSerial BT;              // 建立 ESP32 典型藍牙物件
float setpoint, kp, ki, kd;   // 接收逗號分隔字串資料的變數

void readBTtask(void *pvParam) {   // 讀取序列輸入字串的藍牙任務
  while (1) {
    if (BT.available()) {     // 若藍牙收到資料…
      // 持續讀取，直到 '\n' 字元
      String msg = BT.readStringUntil('\n');

      if (msg == "save") {          // 若輸入資料是 "save"
        // 傳回 "data saved." (資料已存)
        BT.println("data saved.");
        // return;   // 這行必須改成註解或刪除
      } else {        // 加入 else 區塊
        // 解析逗號分隔字串，把資料存入各個浮點型態變數
        sscanf(msg.c_str(), "%f,%f,%f,%f", &setpoint,
               &kp, &ki, &kd);
        // 在藍牙和有線序列埠輸出資料
        BT.printf("setpoint= %f, kp= %f, ki= %f, kd= %f\n",
                  setpoint, kp, ki, kd);
        Serial.printf("setpoint= %f, kp= %f, ki= %f, kd= %f\n",
                      setpoint, kp, ki, kd);
      }
    }
    vTaskDelay(1);   // 延遲 1ms
  }
}
```

底下是輸出 "hello" 到藍牙序列埠的任務程式：

```
void writeBTtask(void *pvParam) {
  while (1) {
    BT.println("hello");
    vTaskDelay(2000);  // 延遲 2000 毫秒
  }
}
```

最後是在 setup() 中建立兩個任務的程式，根據測試（比較任務執行前後的堆疊記憶體佔用大小，這個範例省略），這兩個任務分別占用約 1892 和 636 位元組堆疊記憶體，所以在此分配 2048 和 1024 位元組給它們。

```
void setup() {
  Serial.begin(115200);
  BT.begin("ESP32溫控板");  // 啟用典型藍牙

  // 在核心 0 建立兩個任務
  xTaskCreate( readBTtask, "BT read", 2048, NULL, 0 , NULL);
  xTaskCreate( writeBTtask, "BT write", 1024, NULL, 0 , NULL);
}

void loop() { }
```

編譯上傳程式碼到 WEMOS LOLIN32 開發板，然後開啟手機的 Serial Bluetooth Terminal（序列藍牙終端機）App 測試，每隔兩秒將能收到 "hello"，輸入虛構的 PID 設定字串，也能收到回應。

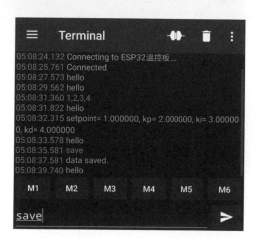

3-2 透過回呼處理藍牙通訊事件

以上兩節程式以「輪詢」方式不停地檢測藍牙是否收到資料。
BluetoothSerial.h 程式庫有提供類似中斷的**事件回呼（callback）**機制，每當
特定事件發生時，它會主動觸發指定的回呼函式，程式寫法是**在初始化藍
牙物件之後，執行 register_callback() 方法註冊自訂的回呼函式。**

假設回呼函式叫做 btCallback，沿用之前的程式，只新增一行：

```
#include <BluetoothSerial.h> // 藍牙序列埠

BluetoothSerial BT;             // 建立 ESP32 典型藍牙物件
float setpoint, kp, ki, kd;   // 接收逗號分隔字串資料的變數

// 藍牙的回呼函式將放在這裡

void setup() {
  Serial.begin(115200);

  if (!BT.begin("ESP32溫控板")) {     // 啟用典型藍牙
    Serial.println("無法初始化藍牙通訊，重新啟動ESP32…");
    ESP.restart();
  } else {
    Serial.println("藍牙初始化完畢！");
  }

  BT.register_callback(btCallback);  // 註冊回呼函式
}

void loop() { }
```

回呼函式語法格式如下，它接收兩個參數、沒有傳回值：

傳入觸發此事件的事件名稱常數

此參數會傳入藍牙的連線狀態，如：
成功、失敗、忙碌…等，一般用不到。

```
void btCallback(esp_spp_cb_event_t evt, esp_spp_cb_param_t *param) {
    :
}
```

自訂的回呼函式名稱

enum（列舉）型態的常數　　　　　　結構體型態

esp_spp_cb_event_t 列舉型態和 esp_spp_cb_param_t 結構體都定義在 esp_spp_api.h 檔（https://bit.ly/3W0goCb）。常用的事件常數名稱和意義如下，其中的 SPP 是典型藍牙的**序列埠協議（Serial Port Profile）**的縮寫、EVT 是 EVENT（事件）的簡寫、SRV 代表 SERVER（伺服器、主控端）。

- ESP_SPP_OPEN_EVT：SPP 從端開啟連線

- ESP_SPP_SRV_OPEN_EVT：SPP 主控端開啟連線

- ESP_SPP_CLOSE_EVT：SPP 主控端或從端關閉連線

- ESP_SPP_DATA_IND_EVT：SPP 連線接收到資料

- ESP_SPP_WRITE_EVT：SPP 資料傳輸（寫入）完畢

底下的事件回呼函式將回應藍牙連線、斷線以及處理接收到的資料，請把這個函式放在 setup() 函式定義前面。

```
void btCallback(esp_spp_cb_event_t event,
                esp_spp_cb_param_t *param) {
  switch (event) {
    case ESP_SPP_OPEN_EVT:        // 藍牙從端已連線
    case ESP_SPP_SRV_OPEN_EVT:    // 藍牙主控端已連線
      Serial.println("藍牙已連線。");
      break;
    case ESP_SPP_CLOSE_EVT:       // 「藍牙斷線
      Serial.println("藍牙斷線了！");
      break;
    case ESP_SPP_DATA_IND_EVT:    // 收到資料
      if (BT.available()) {       // 確認可取用資料
```

```
        String msg = BT.readStringUntil('\n'); // 讀取到 '\n'為止

        if (msg == "save") {
          BT.println("data saved.");
          return;
        }

        sscanf(msg.c_str(), "%f,%f,%f,%f", &setpoint,
              &kp, &ki, &kd);
        BT.printf("setpoint= %f, kp= %f, ki= %f, kd= %f\n",
              setpoint, kp, ki, kd);
        Serial.printf("setpoint= %f, kp= %f, ki= %f, kd= %f\n",
                setpoint, kp, ki, kd);
      }
      break;
  }
}
```

實驗結果

編譯上傳程式碼到 ESP32 開發板後開啟
序列埠監控視窗，它將隨著藍牙裝置連
線顯示對應的訊息；在手機藍牙 APP 輸
入虛構的 PID 參數值，也將能解析參數
資料。

在回呼函式之外處理藍牙資料

上一節的 loop() 迴圈沒有任何程式敘述，處理並轉發藍牙序列埠訊息都透
過事件回呼函式，這樣的程式寫法沒有問題。但 esp_spp_api.h 原始碼的註
解有提到，**強烈建議僅在事件函式中暫存接收資料，解析資料的工作交給
其他優先等級較低的程式**。換句話說，事件處理函式類似中斷處理函式，
優先等級較高，應該盡速完成作業讓處理器得以進行其他工作。

假設主程式有其他重要工作要處理，如；檢測車體速度、角度、控制馬達轉速⋯等，處理藍牙收到的字串的程式應該從事件處理函式移除。筆者假設藍牙輸入資料（字串）長度不超過 50 個字元（含 '\0' 以及 '\n'），因此定義一個儲存藍牙序列輸入的字串，以及代表藍牙資料更新與否的全域結構體，命名為 bt_data。

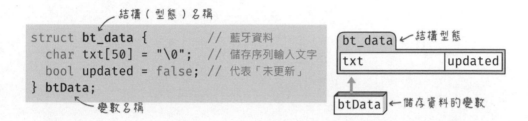

附帶說明，以上的結構敘述是 C++ 的寫法，傳統的 C 語言結構不允許在定義結構的同時設定初值，因為在 C 語言的結構敘述是定義「型態」而非變數。

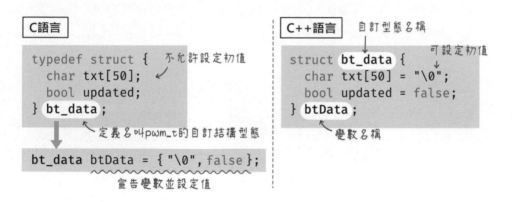

修改後的程式碼如下：

```
#include <BluetoothSerial.h> // 藍牙序列埠

BluetoothSerial BT;        // 建立藍牙物件
float setpoint, kd, kp, ki;

struct bt_data {           // 自訂儲存藍牙資料的結構體
  char txt[50] = "\0";     // 儲存序列輸入字串的成員
```

```
    bool updated = false;  // 代表資料是否已更新，預設「未更新」
} btData;   // 宣告儲存藍牙輸入資料的變數

void btCallback(esp_spp_cb_event_t event,
                esp_spp_cb_param_t *param) {
  uint8_t index = 0;   // 讀入字元的索引
  switch (event) {
       :   不變，故略…
    case ESP_SPP_DATA_IND_EVT:   // 收到藍牙資料
      while (BT.available()) {   // 持續處理接收到的資料
        // 存入每個讀入的字元（含 '\n'）
        btData.txt[index++] = BT.read();
      }
      btData.updated = true;    // 設成「已更新」
      break;
  }
}
```

每當有新的藍牙資料傳入，上面的 while 迴圈會將它們依序存入 btData 結構的 txt 字元陣列成員。

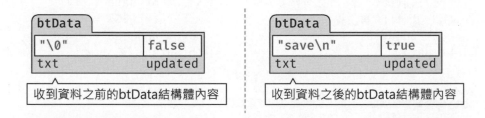

收到資料之前的btData結構體內容　　收到資料之後的btData結構體內容

實際處理藍牙序列資料的程式挪到底下的 readBT() 函式，比較字元陣列的函式叫做 **strcmp()**，原意為 string compare（字串比較），《**超圖解 Arduino 互動設計入門**》第 18 章有說明。請注意，透過 strcmp() 比較字元陣列時，結尾的 "\n" 字元不可少。

```
void readBT() {
  if (btData.updated) {        // 若藍牙有更新資料…
    btData.updated = false;   // 設為「無更新」
```

```
    // 比較 btData.txt 字元陣列與 "save" 字串…
    if (strcmp(btData.txt, "save\n") == 0) {
      BT.println("data saved.");  // 若相同，則顯示 "data saved."
    } else {   // 否則，解析 PID 參數
      sscanf(btData.txt, "%f,%f,%f,%f\n", &setpoint,
             &kp, &ki, &kd);
      BT.printf("setpoint= %f, kp= %f, ki= %f, kd= %f\n",
                setpoint, kp, ki, kd);
    }

    // 把字元陣列元素都設成0
    memset(btData.txt, 0, sizeof(btData.txt));
  }
}

void initBT() {   // 初始化典型藍牙
  if (!BT.begin("ESP32溫控板")) {  // 啟用典型藍牙
    Serial.println("無法初始化藍牙通訊，重新啟動ESP32…");
    ESP.restart();
  } else {
    Serial.println("藍牙初始化完畢！");
  }

  BT.register_callback(btCallback);   // 註冊回呼函式
}

void setup() {
  Serial.begin(115200);
  initBT();   // 初始化藍牙
}

void loop() {
  readBT();   // 讀取藍牙
}
```

雖然程式是在 loop() 中透過 readBT() 函式「輪詢」藍牙的狀態，但它只讀取、判斷一個布林變數值，比起透過藍牙物件的 available() 檢查狀態，執行效率較高。編譯上傳程式，執行結果與上一節相同。

3-3 在快閃記憶體中儲存「偏好設定」

PID 參數調整完畢後，我們應該將它存入 ESP32 的快閃記憶體，並且在日後開機時，都要先讀取、套用之前存檔的參數。除了使用 SPIFFS 和外接 SD 記憶卡儲存參數，ESP32 開發環境內建一個在快閃記憶體中儲存應用程式參數的 Preferences.h（偏好設定）標頭檔（原始碼：https://bit.ly/47eyViv）。

《**超圖解 ESP32 深度實作**》第 12 章說明 ESP32 的快閃記憶體分區，其中有個**預設 20KB 大小的 NVS 分區**，本文的「偏好設定」資料就是存放在 NVS 區。NVS 的意思是 Non-Volatile Storage（非揮發性儲存區，官方簡體中文譯成「非易失性存儲」）的縮寫，詳細的說明以及底層的操作函式請參閱官方〈非易失性存儲〉線上文件（https://bit.ly/3rUhhSn）。

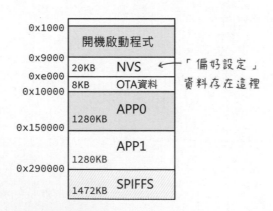

「偏好設定」資料的儲存範例如下，這兩個範例只是「示意圖」，實際的新增、寫入和刪除都是透過 Preferences.h 程式庫提供的函式操作。每一組偏好設定值都要包含在一個唯一名稱的**命名空間（namespace）**裡面。「命名空間」相當於「檔名」，NVS 儲存區最多允許 254 個命名空間，「命名空間」和「鍵」的名稱長度上限都是 15 個 ASCII 字元；不同命名空間允許存在相同「鍵名」。

```
命名空間 {
   鍵1:值1
   鍵2:值2
}
```
→
```
WIFI {
   ssid:"iDontCare"    // 網路名稱
   pass:"12345678"     // 密碼
}
```

```
PID {
   kp:1.2
   ki:3.4
   kd:5.6
}
```

「偏好設定」物件的方法

要使用 Preferences.h 在快閃記憶體儲存偏好設定，首先得在程式檔開頭引用程式庫，然後建立 Preferences 型態的物件，筆者將它命名為 prefs：

```
#include <Preferences.h>

Preferences prefs;   // 宣告偏好設定物件
```

存取「偏好設定」資料之前，**必須先執行 begin() 開啟它；操作資料結束後，必須執行 end() 關閉它。**

- begin(" 命名空間 ", 是否唯讀)：開啟指定「命名空間」的資料，「是否唯讀」是個布林值，**true 代表以「唯讀」模式開啟或新增命名空間、**false 代表允許寫入和讀取。

  底下的敘述代表以「唯讀」模式開啟 "PID" 命名空間，若 "PID" 不存在，則新建一個。

```
prefs.begin("PID", false);
```

- isKey(" 鍵名 ")：查看指定的「鍵」是否存在，若存在則傳回 true。
- getType(" 鍵名 ")：查看並傳回指定「鍵」的型態。
- freeEntries()：傳回可用的「偏好設定」位元組空間大小。
- remove(" 鍵名 ")：移除命名空間當中的指定「鍵」及其資料。
- clear()：清除命名空間裡的所有資料，但不會刪除命名空間。
- end()：關閉目前開啟的命名空間。

寫入偏好設定資料方法的通用格式為 **put ○○○ (" 鍵名 ", 值)**，○○○是資料型態的名稱。表 3-1 列舉偏好設定支援的資料型態與對應的「寫入方法」：

表 3-1

型態	寫入方法
布林（bool）	putBool(const char* key, const bool value)
多個位元組（bytes）	putBytes(const char* key, const void* value, size_t len)
字元（char）	putChar(const char* key, int8_t value)
無號字元（unsigned char）	putUChar(const char* key, int8_t value)
字串（String）	putString(const char* key, const String value)
16 位元整數（short）	putShort(const char* key, int16_t value)
16 位元無號整數	putUShort(const char* key, uint16_t value)
32 位元整數（int）	putInt(const char* key, int32_t value)
32 位元無號整數	putUInt(const char* key, uint32_t value)
32 位元整數（long）	putLong(const char* key, int32_t value)
32 位元無號整數	putULong(const char* key, uint32_t value)
64 位元整數（long64）	putLong64(const char* key, int64_t value)
64 位元無號整數	putULong64(const char* key, uint64_t value)
浮點數（float）	putFloat(const char* key, const float_t value)
倍精度浮點數（double）	putDouble(const char* key, const double_t value)

讀取偏好設定資料方法的通用格式為 **get ○○○ (" 鍵名 ", 預設值)**，○○○是資料型態的名稱。倘若指定的鍵不存在，則傳回預設值。

表 3-2

型態	讀取方法
布林（bool）	getBool(const char* key, const bool defaultValue)
多個位元組（bytes）	getBytes(const char* key, void * buf, size_t maxLen)
字元（char）	getChar(const char* key, const int8_t defaultValue)
無號字元（unsigned char）	getUChar(const char* key, const uint8_t defaultValue)
字串（String）	getString(const char* key, const String defaultValue)
字串（String）	getString(const char* key, char* value, const size_t maxLen)
16 位元整數（short）	getShort(const char* key, const int16_t defaultValue

型態	讀取方法
16 位元無號整數	getUShort(const char* key, const uint16_t defaultValue)
32 位元整數（int）	getInt(const char* key, const int32_t defaultValue)
32 位元無號整數	getUInt(const char* key, const uint32_t defaultValue)
32 位元整數（long）	getLong(const char* key, const int32_t defaultValue)
32 位元無號整數	getULong(const char* key, const uint32_t defaultValue)
64 位元整數（long64）	getLong64(const char* key, const int64_t defaultValue)
64 位元無號整數	gettULong64(const char* key, const uint64_t defaultValue)
浮點數（float）	getFloat(const char* key, const float_t defaultValue)
倍精度浮點數（double）	getDouble(const char* key, const double_t defaultValue)

讀、寫與刪除偏好設定的自訂函式

本單元將在透過藍牙設定 PID 參數的程式中，加入以下 3 個自訂函式，提供讀取、寫入和刪除偏好設定的功能。

● writePrefs()：把全域變數 setpoint, kp, ki 和 kd 值寫入命名空間 "PID" 的偏好設定。

● readPrefs()：從 "PID" 偏好設定取出 setpoint, kp, ki 和 kd 參數值，若讀取成功則傳回 true，否則傳回 false。

● clearPrefs()：清除 "PID" 偏好設定內容。

把 PID 參數寫入偏好設定的函式碼：

```
void writePrefs() {   // 寫入偏好設定，無傳回值
  prefs.begin("PID", false);  // 開啟 "PID"，false 代表「可寫入」
  prefs.putFloat("setpoint", setpoint);  // 寫入浮點型態資料
  prefs.putFloat("kp", kp);
  prefs.putFloat("ki", ki);
  prefs.putFloat("kd", kd);
  prefs.end();  // 結束存取偏好設定
}
```

讀取 "PID" 偏好設定資料的函式碼：

```
bool readPrefs() {  // 讀取快閃記憶體
  prefs.begin("PID", true); // true 是「僅讀」

  setPoint = prefs.getFloat("setPoint", 0);  // 讀取紀錄
  kp = prefs.getFloat("kp", 0);
  ki = prefs.getFloat("ki", 0);
  kd = prefs.getFloat("kd", 0);

  prefs.end();

  if (setPoint == 0 || kp == 0)
    return false;  // 快閃記憶體沒有紀錄

  return true;
}
```

清除 "PID" 偏好設定的函式碼：

```
void clearPrefs() {
  prefs.begin("PID", false);  // false 是「可寫」
  prefs.clear();              // 清除全部鍵、值
  prefs.end();
}
```

原本僅讀取逗號分隔的目標值與 PID 參數的 readBT() 函式，新增檢測三個「指令」的功能，這些指令都是 "\n" 結尾的字元陣列：

● "pid\n"：顯示當前的目標值和 PID 參數

● "save\n "：把目標值和 PID 參數存入偏好設定

● "clear\n "：刪除偏好設定

檢測輸入指令的功能就是把接收到的字元跟以上的字元陣列值比較。底下是新增功能之後的 readBT() 函式原始碼：

```
void readBT() {
  if (btData.updated) {
    btData.updated = false;

    // 顯示目前的 PID 參數值
    if (strcmp(btData.txt, "pid\n") == 0) {
      BT.printf("setpoint= %.2f, Kp= %.2f, Ki= %.2f, Kd= %.2f\n",
                setpoint, kp, ki, kd);
    } else if (strcmp(btData.txt, "save\n") == 0) {
      writePrefs();  // 把目前的 PID 參數值寫入偏好設定
      BT.println("prefs saved.");
    } else if (strcmp(btData.txt, "clear\n") == 0) {
      // 清除偏好設定
      clearPrefs();
      BT.println("prefs cleared.");
    } else {
      sscanf(btData.txt, "%f,%f,%f,%f\n", &setpoint,
             &kp, &ki, &kd);
      BT.printf("setpoint= %.2f, Kp= %.2f, Ki= %.2f, Kd= %.2f\n",
                setpoint, kp, ki, kd);
    }

    memset(btData.txt, 0, sizeof(btData.txt));   // 清空字元陣列
  }
}
```

測試讀、寫與刪除 PID 偏好設定值的程式碼

加入偏好設定功能的藍牙調整 PID 參數的程式碼重點如下,它將於開機時
讀取偏好設定:

```
#include <BluetoothSerial.h> // 藍牙序列埠
#include <Preferences.h>
#define THERMO_PIN36            // 熱敏電阻分壓輸入腳
  :略
```

```
Preferences prefs;   // 宣告偏好設定物件

BluetoothSerial BT;  // 建立典型藍牙序列通訊物件

bool readPrefs() { …略 }   // 讀取偏好設定
void writePrefs() { …略 }  // 寫入偏好設定
void clearPrefs() { …略 }  // 清除偏好設定
void readBT() { …略 }      // 讀取藍牙輸入字串
   :略

void setup() {
  Serial.begin(115200);
  initBT();  // 初始化藍牙
  bool hasKey = readPrefs();  // 讀取偏好設定值

  if (hasKey) {
    Serial.printf("偏好設定：\n"
                  "setpoint= %.2f,
                  Kp= %.2f, Ki= %.2f, Kd= %.2f\n",
                  setpoint, kp, ki, kd);
    Serial.printf("剩餘空間：%d 位元組\n", prefs.freeEntries());
  } else {
    Serial.println("偏好設定不存在");
  }

  pinMode(HEATER_PIN, OUTPUT);
    :略
}

void loop() {
    :略
  readBT();  // 讀取藍牙輸入字串
}
```

編譯上傳程式到 ESP32 開發板，初次執行
時，ESP32 沒有儲存偏好設定，因此**序列
埠監控視窗**將顯示「偏好設定不存在」。

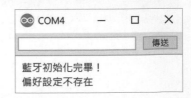

透過藍牙連接「ESP32 溫控板」，在終端機輸入 save 命令，ESP32 回應 "data saved."，代表 PID 參數已存入偏好設定。

此時，按一下開發板的 Reset（重置）鍵，**序列埠監控視窗**將顯示之前儲存的 PID 參數值，以及剩餘的可用空間大小。

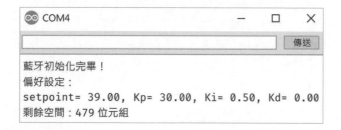

底下是透過藍牙調整 PID 參數、具備讀寫偏好設定的完整程式碼。

```
#include <BluetoothSerial.h> // 藍牙序列埠
#include <Preferences.h>
#define THERMO_PIN36         // 熱敏電阻分壓輸入腳
#define HEATER_PIN 33        // 陶瓷加熱片的 PWM 輸出腳
#define INTERVAL_MS 500      // 0.5 秒
#define PWM_CHANNEL 0     // PWM 通道 (0~15)
#define PWM_BITS 8       // 8 位元解析度
#define PWM_FREQ 1000    // PWM 頻率 1KHz
#define ADC_BITS 10      // 類比輸入解析度 10 位元


Preferences prefs;      // 偏好設定物件
```

```cpp
BluetoothSerial BT;        // 建立典型藍牙序列通訊物件
struct bt_data {           // 藍牙資料
  char txt[50] = "\0";     // 儲存序列輸入字串
  bool updated = false;    // 代表「未更新」
} btData;

float setPoint = 40.0;     // 目標溫度
float kp = 0.0;            // 比例增益
float ki = 0.0;            // 積分增益
float kd = 0.0;            // 微分增益

bool readPrefs() {         // 讀取快閃記憶體
  prefs.begin("PID", true); // true 是「僅讀」

  setPoint = prefs.getFloat("setPoint", 0);   // 讀取紀錄
  kp = prefs.getFloat("kp", 0);
  ki = prefs.getFloat("ki", 0);
  kd = prefs.getFloat("kd", 0);

  prefs.end();

  if (setPoint == 0 || kp == 0)
    return false;          // 快閃記憶體沒有紀錄

  return true;
}

void writePrefs() {
  prefs.begin("PID", false); // false 是「可寫」

  prefs.putFloat("setPoint", setPoint);   // 寫入快閃記憶體
  prefs.putFloat("kp", kp);
  prefs.putFloat("ki", ki);
  prefs.putFloat("kd", kd);
  prefs.end();
}

float readTemp(float R0 = 10000.0, float beta = 3950.0) {
  int adc = analogRead(THERMO);
```

```
  float T0 = 25.0 + 273.15;
  float r = (adc * R0) / ((1 << ADC_BITS) - 1 - adc);
  return 1 / (1 / T0 + 1 / beta * log(r / R0)) - 273.15;
}

float computePID(float in) {      // 計算 PID
  static float errorSum = 0;      // 累計誤差
  static float prevError = 0;     // 前次誤差值
  float error = setPoint - in;    // 當前誤差
  float dt = INTERVAL_MS / 1000.0;  // 間隔時間（秒）

  errorSum += error * dt;                        // 積分：累計誤差
  errorSum = constrain(errorSum, 0, 255);    // 限制積分範圍

  // 微分：誤差程度變化
  float errorRate = (error - prevError) / dt;
  prevError = error;   // 儲存本次誤差

  // 計算 PID
  float output = kp * error + ki * errorSum + kd * errorRate;
  output = constrain(output, 0, 255);   // 限制輸出值範圍
  return output;
}

// 藍牙的回呼函式
void btCallback(esp_spp_cb_event_t event,
                esp_spp_cb_param_t *param) {
  uint8_t i = 0;
  switch (event) {
    case ESP_SPP_OPEN_EVT:
    // 「從機」狀態連線成功，ESP_SPP_OPEN_EVT 代表主
    case ESP_SPP_SRV_OPEN_EVT:
      Serial.println("藍牙已連線。");
      break;
    case ESP_SPP_CLOSE_EVT:
      Serial.println("藍牙斷線了！");
      break;
    case ESP_SPP_DATA_IND_EVT:  // 收到輸入資料
      while (BT.available()) {
```

```
        btData.txt[i++] = BT.read(); // 儲存每一個輸入字元
      }
      btData.updated = true;
      break;
    }
  }
}

void readBT() {
  if (btData.updated) {
    btData.updated = false;

    if (strcmp(btData.txt, "save\n") == 0) {
      BT.println("data saved.");
    } else {
      sscanf(btData.txt, "%f,%f,%f,%f\n", &setPoint,
             &kp, &ki, &kd);
      BT.printf("setPoint= %.2f, Kp= %.2f, Ki= %.2f, Kd= %.2f\n",
                setPoint, kp, ki, kd);
    }

    memset(btData.txt, 0, sizeof(btData.txt));  // 清空字元陣列
  }
}


// 初始化藍牙
void initBT() {
  if (!BT.begin("ESP32平衡車")) { // 啟用典型藍牙
    Serial.println("無法初始化藍牙通訊，重新啟動ESP32…");
    ESP.restart();
  } else {
    Serial.println("藍牙初始化完畢！");
  }

  BT.register_callback(btCallback);  // 註冊回呼函式
}

void setup() {
  Serial.begin(115200);
  initBT();  // 初始化藍牙
```

```
    pinMode(HEATER_PIN, OUTPUT);
    // 設定類比輸入
    analogSetAttenuation(ADC_11db);   // 類比輸入上限 3.6V
    analogReadResolution(ADC_BITS);   // 類比輸入的解析度
    ledcSetup(PWM_CHANNEL, PWM_FREQ, PWM_BITS);   // 設置 PWM 輸出
    ledcAttachPin(HEATER_PIN, PWM_CHANNEL);          // 指定輸出腳
}

void loop() {
    static uint32_t prevTime = 0;   // 前次時間，宣告成「靜態」變數
    uint32_t now = millis();        // 目前時間
    if (now - prevTime >= INTERVAL_MS) {
        prevTime = now;

        float temp = readTemp();              // 讀取溫度
        float power = computePID(temp);       // 計算 PID
        ledcWrite(PWM_CHANNEL, (int)power);   // 輸出 PID 運算值
        Serial.printf("%.2f,%.2f\n", setPoint, temp);
    }

    readBT();
}
```

 M E M O

4

Visual Studio Code、 AI 程式助手與動態 PID 調整網頁

本章將製作一個採用滑桿調整 PID 參數，並且即時顯示溫度感測圖表的網頁，比起透過藍牙輸入逗號分隔數字，操作更加直觀。

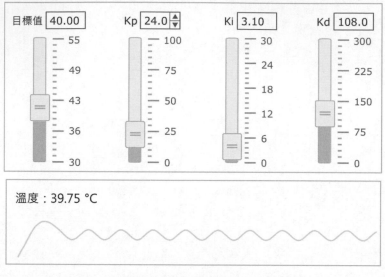

▲ 網頁原始檔：IMU_OLED_ROLL

動態網頁的基本概念以及物聯網操控網頁，在《**超圖解 Arduino 互動設計入門**》與《**超圖解 ESP32 深度實作**》都有範例說明。本章先介紹微軟開發的開源、免費的通用型程式編輯器 Visual Studio Code（以下簡稱 VS Code），以及 AI 程式設計助手，運用它製作一個滑桿網頁，然後直接切入重點，製作 PID 滑桿調整網頁。

除了編寫本章的互動網頁，VS Code 也跟 Arduino 程式開發習習相關：

● Arduino IDE 2.x 版是基於開源 VS Code 開發而成，相關說明可參閱筆者的〈Arduino IDE 2.0（一）：從官方支援 MicroPython 說起〉貼文，網址：https://swf.com.tw/?p=1818。

● Arduino 和 ESP32 的線上模擬器 Wokwi 有提供 VS Code 延伸模組（外掛），讓開發人員直接在 VS Code 模擬及測試 Arduino 程式碼。

● 第 12 章介紹的另一款 Arduino 和 ESP32 開發工具 PlatformIO IDE，也是 VS Code 的延伸模組，讓開發人員採用 VS Code 編寫與除錯 Arduino 程式。

4-1 下載與安裝 Visual Studio Code

VS Code 可透過**延伸模組**支援多種程式語言，從網頁的 HTML, JavaScript，到 Python 和 C/C++，而且 VS Code 每個月自動更新，新增功能和修正軟體錯誤的速度很快，廣受各領域的程式設計師喜愛。

VS Code 有 Windows, Mac 和 Linux 版，官網（code.visualstudio.com）會自動判斷使用者的電腦系統，提供適合的**穩定版（Stable）**和**新功能嘗鮮版（Insiders）**下載，建議安裝穩定版。Mac 使用者，建議進入 Download（下載頁面：https://code.visualstudio.com/download），依照 Mac 的處理器類型（Intel 或 Apple Silicon）下載對應的 .zip 檔，因為從首頁下載的是 Universal（通用）版，會佔用較多磁碟空間。附帶說明，底下的 CLI（意旨 "command-line Intelface"，命令行介面）是讓我們透過文字命令啟動、設置和控制 VS Code 的工具，不用安裝。

Mac 使用者下載 .zip 檔之後，系統會自動解壓縮，不用安裝，只要將 VS Code 程式拖放到「應用程式」或其他資料夾即可使用。

Windows 使用者請雙按下載的安裝程式進行安裝，通常使用預設值按**下一步**安裝到底，底下的安裝畫面的**其他**設定，建議全部勾選，最後一個**加入 PATH 中**選項一定要勾選。

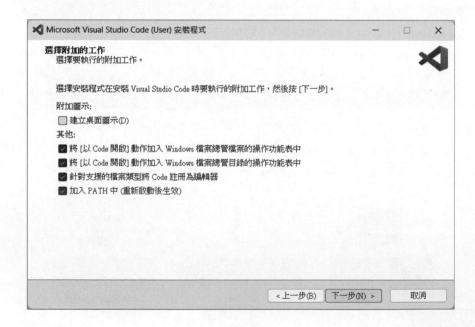

安裝繁體中文語言套件

VS Code 的介面預設是英文，第一次開啟時，它（視版本而定）會讓你選擇偏好的佈景主題（theme）。

操作介面最左邊垂直面板稱為「主要側邊欄」，預設包含這些功能圖示：

請點擊左邊的**延伸模組**圖示，搜尋 chinese，下載中文（繁體）語言套件：

安裝完畢後，點擊 **Change Language and Restart**（更改語言並重啟），操作介面就變成中文了。

安裝人工智慧程式設計助手 Codeium

「延伸模組」有多款聊天機器人和 AI 程式設計助手，例如：ChatGPT, Copilot, Cody, CodeWhisperer, Codeium……有些要收費。GitHub Copilot 是微軟開發，提供解答程式設計疑難雜症的聊天機器人以及程式碼自動完成等功能，教師及學生可上 GitHub 的教育版頁面（https://education.github.com/）註冊、免費使用 Copilot 和其他服務。

Codeium 有提供「個人使用」的免費方案，支援 C/C++, Arduino, Python, JavaScript, HTML,…等主流程式語言，能協助產生程式碼、註解、除錯、解說，也具有聊天功能，所以本書採用它。如果你的電腦效能不錯，也可以安裝「離線」版 AI 助手，請參閱筆者網站的〈透過 Ollama 在本機電腦執行大型語言模型（LLM）〉貼文，網址：https://swf.com.tw/?p=1952。

請先瀏覽到 Codeium 首頁（codeium.com）、點擊**登入**（log in）圖示，再點擊頁面上的 **Log in With Google**（用 Google 帳號登入）。

1 點擊登入

2 點擊用 Google 帳號登入

按照畫面的指示登入 Google 帳號，即可開始使用 Codeium 服務。Codeium 支援 VS Code 在內的程式編輯器，可在你編寫程式的時候提供即時服務，要享受這項功能，必須在 VS Code 安裝它的延伸模組。

點擊 VS Code 的「延伸功能」，搜尋並安裝 codeium：

1 點擊**延伸功能**　　**2** 搜尋 "codeium"

3 點擊安裝

安裝完畢後，VS Code 狀態列右下角會出現要求你登入 Codeium 的訊息。

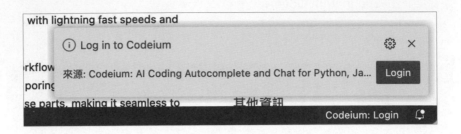

點擊 **Login**（登入）後，它將開啟瀏覽器，而 VS Code 和瀏覽器的安全機制都會陸續來回詢問你是否允許開啟網址或 VS Code，像這樣：

以及底下這樣，請都按下**開啟**。

大約經過兩回合來回切換 VS Code，瀏覽器將顯示底下的畫面，請複製顯示步驟 1 的欄位裡的驗證碼（authentication token）：

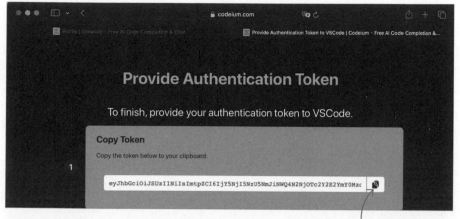

點擊此鈕複製驗證碼

回到 VS Code，按下 `Ctrl` + `Shift` + `P` 鍵（Mac 請按下 `⌘` + `shift` + `P` 鍵）開啟**命令面板**（Command Palette），在其中輸入 "Codeium: Provide Authentication Token" 命令（代表「提供驗證碼」）：

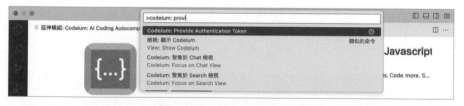

▲ 這個欄位叫做「命令面板」

接著，在命令面板貼入剛才複製的驗證碼，然後按下 `Enter` 鍵。

過一會兒，狀態列右下角將出現代表登入成功的訊息，你就可以開始使用 AI 助手來編寫程式了。

4-2 使用 AI 助手建立互動網頁

本節將示範使用 VS Code 以及 Codeium（以下稱它「AI 助手」）建立一個具有滑桿輸入欄位以及隨著滑桿改變文字的網頁。**製作網頁之前，應該要先建立一個存放網頁相關資源的資料夾，也就是「專案資料夾」**，筆者將它命名為 www，存在隨身碟的根目錄。

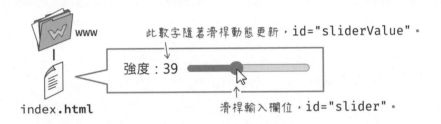

新增 www 資料夾之後，選擇 VS Code 主功能能表的『**檔案 / 開啟資料夾**』，瀏覽並選擇 www 資料夾。

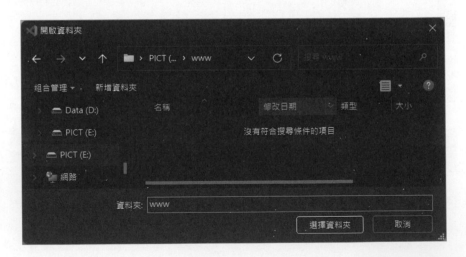

按下**選擇資料夾**之後，螢幕上將會出現底下的訊息，請按下**是，我信任作者**。

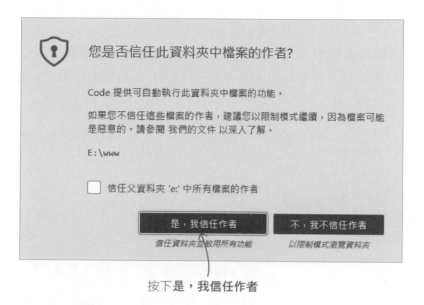

按下是，我信任作者

點擊主要側邊攔的「檔案總管」，在 www 資料夾中新增檔案，命名成
index.html。

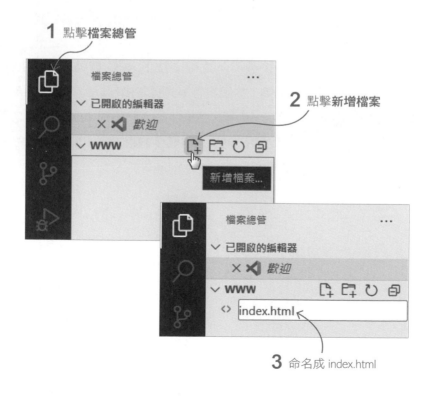

1 點擊檔案總管

2 點擊新增檔案

3 命名成 index.html

編寫網頁 HTML 和 JavaScript 程式

點擊剛才新增的 index.html 在編輯器開啟它。**在空白文件開頭輸入英文驚嘆號，再按 Tab 鍵**，VS Code 會自動產生一個標題（title）為 "Document" 的空白頁面的 HTML 碼。

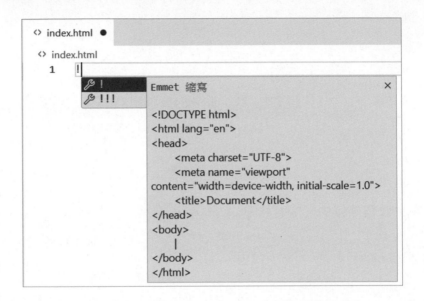

把文字插入點移入 <body> 和 </body> 之間，**按下 Enter 鍵插入 3 個空行，預留空間給 AI 助手填寫程式碼**；如果沒有事先預留兩行以上的空間，AI 助手每次可能只會產生一行提示。接著，把文字插入點移到 <boby> 標籤的下一行，此時，文字插入點附近會出現灰色斜體字的程式碼，此即 AI 助手提出的程式碼建議，請先忽略它。

1 在內文標籤插入數個空行　　**2** 文字插入點移到內文第 1 行

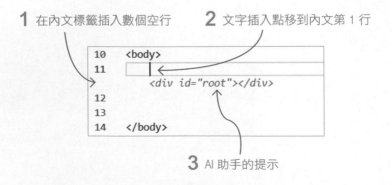

3 AI 助手的提示

在內文第 1 行輸入 HTML 註解："**<!-- 在 div 區塊嵌入 span 包圍滑桿的顯示值和滑桿，範圍從 0 到 100，預設為 0，span 的 id 為 sliderValue -->**"，在你輸入文字的同時，AI 助手會嘗試幫你補充後面的文字，若你滿意 AI 助手填寫的內容，請按下 Tab 鍵，否則就繼續自行輸入文字。

註解寫完後，AI 助手會提示符合註解描述的程式碼（若沒有出現提示，請在下一行開頭按一下 Tab 鍵）：

AI 助手的提示

```
10    <body>
11        <!--在div區塊嵌入span包圍滑桿的顯示值和滑鈕，範圍從0到100，預設為0，span的id為sliderValue -->
12        <div>
              <span id="sliderValue">0</span>
              <input type="range" min="0" max="100" value="0" id="slider">
          </div>
13
14    </body>
```

筆者滿意提示內容，因此按下 Tab 鍵接受，然後在 <span> 標籤前面加上 "強度：" 文字，如此，滑桿顯示值和滑桿欄位的本體就完成了：

```
10    <body>
11        <! 在div區塊嵌入span包圍滑桿的顯示值和滑桿，範圍從0到100，預設為0，span的id為sliderValue -->
12        <div>
13            強度：<span id="sliderValue">0</span>
14            <input type="range" min="0" max="100" value="0" id="slider">
15        </div>
16
17    </body>
```

先解釋一下，<input> 是建立輸入欄位的標籤指令，輸入欄位有各種類型，底下是「文字」輸入和「滑桿」輸入的標籤指令的對照：

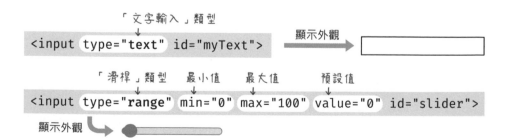

「文字輸入」類型

`<input type="text" id="myText">`　→　顯示外觀

「滑桿」類型　最小值　最大值　預設值

`<input type="range" min="0" max="100" value="0" id="slider">`

顯示外觀

以前，程式設計師不太喜歡寫註解；從這個例子看得出來，**在 AI 時代，註解寫得越具體，它就越能幫你完成指定功能的程式碼**。從此，程式語言不再是晦澀難懂的符碼，而是我們日常使用的自然語言。

接下來要編寫處理偵測滑桿值改變（亦即，滑桿被拖動）的 JavaScript 程式碼。請在 div 區塊的下一行輸入註解："**<!-- 當滑桿改變時，sliderValue 會隨著改變 -->**"：

```
10    <body>
11        <!--在div區塊嵌入span包圍滑桿的顯示值和滑桿，範圍從0到100，預設為0，span的id為sliderValue -->
12        <div>
13            強度：<span id="sliderValue">0</span>
14            <input type="range" min="0" max="100" value="0" id="slider">
15        </div>
16        <!--當滑桿改變時，sliderValue會隨著改變-->
17
18    </body>
```

按下 Enter 鍵後，AI 助手會提示插入一個 main.js 外部 JavaScript 程式檔。筆者沒有接受：

```
10    <body>
11        <!--在div區塊嵌入span包圍滑桿的顯示值和滑桿，範圍從0到100，預設為0，span的id為sliderValue -->
12        <div>
13            強度：<span id="sliderValue">0</span>
14            <input type="range" min="0" max="100" value="0" id="slider">
15        </div>
16        <!--當滑桿改變時，sliderValue會隨著改變-->
17        <script src="main.js"></script>
18
19
20    </body>
```

自行輸入宣告 JavaScript 程式區塊起頭的 <script> 標籤，AI 助手便知道要把 JavaScript 寫在這個網頁檔；按 Enter 切換到下一行，再按 Tab 接受建議。

```
16        <!--當滑桿改變時，sliderValue會隨著改變-->
17        <script>
              var slider = document.getElementById("slider");
              var sliderValue = document.getElementById("sliderValue");
              slider.oninput = function() {
                  sliderValue.textContent = this.value;
              }
          </script>
18
```

JavaScript 事件處理函式上方會出現一行灰色文字，它是 AI 助手嵌入的功能表，分別用於執行 Refactor（重構，參閱下文）、Explain（解說）、Generate Function Comment（產生函式註解），這個功能表不存在於實際的程式碼檔案中，你可以忽略它。

```
16        <!--當滑桿改變時，sliderValue會隨著改變-->
17        <script>
18            var slider = document.getElementById("slider");
19            var sliderValue = document.getElementById("sliderValue");
          Codeium: Refactor | Explain | Generate Function Comment | ×
20            slider.oninput = function () {
21                sliderValue.textContent = this.value;
22            }
23        </script>
```

附帶一提，HTML 的註解以 "<!--" 開頭、"-->" 結尾；JavaScript 的註解跟 C 語言一樣，單行用 "//" 開頭，例如，在事件處理函式的前一行加上 "//"，AI 助手會提示註解：

```
16        <!--當滑桿改變時，sliderValue會隨著改變-->
17        <script>
18            var slider = document.getElementById("slider");
19            var sliderValue = document.getElementById("sliderValue");
20            // 滑桿改變時，sliderValue會隨著改變
          Codeium: Refactor | Explain | Generate Function Comment | ×
21            slider.oninput = function () {
22                sliderValue.textContent = this.value;
23            }
24        </script>
```

「重構」代表在不改變程式功能的條件下，透過改進其架構和設計，以提高程式碼的可讀性、可維護性和效能。重構有助於使程式碼更容易理解、修復錯誤，並為未來的擴展和修改提供更好的基礎。

最簡單的重構是修改變數、函式等識別字的命名，例如，微控器接腳的常數名稱以 "_PIN" 結尾、間隔時間常數名稱以 "_MS" 或 "_MILLIS" 結尾，如此，不用加上註解也能知道時間單位是「毫秒」。

不太合適的命名	重構後的命名
#define THERMO 36 // 溫度感器 測接腳	#define THERMO_PIN 36
#define HEATER 33 // 加熱器接腳	#define HEATER_PIN 33
#define INTERVAL 1000L // 1 毫秒	#define INTERVAL_MILLIS 1000L

程式中沒有變動的資料，應該宣告成「常數」，以第一章的加熱器 PWM
輸出資料為例：

```
uint16_t pwm[] = {30, 0, 60, 0, 90, 0};  // 一組 pwm 資料
uint8_t total = sizeof(pwm) / sizeof(pwm[0]); // pwm 資料的總數
```

以下是重構後的版本，除了把變數改成常數宣告，total（總數）的命名
改成 TOTAL_PWMs，從名字即可看出是「PWMs 陣列元素的總數」。

```
// 常數名稱用大寫，複數加 s
const uint16_t PWMs[] = {30, 0, 60, 0, 90, 0};
const uint8_t TOTAL_PWMs = sizeof(PWMs) / sizeof(PWMs[0]);
```

常見的重構是把程式模組化，例如，將原本寫在 loop() 函式裡面，檢查
與讀取序列埠輸入的片段獨立成 readSerial() 函式，或者把相關的功能和
變數組成一個類別，像第 6 章的按鍵開關類別，這些都有助於提升程式
碼的可讀性和可維護性。

滑桿頁面的 JavaScript 程式說明

《超圖解 ESP32 深度實作》的動態網頁採用 jQuery 存取網頁元素，像這
樣：

```
// 取得 id 為 slider 的元素，將它存入 slider 變數，相當於建立參照
var slider = $('#slider');
```

本章的網頁程式不使用 jQuery，直接用 JavaScript 原生的 document（文件）
物件的 getElementById（意旨「透過 ID 存取元素」）方法存取元素。底下這
行等同上面的 jQuery 敘述，雖然敘述比較長，但無須引用 jQuery 程式庫，
也不用透過它轉譯：

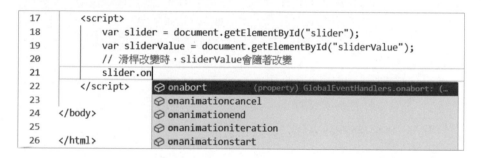

```
        自訂變數                                    滑桿輸入欄位的id
          ↓                                              ↓
var slider = document.getElementById("slider");
    ‾‾‾‾‾‾
          透過id取得網頁元素
```

網頁的欄位物件具有許多屬性、方法和事件可供 JavaScript 程式操控，它的事件名稱用 "on" 開頭，代表「當○○○事件發生時」，例如：oninput 代表「每當有輸入時」、onchange 代表「每當內容改變時」。

在 VS Code 編輯器中輸入物件名稱以及 "."，編輯器將會提示該物件的可用屬性、方法和事件（此為 VS Code 的內建功能）；繼續輸入 on，編輯器將列舉此物件可用的事件：

```
17    <script>
18        var slider = document.getElementById("slider");
19        var sliderValue = document.getElementById("sliderValue");
20        // 滑桿改變時，sliderValue會隨著改變
21        slider.on|
22    </script>        ⊘ onabort           (property) GlobalEventHandlers.onabort: (…
23                     ⊘ onanimationcancel
24  </body>            ⊘ onanimationend
25                     ⊘ onanimationiteration
26  </html>            ⊘ onanimationstart
```

你可以繼續輸入，或者按上、下方向鍵選擇指令（選定後按 Enter 鍵輸入）或者用滑鼠點選。輸入完成後，AI 助手仍會提示你後續的程式碼：

```
20        // 滑桿改變時，sliderValue會隨著改變
21        slider.oninput| = function() {

          }
22    </script>
```

這段 JavaScript 裡的 sliderValue 變數指向網頁上的一個文字節點，程式可透過下列屬性改變這個節點的內容：

● innerText：讀取或設置元素的文字內容，不包括 HTML 標籤。

- **innerHTML**：讀取或設置元素的 HTML 內容，包括 HTML 標籤。例如，底下的敘述將把 sliderValue 的文字設成粗體字（bold）：

```
sliderValue.innerHTML = "<b>39</b>";
```

- **textContent**：類似 innerText，也用於讀取或設置元素的文字內容，不包括 HTML 標籤。

若改用 textContent 設定 sliderValue 內容，執行結果跟 AI 建議的程式碼相同：

當 silder 物件 ──→ `slider.oninput` = function () {
有輸入值時　　　　　　`sliderValue.textContent` = this.value;
　　　　　　　　}　silerValue 的文字內容設成這個（即 silder 物件）的值

JavaScript 還有另一個設定事件函式的 addEventListener（意指「新增事件偵聽器」）方法，語法與範例如下，其中的 "事件名稱" 前面不加 "on"，例如，之前的 "oninput" 事件在此寫成 "input"。

接收一個「事件物件」參數的匿名函式

物件.addEventListener('事件名稱', 事件處理函式);

滑桿欄位物件

`slider`.addEventListener('input', (**evt**) => {
　`sliderValue`.innerText = **evt**.target.value;
});　設定 sliderValue 的文字　　取得事件來源（滑桿）的值

輸入內容時觸發

補充說明，上面的匿名函式採用 JavaScript 的「箭頭函式」語法，左下是傳統的匿名函式寫法，這兩段匿名函式的作用一樣。「事件物件」參數有人習慣命名為 e，有人習慣取名 evt 或 event。

```function (e) { sliderValue.innerText = e.target.value; });```	```(e) => { sliderValue.innerText = e.target.value; });```

4-3 製作 PID 調整滑桿與即時圖表網頁

本章的主角，PID 滑桿網頁的介面採用 noUiSlider（網址：https://bit.ly/3jkTiqz）JavaScript 程式庫，主因是它：

- 支援手機和電腦螢幕多點觸控

- 支援鍵盤操控

- 無需引用其他程式庫

- 有完整的說明文件和範例程式碼

本單元先介紹如何透過這個程式庫建立包含一個「數字」欄位、一個水平（從左到右）滑桿，之後再說明如何建立包含 4 個垂直滑桿的介面。數字輸入欄位和滑桿的識別名稱與參數設定值如下：

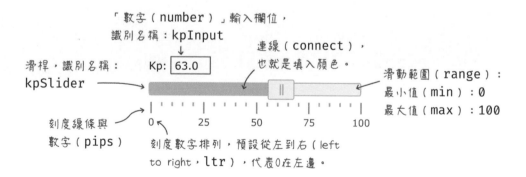

首先在 HTML 中引用雲端的滑桿 JavaScript 程式庫和 CSS 樣式，程式庫和樣式表的網址擷取自 noUiSlider 的說明文件，它們其實還包含驗證碼，因為非必要，所以未列舉在底下的程式片段。

```
<link rel="stylesheet" href="https://cdnjs.cloudflare.com/
  ajax/libs/noUiSlider/15.6.1/nouislider.min.css" />
<script src="https://cdnjs.cloudflare.com/ajax/libs/
noUiSlider/15.6.1/nouislider.min.js">
</script>
```

接著，在網頁的內文（body）區，建立一個識別（id）名稱為 "kpInput"、類別（class）名稱為 "param" 的數字輸入欄位，其外觀與 HTML 原始碼如下：

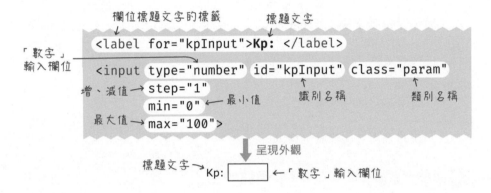

緊接在數字輸入欄位之後，輸入如下的 div 標籤，其作用是預留滑桿顯示空間。

```
<div id="kpSlider" class="slider"></div>
```

滑桿介面會出現在這裡　　識別名稱　　類別名稱

滑桿的 JavaScript 程式碼

滑桿的 JavaScript 程式碼可概括為三大部分：

1. 取得滑桿預留空間的 div 標籤元素。

2. 在預留空間建立一個滑桿。

3. 替滑桿介面加入事件處理程式。

首先設定參照到滑桿預留位置 "kpSlider" 以及數字輸入欄位 "kpInput" 的變數：

```
// 取得滑桿預留位置
var kpSlider = document.getElementById("kpSlider");
// 取得數字輸入欄位元素
var kpInput = document.getElementById('kpInput');
```

接著執行 noUiSlider 程式庫的 create() 函式，在預留位置建立一個滑桿介面，語法如下：

```
noUiSlider.create(頁面的預留空間, {
    滑桿的參數設定
});
```

底下的敘述將在 kpSlider 的位置，建立一個數值介於 0~100 的水平滑桿，每次滑動時的數值增 / 減最小單位是數字 1。

滑桿程式庫物件　　　　　　　　儲存滑桿預留空間的變數

```
noUiSlider.create( kpSlider, {
```

滑桿的起始值 ⟶
```
    start: 0,
    step: 1,       ⟵ 增／減值
```
數值範圍設置 ⟶
```
    range: {
```
　　　　　　　
```
        'min': 0,    ⟵ 最小值
```
最大值 ⟶
```
        'max': 100
    },
```
刻度設置 ⟶
```
    pips: {
```
模式：依數值位置（百分比）顯示刻度
```
        mode: 'positions',
        values: [0, 25, 50, 75, 100],    ⟵ 刻度的百分比位置
```
刻度密度 ⟶
```
        density: 5
    },
    connect: [ true, false ]
} );
```

在起點到滑桿位置之　　　滑桿位置和終點之間，
間，建立「連線」。　　　沒有「連線」。

最後，分別替滑桿和數字輸入欄位加入事件處理程式。透過 noUiSlider 物件的 on 方法設定滑桿事件處理函式：

滑桿物件.noUiSlider.on('事件名稱', 處理事件的函式);

```
kpSlider.noUiSlider.on( 'update', ( val ) => {
  kpInput.value = val;
} );
```

拖曳時觸發　　　　　數字輸入欄位的值　　接收更新值　代表「更新事件」

文／數字欄位則是用 JavaScript 原生的 addEventListener() 方法加入事件處理函式，此例偵測 change（改變）事件：

數字欄位.addEventListener('事件名稱', 處理事件的函式);

Kp:

```
kpInput.addEventListener('change', ( evt ) => {
  kpSlider.noUiSlider.set( evt.target.value );
} );
```

內容改變時觸發　　　　設定kpSlider滑桿的值　取得事件來源（此欄位）的值

整合以上內容的 JavaScript 程式碼如下，在網頁中的執行效果符合預期。

```html
<script>
// 取得頁面上的「滑桿」
var kpSlider = document.getElementById('kpSlider');
// 取得數字輸入欄位元素
var kpInput = document.getElementById('kpInput');

noUiSlider.create(kpSlider, {   // 在預留位置建立滑桿介面
    start: 0,
     : 略
    connect: [true, false]
});

// 設定滑桿的「更新事件」
kpSlider.noUiSlider.on('update', (val) => {
  kpInput.value = val;
});

// 設定輸入欄位的「變更事件」
kpInput.addEventListener('change', (evt) => {
  kpSlider.noUiSlider.set(evt.target.value);
});
</script>
```

04

設定四組參數調整滑桿

PID 參數設置頁面包含四組滑桿和數字輸入欄位，並且呈現動態溫度圖表和感測值。著手編寫網頁程式之前，先在紙上規劃網頁的版型並標示各個元件的識別名稱。筆者把版面分成顯示滑桿的 "PID_Settings" 區塊，以及顯示動態圖表的 "Live_Data" 區塊：

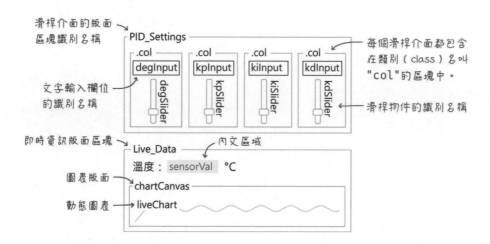

每個滑桿也要事先設定數值範圍。筆者是參考第一章的加熱器需求制訂，不同應用場合的 PID 參數值範圍可能存在差異。

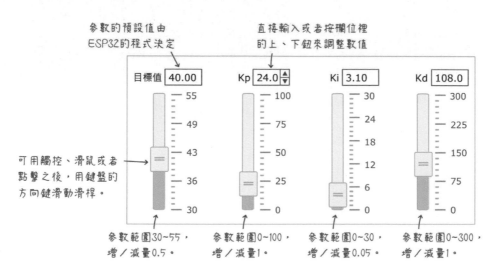

底下是 "PID_Settings" 區塊的 HTML 程式碼：

```html
<div id="PID_Settings">
  <div class="col"><!-- 目標值設定-->
    <!-- 欄位標題和數字欄位-->
    <label for="degInput">目標值: </label>
    <input type="number" id="degInput" class="param" step="0.5"
        min="30" max="55">
    <!-- 滑桿預留位置 -->
    <div id="degSlider" class="slider"></div>
  </div>
  <div class="col"><!-- Kp值設定-->
    <label for="kpInput">Kp: </label>
    <input type="number" id="kpInput" class="param" step="1"
        min="0" max="100">
    <div id="kpSlider" class="slider"></div>
  </div>
  <div class="col"><!-- Ki值設定-->
    <label for="kiInput">Ki: </label>
    <input type="number" id="kiInput" class="param"
        step="0.05" min="0" max="30">
    <div id="kiSlider" class="slider"></div>
  </div>
  <div class="col"><!-- Kd值設定-->
    <label for="kdInput">Kd: </label>
    <input type="number" id="kdInput" class="param" step="1"
        min="0" max="300">
    <div id="kdSlider" class="slider"></div>
  </div>
</div>
```

編排滑桿版面的 CSS 樣式

滑桿預設以水平排列，本範例改用垂直排列、高度設定 300 像素。

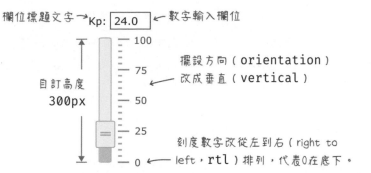

四個滑桿元素預設會在網頁上、下垂直堆疊排列，我們要用 CSS 樣式讓它們水平排列，每一組滑桿／欄位的左側留白 15 像素、上方留白 20 像素。

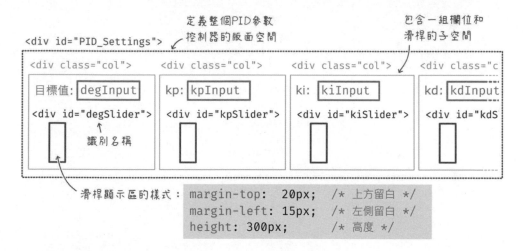

為了讓元素彈性水平排列，筆者使用 CSS 樣式的 "flex"（原意為「柔性」）型式排列 "PID_Settings" 區塊內容，其四個分層空間的排列優先順序（flex 屬性）都設成 1，代表優先順序相同。

外層容器的樣式：
```
display: flex;  /* 顯示方式 */
width: 100%;    /* 與瀏覽頁面同寬 */
```

`<div id="PID_Settings">`

內層分隔空間的樣式：
```
flex:   1;       /* 排列的優先順序 */
margin: 20px;    /* 四周留白20像素 */
```

寬：100%

根據上面的 flex（柔性）版型規劃，四個分層元素會平分水平顯示空間，
也就說，若拉寬瀏覽器視窗，四個滑桿的顯示距離會加大；若縮小瀏覽器
視窗寬度，四個滑桿會彼此貼近，但仍保持水平排列、每個元素留白 20
像素。

此頁面版面設置的完整 CSS 樣式如下：

```
<style>
#PID_Settings {   /* 外層容器的樣式 */
  display: flex; /* 「柔性」版面配置 */
  width: 100%;   /* 寬 100%，代表與瀏覽器頁面同寬 */
}
.col {           /* 全部內層空間的樣式 */
  flex: 1;       /* 每個優先順序都是 1，所以平等排列 */
  margin: 20px;  /* 四周留白 */
}
.slider {        /* 全部滑桿的版面空間設置 */
  margin-top: 20px;    /* 上方留白 */
  margin-left: 15px;   /* 左側留白 */
  height: 300px;       /* 高度 */
}
label, input[type="number"] { /* 全部數字輸入欄位及其標題的樣式 */
  font-family: Verdana, "sans-serif";  /* 字體集 */
  font-size:18px;      /* 字體大小 */
  width: 5em;          /* 寬度 */
}
</style>
```

滑桿的刻度、數值範圍、起訖值…都要透過 JavaScript 程式設定。四個滑桿
的擺設方式（水平或垂直）以及刻度設定邏輯都一樣，因此不重複列舉。

```
// 參照到「目標值」滑桿
var degSlider = document.getElementById('degSlider');
var kpSlider = document.getElementById('kpSlider'); // Kp 滑桿
var kiSlider = document.getElementById('kiSlider'); // Ki 滑桿
var kdSlider = document.getElementById('kdSlider'); // Kd 滑桿
```

```javascript
noUiSlider.create(kpSlider, {   // 設置 Kp 參數滑桿
    start: 0,   // 起始數值
    step: 1,    // 增減值
    range: {    // 滑桿的數值範圍從 0 到 100
        'min': 0,
        'max': 100
    },
    orientation: 'vertical',   // 垂直擺設
    direction: 'rtl',          // 數字 0 放在滑桿底部
    pips: {                    // 設置刻度
        mode: 'positions',
        values: [0, 25, 50, 75, 100],
        density: 2  // 調高密度
    },
    connect: [true, false]     // 顯示「連線」
});

noUiSlider.create(kiSlider, {   // Ki 參數滑桿
    start: 0,
    step: 0.1, // 增減值
    range: {   // 範圍從 0 到 20
        'min': 0,
        'max': 20
    },
    : 擺設方式（水平或垂直）以及刻度設定同上，故略。
});

noUiSlider.create(kdSlider, {   // Kd 參數滑桿
    : 略
});

noUiSlider.create(degSlider, {   // 目標值滑桿
  start: 40,
  step: 0.5,
    : 略
});
```

使用 foreach 迴圈設定全部滑桿和數字欄位的事件處理程式

這個網頁的滑桿需要偵測兩種事件：

● update：更新，當滑桿被拖曳時，將不停地觸發。此事件適合用於更新滑桿上方的欄位內容，讓使用者清楚看到調整值。

● change：改變，只有放開滑鼠時，滑桿調整值跟上次不同才會觸發事件。此事件適合用於向伺服器傳送調整後的數值；如果參數值沒有改變就不必傳送，不僅節省網路頻寬，更能避免 ESP32 頻繁地接收與處理參數值。

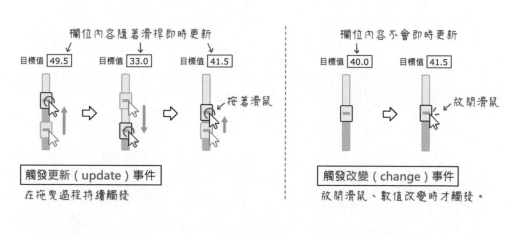

這四個滑桿的行為都一樣（即：更新欄位值、傳送改變後的值），因此可以用迴圈一起設定。首先要選取頁面上的全部滑桿元素，也就是標記 "slider" 類別的 div 元素。JavaScript 的原生 querySelectorAll（直譯為「檢索全部選擇器元素」）方法可選取所有指定識別名稱的元素，底下的敘述將會找到四個滑桿元素，將它們存入 sliders 陣列。

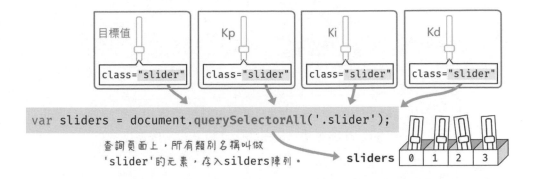

var sliders = document.querySelectorAll('.slider');

查詢頁面上，所有類別名稱叫做 'slider' 的元素，存入 silders 陣列。　→　sliders

接著便可透過 forEach() 迴圈和自訂的處理函式，自動處理 sliders 陣列的第一個元素取到最後一個：

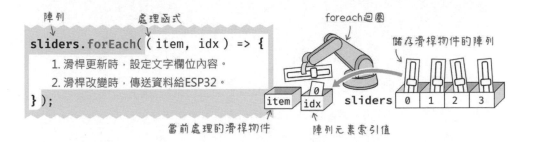

解說陣列元素的處理函式之前，先觀察一下數字欄位和滑桿的關係，以 Kp 參數設置為例，JavaScript「看到」的是右下圖的結構，標題、數字欄位和滑桿都是 col 元素的子節點：

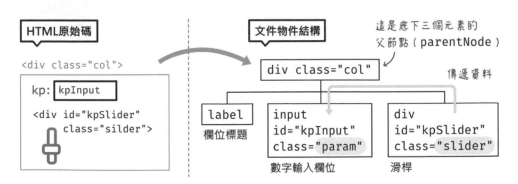

滑桿數值改變時，程式要將它傳給數字欄位，而在 forEach() 迴圈的處理函式中，當前的滑桿物件記錄在 item 變數，所以底下的敘述將能參照到跟此滑桿同組的數字欄位：

```
let param = item.parentNode.querySelector('.param');
```

宣告區域變數　　　　當前滑桿的父節點　　　　查詢此父節點所包含的'param'類別元素

綜合以上說明，賦予每個滑桿 update（更新）事件處理函式的程式片段如下，第一行的 ctrName 陣列留待 WebSocket 通訊使用，這裡先宣告。

```javascript
// 宣告儲存控制命令的陣列，參閱下文說明
var ctrName = ['s', 'p', 'i', 'd'];

// 選取所有類別名稱為 "slider" 的元素（亦即，所有滑桿介面）
var sliders = document.querySelectorAll('.slider');
// 逐一設定每個滑桿和數字欄位的事件處理函式
sliders.forEach((item, idx) => {
  // 參照到數字欄位
  let param = item.parentNode.querySelector('.param');

  // 設定滑桿的 update（更新）事件
  item.noUiSlider.on('update', (val) => {
    param.value = val;  // 設定數字欄位值
  });

  // 在這裡將放置 change（更新）事件處理函式、傳送 socket 訊息的敘述…
});
```

4-4 在 ESP32 和瀏覽器之間的 JSON 訊息傳遞格式

PID 調控網頁採用 JSON 格式訊息在瀏覽器和 ESP32 之間傳遞資料，所以在編寫 Arduino 程式之前，我們要先規劃好自訂訊息的格式。這個訊息分成「從網頁傳到 ESP32」，以及「從 ESP32 傳到網頁」兩種。底下是筆者設定的，從網頁發出的 PID 設定值訊息格式：

```
{"PID":"控制項", "v":數值}
```

其中的「控制項」可能值與意義：

● **"s"**：目標值（調整 setPoint）

● **"p"**：比例項（調整 Kp 參數）

● **"i"**：積分項（調整 Ki 參數）

● **"d"**：微分項（調整 Kd 參數）

● **"N"**：代表請求目標和 PID 參數初始值，此訊息的 "v" 數值不重要。

例如，底下的 JSON 訊息代表告知 ESP32，「目標值」設成 42.5：

```
{"PID":"s", "v":42.5}
```

底下的 JSON 訊息代表告知 ESP32，「比例項」Kp 參數設成 35.0：

```
{"PID":"p", "v":35.0}
```

從 ESP32 發出的即時資料的 JSON 訊息格式如下：

```
{"d":"資料類型", "v":數值}
```

其中的「資料類型」可能值與意義：

● **"INIT"**：傳遞「PID 的預設初始值」。

● **"NTC"**：NTC 代表熱敏電阻，傳遞感測溫度值。

傳遞開發板的預設 PID 參數

一般網頁的內容、滑桿的預設值往往是寫死在 HTML 裡面，例如，Kd 參數預設為 0，所以滑桿和欄位也是在 0 的位置。但開啟網頁的時候，參數調控介面應該要呈現微控器當前的設定值。

筆者規劃的網頁向 ESP32 請求 PID 參數初值的流程為：瀏覽器和 ESP32 建立 socket 連線後，網頁 JavaScript 程式的 onopen（開通連線）事件將被觸發，網頁程式將送出代表「請求初始值」的訊息。ESP32 收到訊息後，將回應逗號分隔的 4 組數字，分別是目標值、Kp、Ki 和 Kd 值，用於設定網頁的滑桿初值。

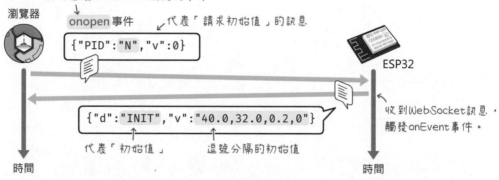

初次連線WebSocket觸發的事件

瀏覽器

onopen事件　　代表「請求初始值」的訊息

`{"PID":"N","v":0}`

ESP32

`{"d":"INIT","v":"40.0,32.0,0.2,0"}`

收到WebSocket訊息，觸發onEvent事件。

代表「初始值」　　逗號分隔的初始值

時間　　　　　　　　　　　　　　　　　時間

在此後的連線期間（沒有關閉網頁，網路沒斷線），ESP32 將每隔 1 秒定時傳送感測溫度值，底下是範例 JSON 訊息內容：

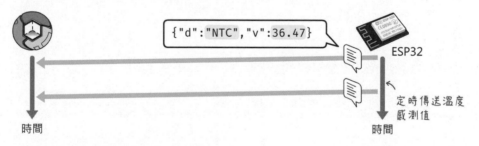

`{"d":"NTC","v":36.47}`

ESP32

定時傳送溫度感測值

時間　　　　　　　　　　　　　　　　　時間

如果使用者調整網頁上的目標值或 PID 參數，它將送出對應的 JSON 訊息給 ESP32，底下是範例 JSON 訊息：

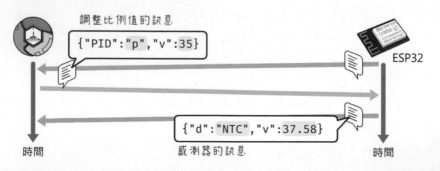

調整比例值的訊息

`{"PID":"p","v":35}`

ESP32

`{"d":"NTC","v":37.58}`

時間　　　　　　感測器的訊息　　　　　時間

網頁端的 WebSocket 程式

在處理滑桿和數字欄位事件的程式後面，加入處理 socket 通訊的程式，這部分的運作邏輯跟《**超圖解 ESP32 深度實作**》第 9 章的程式碼相似：

```javascript
var hostName = location.hostname;  // 取得瀏覽網頁中的 IP 位址部分
var wsURL = "ws://" + hostName + "/ws"; // 組成 WebSocket 網址
var ws = new WebSocket(wsURL);      // 建立 WebSocket 物件

ws.onopen = function(evt) {        // 跟伺服器開啟連線時觸發…
  console.log("已連上ESP32伺服器");
  enableSliders(true);             // 啟用滑桿
}
ws.onclose = function(evt) {       // 中斷連線時觸發…
  console.log("ESP32伺服器中斷連線");
  enableSliders(false);            // 取消滑桿的作用
}
ws.onerror = function(evt) {       // 通訊出錯時觸發…
  console.log("ESP32通訊出錯了：" + evt.data);
  enableSliders(false);            // 取消滑桿的作用
}
ws.onmessage = function(evt) {   // 收到訊息時觸發…
  console.log("收到訊息：" + evt.data);
}
```

在上一節的 forEach() 迴圈加入滑桿 change（更新）事件處理函式、傳送 socket 訊息：

```javascript
sliders.forEach(( item, idx ) => {
  : 略
```

接收滑桿值

滑桿改變時觸發　　　　　事件處理函式

```javascript
item.noUiSlider.on( 'change', ( val ) => {
  param.value = val;              // 確認socket處於連線狀態
  if (ws.readyState === 1) {
    let msg = '{"PID":"' + ctrName[idx] + '","v":' + val[0] + '}';
    ws.send( msg );                               // JSON格式字串
  }
} );       // 送出socket訊息
```

```javascript
} );
```

ctrName

s	p	i	d
0	1	2	3

若 WebSocket 物件的 readyState（就緒狀態）屬性值為 1，代表 socket 處於
連線狀態。若在非連線狀態下執行 ws.send() 方法，試圖傳送訊息，將引發
錯誤。

4-5 顯示動態圖表

動態網頁下方的動態圖表，跟《**超圖解 ESP32 深度實作**》第 8 章一樣，
都採用 chart.js 程式庫，所以 HTML 碼及 JavaScript 程式也大同小異。底下
是動態圖表區域的 HTML 碼，<h2> 標題文字裡面包含 < span> 標籤定義的
sensorVal 識別區，其中的 "??" 將被 JavaScript 填入接收到的溫度值。

```
<div id="Live_Data">
  <h2>溫度：<span id="sensorVal">??</span> &deg;C</h2>
  <div id="chartCanvas">
    <canvas id="liveChart"></canvas><!-- 顯示動態圖表的畫布 -->
  </div>
</div>
```

完整的 HTML 檔

底下是 index.html 網頁的原始碼，為了避免浪費篇幅，筆者省略比較不重
要以及相似的部分。

```
<html>
<head><!-- 檔頭區 -->
  <meta charset="utf-8">
  <title>設定PID數值</title>
  <link rel="stylesheet" href="https://cdnjs.cloudflare.com/
    ajax/libs/noUiSlider/15.6.1/nouislider.min.css"/>
  <script src="https://cdnjs.cloudflare.com/ajax/libs/
    noUiSlider/15.6.1/nouislider.min.js"></script>
  <style><!-- 樣式定義 -->
```

```
    #chartCanvas {
      width: 80%;
    }
      : 略
    #chartCanvas {
      margin-left: 30px;
    }
  </style>
</head>
<body><!-- 內文開始 -->
  <div id="PID_Settings"><!-- PID欄位與滑桿區 -->
    <div class="col">
      <label for="degInput">目標值: </label>
      <input type="number" id="degInput" class="param"
             step="0.5" min="30" max="50">
      <div id="degSlider" class="slider"></div>
    </div>
    <div class="col">
      <label for="kpInput">Kp: </label>
        : 略
      <div id="kdSlider" class="slider"></div>
    </div>
  </div>
  <div id="Live_Data"><!-- 動態圖表區 -->
    <h2>溫度：<span id="sensorVal">??</span> &deg;C</h2>
    <div id="chartCanvas">
      <canvas id="liveChart"></canvas>
    </div>
  </div>
  <!-- JavaScript程式，引用動態圖表相關程式庫。 -->
  <script
    src="https://cdn.jsdelivr.net/npm/chart.js@3.3.2">
  </script>
  <script
    src="https://cdn.jsdelivr.net/npm/luxon@1.27.0"></script>
  <script src="https://cdn.jsdelivr.net/npm/chartjs-adapter-
luxon@1.0.0"></script>
  <script src="https://cdn.jsdelivr.net/npm/chartjs-plugin-
streaming@2.0.0"></script>
  <script>
    // 參照到滑桿物件
```

```javascript
var degSlider = document.getElementById('degSlider');
var kpSlider = document.getElementById('kpSlider');
var kiSlider = document.getElementById('kiSlider');
var kdSlider = document.getElementById('kdSlider');
var ctx = document.getElementById('liveChart');
// 動態圖表區
// 動態文字區
var sensorVal = document.getElementById('sensorVal');
var ctrName = ['s', 'p', 'i', 'd'];  // PID 訊息的控制器代號

noUiSlider.create(degSlider, {  // 設置「目標值」滑桿
  start: 40,
  step: 0.5,
  range: { 'min': 30, 'max': 55 },
  direction: 'rtl',              // 數字 0 位於下方
  orientation: 'vertical',       // 垂直顯示
  pips: {
    mode: 'positions',
    values: [0, 25, 50, 75, 100],
    density: 2
  },
  connect: [true, false]
});
   :設置Kp, Ki, Kd滑桿…略

function enableSliders(status) {
  if (status === true) {
    degSlider.removeAttribute('disabled');     // 啟用滑桿
    kpSlider.removeAttribute('disabled');
    kiSlider.removeAttribute('disabled');
    kdSlider.removeAttribute('disabled');
  } else {
    degSlider.setAttribute('disabled', true); // 停用滑桿
    kpSlider.setAttribute('disabled', true);
    kiSlider.setAttribute('disabled', true);
    kdSlider.setAttribute('disabled', true);
  }
}

let myChart = new Chart(ctx, { // 建立圖表物件
  type: 'line',
```

```
    data: {
      datasets: [{                    // 資料集 [0]
        label: "溫度",
        borderColor: "#ff4000",  // 橙紅色線條
        data: []
      }]
    },

    options: {
      scales: {
        x: {
          type: 'realtime',         // 即時更新
          realtime: { duration: 10000 }    // 1 秒
        }
      }
    }
});

// 以下是 socket 連線相關程式
var hostName = location.hostname;   // 取得連線的主機名稱或 IP
var wsURL = "ws://" + hostName + "/ws"; // WebSocket 連線網址
var ws = new WebSocket(wsURL);       // 建立 WebSocket 物件

ws.onopen = function (evt) {          // 處理「已連線」事件
  console.log("已連上ESP32伺服器");
  let msg = '{"PID":"N","v":0}';     // 向開發板請求初設值
  ws.send(msg);
}
:處理連線錯誤以及關閉連線事件…略。

ws.onmessage = function (evt) {
  console.log("收到訊息:" + evt.data);
  let msg = JSON.parse(evt.data);

  if (msg.d == "INIT") {             // 初始化 PID 數值
    let param = msg.v;
    let [s, p, i, d] = param.split(",").map(parseFloat);

    degSlider.noUiSlider.set(s);     // 設定滑桿的初值
    kpSlider.noUiSlider.set(p);
```

```
      kiSlider.noUiSlider.set(i);
      kdSlider.noUiSlider.set(d);

      enableSliders(true);      // 啟用滑桿
    }

    //  加入接收感測溫度以及繪製圖表的程式，參閱下文
  }

  // 選取所有滑桿物件
  var sliders = document.querySelectorAll('.slider');
  sliders.forEach((item, idx) => {  // 設置滑桿的事件處理程式
    let param = item.parentNode.querySelector('.param');

    item.noUiSlider.on('update', (val) => {
      param.value = val[0];
    });

    item.noUiSlider.on('change', (val) => {
      param.value = val[0];

      if (ws.readyState === 1) {     // 透過 webSocket 送出資料
        let msg = '{"PID":"' + ctrName[idx] +
                  '","v":' + val[0] + '}';
        ws.send(msg);
      }
    });
  });

  // 設置 PID 欄位的事件處理程式
  var inputs = document.querySelectorAll('.param');
  inputs.forEach((item) => {
    item.addEventListener('change', (evt) => {
      let s = item.parentNode.querySelector('.slider');
      s.noUiSlider.set(evt.target.value);
    });
  });
</script>
</body>

</html>
```

顯示動態圖表的 JavaScript 程式

《**超圖解 ESP32 深度實作**》採用 2.8.0 版的 chart.js 程式庫，本文採用的版本是 3.3.2 版，處理即時串流的外掛則是 2.0.0 版（之前是 1.8.0 版）。不同版本的語法可能會有差異，2.x 版的 chart.js 引用一個處理時間資料的 moment.js 程式庫，該程式庫後來改名叫 "luxon"，從上一節的 HTML 原始碼可看到引用的程式庫跟著改了（舊版不用改）。

在上一節的 ws.onmessage 訊息處理函式，加入接收 "NTC" 訊息，把溫度感測值交給圖表物件的程式碼：

```
ws.onmessage = function (evt) {  // 接收來自 ESP32 的 socket 訊息
  :略
 if (msg.d == "NTC") {  // NTC 代表熱敏電阻
   sensorVal.innerText = msg.v;  // 在 H2 標題文字區域填入溫度值

   myChart.data.datasets[0].data.push({
     x: Date.now(),      // 水平軸顯示目前時間
     y: msg.v            // 垂直軸顯示溫度感測值
   });

   myChart.update({
     preservation: true  // 更新圖表時時保存之前的資料
   });
 }
```

一個具備滑桿調整 PID 參數，以及動態顯示感測值的網頁就完成了。

滑桿介面的小小改良：透過上、下方向鍵調整參數

滑桿介面固然方便，但是滑鼠或手指不太容易微量調整數值，用鍵盤上、下方向鍵比較能細膩地增、減數值。替滑桿加入偵聽**按鍵按下（keydown）**事件，處理**上方向鍵（ArrowUp）**和**下方向鍵（ArrowDown）**的程式片段：

```
sliders.forEach( (item, idx) => {   // 設置滑桿的事件處理程式
  item.noUiSlider.on('update', (val) => {
    :設定滑桿的update（更新）事件，這部分不變，故略。
  });

  // 偵聽「按鍵按下」事件
  item.addEventListener('keydown', (e) => {
    let value = item.noUiSlider.get();   // 取得滑桿的當前位置
    let step = item.noUiSlider.steps();  // 取得滑桿的「增減值」範圍
    let pos  = step[0][0];               // 增減值

    switch (e.code) {       // 取得按鍵代碼
      case "ArrowUp":      // 上方向鍵
        item.noUiSlider.set(value + pos);   // 增加
        break;

      case "ArrowDown":    // 下方向鍵

        item.noUiSlider.set(value - pos);   // 減少
        break;
    }
  });
});
```

「中心」位置調整滑桿的「增減值」為 0.1，若 item 代表「中心」位置滑桿，則 item.noUiSlider.steps() 敘述將傳回 [[0.1, 0.1]] 這樣的雙重陣列資料，分別代表上、下增減值，所以底下的 pos 變數值將是增減值 0.1。

```
let step = item.noUiSlider.steps(); // 取得滑桿的「增減值」範圍
let pos  = step[0][0];                        // 取得雙重陣列的第 0 個元素
```

item.noUiSlider.steps() 的傳回值是雙重陣列，是因為 noUiSlider 允許同一個滑桿的不同區域設置不同的增減值，例如，它可能傳回像這樣的兩組「增減值」範圍：[[10,10],[10,50]]，相關說明請參閱 noUiSlider 的線上說明文件；本文的滑桿都只有一組增減值範圍，所以只須讀取傳回值的第 0 個元素。

每當**按鍵事件**（此例的 keydown）觸發時，它的事件處理函式將接收一個「事件」參數（此例的 e），其中包含按鍵來源。透過事件的 **key（按鍵）或 code（代碼）屬性，可得知該按鍵的名字（字串型態），which 屬性可取得按鍵的編碼**，表 4-1 列舉幾個按鍵的名稱和編碼，從中可看出「方向鍵」在 key 和 code 屬性的名稱相同，而 code 屬性可分辨數字鍵盤和左右修飾鍵（如 Shift 和 Alt 鍵），但 key 屬性的字母（它們都不分大小寫）、數字和符號鍵的名字比較簡潔。

表 4-1

按鍵名稱	key 屬性值	code 屬性值	which 屬性值
Shift	Enter	Enter	13
左 Shift	Shift	ShiftLeft	16
右 Shift	Shift	ShiftRight	16
↑	ArrowUp	ArrowUp	38
↓	ArrowDown	ArrowDown	40
←	ArrowLeft	ArrowLeft	37
→	ArrowRight	ArrowRight	39
8	8	Digit8	56
數字鍵盤 8	8	Numpad8	104
a	a	KeyA	65
數字鍵盤 +	+	NumpadAdd	107
數字鍵盤 −	−	NumpadSubtract	109

完整的 code 屬性值列表請參閱 MDN 的 "Code values for keyboard events" 網頁（https://mzl.la/3nzcFhP）。

上傳網頁檔案到 ESP32 開發板的快閃記憶體

把網頁 .html 檔存入 Arduino 程式專案資料夾裡的 data/www 路徑：

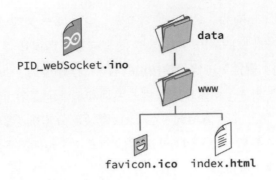

在 Arduino IDE 1.x 版的主功能表選擇『**工具 /ESP32 Sketch Data Upload**』指令，上傳 data 資料夾內容到 ESP32 晶片。

4-6 ESP32 的伺服器和 WebSocket 程式

《**超圖解 ESP32 深度實作**》第 9 章有探討 WebSocket 的通訊架構與程式實作，本文採用相同的 ESPAsyncWebServer 程式庫（https://bit.ly/3S1ZLWY），所以將直接列舉 PID 網頁伺服器端的 Arduino 程式碼。

首先要說明的是，筆者採用的 ESP32 開發環境是 2.x 版（可透過如下圖的「開發板管理員」確認版本）。

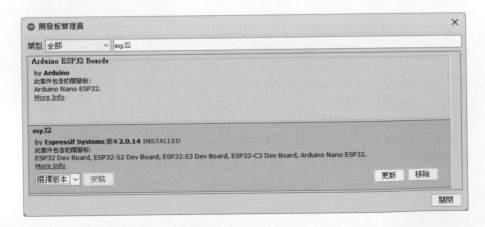

編譯引用 ESPAsyncWebServer 程式庫的 WebSocket 程式碼時，出現底下錯誤：

```
C:\Users\...略…\WebSockets.cpp:42:10: fatal error: hwcrypto/
sha.h: No such file or directory
"WiFi.h"找到多個程式庫
#include <hwcrypto/sha.h>
         ^~~~~~~~~~~~~~~~
compilation terminated.
```

解決辦法是修改 ESPAsyncWebServer 程式庫裡的 WebSockets.cpp 檔，在其中找到引用 hwcrypto/sha.h 的敘述（筆者下載的原始碼版本中，該敘述位於第 42 行），加入條件式巨集。修改後的版本：

```
#ifdef ESP8266
#include <Hash.h>
#elif defined(ESP32)
// #include <hwcrypto/sha.h>   // 原本是這一行，刪除或改成註解
// 加入底下的條件式敘述，在高版本的 ESP IDE 中，要引用 esp32/sha.h
#if ESP_IDF_VERSION >= ESP_IDF_VERSION_VAL (4, 4, 0)
  #include <esp32/sha.h>
#else
  #include <hwcrypto/sha.h>
#endif
#else
```

或者，直接使用範例檔案附帶的 ESPAsyncWebServer 程式庫。完整的透過 Wi-Fi 無線 PID 調控參數的 Arduino 主程式碼如下：

```
#include <WiFi.h>
#include <AsyncTCP.h>
#include <ArduinoJson.h>
#include <ESPAsyncWebServer.h>
#include <WebSocketsServer.h>
#include <SPIFFS.h>
#include <U8g2lib.h>
```

```
#define THERMO 36          // 熱敏電阻分壓輸入腳
#define HEATER 33          // 陶瓷加熱片的 PWM 輸出腳
#define INTERVAL 500       // 0.5 秒
#define PWM_CHANNEL 0      // PWM 通道 (0~15)
#define PWM_BITS 8         // 8 位元解析度
#define PWM_FREQ 1000      // PWM 頻率 1KHz
#define ADC_BITS 10        // 類比輸入 ADC 的解析度


const char *ssid = "dreamcatcher";
const char *password = "@candy@rolls";
String ipAddr = "";        // 儲存 IP 位址


U8G2_SSD1306_128X64_NONAME_1_HW_I2C u8g2(U8G2_R2, U8X8_PIN_NONE);


float setPoint = 40.0;   // 目標溫度
float temp = 0;          // 目前溫度
float kp = 20.5;         // 比例增益
float ki = 30.25;        // 積分增益
float kd = 50.0;         // 微分增益


AsyncWebServer server(80); // 建立 HTTP 伺服器物件
AsyncWebSocket ws("/ws");  // 建立 WebSocket 物件


void onSocketEvent(AsyncWebSocket *server,
                   AsyncWebSocketClient *client,
                   AwsEventType type,
                   void *arg,
                   uint8_t *data,
                   size_t len)
{
  // 底下是 ArduinoJson V6 的 JSON 文件變數宣告
  // StaticJsonDocument<50> doc;
  // 底下是 ArduinoJson V7 的 JSON 文件變數宣告
  JsonDocument doc;

  switch (type) {
    case WS_EVT_CONNECT:
      Serial.printf("來自%s的用戶%u已連線\n",
                    client->remoteIP().toString().c_str(),
                    client->id());
```

```
      break;
    case WS_EVT_DISCONNECT:
      Serial.printf("用戶%u已離線\n", client->id());
      break;
    case WS_EVT_ERROR:
      Serial.printf("用戶%u出錯了:%s\n", client->id(),
                    (char *)data);
      break;
    case WS_EVT_DATA:
      Serial.printf("用戶%u傳入資料:%s\n", client->id(),
                    (char *)data);
      DeserializationError error = deserializeJson(doc, data,
                                                   len);

      if (error) {
        Serial.print("解析JSON出錯了:");
        Serial.println(error.c_str());
        return;
      }
      /*
         傳入的 JSON 格式範例:
         {"PID":"p", "v":4.5}
      */
      const char *pidStr = doc["PID"];
      float val = doc["v"];    // 資料值
      if (strcmp(pidStr, "p") == 0) {
        Serial.printf("Kp: %.2f\n", val);
        kp = val;
      } else if (strcmp(pidStr, "i") == 0) {
        Serial.printf("Ki: %.2f\n", val);
        ki = val;
      } else if (strcmp(pidStr, "d") == 0) {
        Serial.printf("Kd: %.2f\n", val);
        kd = val;
      } else if (strcmp(pidStr, "s") == 0) {
        Serial.printf("setPoint: %.2f\n", val);
        setPoint = val;

      } else if (strcmp(pidStr, "N") == 0) {
        Serial.println("傳送PID初設值");
```

```
      notifyINIT();
    }
    break;
  }
}

void notifyClients() {
  // 底下是 ArduinoJson V6 的 JSON 文件變數宣告
  // StaticJsonDocument<48> doc;
  // 底下是 ArduinoJson V7 的 JSON 文件變數宣告
  JsonDocument doc;

  doc["d"] = "NTC";
  doc["v"] = (int)(temp * 100 + .5) / 100.0;

  char data[48];          // 儲存 JSON 字串的字元陣列
  serializeJson(doc, data);
  ws.textAll(data);    // 向所有連線的用戶端傳遞 JSON 字串
}

void notifyINIT() {
  // 底下是 ArduinoJson V6 的 JSON 文件變數宣告
  // StaticJsonDocument<96> doc;
  // 底下是 ArduinoJson V7 的 JSON 文件變數宣告
  JsonDocument doc;
  char buffer[35];
  snprintf(buffer, sizeof(buffer), "%.3f,%.3f,%.3f,%.3f",
           setPoint, kp, ki, kd);

  doc["d"] = "INIT";
  doc["v"] = buffer;

  char output[60];        // 儲存 JSON 字串的字元陣列
  serializeJson(doc, output);
  serializeJsonPretty(doc, Serial);   // 向序列埠輸出 JSON 內容
  Serial.println();
  ws.textAll(output);    // 向所有連線的用戶端傳遞 JSON 字串
}
```

```
void OLED() {
  u8g2.firstPage();
  do {
    u8g2.setFont(u8g2_font_crox4hb_tf);
    u8g2.setCursor(0, 14);
    u8g2.print(ipAddr);   // 顯示 IP 位址
    u8g2.setCursor(0, 44);
    // 顯示目標溫度
    u8g2.print(String("SET: ") + String(setPoint, 2) + "\xb0C");
    u8g2.setCursor(0, 64);
    // 顯示感測溫度
    u8g2.print(String("TEMP: ") + String(temp, 2) + "\xb0C");
  } while ( u8g2.nextPage() );
}

void readSerial() {        // 讀取序列輸入字串的函式
  if (Serial.available()) {
    String data = Serial.readStringUntil('\n');
    sscanf(data.c_str(), "%f,%f,%f,%f", &setPoint, &kp, &ki, &kd);
    Serial.printf("setPoint= %.2f, kp= %.2f, ki= %.2f,
                kd= %.2f\n", setPoint, kp, ki, kd);
  }
}

float readTemp(float R0 = 10000.0, float beta = 3950.0) {
  int adc = analogRead(THERMO);
  float T0 = 25.0 + 273.15;
  float r = (adc * R0) / ((1<<ADC_BITS)-1 - adc);
  return 1 / (1 / T0 + 1 / beta * log(r / R0)) - 273.15;
}

float computePID(float in) {    // 計算 PID
  static float errorSum = 0;      // 累計誤差
  static float prevError = 0;     // 前次誤差值
  float error = setPoint - in;  // 當前誤差
  float dt = INTERVAL / 1000.0; // 間隔時間（秒）

  errorSum += error * dt;                    // 積分：累計誤差
  errorSum = constrain(errorSum, 0, 255);  // 限制積分範圍
```

```
  // 微分：誤差程度變化
  float errorRate = (error - prevError) / dt;
  prevError = error;      // 儲存本次誤差

  // 計算 PID
  float output = kp * error + ki * errorSum + kd * errorRate;

  output = constrain(output, 0, 255);    // 限制輸出值範圍
  return output;
}

void setup() {
  Serial.begin(115200);
  pinMode(HEATER, OUTPUT);

  IPAddress ip;
  // 初始化 SPIFFS
  if (!SPIFFS.begin(true)) {
    Serial.println("無法載入SPIFFS記憶體");
    return;
  }
  // 設置無線網路
  WiFi.mode(WIFI_STA);
  WiFi.begin(ssid, password);
  Serial.println("");

  while (WiFi.status() != WL_CONNECTED) {
    Serial.print(".");
    delay(500);
  }
  ip = WiFi.localIP();
  ipAddr = WiFi.localIP().toString();
  Serial.printf("\nIP位址：%s\n", ipAddr.c_str());

  // 設置首頁
  server.serveStatic("/", SPIFFS, "/www/").setDefaultFile(
    "index.html");
  server.serveStatic("/favicon.ico", SPIFFS, "/www/favicon.
    ico");
```

```
  // 查無此頁
  server.onNotFound([](AsyncWebServerRequest * req) {
    req->send(404, "text/plain", "Not found");
  });

  ws.onEvent(onSocketEvent);  // 附加事件處理程式
  server.addHandler(&ws);
  server.begin();  // 啟動網站伺服器
  Serial.println("HTTP伺服器開工了～");

  u8g2.begin();     // 初始化 OLED 顯示器
  // 設定類比輸入
  analogSetAttenuation(ADC_11db);  // 類比輸入上限 3.6V
  analogReadResolution(ADC_BITS);  // 類比輸入位元解析度
  ledcSetup(PWM_CHANNEL, PWM_FREQ, PWM_BITS);  // 設置 PWM 輸出
  ledcAttachPin(HEATER, PWM_CHANNEL);           // 指定輸出腳
}

void loop() {
  static uint32_t prevTime = 0;   // 前次時間，宣告成「靜態」變數
  uint32_t now = millis();         // 目前時間

  if (now - prevTime >= INTERVAL) {
    prevTime = now;

    temp = readTemp();              // 讀取溫度
    float power = computePID(temp);   // 計算 PID
    ledcWrite(PWM_CHANNEL, (int)power); // 輸出 PID 運算值
    // Serial.printf("%.2f,%.2f\n", setPoint, temp);

    OLED();       // 更新顯示畫面
    notifyClients();  // 向網路用戶端傳遞感測資料
  }

  ws.cleanupClients();
  readSerial();  // 讀取序列輸入參數
}
```

這個程式同樣採用 ArduinoJson 程式庫（https://arduinojson.org/）建立與解析 JSON 格式資料，但《**超圖解 ESP32 深度實作**》採用的程式庫是 6.x 版（V6），而筆者撰寫本文時，最新版是 7.x 版（V7）。

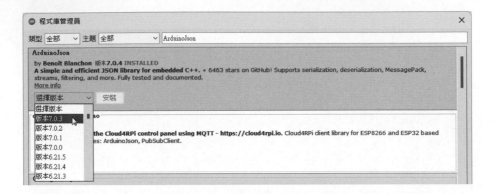

V7 版簡化了 JSON 文件變數的宣告敘述，V6 版需要宣告 JSON 資料的位元組大小，例如：

```
StaticJsonDocument<96> doc;
```

上面那行敘述在 V7 版則寫成底下的樣子，其餘敘述不變。

```
JsonDocument doc;
```

編譯上傳程式到 ESP32 開發板後，開啟瀏覽器連線到 OLED 顯示的開發板 IP 位址，即可透過 PID 滑桿調整 Kp, Ki 和 Kd 等參數。

5

檢測馬達轉速
與移動距離

如同加熱器需要溫度感測器的回授訊號才能得知加熱溫度，馬達也需要速度感測器的回授才能知道轉速。本文將介紹「光耦」以及「霍爾」兩種馬達轉速感測元件及其電路，以及小型 DIY 自走車常見的 N20 馬達，並且說明檢測轉速和移動距離的程式，還有提升檢測精度的方法。

5-1 槽型光耦感測器和碼盤的運作原理

檢測馬達轉動角度或轉速的硬體，普遍有兩種方式，它們的輸出都是一串高低電位變化的脈衝訊號，所以控制程式都一樣。

- 光學：透過遮斷 / 通透或者反射紅外線來感測馬達轉動。
- 磁場：用霍爾感測元件偵測磁石的極性變化來感測馬達轉動。

下圖是一款常見於檢測馬達轉速的「槽型光耦」感測模組，要搭配下文提到的「碼盤」使用。槽型光耦的感測電路跟「紅外線循跡」模組相似：包含一組紅外線發射和接收元件，以及 LM393 比較器或者 74HC14 施密特觸發器構成的「波形整形器」，某些模組沒有 IC 而是用電晶體。

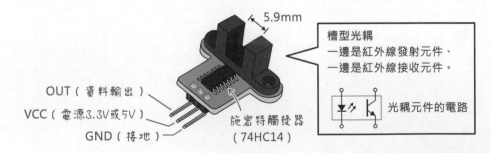

槽型光耦感測器有不同的槽口寬度式樣，常見的款式介於 4mm~10mm 之間，主要是配合碼盤的尺寸和厚度。底下是一款採用 LM393 比較器的感測器模組的電路圖，其運作原理跟《超圖解 Arduino 互動設計入門》第 14 章分析的循跡感測器模組一樣，只是多了電阻和電容構成的 RC 濾波電路。

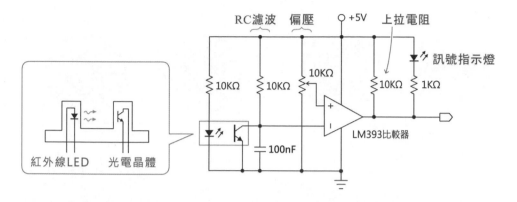

感測器模組的電源可接 5V 或 3.3V；感測器模組的訊號輸出的高電位，通常等同電源電壓，因此連接 ESP32 時，模組的電壓必須接 3.3V。這款槽型光耦感測器經常和下圖的 **TT 直流減速馬達**搭配，它的齒輪箱兩邊各有一個輸出軸，一邊接輪胎，另一邊接碼盤。

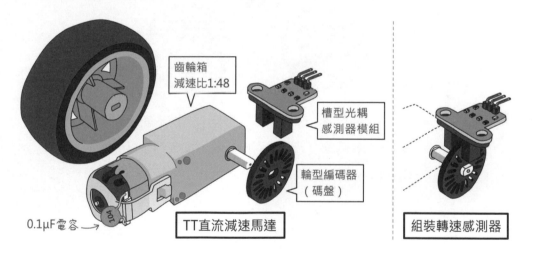

碼盤（wheel encoder，輪型編碼器）

碼盤也稱為「輪型編碼器」，底下是具有孔洞的樣式。孔洞可讓紅外線通過，孔洞越多，檢測角度也越精細。當紅外線被碼盤遮蔽時，視感測器電路而定，有些輸出高電位，有些輸出低電位，這不重要，重點是訊號會隨著碼盤旋轉而變化。

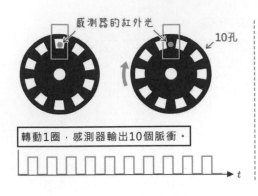

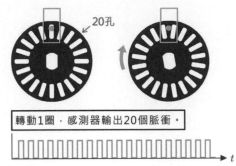

上圖這種碼盤，若只連接一組槽型光耦感測器，微控器只能獲得轉動的速度資訊。若要感測轉動方向，需要如下圖般相隔 90° 裝設兩個感測器，詳細下文再説。

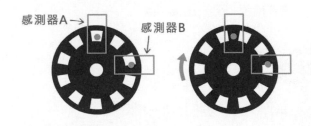

還有一種像下圖的「絕對值」型編碼器，碼盤上面的不同位置有不同的黑白條紋組合，紅外線朝碼盤發光，遇到白色時，接收元件可感測到大量反光，遇到黑色則幾乎收不到反光，因此可檢測出當前的旋轉角度。

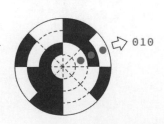

5-2 附帶減速齒輪箱與霍爾感測器的 N20 微型直流馬達

《**超圖解 ESP32 深度實作**》第 2 章介紹了 ESP32 微控器內建的霍爾感測器，以及相關的應用和程式範例。本單元採用附加在馬達後面的霍爾編碼器模組，來檢測馬達的轉速和角度。搜尋商品關鍵字 "N20 減速馬達 霍爾編碼器 "，即可找到下圖右這一款結合金屬齒輪箱和霍爾轉速感測器的小馬達。

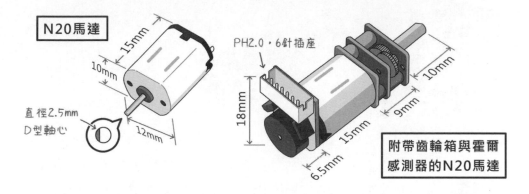

N 系列馬達是微型直流碳刷馬達，具有體積小、重量輕、效率高的特性，按照外型尺寸和扭力，分成 N10~N50 等級，廣泛用於機器人、玩具、醫療設備、自動化裝置和 DIY 專案。N 系列馬達的長度比較：

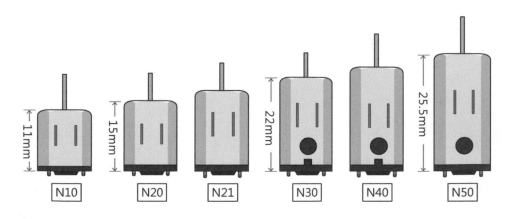

Arduino 小型自走車專案常用的是 N20，它的電源電壓分成 3V, 6V 和 12V，筆者**選用 6V 款式，可用 5V 驅動，消耗電流約 100mA（堵轉時約 200mA）**。

齒輪箱可改變轉速、扭力以及轉軸的旋轉方向，N20 馬達的齒輪箱有多種款式可選，有些廠商接受訂製，但 N 系列馬達的齒輪箱大多採開放式，容易累積灰塵。齒輪箱的主要規格是減速比，範圍從 1:5 到 1:1000 可選，減速比越大、轉速越慢，但力矩會增大；減速比不會影響消耗電流，**Arduino 小型自走車專案通常選用 1:30 或 1:50**。

密閉式齒輪箱

表 5-1 列舉商家提供的 6V N20 馬達的參數，RPM 代表 Revolutions Per Minute（每分鐘轉速）。跟選擇馬達驅動 IC / 控制模組息息相關的參數是**堵轉電流，馬達驅動 IC 的輸出電流務必大於堵轉電流**，最好大於兩倍。

表 5-1

減速比	空載轉速 RPM	額定轉速 RPM	額定力矩 Kg/cm	堵轉力矩 Kg/cm	額定電流 mA	堵轉電流 mA
1:10	1000	700	0.05	0.07	≤ 100	200
1:20	500	350	0.09	0.12	≤ 100	200
1:30	330	200	0.12	0.2	≤ 100	200
1:50	200	120	0.2	0.32	≤ 100	200
1:100	100	65	0.4	0.7	≤ 100	200
1:150	65	45	0.6	0.9	≤ 100	200

相較於光學式感測方案，這種整合減速齒輪箱和霍爾編碼器的馬達，更適合 DIY 小型自走車。附帶一提，下圖左的馬達後面的軸心很短，無法另行安裝霍爾感測器模組，所以購買的時候就要選擇具有霍爾感測器的款式，廠商通常會附帶 2.0mm 間距的 6 針排線。

具備霍爾感測器的N20馬達

無法附加霍爾感測器

PH2.0，
6針插接端子

霍爾感應器也應用在高階電玩手把的類比搖桿，取代傳統可變電阻，偵測搖桿的轉動角度。

有些安裝在馬達後面的磁石（磁環）沒粘好，如果馬達轉動不順，請檢察磁石是否緊貼著馬達，你可用一字起子輕輕地撬開空隙，但不要太用力，以免損壞電路板。這張照片顯示磁石和馬達之間該有的間隙。

霍爾感測器模組電路與運作原理

底下是兩款附加在馬達後面的霍爾感測器模組的電路板外觀與接腳。不同廠商生產的霍爾感測器模組的腳位可能不同，實際以模組的標示或廠商資料為主。

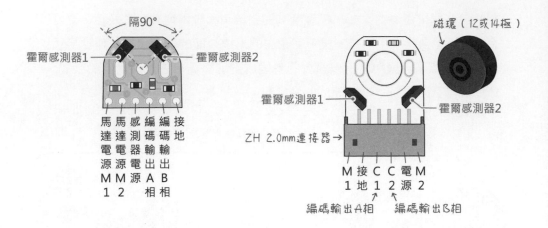

筆者買到的是右上圖的款式，它的電路圖如下，從中可看出**電源（Vcc）**
供電給兩個霍爾元件和 LED，因為 C1 和 C2 輸出腳要接 ESP32，所以**元件
的電源要接 3.3V**。

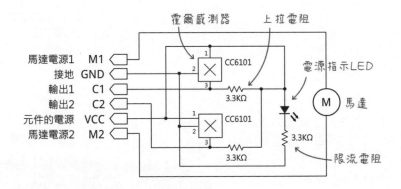

霍爾編碼器模組的運作原理如下，假設磁石是由數個 N, S 極構成的磁石。
轉動磁石，霍爾元件將感測到磁場變化，進而輸出高、低電位脈衝訊號。

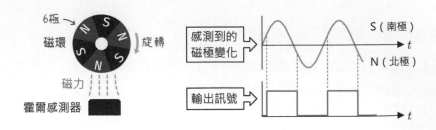

這款模組有兩個呈 90 度排列的霍爾元件，所以感測到的訊號波形相位也相差 90 度，程式可藉此分辨旋轉方向。除了用「輸出 1」、「輸出 2」來區分訊號，通常也使用「A 相」和「B 相」來表示。

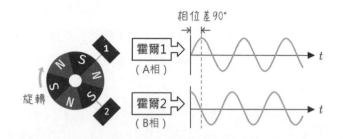

根據筆者購買的馬達＋霍爾編碼器的商品頁描述，此編碼器「N-S 共 14級磁石；AB 相霍爾編碼板，內置上拉電阻」。也就是說，馬達軸心每轉一圈可偵測 14 個變化，或者說，每 25° 可偵測到變化（360° ÷ 14 = 25°）。

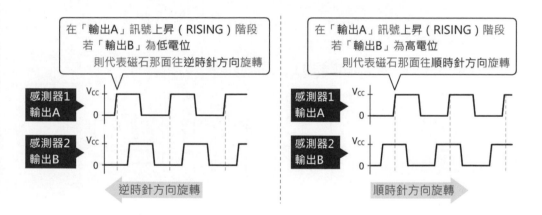

這種輸出 90° 相位差訊號的編碼器也稱為 **quadrature encoder**（**正交編碼器**）。順時針或逆時針旋轉，依觀測方向而定。霍爾感測器裝在馬達後面，正轉、逆轉跟輪胎那一面相反：

動手做 5-1 使用中斷檢測馬達的 轉動次數和方向

實驗說明：宣告一個儲存脈衝變化的 count（計數值）變數，馬達往一方向轉動時，增加 count 值；往另一方向轉動時，減少 count 值，並在**序列埠監控視窗**顯示脈衝數。

實驗材料

ESP32 開發板	1 片
N20 馬達＋霍爾感測器模組	1 組
N20 馬達的配套輪胎（直徑 34m）	1 個

實驗電路

N20 霍爾感測器輸出檢測電路如下，馬達的電源 M1 和 M2 暫時不用接。

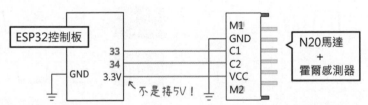

將馬達附帶的 PH2.0，6 針排線背面朝外、插入霍爾感測器模組插座。

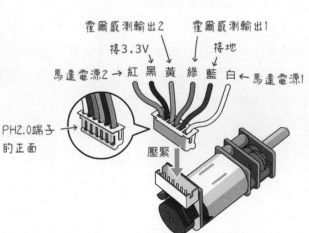

C1 和 C2 分別接 ESP32 的 33 和 34 腳、馬達接上輪胎。

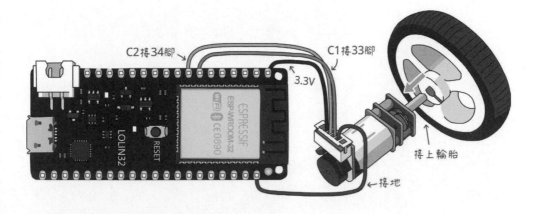

焊接導線與 2.54mm 排插

霍爾感測器附帶的排線有點長,筆者用斜口鉗將它剪成約 9cm 長度。排線另一端要自己焊接,筆者把兩個馬達的電源以及霍爾感測器的輸出,分別焊接在兩個 2.54mm 孔距的排插,一個 4 針、一個 8 針。

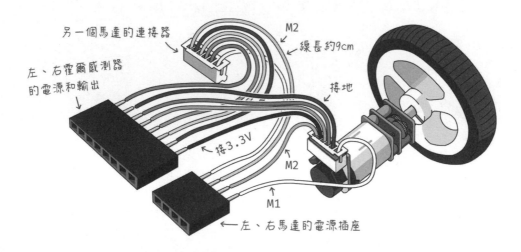

市面上也能買到一端是 PH 2.0 端子、另一端是杜邦插頭的接線，但筆者找到的接線長度都有點長（約 20 公分，可訂做尺寸，但價格高很多），日後用在自走小車上，還是得自行剪短、重新連接導線；過長的接線容易引入雜訊。

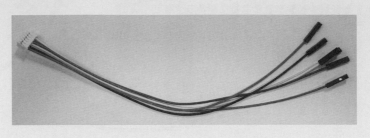

實際焊接的每一條導線都有套上熱縮管，以強化接線的韌性。為了順利焊接，焊接的元件要先固定好，你可以用「焊接輔助夾」或者「桌上型老虎鉗」，甚至用膠帶固定元件，總之就是不讓它們亂動。元件的焊接點都要先上焊錫，如此，兩個接腳交疊碰觸，再用烙鐵加熱就能焊在一起了。基本的焊接工具和操作，《**超圖解 Arduino 互動設計入門**》附錄 D 有說明。

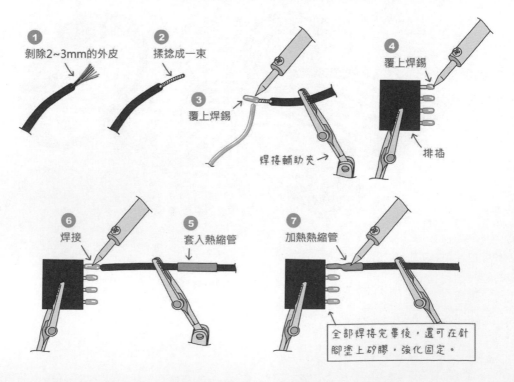

① 剝除2~3mm的外皮
② 揉捻成一束
③ 覆上焊錫
焊接輔助夾
④ 覆上焊錫
排插
⑥ 焊接
⑤ 套入熱縮管
⑦ 加熱熱縮管
全部焊接完畢後，還可在針腳塗上矽膠，強化固定。

中斷檢測馬達的轉動次數和方向的程式

看到霍爾感測器模組的兩個輸出波形，有沒有覺得很眼熟？對啦！跟**旋轉編碼器**的 CLK 和 DT 腳的輸出一模一樣。《**超圖解 ESP32 深度實作**》第 16 章的旋轉編碼器範例，在 loop() 中不停地檢測兩個訊號的狀態，類似這樣：

```
#define C1_PIN 33          // 霍爾輸出 C1 的接腳
#define C2_PIN 34          // 霍爾輸出 C2 的接腳

int32_t count = 0;         // 宣告 32 位元整數
int32_t lastCount = 0;     // 儲存「上次」脈衝數

void setup() {
  Serial.begin(115200);
  pinMode(C1_PIN, INPUT);  // C1 和 C2 接腳都設為「輸入」模式
  pinMode(C2_PIN, INPUT);
}

void loop() {
  bool c1 = digitalRead(C1_PIN);  // 讀取 C1 腳的狀態
  bool c2 = digitalRead(C2_PIN);  // 讀取 C2 腳的狀態
    :處理程式…略
}
```

旋轉編碼器的轉動頻率不高，所以上面的想法可行，但馬達在減速前，每分鐘動輒數千轉，程式在 loop() 中循序處理所有任務，這期間的感測脈衝變化很可能會被忽略，所以必須改用「中斷」機制來通知處理器。

霍爾感測器模組資料提及的「N-S 共 14 級磁石」，代表的是磁石旋轉一圈，輸出的脈衝訊號會改變 14 次。偵測霍爾感測器訊號變化的中斷處理常式，通常選擇偵測訊號的 **RISING（上昇）**或者 **CHANGE（改變）**狀態。

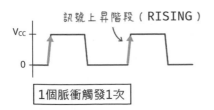

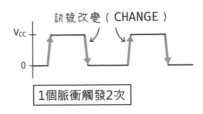

偵測 C1 腳位訊號「上昇」狀態、計算脈衝數的完整程式碼如下：

```
#define C1_PIN 33   // 霍爾輸出 C1 的接腳
#define C2_PIN 34   // 霍爾輸出 C2 的接腳

// 將被中斷常式改變的值，要設成 volatile
volatile int32_t count = 0;
int32_t lastCount = 0;        // 儲存「上次」脈衝數

void ARDUINO_ISR_ATTR encISR() {   // 計算脈衝數的中斷處理常式
  bool c2 = digitalRead(C2_PIN);  // 讀取 C2 的狀態
  if (c2 == LOW)   // 若 c2 為低電位…
    count++;          // 代表輪子那一面是順時針、那磁石面是逆時針轉動
  else
    count--;          // 代表輪子那一面是逆時針、磁石那面是順時針轉動
}

void setup() {
  Serial.begin(115200);
  pinMode(C1_PIN, INPUT);
  pinMode(C2_PIN, INPUT);
  // 偵測 C1 腳的變化，於脈衝上升階段觸發。
  attachInterrupt(C1_PIN, encISR, RISING);
}

void loop() {
  if (count != lastCount) {  // 若脈衝數變動，顯示脈衝數
    lastCount = count;
    Serial.printf("脈衝數:%ld\n", count);
  }
}
```

實驗結果

上傳程式之後，用手轉動馬達（輪胎那一側），**序列埠監控視窗**將顯示脈衝數；反向旋轉，脈衝數將增加或減少。筆者將馬達朝同一方向轉動 1 圈，得到的脈衝數是 204。

根據廠商提供的資料，筆者購買的 N20 馬達的齒輪箱減速比是 1:50，所以理論上，輪胎轉一圈，磁石將旋轉 50 圈，上昇中斷訊號將被觸發 50 × 7 = 350 次。但從上面的程式檢測結果得到的是：204 ÷ 7 ≈ 29.14，所以實際的減速比是趨近 1:30。這提醒我們：廠商可能給錯資料或者發錯商品。

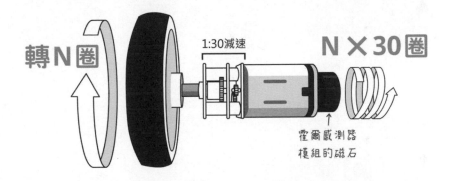

有些 Arduino 程式在附加中斷的敘述中使用 digitalPinToInterrupt（直譯為「數位腳位轉成中斷編號」）函式，像底下這樣：

```
attachInterrupt(digitalPinToInterrupt(C1_PIN),readEncoder,RISING);
```

因為某些開發板（如：UNO）的接腳編號和中斷編號不一致，所以需要 digitalPinToInterrupt() 把接腳編號轉換成對應的中斷編號。ESP32 沒有這個問題，所以不用額外執行 digitalPinToInterrupt() 函式。

表 5-2

開發板	INT0	INT1	INT2	INT3	INT4	INT5
UNO	2	3				
Micro	3	2	0	1	7	
Mega2560	2	3	21	20	19	18

動手做 5-2 「啟動」鍵與中斷常式的彈跳延遲處理

實驗說明：加入「啟動」鍵，並使用中斷處理，偵測到按鍵被「按一下」就將脈衝計數器歸零。

實驗材料

ESP32 開發板	1 片
N20 馬達＋霍爾感測器模組	1 組
搭配 N20 馬達的輪胎	1 個
輕觸開關	1 個

實驗電路

在 ESP32 的腳 27 連接輕觸開關，開關另一端接地。

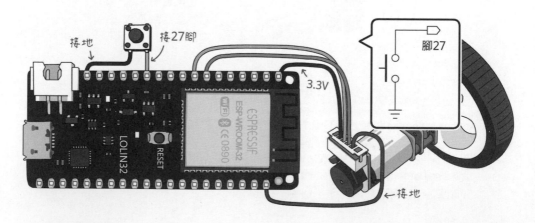

實驗程式

按鍵的接腳（27）會啟用內建的上拉電阻，平時處於高電位，按下時變低電位、放開又變回高電位。所以此按鍵的中斷處理程式設成：開關訊號 **RISING**（**回到高電位**）時觸發。在動手做 5-1 的程式加入下列敘述：

```
#define BTN_PIN 27              // 歸零按鍵的接腳
#define DEBOUNCE_TIME 300       // 彈跳延遲時間
     :略
volatile uint32_t debounceTimer = 0;   // 儲存按鍵的彈跳時間
volatile int btnPressed = 0;   // 按鍵是否被按下

void ARDUINO_ISR_ATTR btnISR() {        // 按鍵中斷處理常式
  // 若按下時間等於或超過彈跳延遲時間…
  if ( (millis() - debounceTimer) >= DEBOUNCE_TIME) {
    btnPressed ++;   // 累計按鍵觸發次數
    debounceTimer = millis();   // 取得毫秒值
  }
}

void setup() {
    :略
  pinMode(BTN_PIN, INPUT_PULLUP);   // 按鍵接腳，啟用上拉電阻
  attachInterrupt(BTN_PIN, btnISR, RISING);  // 附加按鍵中斷常式
}

void loop() {
  if (btnPressed > 0) {  // 「啟動」鍵被按下了嗎？
    btnPressed = 0;       // 清除按鍵紀錄
    count = 0;            // 計數器清零
  }
    :略
}
```

實驗結果

編譯與上傳程式之後，轉動馬達，每次按一下**啟動**鍵，脈衝計數器 count
值就會變成 0。

補充說明 millis() 函式

在中斷常式中處理按鍵彈跳的程式碼，《**超圖解 ESP32 深度實作**》第 18
章的 FreeRTOS 單元已經介紹過，上文的寫法採用一般 Arduino 的方式，從
millis() 取得目前的毫秒值，再跟過去的「時間記錄」比較。

ESP32 Arduino 程式的 millis() 函式，連同其他延時的函式，如：delay() 和 micros()，都歸納在 esp32-hal-misc.c 檔（原始碼：https://bit.ly/3sZ0xtl）。從 esp32-hal-misc.c 原始碼可看出，micros() 其實就是呼叫 ESP32 開發環境提供的 esp_timer_get_time()，它將傳回從開機到現在經過的微秒數，底下的函式定義取自 esp32-hal-misc.c 原始碼：

```
unsigned long ARDUINO_ISR_ATTR micros() { // 定義 micro() 函式
    return (unsigned long) (esp_timer_get_time()); // 傳回毫秒值
}

unsigned long ARDUINO_ISR_ATTR millis() { // 定義 millis() 函式
    // 傳回微秒值
    return (unsigned long) (esp_timer_get_time() / 1000ULL);
}

void delay(uint32_t ms) {    // 定義 delay() 函式
    vTaskDelay(ms / portTICK_PERIOD_MS);
}
```

其中的 unsigned long 型態等同 uint32_t。此外，millis() 也可替換成 FreeRTOS 的 xTaskGetTickCount()，像底下這樣，當然，採用 millis() 的版本比較簡單易懂且通用。

```
void ARDUINO_ISR_ATTR btnISR() {   // 按鍵中斷處理常式
    // 若按下時間等於或超過彈跳延遲時間…
    if ((xTaskGetTickCount() - debounceTimer) >=
        DEBOUNCE_TIME) {
        btnPressed ++;   // 累計按鍵觸發次數
        debounceTimer = xTaskGetTickCount();   // 取得毫秒值
    }
}
```

提升測量轉動次數精確度

把霍爾脈衝訊號**上昇（RISING）**觸發中斷，變成**改變（CHANG）**時觸發，
偵測馬達旋轉的解析度就能提升一倍。底下是修改後的中斷處理常式，由
於訊號「上昇」和「下降」階段都會觸發 CHANGE，所以中斷常式必須確
認 C1 腳的狀態。

```
void ARDUINO_ISR_ATTR encISR() {        // 霍爾中斷處理常式
  if (digitalRead(C1_PIN) == HIGH) {    // 若 C1 腳是高電位…
    if (digitalRead(C2_PIN) == LOW) {   // 若 C2 腳是低電位…
      count++;
    } else {
      count--;
    }
  } else {        // C1 腳是低電位…
    if (digitalRead(C2_PIN) == LOW) {
      count--;
    } else {
      count++;
    }
  }
}

void setup() {
  Serial.begin(115200);
  pinMode(C1_PIN, INPUT);   // 霍爾 C1
  pinMode(C2_PIN, INPUT);   // 霍爾 C2
  pinMode(BTN_PIN, INPUT_PULLUP);   // 按鍵接腳，上拉電阻

  // 附加霍爾編碼器的中斷處理常式，於訊號改變時觸發
  attachInterrupt(C1_PIN, encISR, CHANGE);
  attachInterrupt(BTN_PIN, btnISR, RISING); // 附加「啟動」鍵中斷常式
}

void loop() {
  if (btnPressed > 0) { // 「啟動」鍵被按下了嗎？
    btnPressed = 0;       // 清除按鍵紀錄
    count = 0;            // 計數器清零
  }
```

```
    if (lastCount != count) {   // 若編碼值改變了…
      lastCount = count;         // 儲存此次編碼值
      Serial.printf("脈衝數:%d\n", count);
    }
  }
```

編譯上傳程式之後,開啟**序列監控視窗**再轉動馬達,旋轉一圈的脈衝數將
是僅偵測「上昇」階段的一倍。

動手做 5-3 測量移動距離

實驗說明:警察在交通事故現場會用「手推式測距儀」,也就是帶有小輪胎
的裝置,在地上滾動測量距離,本單元將運用小車輪胎實作出類似功能,
實驗電路與動手做 5-2 相同。

實驗材料

ESP32 開發板	1 片
N20 馬達 + 霍爾感測器模組	1 組
搭配 N20 馬達的輪胎	1 個
輕觸開關	1 個

本書採用下圖這款搭配 N20 馬達的輪胎,廠商的資料指出輪胎寬 34mm,
實際測量約 33.5mm。透過右下的算式可求出輪胎旋轉一圈的行走距離
(周長):

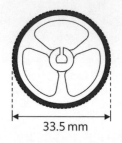

33.5 mm

周長 ➡ 直徑 × π ➡ $33.5mm \times 3.14159 \approx 105.24\,mm$

單一脈衝的旋轉角度 ➡ $\dfrac{360°}{14 \times 30} \approx 0.857°$

旋轉一圈的脈衝變化數　　齒輪減速比

單一脈衝的移動距離 ➡ $\dfrac{105.24\,mm}{14 \times 30} \approx 0.25\,mm$

從底下的算式可求得輪胎轉動時的移動距離：

> 移動距離 = 脈衝數 × 輪胎周長 ÷（每圈脈衝數 × 齒輪減速比）

修改動手做 5-2 的程式，帶入上面的公式，即可從輪胎的轉動角度和圈數計算出移動距離（wheel_measure_distance-1.ino 檔）：

```
    :略
#define WHEEL_DIAM  33.5  // 輪胎直徑（單位:mm）
#define GEAR_RATIO 30     // 齒輪比
#define PPR  14   // 每圈脈衝數
//（輪胎周長）÷（每圈脈衝數 × 齒輪比）
#define WHEEL_RATIO (WHEEL_DIAM * PI) / (PPR * GEAR_RATIO)

float distance;  // 移動距離
    :略

void setup() { …程式不變，故略… }

void loop() {
    :按鍵處理程式不變，故略…

  if (lastCount != count) {  // 若編碼值改變了…
    lastCount = count;       // 儲存此次編碼值
    // 移動距離 = 脈衝數 × 周長 ÷（每圈脈衝數 × 減速比）
    distance = count * WHEEL_RATIO;
    Serial.printf("移動距離:%.2fmm\n", distance);
  }
}
```

實驗結果

上傳程式碼之後，把輪胎貼緊物體表面，先按一下**啟動**鍵（令計數器歸零），然後推行輪胎，**序列埠監控視窗**將顯示移動距離。

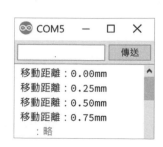

提升霍爾編碼器檢測角度的精細度

動手做 5-3 的霍爾編碼器中斷常式僅感測 C1 腳的訊號，C2 訊號僅用於判斷轉向，因此馬達順時針旋轉一圈，控制板將檢測到 14 個中斷變化。

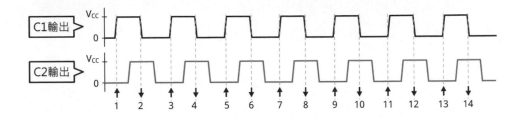

其實程式可一併偵測 C2 訊號的變化，請參閱下圖，當 C2 於**上升階段**（**RISING，升至高電位**）觸發中斷時，若 C1 也處於**高電位**狀態；或者，當 C2 於**下降階段**（**FALLING，降至低電位**）觸發中斷時，若 C1 也處於**低電位**狀態，代表馬達以順時針轉動；

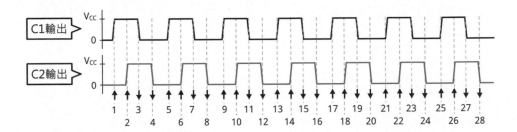

聯合 C1 和 C2 兩個中斷訊號，馬達轉動一圈，總共會觸發 28 次變化（CHANGE）中斷。底下依照上圖以及〈霍爾感測器模組電路與運作原理〉單元的訊號分析寫成的 C2 腳中斷處理常式：

```
void ARDUINO_ISR_ATTR ISR_C2() {        // 霍爾 C2 腳中斷處理常式
  if (digitalRead(C2_PIN) == HIGH) {    // 若 C2 腳是高電位…
    if (digitalRead(C1_PIN) == HIGH) {  // 若 C1 腳是高電位…
      count++;  // 順時針轉動，增加計數值
    } else {
      count--;  // 逆時針轉動，減少計數值
    }
  } else {        // C2 腳是低電位…
    if (digitalRead(C1_PIN) == HIGH) {  // 若 C1 腳是高電位…
```

```
      count--;   // 逆時針轉動，減少計數值
    } else {
      count++;   // 順時針轉動，增加計數值
    }
  }
}
```

重新計算單一脈衝訊號的轉動角度和移動距離，可知雙管齊下的檢測方式，令偵測的精細度提升一倍。

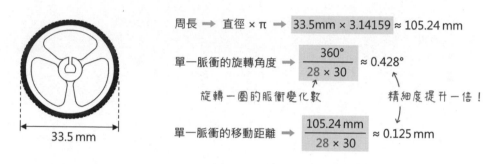

底下是改寫動手做 5-3 的檢測移動距離程式，加入檢測 C2 腳的訊號變化中斷常式，程式架構基本相同，只是因為 CHANGE（變化）中斷每圈觸發 28 次，所以這個程式裡的 **PPR 每圈脈衝數常數值**要改成 28。

```
#define C1_PIN 33              // 霍爾輸出 C1
#define C2_PIN 34              // 霍爾輸出 C2
#define PPR 28                 // 每圈脈衝數 (Pulse Per Rotation)
#define WHEEL_DIAM  34         // 輪胎直徑 (單位:mm)
#define GEAR_RATIO 30          // 齒輪比
#define CIRCUM WHEEL_DIAM * PI    // 輪胎周長
#define WHEEL_RATIO CIRCUM / (PPR * GEAR_RATIO)
#define BTN_PIN  27            // 歸零鍵

volatile int32_t count = 0; // 儲存脈衝數
int32_t lastCount = 0;        // 儲存「上次」脈衝數
volatile uint32_t prevPressTime;  // 儲存按鍵被按下的時間
float distance = 0;           // 移動距離

void ARDUINO_ISR_ATTR ISR_C1() {  // 霍爾 C1 腳中斷處理常式
    :跟上文5-3中斷常式程式碼相同，故略。
```

```
}

void ARDUINO_ISR_ATTR ISR_C2() {   // 霍爾 C2 腳中斷處理常式
  :略
}

void ARDUINO_ISR_ATTR ISR_BTN() {  // 「歸零」鍵中斷處理常式
  :跟上文5-3中斷常式程式碼相同，故略。
}

void setup() {
  Serial.begin(115200);
  pinMode(C1_PIN, INPUT);   // 霍爾 C1
  pinMode(C2_PIN, INPUT);   // 霍爾 C2
  pinMode(BTN_PIN, INPUT_PULLUP);   // 按鍵接腳，上拉電阻

  // 在 C1 腳附加訊號變化中斷
  attachInterrupt(C1_PIN, ISR_C1, CHANGE);
  // 在 C2 腳附加訊號變化中斷
  attachInterrupt(C2_PIN, ISR_C2, CHANGE);
  // 附加「歸零」鍵的中斷常式
  attachInterrupt(BTN_PIN, ISR_BTN, RISING);

  prevPressTime = millis();
}

void loop() {
  if (lastCount != count) {   // 若脈衝數有變動，則輸出脈衝數
    lastCount = count;          // 儲存此次編碼值
    distance = count * WHEEL_RATIO;
    Serial.printf("移動距離:%.2fmm\n", distance);
  }
}
```

編譯上傳到 ESP32 板測試，你將發現中斷觸發
次數增加一倍，**序列埠監控視窗**顯示的移動距
離數值也更精細。

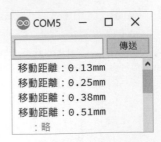

5-3 使用 XOR 邏輯閘降低外部中斷腳的需求

處理像旋轉開關以及霍爾感測器模組之類的「正交編碼」訊號，有多種現成的 Arduino 程式庫可用。例如，Joan Lluch 先生編寫的 Encoder 程式庫（原始碼：https://bit.ly/3EJ8bdU），以及 Paul Stoffregen 先生編寫，也同樣名叫 Encoder 的程式庫（原始碼：https://bit.ly/3Ror6SI）。

以後者為例，它的範例程式說明有提到，建議一個旋轉開關或一個馬達採用兩個中斷輸入腳偵測旋轉方向，原因如同上文說明：提高精密度。但某些開發板（如：Arduino Uno）只有兩個外部中斷輸入腳，若要連接兩組 N20 馬達，中斷腳就不夠了。簡單的解決方法：一組馬達只用一個中斷腳，或者，改用中斷腳較多的開發板，例如，Arduino MEGA 2560 有 6 個外部中斷腳，而 ESP32 的所有可用數位輸入腳都具備外部中斷功能。

然而，若發現微控器的腳位不夠用，除了改用接腳更多的其他開發板，還可以設計週邊電路來解決問題，畢竟微電腦控制開發，不僅只是拼湊現成的模組。

本文使用 XOR 邏輯閘來解決中斷腳位不夠用的問題，但由於 ESP32 不需要，所以讀者可選擇性閱讀。

XOR 邏輯是：若兩個輸入訊號不同，則輸出 1，相同則輸出 0，換句話說，**XOR 邏輯可偵測兩個輸入訊號的變化**。等一下會看到，透過 XOR 運算，還能推斷輸入訊號的邏輯狀態。型號 74HC86 的 IC 內部有 4 個 XOR 邏輯閘：

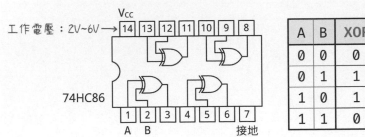

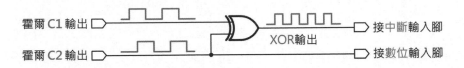

兩個霍爾感測器的輸出連接 XOR 閘的電路如下，**XOR 閘的輸出接開發板的中斷輸入腳，C2 接普通的數位輸入腳。**

左下圖呈現馬達以順時針方向旋轉所產生的脈衝波形；每當中斷訊號發生變化，透過檢查 B 的狀態，也能從底下的 XOR 運算式得知 A 的狀態，這樣就達到**用一個中斷輸入腳取得兩個訊號源的狀態**的作用了。

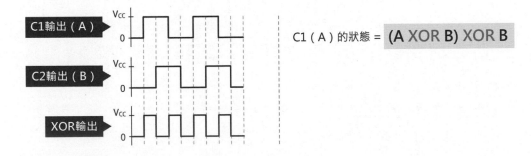

C1（A）的狀態 = **(A XOR B) XOR B**

筆者把 XOR 的輸出和 C2 分別接在 ESP32 開發板的 33 和 34 腳：

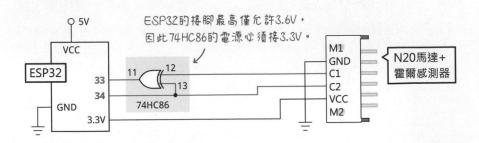

取得霍爾感測器 C1 和 C2 狀態的程式這樣寫：

```
#define XOR_PIN 33
#define C2_PIN  34
 : 略
bool newC2 = digitalRead( C2_PIN );
bool newC1 = digitalRead( XOR_PIN ) ^ newC2;
```

XOR運算子

這個式子可求出A → (A XOR B) XOR B

下圖顯示馬達朝兩個方向旋轉的時脈變化，其中的 C1 值是 XOR 輸出和 C2 值取 XOR 的結果。

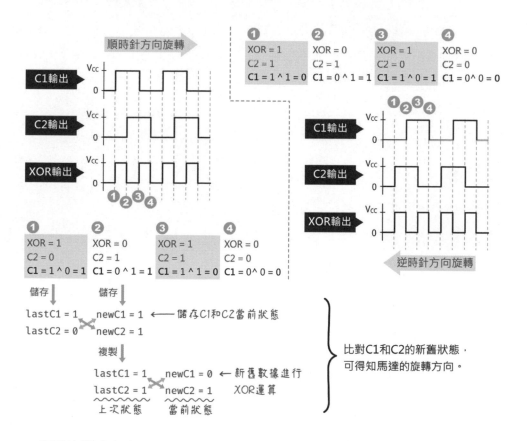

底下的程式宣告 lastC1, lastC2 以及 newC1, newC2 兩組變數，分別儲存 C1 和 C2 的前一刻與當前的狀態，並且在 encISR() 中斷函式中計算馬達的轉動 次數（順時針為正、逆時針為負）。

```
#define XOR_PIN 33        // 霍爾 XOR 輸出
#define C2_PIN 34         // 霍爾輸出 C2

volatile bool lastC1;     // 儲存「上次」霍爾 C1 值
volatile bool lastC2;     // 儲存「上次」霍爾 C1 值
volatile int16_t count = 0; // 儲存脈衝數
int16_t lastCount = 0;    // 儲存「上次」脈衝數

void ARDUINO_ISR_ATTR encISR() {    // 中斷處理函式
  bool newC2 = digitalRead(C2_PIN);
  bool newC1 = digitalRead(XOR_PIN) ^ newC2;

  // 計算馬達轉動次數
  count += (newC1 ^ lastC2) - (lastC1 ^ newC2);

  lastC1 = newC1;   // 儲存本次的 C1 和 C2 狀態
  lastC2 = newC2;
}

void setup() {
  Serial.begin(115200);
  pinMode(XOR_PIN, INPUT);          // 數位腳設為輸入模式
  pinMode(C2_PIN, INPUT);
  attachInterrupt(XOR_PIN, encISR, CHANGE);  // 附加中斷處理常式

  lastC2 = digitalRead(C2_PIN);  // 讀取當前霍爾 C2 和 C1 的狀態
  lastC1 = digitalRead(XOR_PIN) ^ lastC2;
}

void loop() {
  if (count != lastCount) {        // 若脈衝數有變動，則輸出脈衝數
    lastCount = count;
    Serial.printf("脈衝數:%d\n", count);
  }
}
```

編譯上傳程式碼測試，結果與動手做 5-3 單元相同。

6

建立中斷類別程式

本章將把之前編寫的按鍵和霍爾編碼器中斷處理程式，寫成類別和程式庫，以利提供給其他專案使用。以「按鍵」為例，假設中斷處理常式叫做 onIRQ，當按鍵接腳的電位轉變成高電位時，它將被觸發：

不過，具備中斷處理功能的類別程式，並不是像上面的敘述，直接在「附加中斷」的敘述指定中斷處理常式（方法）那麼簡單。

6-1 處理中斷的「啟動」鍵類別

筆者把按鍵類別命名成 "Button"，如果像底下這樣，把中斷處理常式定義成類別方法，嘗試讓中斷事件呼叫，會在編譯階段發生錯誤：

```
void IRAM_ATTR Button::onIRQ(){
  if (( millis() - debounceTimer) >= DEBOUNCE_TIME ) {
    ：略
}
```
中斷處理常式：消除開關彈跳、計數按下次數。

類別程式檔
button.cpp

```
void Button::setISR(){
  pinMode( BTN_PIN, INPUT_PULLUP );
  debounceTimer = millis();
  attachInterrupt( BTN_PIN, onIRQ, RISING );
}
```
中斷事件無法直接呼叫物件方法

attachInterrupt() 的語法規定，「外部中斷處理函式」必須是不隸屬類別物件的**自由函式**（**free function**），例如，**全域函式**就是一種自由函式。「外部中斷處理函式」也可以是類別的**靜態（static）**成員函式，亦即附帶 static 關鍵字宣告的公用成員。

06

6-2

本章將示範編寫具備中斷處理功能類別的兩種方案：

● 採用 ESP32 Arduino 開發環境內建的 "FunctionalInterrupt.h" 標頭檔，**綁定（bind）** 中斷處理常式。

● 透過一個「代理人」，迂迴附加中斷處理常式給類別物件。

採用第一個方案，綁定中斷常式之前，必須先認識 C++ 語言的「命名空間」以及 bind() 綁定函式。

命名空間（name space）

程式裡的變數或其他識別字（如：函式名稱）不可重複，因為如果重複的話，電腦就無法確定程式指名的操控對象究竟是哪一個。為了避免重複命名產生的衝突，C++ 語言提供了「命名空間」機制，相當於把同名的識別字，再套上不同名稱的外包裝，這樣就能化解同名的問題。

底下程式片段把 price 變數分別用 pc 和 mac「命名空間」包裝，存取 price 時，要透過 "::" 運算子指出「命名空間」。

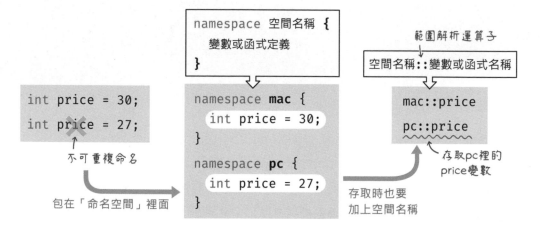

完整的範例程式碼如下：

```
namespace mac {
  int price = 30;
  void hello() {
    Serial.println("hello");
  }
}

namespace pc {
  int price = 27;
}

void setup() {
  Serial.begin(115200);
  Serial.printf("Mac價格:%d\n", mac::price);
  Serial.printf("PC價格:%d\n", pc::price);
  mac::hello();   // 呼叫位於 mac 命名空間裡的 hello()
}

void loop() { }
```

使用 Wokwi 線上模擬器測試,可得到底下的編譯執行結果:

```
Mac價格:30
PC價格:27
hello
```

使用 std::bind() 綁定函式

"bind" 代表「繫結」或「綁定」。std::bind() 的作用是建立整合另一個函式的函式。舉例來說,底下程式定義兩個自訂函式,price() 將傳回依據兩個參數計算的「含稅價格」,而 price_tax() 則是以固定的 1.05 稅率呼叫 price(),所以這個程式將會在**序列埠監控視窗**顯示:含稅價:10.50。

```
// tax 參數:浮點稅率值
// n 參數:整數價格植
float price(float tax, int n) {
  return n * tax;   // 傳回「含稅價」
```

```
}

float price_tax(int n) {    // 輸入價格，傳回含稅價
  return price(1.05, n);    // 呼叫 price() 函式
}

void setup() {
  Serial.begin(115200);
  Serial.printf("含稅價：%.2f\n", price_tax(10));
}
void loop() { }
```

上面的 price_tax 函式可用 std::bind() 改寫，其基本語法如下：

讓編譯器自動判斷新函式
的參數和傳回值型態
                          傳給函式的參數
  ↓
auto 新函式名稱 = std::bind(函式名稱, 預留參數_1, 預留參數_2, ..., 預留參數_n)
              ↑   ↑
        C++的標準函式庫命名空間   std::placeholders::_1

「預留參數」是 C++ 預先定義的命名空間，"預留參數 _1"實際寫成
"std::placeholders::_1"、"預留參數 _2" 寫成 "std::placeholders::_2"；依 C++ 內建
的標準函式庫而定，至少可以設定 10 個預留參數，從 _1 到 _10。

底下敘述把 price 的第一個參數值（稅率）設成 1.05，第二個是「預留參數
_1」（價格），綁定後的新函式叫做 "price_tax"：

```
auto price_tax = std::bind(price, 1.05, std::placeholders::_1);
```

完整的範例程式如下，你可以用 Wokwi 線上模擬器測試執行。補充說明，
bind 函式定義在 "functional" 程式庫（沒有 .h 副檔名），ESP32 Arduino 開發環
境預設已引用此程式庫，所以我們自己的程式不必再引用。

```
#include <functional>  // 選擇性地引用包含 bind 函式定義的程式庫

float price(float tax, int n) {
```

```
    return n * tax;
}

auto price_tax = std::bind(price, 1.05,
                            std::placeholders::_1);

void setup() {
  Serial.begin(115200);
  // 僅需傳入「價格」參數
  Serial.printf("含稅價:%.2f\n", price_tax(10));
}

void loop() { }
```

std::bind() 的傳回值是另一個 C++ 內建的 **std::function 物件（通用多型函式包裝器）**，如果不用 auto 型態定義 price_tax，之前的敘述要改寫成底下的模樣，明確指出 price_tax 函式接收一個 int 型態的參數、傳回 float 型態值。

傳回值型態　　參數型態
```
std::function<float(int)> price_tax = std::bind(price, 1.05,
                                                std::placeholders::_1);
```
　　　　　　　　　　　用角括號包圍

使用 std::bind() 綁定類別的方法

若綁定的函式是**類別的方法**，std::bind() 的語法改成：

```
auto 新函式名稱 = std::bind( &類別::方法, 類別物件, 預留參數_1, ...)
```
　　　　　　　　　　　　　　　取得位址

底下程式定義一個包含計算稅率的 price 方法的 Foo 類別，在類別之外，宣告一個 Foo 類別物件 f，然後透過 std:bind() 將 price 綁定成 price_tax 函式：

```
class Foo {
  public:
  float price(float tax, int n) {  // Foo 類別的方法
    return n * tax;
```

```
  }
};

Foo f;  // 宣告類別物件 "f"

auto price_tax = std::bind(&Foo::price, f, 1.05,
                           std::placeholders::_1);

void setup() {
  Serial.begin(115200);
  // 顯示："含稅價：10.50"
  Serial.printf("含稅價:%.2f\n", price_tax(10));
}

void loop() { }
```

std::bind() 敘述可以放在類別定義裡面，但新函式就不能用 auto 宣告，**必須明確寫出傳回的 std::function 物件的型態**，而且因為是在類別定義內部，所以「類別物件」參數要改成 **this**，代表「**這個物件**」，像這樣：

```
class Foo {
  public:
  float price(float tax, int n) {
    return n * tax;
  }
  // 在類別內部綁定函式
  std::function<float(int)> price_tax =
    std::bind(&Foo::price, this, 1.05, std::placeholders::_1);
};

Foo f;  // 宣告 Foo 類別物件f

void setup() {
  Serial.begin(115200);
  // 執行物件 f 的 price_tax() 方法，結果顯示："含稅價：10.50"
  Serial.printf("含稅價:%.2f\n", f.price_tax(10));
}

void loop() { }
```

使用 std::bind() 綁定中斷處理函式

ESP32 Arduino 開發環境內建一個 "FunctionalInterrupt.h" 標頭檔，提供綁定類別中斷處理函式的 attachInterrupt()，這個函式名稱跟上一章介紹的、內建於 Arduino 開發環境的 "attachInterrupt" 同名，但功能不一樣，語法如下：

因為此「附加中斷」敘述寫在類別定義內部
↓

```
attachInterrupt(腳位, std::bind(&類別::方法, this), 觸發時機);
```

底下是包含按鍵中斷處理常式的自訂類別的完整程式碼，原始碼不長，所以筆者把它寫在一個檔案，命名為 "button.hpp"。**".hpp" 是 C++ 程式語言專屬的標頭檔，代表內含類別定義**，但是用副檔名 ".h" 儲存也行。

與類別同名但開頭有波浪 "~" 符號的是**解構式（destructor）**，將在物件被刪除時自動執行。

```cpp
#ifndef BUTTON_H
#define BUTTON_H
#include <Arduino.h>
#include <FunctionalInterrupt.h>       // 必須引用這個標頭檔
#define DEBOUNCE_TIME 300              // 彈跳延遲時間

class Button {     // 定義 Button 類別
 public:           // 宣告公用成員
  // 建構式，建立此物件時必須設置開關腳位
  Button(uint8_t n) {
    BTN_PIN = n;   // 儲存按鍵的接腳
    // 「設定接腳模式」的敘述也可以寫在底下的 begin() 方法裡面
    pinMode(BTN_PIN, INPUT_PULLUP);
  };

  void begin() {   // 初始化按鍵
    // 綁定事件處理常式的敘述，onIRQ 是此類別的「私有」成員
    attachInterrupt(BTN_PIN, std::bind(&Button::onIRQ, this),
                    RISING);
    debounceTimer = millis();   // 初始化「彈跳計時器」數值
  };
```

```
    bool changed() {      // 傳回按鍵狀態改變與否
      if (press > 0) {    // 「啟動」鍵被按下了嗎？
        press = 0;         // 清除按鍵紀錄
        return true;
      }
      return false;
    }

    // 若程式執行 "delete 物件" 敘述刪除物件，底下的敘述將自動觸發執行
    ~Button() {
      detachInterrupt(BTN_PIN);          // 解除 BTN_PIN 腳的中斷
    }

  private:              // 宣告私有成員
    byte BTN_PIN;       // 儲存開關腳位的變數
    volatile uint32_t debounceTimer;   // 彈跳延遲計時
    volatile uint8_t press = 0;         // 紀錄「按下」次數

    void ARDUINO_ISR_ATTR onIRQ() {    // 按鍵的中斷處理常式
      if ((millis() - debounceTimer) >= DEBOUNCE_TIME) {
        press++;
        debounceTimer = millis();      // 紀錄觸發時間
      }
    }
};
#endif
```

補充說明，如果沒有引用 FunctionalInterrupt.h 標頭檔，程式庫在編譯時將發生如下的編譯錯誤：

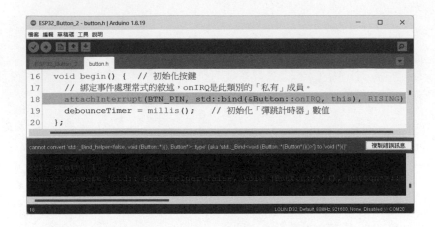

將此 button.hpp 檔存入 "libraries" 資料夾備用。關於程式庫 keywords.txt 檔案的說明，請參閱《**超圖解 Arduino 互動設計入門**》第 11 章。

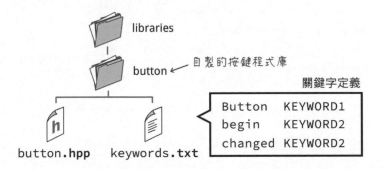

ESP32 的中斷服務常式定義應該要加上 IRAM_ATTR 巨集，以便預先將此函式載入主記憶體，詳閱《**超圖解 ESP32 深度實作**》第 4 章。然而，IRAM_ATTR 巨集僅用於 ESP32 系列微控器，而 Arduino 官方也有定義類似機能的 **ARDUINO_ISR_ATTR 巨集**，為了維持 Arduino 程式碼（如：自訂程式庫）在不同微控器環境的相容性，ESP32 開發工具也定義了 ARDUINO_ISR_ATTR 巨集（位於 esp32-hal.h 標頭檔，網址：https://bit.ly/4bmdpuo），其值等同 IRAM_ATTR。

ESP32 Arduino 開發工具的中斷相關程式範例，都改用 ARDUINO_ISR_ATTR 巨集定義中斷服務常式，例如 GPIOInterrupt.ino 範例（https://bit.ly/3Qwu4mU），因此本書的範例程式也是如此。

從建構式的參數設定常數值

上一節的 Button 類別程式有個小小的「語意」問題：BTN_PIN 接腳編號應該要設為「常數」，這樣比較符合**接腳一旦確定，就不能更改**」的語意。然而，接腳編號是在程式執行階段，透過參數傳給按鍵物件，並不是寫死在類別程式本體裡面。

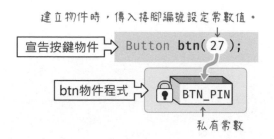

建立物件時，傳入接腳編號設定常數值。

宣告按鍵物件 ➡ `Button btn(27);`

btn物件程式 ➡ 🔒 BTN_PIN

私有常數

若直接在宣告 BTN_PIN 成員的敘述前面加上 "const"，像底下這樣，類別建構式敘述會在編譯時產生**設定唯讀成員**（**read-only member**）錯誤，因為常數值必須在宣告時就定義好，不可事後更改。

```
class Button {    // 自訂按鍵類別
  public:         // 公用成員
    Button (uint8_t n) {   // 建構式
      BTN_PIN = n;   // 設置 BTN_PIN 腳位
};
        : 略
  private:        // 私有成員
    const uint8_t BTN_PIN;   // 儲存 BTN_PIN 腳位的常數
        : 略
};
```

解決辦法是改用**初始化列表**（**initializer list**），在建構式設定常數成員的值，語法如下：

初始化列表（initializer list）

```
建構式(參數1, 參數2,… 參數n) : 成員1(值), 成員2(值),...成員n(值) {
                           ↑
}                         冒號
```

例如，底下敘述將把建構式的 n 參數值，指派給常數成員 BTN_PIN。

參數值將指派給常數

```
Button( uint8_t n ) : BTN_PIN( n ) {
      : 略
};
```
常數名稱　建構式參數名稱

所以 Button 類別的建構式改成：

```
class Button {   // 自訂按鍵類別
  public:        // 公用成員
  // 建構式，參數將被設為「常數」
  Button(uint8_t n) : BTN_PIN(n) {
    pinMode(BTN_PIN, INPUT_PULLUP);
  };
    : 略
  private:       // 私有成員
    const uint8_t BTN_PIN;  // 儲存 BTN_PIN 腳位的常數
      : 略
};
```

假設按鍵開關接在 ESP32 開發的腳 27：

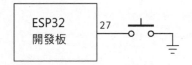

使用此自訂程式庫偵測開關訊號變化的主程式碼如下，編譯上傳程式後，
按一下按鍵，**序列埠監控視窗**將顯示 "按鍵被按下了！"。

```
#include "button.h"      // 引用程式庫
#define BTN_PIN 27       // 按鍵接腳

Button btn(BTN_PIN);     // 建立按鍵物件
```

06

```
void setup() {
  Serial.begin(115200);
  btn.begin();            // 初始化按鍵物件
}

void loop() {
  if (btn.changed()) {   // 按鍵被按下了嗎？
    Serial.println("按鍵被按下了！");
  }
}
```

6-2 使用自製的程式庫處理正交脈衝訊號

筆者同樣使用 FunctionalInterrupt.h 編寫了一個處理旋轉編碼器中斷訊號的程式庫，取名為 QEncoder2.h，"Q" 代表 "Quadrature" 正交脈衝訊號、"2" 代表內含兩個中斷處理常式。QEncoder2.h 定義了如下的建構式以及方法：

- QEncoder2 (C1 腳 , C2 腳)：建立編碼器物件的建構式，接收霍爾感測器模組的 C1 和 C2 腳編號。

- value()：傳回計數值

- clear()：清除計數值

- changed()：傳回計數器的狀態，true 代表計數值變了，false 代表沒有改變。

- swap()：翻轉計數器的正負值。

QEncoder2.h 完整原始碼如下：

```
#ifndef QENCODER_2_H
#define QENCODER_2_H

#include <Arduino.h>
#include <FunctionalInterrupt.h>    // 必須引用這個標頭檔

class QEncoder2 {     // 宣告「正交脈衝訊號編碼器」類別
 public:     // 開始宣告公用成員
  // 建構式，必須設定輸入腳位
  QEncoder2(uint8_t c1, uint8_t c2) : C1_PIN(c1), C2_PIN(c2){};
  void begin();       // 初始化編碼器接腳與中斷常式
  int16_t value();    // 傳回計數值
  bool changed();     // 傳回計數值是否改變
  void swap();        // 翻轉正反轉
  void clear();       // 清除計數值

  ~QEncoder2() {
    detachInterrupt(C1_PIN);    // 解除 C1_PIN 的中斷
    detachInterrupt(C2_PIN);    // 解除 C2_PIN 的中斷
  }

 private:     // 開始宣告私有成員
  const uint8_t C1_PIN;              // 儲存輸入腳位的常數
  const uint8_t C2_PIN;              // 儲存輸入腳位的常數
  volatile int16_t count = 0;        // 儲存脈衝數
  volatile int16_t lastCount = 0;    // 儲存「上次」脈衝數
  bool swapped = false;              // 是否翻轉，預設「否」
  void ARDUINO_ISR_ATTR ISR_C1();    // 中斷處理常式
  void ARDUINO_ISR_ATTR ISR_C2();    // 中斷處理常式
};
#endif
```

底下是 QEncoder2.cpp 的完整原始碼，大致跟上一章編寫的編碼器程式雷同。

```
#include "QEncoder2.h"

void QEncoder2::begin() {   // 初始化編碼器接腳與中斷常式
```

```
  pinMode(C1_PIN, INPUT);    // C1 腳設成「輸入」模式
  pinMode(C2_PIN, INPUT);

  // 綁定事件處理常式，ISR_C1 和 ISR_C2 是此類別的「私有」成員
  attachInterrupt(C1_PIN, std::bind(&QEncoder2::ISR_C1, this),
                  CHANGE);
  attachInterrupt(C2_PIN, std::bind(&QEncoder2::ISR_C2, this),
                  CHANGE);
}

// 霍爾 C1 腳中斷處理常式
void ARDUINO_ISR_ATTR QEncoder2::ISR_C1() {
  if (digitalRead(C1_PIN) == HIGH) {    // 若 C1 腳是高電位…
    if (digitalRead(C2_PIN) == LOW) {    // 若 C2 腳是低電位…
      count++;                              // 順時針轉動，增加計數值
    } else {
      count--;  // 逆時針轉動，減少計數值
    }
  } else {                                // C1 腳是低電位…
    if (digitalRead(C2_PIN) == LOW) {    // 若 C2 腳是高電位…
      count--;                              // 逆時針轉動，減少計數值
    } else {
      count++;  // 順時針轉動，增加計數值
    }
  }
}

// 霍爾 C2 腳中斷處理常式
void ARDUINO_ISR_ATTR QEncoder2::ISR_C2() {
  if (digitalRead(C2_PIN) == HIGH) {    // 若 C2 腳是高電位…
    if (digitalRead(C1_PIN) == HIGH) {   // 若 C1 腳是高電位…
      count++;                              // 順時針轉動，增加計數值
    } else {
      count--;   // 逆時針轉動，減少計數值
    }
  } else {                                // C2 腳是低電位…
    if (digitalRead(C1_PIN) == HIGH) {   // 若 C1 腳是高電位…
      count--;                              // 逆時針轉動，減少計數值
    } else {
```

```
        count++;    // 順時針轉動，增加計數值
      }
    }
  }

  bool QEncoder2::changed() {   // 查詢計數值是否有變
    if (lastCount != count) {   // 若計數值有變化
      lastCount = count;         // 更新上次的紀錄
      return true;
    }

    return false;
  }

  int16_t QEncoder2::value() {   // 傳回計數值
    // 若有「翻轉」訊號，則改變計數正、負值
    if (swapped) return count * -1;

    return count;
  }

  void QEncoder2::clear() {        // 清除計數值
    count = 0;
  }
  void QEncoder2::swap() { swapped = true; } // 設成「翻轉」編碼值
```

將內含 QEncoder2 程式庫原始檔的資料夾存入 "libraries" 備用。

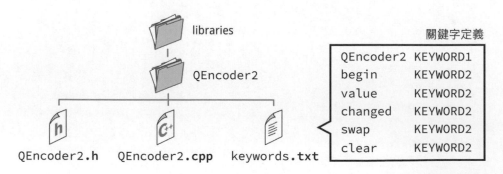

06

使用自製的程式庫編寫計算移動距離的程式

底下是使用 button 和 QEncoder2 程式庫，在**序列埠監控視窗**顯示脈衝計數值與移動距離的完整程式碼。電路接線以及執行結果跟**動手做 5-3** 相同。

```
#include <button.hpp>        // 引用 Button 按鍵類別
#include <QEncoder2.h>       // 引用自訂類別
#define WHEEL_DIAM  33.5     // 輪胎直徑（單位:mm）
#define GEAR_RATIO 30        // 齒輪比
#define PPR  28              // 每圈脈衝數
// （輪胎周長）÷（每圈脈衝數 × 齒輪比）
#define WHEEL_RATIO (WHEEL_DIAM * PI) / (PPR * GEAR_RATIO)


Button button(27);           // 按鍵在 27 腳
QEncoder2 enc(33, 34);       // 編碼器物件
float distance = 0;          // 移動距離

void setup() {
  Serial.begin(115200);

  button.begin();            // 初始化按鍵
  enc.swap();                // 翻轉編碼值
  enc.begin();
}

void loop() {
  if (button.changed()) {    // 「啟動」鍵被按下了嗎？
    enc.clear();             // 計數器清零
  }

  if(enc.changed()) {        // 若計數值改變了…
    distance = enc.value() * WHEEL_RATIO;  // 計算移動距離
    Serial.printf("脈衝數:%d, 移動距離:%.2fmm\n",
                  enc.value(), distance);
  }
}
```

6-3 透過「函式指標」附加外部中斷

採用 std::bind() 繫結中斷處理函式固然方便，但除了 ESP32 之外的微控器的開發環境，也許沒有提供相同的 attachInterrupt() 函式，所以某些 Arduino 程式庫採用本單元的**輾轉**設定中斷常式方案。

由於不能直接在類別裡面替個別物件設定中斷處理常式，我們只好在主程式當中迂迴地設定。下圖左的主程式定義了一個 Button 類別物件 btn，處理外部中斷的函式寫在下圖右的類別程式檔裡面；主程式透過類別提供的 setISR() 方法，輾轉把中斷函式指派給這個物件。

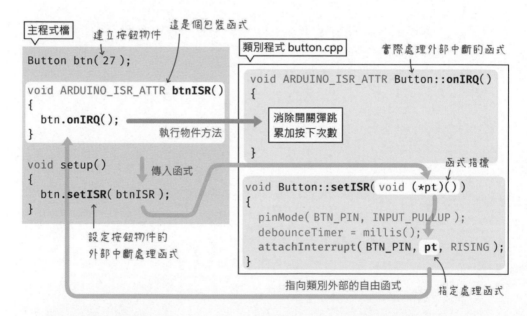

附加中斷的 attachInterrupt() 敘述位在類別的 setISR() 方法裡面，其中的 pt 指向類別外部的 btnISR() 函式（參閱下一節說明）。當外部中斷發生時，實際將執行位於類別內部的 onIRQ()，因此，btnISR() 扮演中間人或者說**代理**（**proxy**）**函式**的角色。

C/C++ 語言的函式指標

說明這個版本的 button.cpp 按鍵類別原始碼之前，必須先認識「函式指標」。我們都知道變數可透過傳址、傳參數的方式傳遞資料，常見於傳遞函式參數值；函式也會佔據記憶體空間，因此也有個「位址」，**指向函式所在位址的變數，稱為「函式指標」**。

宣告函式指標的語法如左下，void (*pt)(void) 代表一個名為 pt 的指標，指向「沒有參數、沒有回傳值的函式」。

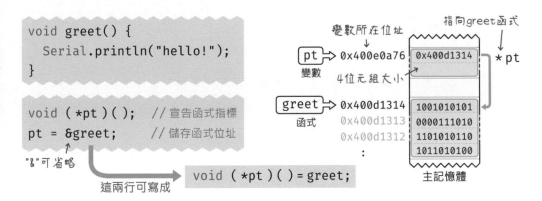

舉個簡單的例子。底下的程式片段定義了一個沒有傳回值、沒有參數的 greet() 函式，接著宣告一個名叫 pt 的函式指標，最後把 greet() 函式的位址存入 pt 變數：

透過 pt 指標間接執行 greet() 函式的完整程式碼如下，你可用線上模擬器測試。

```
void greet(){
  Serial.println("hello!");
}
```

```
void setup() {
  Serial.begin(115200);

  void (*pt)();    // 宣告函式指標
  pt = greet;      // 儲存 greet 函式的位址
  (*pt)();         // 執行 pt 指向的函式，也可寫成 pt()
}

void loop() { }
```

編譯執行結果會在**序列埠監控視窗**顯示
"hello"：

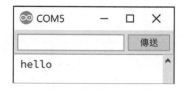

小結一下，函式可透過呼叫它的名字直接執行，或者透過指標間接執行，
Arduino 程式支援新、舊 C 語言指標語法。

宣告有傳回值和參數的指標函式

底下的敘述宣告接收兩個 int 型態參數、傳回 int 型態值的函式指標：

傳回值型態（＊函式指標名稱）（參數列表） ⟹
傳回int型態 接收兩個int型態的參數
int (*pt)(int, int);

底下是透過指標執行兩數相加函式的程式範例，它將在序列埠輸出 "ans=
5"。

```
int add(int a, int b){   // 定義「a 加 b」函式
   return a+b;
}
```

```
void setup() {
  Serial.begin(115200);

  // 宣告函式指標，傳回值與參數的型態都要與函式相符
  int (*pt)(int, int);
  pt = add;                    // 儲存函式的位址
  int ans = (*pt)(2, 3);   // 間接執行函式
  Serial.printf("ans= %d\n", ans);
}

void loop() { }
```

函式指標 (*pt) 可寫成 pt，所以間接執行 add() 函式的敘述可寫成：

```
int ans = pt(2, 3);
```

間接指派中斷常式的 Button 類別的原始碼

間接指派中斷常式的 button.h 標頭檔內容如下：

```
#ifndef Button_H
#define Button_H
#include <Arduino.h>
#define DEBOUNCE_TIME 300            // 彈跳延遲時間

class Button {
 public:
  Button(uint8_t n) : BTN_PIN(n){};  // 建立此物件時要設置開關腳位
  bool changed();                      // 傳回按鍵狀態改變與否
  void setISR(void (*pt)());         // 設定中斷常式，其參數是函式指標
  void ARDUINO_ISR_ATTR onIRQ();    // 實際處理中斷的函式

 private:
  const byte BTN_PIN;                  // 開關腳位常數
  volatile uint32_t debounceTimer;   // 彈跳延遲計時
  volatile int press = 0;              // 按下次數
};
#endif
```

其中**設定中斷處理常式的 setISR() 方法的參數**，是個「**函式指標**」，精確地說，此「函式指標」指向「沒有傳回值、沒有參數的函式」。

無傳回值的函式指標

按鍵物件

只寫函式名稱，不含括號，
代表傳入btnISR函式的位址。

```
void setISR( void ( *pt )()); 
```

設定中斷常式的方法原型（button.h檔）

```
btn.setISR( btnISR );
```

執行物件方法（Arduino程式檔）

底下是 Button 按鍵類別的原始碼（button.cpp 檔）：

```cpp
#include "button.h"

bool Button::changed() {
  if (press > 0) {   // 按鍵被按下了嗎？
    press = 0;       // 清除按鍵紀錄
    return true;
  }

  return false;
}

void Button::setISR(void (*pt)()) {
  pinMode(BTN_PIN, INPUT_PULLUP);           // 按鍵接腳，上拉電阻
  attachInterrupt(BTN_PIN, pt, RISING);   // 附加中斷常式
  debounceTimer = millis();
}

void ARDUINO_ISR_ATTR Button::onIRQ() {   // 按鍵的中斷處理常式
  if ((millis() - debounceTimer) >= DEBOUNCE_TIME) {
    press++;
    debounceTimer = millis();      // 紀錄觸發時間
  }
}
```

運用此 Button 類別，偵測腳 27 的開關是否按下，需要定義 1 個中斷處理常式，Arduino 範例程式如下：

```
#include <Arduino.h>
#include "button.h"    // 引用程式庫
#define BTN_PIN 27      // 按鍵接腳

Button btn(BTN_PIN);   // 建立按鍵物件

void ARDUINO_ISR_ATTR btnISR() {  // 按鍵的中斷處理常式
  btn.onIRQ();
}

void setup() {
  Serial.begin(115200);
  btn.setISR(btnISR);    // 設置中斷程式
}

void loop() {
  if (btn.changed()) {  // 按鍵被按下了嗎？
    Serial.println("按鍵被按下了！");
  }
}
```

如果 ESP32 連接了兩個按鍵：

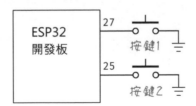

主程式也要定義兩個中斷處理常式：

```
#include <Arduino.h>
#include "button.h"  // 引用程式庫
#define BTN1_PIN 27  // 按鍵 1 接腳
#define BTN2_PIN 25  // 按鍵 2 接腳

Button btn1(BTN1_PIN);  // 建立按鍵物件 btn1
Button btn2(BTN2_PIN);  // 建立按鍵物件 btn2
```

```
void ARDUINO_ISR_ATTR btnISR1() {   // 按鍵 1 的中斷處理常式
  btn1.onIRQ();
}

void ARDUINO_ISR_ATTR btnISR2() {   // 按鍵 2 的中斷處理常式
  btn2.onIRQ();
}

void setup() {
  Serial.begin(115200);
  btn1.setISR(btnISR1);       // 設置按鍵 1 中斷程式
  btn2.setISR(btnISR2);       // 設置按鍵 2 中斷程式
}

void loop() {
  if (btn1.changed()) {       // 按鍵被按下了嗎？
    Serial.println("按鍵1被按下了！");
  }

  if (btn2.changed()) {       // 按鍵被按下了嗎？
    Serial.println("按鍵2被按下了！");
  }
}
```

06

7

DRV8833 馬達驅動模組
及其控制模式

DRV8833 是德州儀器開發的雙 H 橋直流馬達驅動 IC，支援廣範圍的馬達電壓和 1.2A 的驅動電流，也具備過熱和過電流保護機制，加上體積微小且價格低廉，很適合電池供電的小馬達控制裝置，本書採用它來驅動雙馬達的自走車。

7-1 直流馬達驅動控制模組

筆者手邊有下列三種直流馬達控制模組和一款驅動 IC，它們都能驅動 N20 馬達。

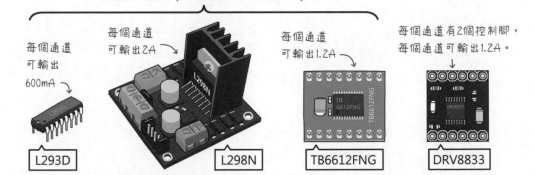

控制方式相同（每個通道有3個控制腳）

每個通道可輸出600mA

每個通道可輸出2A

每個通道可輸出1.2A

每個通道有2個控制腳，每個通道可輸出1.2A。

L293D　　　L298N　　　TB6612FNG　　　DRV8833

晶片內部是電晶體元件　　　　　　　MOSFET元件

L293D, LN298N 和 TB6612FNG 這三個馬達驅動模組的控制方法和接線都一樣（接腳的命名和位置不同，但基本概念相同）。以 L293D 為例，它有兩個通道（channel），每個通道可控制一個小型直流馬達，只要在晶片電源和接地之間並聯一個濾除電源雜訊的 0.1μF（104）電容，無須外接其他元件。每個通道由一個致能腳及兩個輸入腳控制，Arduino 開發板的接線與控制程式，與《**超圖解 Arduino 互動設計入門**》第 12 章「使用專用 IC（TB6612FNG 與 L298N）控制馬達」一節的內容相仿。

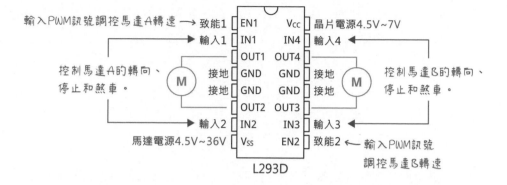

若只看 IC 與模組的尺寸和散熱片，一般人容易誤以為 L298N 的性能和可靠度較高，其實不然。L293D 和 L298N 內部是像下圖般，由 BJT 電晶體（以下簡稱「電晶體」）構成的 H 橋式電路（L298N 晶片內部沒有返馳二極體）：

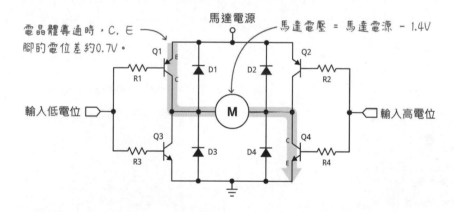

電晶體導通時，C, E 腳的電壓會下降約 0.7V，而且電晶體的發熱量比較大，所以控制較大電流的設備需要加裝散熱片。改用 MOSFET 元件構成的 H 橋電路，體積小、發熱量低，控制效率更好，因此電動車的馬達控制器都是採用 MOSFET 元件。《超圖解 Arduino 互動設計入門》第 12 章有比較 LN298N 和 TB6612FNG 驅動板的效率，採用電晶體和 MOSFET 元件的效率差異不小：

表 7-1

	採用 BJI 電晶體元件	採用 MOSFET 元件
電壓降	約 1.4V	約 0.05V~0.13V
效率	約 40%~70%	約 91%~95%

本書採用 DRV8833 模組，因為它僅佔用 4 個控制腳、尺寸迷你、效率好且價格低廉，基本參數如下：

● 工作電壓：2.7V ～ 10.8V。

● 輸出電流：每個通道可連續輸出 1.2 A（峰值：2 A）。兩個輸出可併聯，連接一個直流馬達提供 2.4A 電流（峰值：4A）。

● 每個通道有兩個控制輸入腳：可調整直流馬達的轉速，以及正轉、反轉、停止（stop，也稱為 coast，滑行）和急煞（short break）。

● 內建高溫、電壓過低或電流過高等狀況的檢測電路。

由於 DRV8833 IC 是表面黏著元件，所以我們通常購買現成的模組。市面上大約有四款 DRV8833 模組，常見的有兩種，筆者選用這一種，體積最小也足夠使用：

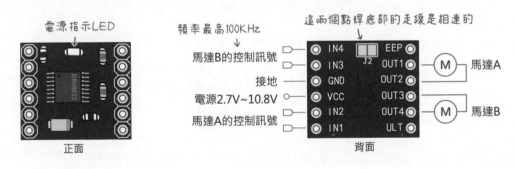

模組接腳說明：

● VCC：晶片和馬達電源，2.7V~10.8V。

● GND：接地。

● IN1 和 IN2：馬達 A 控制訊號輸入。

● IN3 和 IN4：馬達 B 控制訊號輸入。

● OUT1 和 OUT2：接馬達 A 的正、負極。

● **OUT3 和 OUT3**：接馬達 B 的正、負極。

● **EEP**：睡眠模式，輸入高電位時啟用晶片（此為預設模式）；輸入低電位進入睡眠模式（需要用美工刀劃斷 PCB 板 J2 兩個接點之間的連線）。

● **ULT**：錯誤訊號輸出，晶片過熱或輸出電流過大時，輸出低電位。此接腳為「開集極（open drain）」，需要自行連接上拉電阻（參閱底下的電路圖說明），才能輸出訊號。

模組的排針通常要自行焊接，為了看清楚接腳的功能，筆者把背面朝上焊接排針。

此模組的電路圖如下，電源和接地之間有並聯一個 10μF 電容。

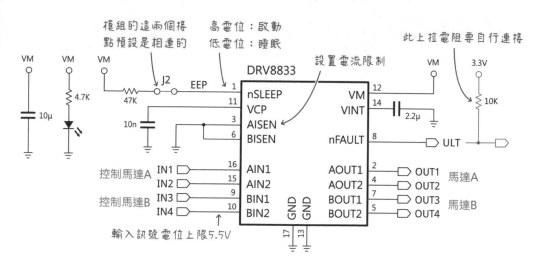

DRV8833 晶片具備限制馬達的電流輸出功能，電流量的上限透過在 AISEN 和 BISEN（分別限制馬達 A 和 B）以及接地之間連接一個電阻來設置，技術文件提供的設定公式如下：

電流上限（A）= 0.2V ÷ 電阻值

連接 0.2Ω 電阻，電流上限是 1A；接 0.1Ω 電阻，電流上限是 2A。筆者使用的 DRV8833 模組的這兩個接腳都是接地，代表取消限流功能。

另一款 DRV8833 模組的接腳比較多，尺寸稍大一些、價格稍貴一點，但功能跟上面那一款完全一樣。

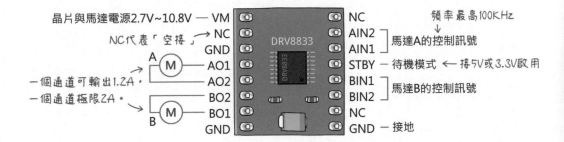

停止（stop）和急煞（break）、快速衰減（decay）和緩速衰減

DRV8833 模組的 IN1 和 IN2 腳控制 OUT1 和 OUT2 輸出；IN3 和 IN4 腳控制 OUT3 和 OUT4 輸出。下表列舉其中一組輸入和輸出狀態的變化，輸出 Z 代表**高阻抗**，也就是**斷路、沒有輸出 / 入電流**。

表 7-2

	IN1	IN2	OUT1	OUT2
正轉	1	0	1	0
反轉	0	1	0	1
停止	0	0	Z	Z
急煞	1	1	0	0

輸入訊號可以是 PWM，藉以控制馬達轉速。對馬達來説，PWM 就是一個斷斷續續的供電來源，有電流輸入時，馬達的線圈產生磁場因而驅動轉子旋轉。

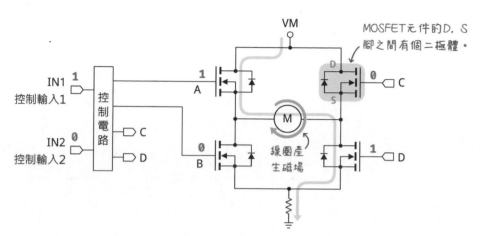

電流中斷時，馬達線圈的磁場會釋出電能，致使電流朝反向流動，DRV8833 的技術文件稱它為**再循環（recirculation）電流**。為了處理再循環電流，H 橋電路可如左下圖，開啟兩個 MOSFET 電晶體，讓電流經過二極體迅速釋放，這種模式稱為**快速衰減（fast decay）**。

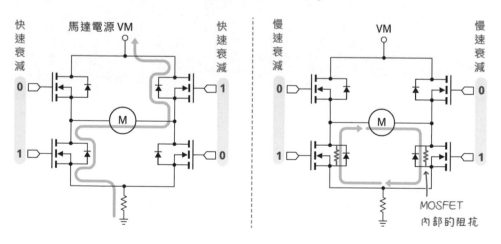

另一種方式如右上圖，電流經過 MOSFET 內部的電阻緩慢流逝，所以叫做**慢速衰減（slow decay）**。快、慢衰減會影響馬達扭力，**慢速衰減的扭力比較大**（可以想像成一個人的氣力緩慢流失）、快速衰減的扭力比較小（因為氣力快速流失掉了）。

若要使用**快速衰減**，一腳輸入 PWM，另一腳輸入**低電位**：要使用**慢速衰減**，另一腳輸入**高電位**。

表 7-3

IN1	IN2	功能
PWM	0	正轉，快速衰減（另一腳輸入**低電位**）
0	PWM	反轉，快速衰減
1	PWM	正轉，慢速衰減（另一腳輸入**高電位**）
PWM	1	反轉，慢速衰減

7-2 控制 DRV8833 的自訂函式

根據上文說明，可整理出控制 DRV8833 模組的 Arduino 自訂函式：

```
#define IN1 5   // 定義 IN1 腳，腳位必須支援 PWM 輸出
#define IN2 6   // 定義 IN2 腳，腳位必須支援 PWM 輸出

void forward() {  // 正轉（前進）
  digitalWrite(IN1, HIGH);
  digitalWrite(IN2, LOW);
}

void reverse() {  // 反轉（後退）
  digitalWrite(IN1, LOW);
  digitalWrite(IN2, HIGH);
}

void stop() {     // 停止
  digitalWrite(IN1, LOW);
  digitalWrite(IN2, LOW);
}

void brake() {    // 急煞
```

```
  digitalWrite(IN1, HIGH);
  digitalWrite(IN2, HIGH);
}

void forward(int pwm) {   // 依指定 PWM 值「慢速衰減」正轉
  digitalWrite(IN1, HIGH);
  analogWrite(IN2, pwm);
}

void reverse(int pwm) {   // 依指定 PWM 值「慢速衰減」反轉
  analogWrite(IN1, pwm);
  digitalWrite(IN2, HIGH);
}
```

ESP32 適用的 DRV8833 驅動函式

以上程式採用 analogWrite() 輸出 PWM，ESP32 的寫法不同，輸出 PWM 訊號之前，要先執行 ledcSetup() 設定三個參數：

- 通道（channel）：有效值介於 0~15，不同的 PWM 輸出要指定不同的通道。例如，自走車要分別控制兩個馬達的轉速，所以會用到兩個 PWM 通道。
- 調變頻率：DRV8833 的 PWM 頻率上限為 100KHz。
- 解析度位元：Arduino UNO R3 板的 PWM 位元解析度為 8 位元，而 ESP32 則視調變頻率而定，若調變頻率為 5KHz，則位元解析度最高可設置成 11 位元。

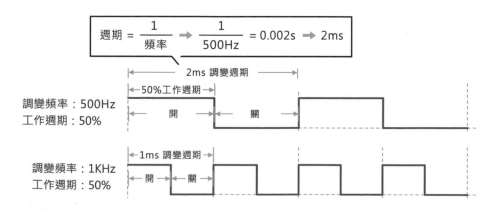

以調變頻率 1KHz、10 位元解析度為例，代表在 1/1000 秒內，工作週期可有 1024 階段變化，比起 8 位元解析度精細許多。

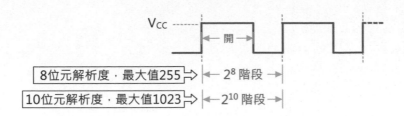

ESP32 最多可同時產生 16 個 PWM 訊號，每個 PWM 訊號都要指定一個通道，以下程式指定通道 0、調變頻率 1KHz、10 位元解析度：

```
byte pwmChannel = 0;  // 指定 PWM 通道（全域變數）
  :略
pinMode(IN1, OUTPUT); // 馬達接腳設成「輸出」
pinMode(IN2, OUTPUT);
// 設置 PWM：通道 0, 1000Hz, 10 位元解析度
ledcSetup(pwmChannel, 1000, 10);
```

PWM 設置完畢後，即可透過 ledcAttachPin() 把 PWM 通道附加給指定接腳，再執行 ledcWrite()，設定 PWM 通道的輸出值。要留意的是，**連接 DRV8833 模組的 IN1 和 IN2 腳，可能輸出數位值或 PWM（模擬類比）值，ESP32 不允許接腳隨意切換這兩種輸出模式。**

要透過 digitalWrite() 輸出數位值的接腳，得先執行 ledcDetachPin() 解除 PWM 輸出。也因此，DRV8833 模組的控制程式比其他馬達驅動 IC 複雜。按照以上說明整理出控制前進、後退、停止和煞車的自訂函式：

```
void forward(int pwm) {  // 依指定 PWM 值「快速衰減」正轉
  ledcDetachPin(IN2);      // 解除 IN2 腳的 PWM 輸出
  ledcAttachPin(IN1, pwmChannel);  // IN1 腳附加 PWM 輸出
  digitalWrite(IN2, LOW);          // IN2 腳輸出低電位
  ledcWrite(pwmChannel, pwm);      // 調整 PWM 輸出值
}
```

```
void reverse(int pwm) {      // 依指定 PWM 值「快速衰減」反轉
  ledcDetachPin(IN1);         // 解除 IN1 腳的 PWM 輸出
  digitalWrite(IN1, LOW);  // IN1 腳輸出低電位
  ledcAttachPin(IN2, pwmChannel);  // IN2 腳附加 PWM 輸出
  ledcWrite(pwmChannel, pwm);        // 調整 PWM 輸出值
}

void stop() {    // 停止
  ledcDetachPin(IN1);  // 解除 IN1 腳的 PWM 輸出
  ledcDetachPin(IN2);  // 解除 IN2 腳的 PWM 輸出
  digitalWrite(IN1, LOW);
  digitalWrite(IN2, LOW);
}

void brake() {   // 煞車
  ledcDetachPin(IN1);  // 解除 IN1 腳的 PWM 輸出
  ledcDetachPin(IN2);  // 解除 IN2 腳的 PWM 輸出
  digitalWrite(IN1, HIGH);
  digitalWrite(IN2, HIGH);
}
```

動手做 7-1 以「快速衰減」模式控制馬達正、反轉

實驗說明：編寫一個採用「快速衰減」控制單一馬達正、反轉和停止的程式。

實驗材料

ESP32 開發板	1 片
N20 馬達＋霍爾感測器模組	1 組

實驗電路

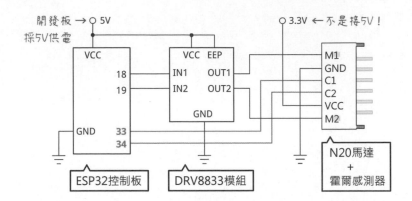

麵包板接線示範：

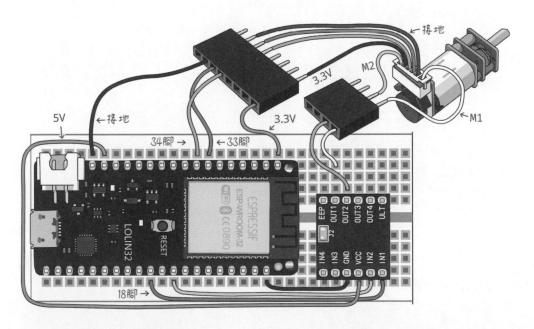

把上一節的想法寫成程式：

```
#define IN1 18
#define IN2 19
byte pwmChannel = 0;    // 指定 PWM 通道（全域變數）

void forward(int power) { …略… }    // 「快速衰減」正轉
```

```
void reverse(int power) {  …略…  }  // 「快速衰減」反轉
void stop() { …略… }       // 停止

void setup() {
  Serial.begin(115200);
  pinMode(IN1, OUTPUT);   // 馬達接腳設成「輸出」
  pinMode(IN2, OUTPUT);
  // 設置 PWM：通道 0, 1000Hz, 10 位元
  ledcSetup(pwmChannel, 1000, 10);
}

void loop() {
  Serial.println("正轉，PWM 1000");
  forward(1000);
  delay(3000);
  Serial.println("停止");
  stop();
  delay(1000);
  Serial.println("反轉，PWM 250");
  reverse(250);
  delay(3000);
  Serial.println("停止");
  stop();
  delay(1000);
}
```

實驗結果

編譯上傳到 ESP32 開發板，馬達將反覆高速正轉、低速反轉。

用「慢速衰減」模式驅動馬達

修改上一節的函式，改用「慢速衰減」模式轉動馬達：

```
void forward(int power) {      // 依指定 power 值「慢速衰減」正轉
  ledcDetachPin(IN1);
  digitalWrite(IN1, HIGH);   // IN1 腳輸出高電位
```

```
  ledcAttachPin(IN2, pwmChannel);
  ledcWrite(pwmChannel, power);       // 調整 PWM 輸出值
}

void reverse(int power) {   // 依指定 power 值「慢速衰減」反轉
  ledcDetachPin(IN2);
  ledcAttachPin(IN1, pwmChannel);
  digitalWrite(IN2, HIGH);            // IN2 腳輸出高電位
  ledcWrite(pwmChannel, power);       // 調整 PWM 輸出值
}
```

再次編譯上傳程式碼，結果「正轉」時，只能聽到高頻振動的聲音，馬達
不會轉動，因為此時的實際 PWM 輸出值是 1023-1000 = 23；「反轉」時，
馬達理應慢速運轉，但卻是高速轉動，因為實際的 PWM 輸出值是 1023-
250=773。

從這個實驗可知，在「高速衰減」模式下，PWM 輸出值就是 PWM 的工作
週期；「慢速衰減」模式下，PWM 輸出必須經過如下的調整（假設工作週
期值為 715）：

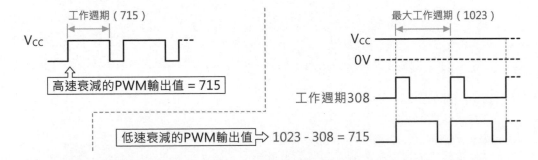

其中的「最大工作週期」值取決於位元解析度，所以底下程式也要**透過左
移運算子計算 2 的 n 次方值**，正確的「慢速衰減」驅動馬達的函式如下：

```
#define PWM_BIT_RESOLUTION 10   // 在開頭定義「PWM 位元解析度」

void forward(int power) {          // 依指定 PWM 值「慢速衰減」正轉
  ledcDetachPin(IN1);              // 解除 IN1 腳的 PWM 輸出
  digitalWrite(IN1, HIGH);         // IN1 腳輸出高電位
```

```
  ledcAttachPin(IN2, pwmChannel);   // IN2 腳附加 PWM 輸出

  power = ((1 << PWM_BIT_RESOLUTION) - 1) - power;
  ledcWrite(pwmChannel, power);     // 調整 PWM 輸出值
}

void reverse(int power) {   // 依指定 PWM 值「慢速衰減」反轉
  ledcDetachPin(IN2);             // 解除 IN2 腳的 PWM 輸出
  ledcAttachPin(IN1, pwmChannel);  // IN1 腳附加 PWM 輸出
  digitalWrite(IN2, HIGH);        // IN2 腳輸出高電位

  power = ((1 << PWM_BIT_RESOLUTION) - 1) - power;
  ledcWrite(pwmChannel, power);     // 調整 PWM 輸出值
}
```

7-3 ESP32 的 DRV8833 程式庫

義大利 Stefano Ledda 先生編寫了 ESP32 版本的 DRV8833 程式庫 Cdrv8833，
原始碼網址：https://bit.ly/3RwPVvO，我稍微修改了幾個地方，往後章節的
DRV8833 驅動板控制程式，都將採用這個程式庫。本文將介紹這個程式庫
的用法，以後再重點解說它的原始碼。

請先把書本範例檔的 Cdrv8833 程式庫複製到 Arduino 的程式庫路徑備用。

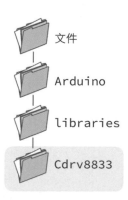

文件
Arduino
libraries
Cdrv8833

此程式庫提供兩種宣告馬達控制物件的方式，一個是先宣告物件但不初始化（相當於預留變數位置），一個是宣告物件的同時進行初始化。假設馬達物件命名為 motor：

```
Cdrv8833 motor;    // 宣告名為 motor 的物件，但未初始化
```

或者：

```
// 宣告並初始化馬達物件（IN1 腳, IN2 腳, PWM 通道, 是否切換轉向）
Cdrv8833 motor(18, 19, 0, true);
```

若僅宣告馬達物件而未初始化，需要在 setup() 中執行 init() 方法，像這樣：

```
// （IN1 腳, IN2 腳, PWM 通道, 是否切換轉向）
motor.init(18, 19, 0, true);
```

以上是原版程式庫的寫法，「切換轉向」參數用於設定馬達的「正反轉方向」；筆者在建構式中加入一個預設為 0 的 "offset"（PWM 偏移值）參數。因為實測手邊的 N20 馬達，在「慢速衰減」模式下，PWM 值約莫到 20 才開始轉動，換句話說，PWM 值從 0 到 19 都等同 0，所以這個馬達的 PWM 偏移值設為 20。使用修改後的程式庫宣告並初始化 motor 物件的敘述：

```
// 宣告並初始化馬達物件
（IN1 腳, IN2 腳, PWM 通道, 偏移值, 是否切換轉向）
// PWM 偏移值設為 20（預設為 0）
Cdrv8833 motor(18, 19, 0, 20, true);
```

或者在 setup() 中初始化 motor 物件：

```
// （IN1 腳, IN2 腳, PWM 通道, 偏移值, 切換轉向）
motor.init(18, 19, 0, 20, true);
```

宣告並初始化馬達物件之後，便能執行下列方法操控馬達：

bool move(float power)：設定馬達的轉向和速度，參數 power 值的有效範圍：-100.0~100.0，負值代表反轉，設成 0 停止轉動。若沒有發生錯誤則傳回 true。

原版程式庫的 power 參數為 int8_t（8 位元整數），正轉 PWM 的可能值 0~100，只有 100 個階段變化，筆者改成 float，假設用小數點後一位值設定 PWM，如：34.5，階段變化就提升了 10 倍，搭配 ESP32 的高位元 PWM 解析度，可達成更精細的調控。

bool stop()：採用快速衰減模式停止馬達，若沒有發生錯誤則傳回 true。

bool brake()：採用慢速衰減模式停止馬達，若沒有發生錯誤則傳回 true。

void setDecayMode(drv8833DecayMode decayMode)：設定衰減模式，參數的可能值為：

● **drv8833DecaySlow**：慢速衰減，馬達扭力較大、較耗電。
● **drv8833DecayFast**：高速衰減，馬達扭力較小、較省電。

void setFrequency(uint32_t frequency)：設定 PWM 調變的頻率，有效值：1~50000，預設為 5000Hz。

void swapDirection(bool swapDirection)：切換馬達的轉向，true 代表切換，false 代表不變。

動手做 7-2　測試不同衰減模式與 PWM 頻率對馬達運作的影響

實驗說明：從之前的實驗可知，快速和慢速衰減的扭力表現不同，而我們也知道提高 PWM 調變頻率，可降低馬達的震動和噪音；在燈光控制上，可避免閃爍。但降低 PWM 調變頻率就沒有好處嗎？還有，不同 PWM 工作週期的馬達轉速變化是線性的嗎？這些問題可能因不同元件而異，直接寫程式實測看看吧！

實驗材料和電路與動手做 7-1 基本相同，只需要連接一組馬達和霍爾感測器，但新增一個 OLED 顯示器方便觀察轉速和 PWM 值以及「歸零」鍵，這個實作將完成下列功能：

● 按下 27 腳的「歸零」鍵，會將 PWM 值歸零，並在啟動 / 停止測試間切換。啟動測試時，會將 PWM 值從 0.0, 0.1, 0.2,…每隔 0.06 秒（60ms）逐漸提升到 100.0，亦即，60 秒從 0.0 加速到 100.0，再減速回到 0.0 如此循環。

● 向序列埠輸出 "PWM 值 , 轉速 \n" 格式字串。

● 在 OLED 顯示器目前的狀態：衰減模式（Slow Decay 或 Fast Decay）、調變頻率、PWM 工作週期以及每分鐘轉速。

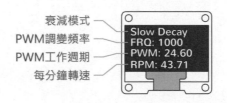

● 從序列埠取得 " 衰減模式 , 調變頻率 " 格式字串輸入。使用者按下**歸零**鍵，開發板便採用新的設置轉動馬達。

實驗電路

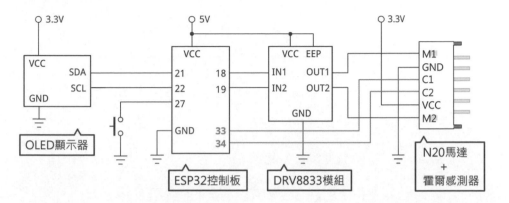

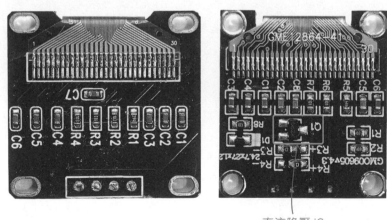

OLED 顯示器的電源電壓

OLED 顯示器的 Vcc 電源大都是接 3.3V，某些顯示器具備直流降壓 IC，所以可接 5V。底下展示兩個不同 0.96 吋 OLED 顯示器背面的電路板，其中一個有直流降壓 IC，另一個沒有，當然，它們的價格不同，但不見得定價比較高的就可以接 5V。

直流降壓 IC

你也可以跟電子零件的賣家確認，若不確定的話，最好接 3.3V，避免長期使用時損壞 OLED 顯示器。

麵包板示範接線如下，筆者把 OLED 顯示器垂直翻轉安裝：

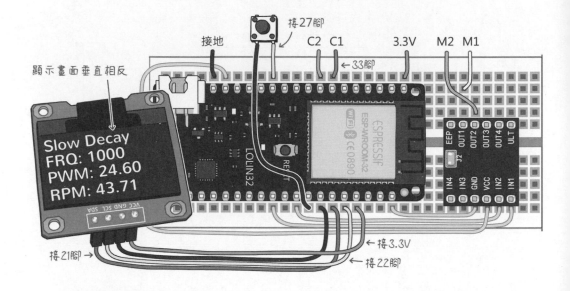

實驗程式

OLED 顯示器的程式庫採用 U8g2（參閱《**超圖解 ESP32 深度實作**》第 5 章），由於顯示器裝設位置跟平時的視角正好相反，為了垂直翻轉顯示畫面，宣告 u8g2 顯示器物件的第一個參數要設成 U8G2_R2：

垂直翻轉畫面

```
U8G2_SSD1306_128X64_NONAME_1_HW_I2C u8g2(U8G2_R2, U8X8_PIN_NONE);
```

控制顯示畫面的程式寫成 OLED() 函式，它將畫面分成四行，依序顯示衰減模式（"Slow Decay" 或 "Fast Decay"）、PWM 調變頻率 "FRQ"、PWM 輸出值以及每分鐘轉速 "RPM"。

```
void OLED() {
  u8g2.firstPage();
  do {
    u8g2.setCursor(0, 16);
    if (decayMode == drv8833DecaySlow) {
      u8g2.print("Slow Decay");  // 慢速衰減
```

```
    } else {
      u8g2.print("Fast Decay");   // 慢速衰減
    }

    u8g2.setCursor(0, 32);
    u8g2.print(String("FRQ: ") + String(pwmFreq)); // 調變頻率
    u8g2.setCursor(0, 48);
    // 小數點後兩位
    u8g2.print(String("PWM: ") + String((power/10.0), 2));
    u8g2.setCursor(0, 64);
    u8g2.print(String("RPM: ") + String(rpm, 2)); // 每分鐘轉速
  } while (u8g2.nextPage());
}
```

用一個簡單的「比較時間差」的程式，每隔 1 秒輸出 PWM 和每分鐘轉速值。

```
#include "button.hpp"      // 引用按鍵類別
#include <Cdrv8833.h>      // 引用 DRV8833 的程式庫
#include <QEncoder2.h>     // 旋轉編碼器程式庫
#include <U8g2lib.h>       // OLED 顯示器的程式庫
#define WHEEL_DIAM  33.5      // 輪胎直徑（單位:mm）
#define CIRCUM (WHEEL_DIAM * PI)  // 輪胎周長
#define GEAR_RATIO 30         // 齒輪比
#define GEAR_PPR (GEAR_RATIO * 14) // 每圈脈衝數
#define ACCEL_TIME_GAP 60     // 加速間隔時間 60ms


Button btn(27);                // 按鍵在 27 腳


QEncoder2  enc(33, 34);        // 左編碼器物件
Cdrv8833 motor(18, 19, 0, 0, true); // 左馬達物件，反轉


drv8833DecayMode decayMode = drv8833DecaySlow;  // 衰減模式
uint16_t pwmFreq = 1000;      // PWM 調變頻率
int16_t power = 0;            // PWM 工作週期
int8_t powerStep = 1;
float rpm = 0;  // 轉速
```

```
unsigned long lastTime = 0;
unsigned long lastAccelTime = 0;

U8G2_SSD1306_128X64_NONAME_1_HW_I2C u8g2(U8G2_R2,
                                         U8X8_PIN_NONE);

void OLED() {
  :略
}

// 衰減模式,取樣頻率,工作週期百分比
void readSerial() {
  String txt;
  uint8_t _decay;
  uint16_t _pwmFreq;

  if (Serial.available() > 0) {   // 若有序列資料輸入…
    txt = Serial.readStringUntil('\n');
    // 錯誤:cannot convert 'String' to 'const char*'
    sscanf(txt.c_str(), "%d,%d", &_decay, &_pwmFreq);
    Serial.printf("decayMode= %d, pwmFreq= %d\n",
                  _decay, _pwmFreq);

    // 若衰減模式或調變頻率有變
    if ( _decay != (int)decayMode || _pwmFreq != pwmFreq) {
      Serial.println("改了衰減模式或調變頻率,先停止馬達…");
      motor.stop();    // 停止馬達
      power = 0;       // 重設 PWM 工作週期
      powerStep = 1;   // 重設為加速

      if (_decay)
        decayMode = drv8833DecayFast;
      else
        decayMode = drv8833DecaySlow;

      pwmFreq = _pwmFreq;
      motor.setFrequency(pwmFreq);    // 改變 PWM 調變頻率
      motor.setDecayMode(decayMode);  // 改變衰減模式
    }
```

07

```
  }
}

void testMotor() {
  unsigned long currentTime = millis();
  float dutyCycle;
  // 是否過了 60ms？
  if (currentTime - lastAccelTime >= ACCEL_TIME_GAP) {
    power += powerStep;
    if (power == 1000 || power == 0) {
      powerStep = -powerStep;      // 切換加 / 減速
    }
    lastAccelTime = currentTime;   // 紀錄當前毫秒
  }
  dutyCycle = power/10.0;

  // 輸出 PWM 和轉速
  Serial.printf("%.2f,%.2f\n", dutyCycle, rpm);
  motor.move(dutyCycle);   // 轉動馬達
}

void setup() {
  Serial.begin(115200);
  btn.begin();    // 初始化「啟動」鍵

  motor.setFrequency(pwmFreq);   // 改變 PWM 調變頻率
  motor.setDecayMode(decayMode);
  motor.stop();   // 停止馬達

  enc.begin();    // 初始化編碼器
  enc.swap();     // 左側的值要反向

  u8g2.begin();   // 初始化顯示器
  u8g2.setFont(u8g2_font_fub14_tf);   // 14 像素高字體

  lastTime = millis();   // 紀錄當前時間
}
```

```
void loop() {
  static bool startTest = false;
  if (btn.changed()) {   // 「啟動」鍵被按下了嗎？
    enc.clear();              // 計數器清零
    startTest = 1 - startTest;

    power = 0;        // 週期歸零
    powerStep = 1;  // 重設為加速
    lastAccelTime = millis();   // 紀錄目前毫秒數
  }

  readSerial();     // 讀取序列輸入資料

  if (startTest) {
    testMotor();    // 測試馬達
  } else {
    motor.stop();   // 停止馬達
  }

  unsigned long currentTime = millis();
  if (currentTime - lastTime >= 1000) {
    rpm = enc.value() * 60.0 / GEAR_PPR; // 每分鐘轉速

    OLED();           // 顯示轉速
    enc.clear();      // 清除脈衝值
    lastTime = currentTime;
  }
}
```

實驗結果

在**序列埠監控視窗**輸入諸如 "1,500"（代表快速衰減、調變頻率 500Hz）的
參數，然後按一下 27 腳的輕觸開關，OLED 螢幕將顯示 PWM 輸出值從 0
逐漸提升到 100 再回到 0，以及衰減模式和 RPM 值。

序列埠監控視窗將顯示馬達開始轉動時的 PWM 輸出值，表 7-4 列舉筆者測試的不同衰減模式和調變頻率，其實每次測試的數據都不太一樣，但趨勢不變。從測試結果可知：採「慢速」衰減模式、降低 PWM 調變頻率，開始轉動的 PWM 值也比較低，代表扭力比較大。

表 7-4

衰減模式	PWM 調變頻率	開始轉動的 PWM	每分鐘轉速
快速	3000	37.00	52.86
慢速	3000	13.2	8.43
快速	1000	25.00	52.71
慢速	1000	15.90	20.00
快速	500	19.20	46.14
慢速	500	11.80	3.43
快速	50	10.90	10.29
慢速	50	7.20	1.29

本程式偵測到 RPM 值大於 1，而非大於 0，才算開始轉動，是因為馬達的震動（非轉動）有時會導致霍爾感測器誤判。

底下是 PWM 頻率 1KHz、不同衰減模式，PWM 工作週期從 0% 漸增到 100% 的馬達轉速比較，從中可知「慢速」衰減的 PWM 與轉速的變化比較線性。這些圖表所用的測試馬達跟表 7-5 不是同一個，所以數據有差異，但整體的性能表現趨勢是相同的。

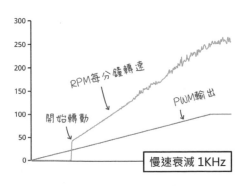

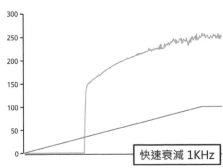

底下是 500Hz 和 50Hz 的比較，同樣是「慢速衰減」比較趨近線性變化。從中也可看到，似乎是受到馬達震動（帶輪胎空轉）的影響，調變頻率低，RPM 測量值的波動也越大。

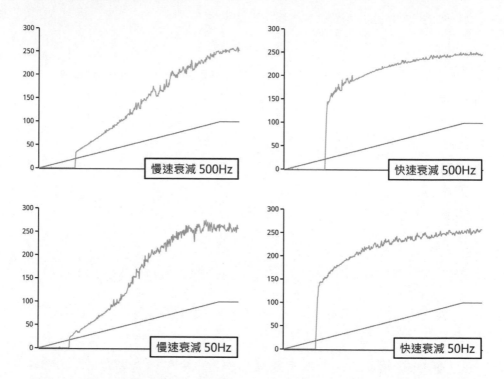

呈現 PWM 和馬達轉速變化圖的程式，原理跟顯示轉速的程式相同，完整的程式碼請直接參閱本章的範例檔，編譯上傳後，開啟**序列繪圖家**即可觀看到類似的波形變化圖。

7-4 重點解析 DRV8833 程式庫原始碼

底下是筆者稍加修改 Stefano Ledda 先生 Cdrv8833 程式庫，並加入中文註解的標頭檔 Cdrv8833.h：

```
#ifndef DRV8833_H
#define DRV8833_H
// 引用 C 語言的標準整數定義程式庫（例如：定義 int8_t），
// 底下這行可刪除
#include <stdint.h>
#define PWM_FREQUENCY  5000 // PWM 調變頻率，有效值：1 - 50000 Hz
#define PWM_BIT_RESOLUTION  10 // PWM 位元解析度，原版是 8，改成 10

enum drv8833DecayMode {    // 宣告「衰減模式」列舉常數
  drv8833DecaySlow = 0,    // 慢速衰減
  drv8833DecayFast = 1     // 高速衰減
};


class Cdrv8833 { // 定義類別
public:            // 公用成員
  Cdrv8833();      // 不帶參數的建構式
  // 帶參數的建構式，原版沒有 offset 參數
  Cdrv8833(uint8_t in1Pin, uint8_t in2Pin, uint8_t channel,
           float offset = 0, bool swapDirection = false);
  ~Cdrv8833();     // 刪除物件

  // 初始化物件，搭配不帶參數的建構式使用
  bool init(uint8_t in1Pin, uint8_t in2Pin, uint8_t channel,
            float offset = 0, bool swapDirection = false);

  // 設定轉速，原版的 power 參數是 int8_t 型態，此處改成 float
  bool move(float power); // power 有效值：-100~100
  bool stop();   // 使用快速衰減模式停止馬達
  bool brake(); // 使用慢速衰減模式停止馬達
  void setDecayMode(drv8833DecayMode decayMode); // 設定衰減模式
  void setFrequency(uint32_t frequency);   // 設定 PWM 調變頻率
  void swapDirection(bool swapDirection);  // 切換轉向

private:  // 私有成員
  int8_t m_in1Pin;        // IN1 腳位
  int8_t m_in2Pin;        // IN2 腳位
  bool m_swapDirection; // 是否切換方向
  drv8833DecayMode m_decayMode;  // 衰減模式
  uint8_t m_channel;      // PWM 通道編號
```

```
  // int8_t  m_power;    // 此成員沒有實質用處，所以我將它刪除
  float  m_offset;        // 新增的偏移值
};
#endif
```

Cdrv8833 類別主程式碼

類別本體的程式碼寫在 Cdrv8833.cpp 檔，控制邏輯基本跟上文〈ESP32 適用的 DRV8833 驅動函式〉相同，本文僅列舉重點說明。底下是帶參數的類別建構式，它將執行 init() 初設 IN1, IN2 腳位、PWM 通道、輸出偏移值以及是否切換轉向參數。

```
Cdrv8833::Cdrv8833(uint8_t in1Pin, uint8_t in2Pin,
                   uint8_t channel, float offset,
bool swapDirection) {
  // 初設參數
  init(in1Pin, in2Pin, channel, offset, swapDirection);
}


Cdrv8833::~Cdrv8833() {
  stop();   // 若刪除物件，則停止馬達
}
```

驅動馬達轉動的 move() 方法的「動力值（PWM 值）」參數，原本是 int8_t（8 位元整數）型態，筆者改成浮點數型態。底下是 move() 的原始碼，筆者也在其中加入**偏移值**設定。

```
bool Cdrv8833::move(float power) {
  if (-1 == m_in1Pin)   // 若未定義 IN1 腳位…
    return false;        // 傳回 false
  if (-1 == m_in2Pin)
    return false;
  if (0 == power) {     // 若輸出為 0
    stop();              // 停止馬達
    return true;
  }
```

```cpp
// 筆者加入偏移值設定，也就是馬達轉動的起始值
if (power > 0)
  power += m_offset;   // 正轉，加上偏移值
else
  power -= m_offset;   // 反轉，加上負偏移值

if (power > 100)       // 確保 PWM 輸出介於 -100 ~ 100
  power = 100;
if (power < -100)
  power = -100;
// m_power = power;    // 原版有此敘述，因無作用，筆者將它刪除

if (m_swapDirection)   // 若切換轉向
  power = -power;       // 反轉 PWM 輸出
// 計算 PWM 值
float value = ( float )( ( ( 1 << PWM_BIT_RESOLUTION ) - 1 ) *
                ( ( float ) abs( power ) ) / 100.0;
```

（PWM_BIT_RESOLUTION：1左移N位；abs(power)：取絕對值）

```cpp
// 四捨五入 PWM 小數點值並轉成整數
uint32_t dutyCycle = lround(value);

// 若是「慢速衰減」，工作週期 = 工作週期上限 − 目前的工作週期
if (drv8833DecaySlow == m_decayMode)
  dutyCycle = ((1 << PWM_BIT_RESOLUTION) - 1) - dutyCycle;

if (power > 0) {  // 正轉
  if (drv8833DecayFast == m_decayMode) {
    ledcDetachPin(m_in2Pin);
    digitalWrite(m_in2Pin, LOW);   // 快速衰減；另一腳輸出低電位
    ledcAttachPin(m_in1Pin, m_channel);
  } else {
    ledcDetachPin(m_in1Pin);
    digitalWrite(m_in1Pin, HIGH);   // 低速衰減；另一腳輸出高電位
    ledcAttachPin(m_in2Pin, m_channel);
  }
} else {    // 反轉…
  if (drv8833DecayFast == m_decayMode) {
```

```
        ledcDetachPin(m_in1Pin);
        digitalWrite(m_in1Pin, LOW);   // 快速衰減；另一腳輸出低電位
        ledcAttachPin(m_in2Pin, m_channel);
      } else {
        ledcDetachPin(m_in2Pin);
        digitalWrite(m_in2Pin, HIGH);  // 低速衰減；另一腳輸出高電位
        ledcAttachPin(m_in1Pin, m_channel);
      }
    }
    ledcWrite(m_channel, dutyCycle);
    return true;
}
```

以上程式當中計算 value 值的敘述，就是求 PWM 輸出的百分比值。假設
PWM 調變的位元解析度（PWM_BIT_RESOLUTION）是 8 位元，則 PWM
最大輸出 255；若 PWM 為 50，value 值就是（255 * 50 / 100）= 127.5。該
行敘述同樣透過左移運算子求取 2 的 N 次方值。

宣告 dutyCycle 變數的敘述，原版的寫法如下，trunc（原意是 truncate，截
短）是 C 語言內建於 math.h 的函式，作用是捨去小數點數字，例如：
trunc(3.9) 傳回 3.0。所以這段程式碼代表四捨五入小數點數字：

```
uint32_t dutyCycle;
if ((value - trunc(value)) < 0.5)
  dutyCycle = value;
else
  dutyCycle = value + 1;
```

筆者改成直接呼叫 math.h 標頭檔定義的 lround()，傳回最接近的整數值。
math.h 的另一個 round() 函式，同樣是把浮點數舍入到最接近的整數，但傳
回的是 double 型態值。

這個程式庫的其他方法不用特別說明，讀者直接看原始碼就能明白了。

8

循跡感測器以及擴充類比
和數位輸入埠

循跡或循線感測器的作用是感測自走車的行走路線；路線和地板通常是白底黑線或者黑底白線。循跡感測器有多種選擇，本書採用的是具備 8 組紅外線發射和接收感測器的款式，除了感測器數量比較多，感測器之間的間隔比較小，可以偵測比較細的路線，也是本書選用它的原因。

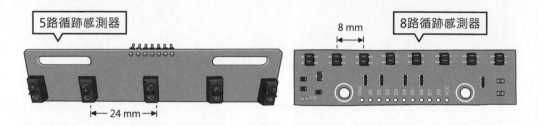

8-1 擴充類比輸入埠

這一款紅外線循跡感測器共有 8 個輸出，預設採用 5V 供電。筆者先用 Arduino UNO 開發板，將其中的 6 個輸出接到 A0~A5 類比輸入腳。

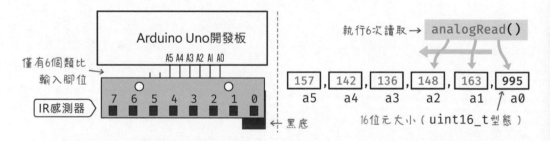

上傳測試程式碼到 UNO 開發板，它將讀取並顯示 A0~A5 的類比輸入值：

```
const byte IR_PINS[] = {A0, A1, A2, A3, A4, A5};   // 類比腳陣列

void setup() {
  Serial.begin(115200);
  Serial.println("");
}
```

```
void loop() {
  for (byte i=0; i<6; i++) {
    val = analogRead(IR_PINS[i]);
    Serial.print(val);
    Serial.print(", ");
  }
  Serial.println(val);
  delay(100);
}
```

分別測試循跡感測器的電源連接 5V 和 3.3V，結果如下。採用 3.3V 供電時，感應到白色和黑色時的電位差距不大，程式容易誤判。

電源電壓	白（數位值）	黑（數位值）	白（電壓）	黑（電壓）
5V	136	995	0.663	4.855
3.3V	362	651	1.165	2.096

若要採 3.3V 供電，必須把循跡感測器板子上，標示 3.3V 的焊接點焊在一起：

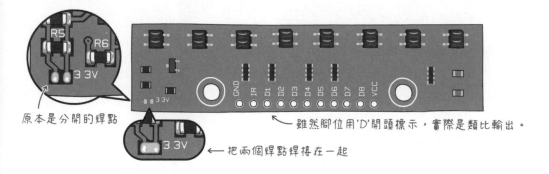

原本是分開的焊點

把兩個焊點焊接在一起

雖然腳位用 'D' 開頭標示，實際是類比輸出。

重新測試，就能看到顯著的差異：

電源電壓	白（數位值）	黑（數位值）	白（電壓）	黑（電壓）
3.3V	63	640	0.202	2.06

使用 74HC4051 減少資料輸入腳數量

8 組循跡感測器要佔用 8 個數位或類比輸入腳,本單元示範採用 74HC4051 縮減所需的資料腳數量。74HC4051 相當於「8 擇 1」切換開關,正式名稱是 **8 通道多工器/解多工器**(8-channel multiplexer/demultiplexer)。從左下的結構圖來看,它一共有 8 個通道(編號 0~7)和一個「輸出/輸入」腳。S0, S1 和 S2 用於指定通道編號,從右下表可知,它們就是**編號的 2 進位位數值**。

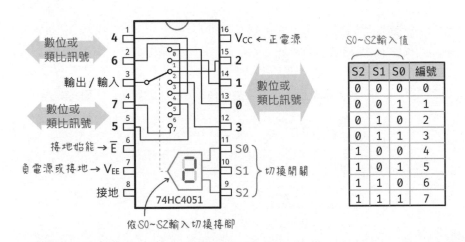

底下是採用 74HC4051 連接 8 路循跡模組的示範電路,ESP32 微控器的腳 32~34 負責切換通道,連到該通道的循跡感測器訊號輸出到腳 36。如此,循跡感測器只占用一個類比輸入腳,以及 3 個選擇通道的數位腳。

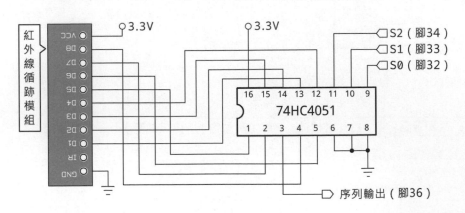

麵包板示範接線：

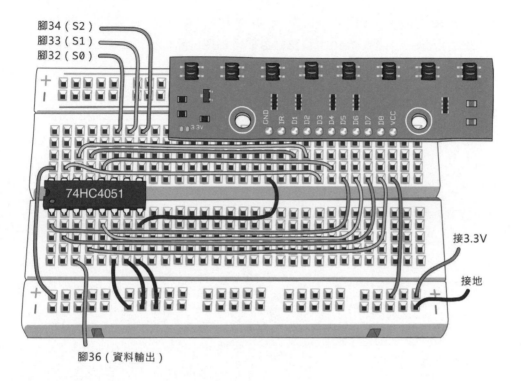

假設我們編寫了一個叫做 readIR() 的函式，它接收一個「通道編號」參數，
然後傳回指定通道的值。透過 for 迴圈即可逐一讀取每個紅外線感測值：

```
void loop () {
  for (byte n = 0; n < 8; n++) {        // i 從 0 計數到 7
    Serial.printf("%d, ", readIR(n));   // 讀取第 n 個通道
  }
  Serial.println("");
  delay (100);
}
```

只是，readIR() 函式必須把 i 值從 0~7 轉換成對應的 2 進位值，交由 S0, S1
和 S2 選擇通道，轉換方式留待下一節說明。

使用 bitRead() 函式取得 10 進位數字的位元值

10 進位數字 5，等同 2 進位數字 101。Arduino IDE 自 1.8.3 版開始內建 bitRead() 函式，能夠從 10 進位整數值取得指定位元位置的 2 進位值，如右下所示：

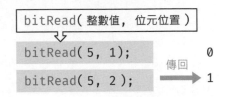

底下程式示範用 bitRead() 函式分解數字 0~7 的 2 進位值，分別存入 s0, s1 和 s2 變數：

```
void setup() {
  Serial.begin(115200);
  byte s0, s1, s2;

  for (byte n = 0; n < 8; n++) {
    s0 = bitRead(n, 0);   // 取得 n 的位置 0 的位元值
    s1 = bitRead(n, 1);   // 取得 n 的位置 1 的位元值
    s2 = bitRead(n, 2);   // 取得 n 的位置 2 的位元值

    Serial.printf("%d %d %d %d\n", I, s2, s1, s0);
  }
}

void loop () { }
```

執行結果如右：

底下是搭配 74HC4051，每隔 0.1 秒讀取循跡感測模組每個感測器的程式碼：

```
#define IR_PIN 36    // 類比輸入腳位（A0）
#define S0 32        // 切換通道編號的腳位
#define S1 33
#define S2 34

/* 參數 n：指定類比通道的數字 0~7
   傳回值：指定通道的類比值    */
uint16_t readIR(byte n) {
  digitalWrite(S0, bitRead(n, 0));
  digitalWrite(S1, bitRead(n, 1));
  digitalWrite(S2, bitRead(n, 2));
  return analogRead(IR_PIN);      // 傳回通道 n 的類比感測值
}

void setup() {
  Serial.begin(115200);
  pinMode(S0, OUTPUT);
  pinMode(S1, OUTPUT);
  pinMode(S2, OUTPUT);
  // 設定類比輸入埠的電壓上限（3.6V）和量化位元（10）
  analogSetAttenuation(ADC_11db);
  analogSetWidth(10);   // 設定類比取樣位元數
}

void loop () {
  for (byte i = 0; i < 8; i++) {
    Serial.printf("%d,", readIR(i));
  }
  Serial.println("");
  delay(100);
}
```

透過右移和 AND 取得 2 進位值

bitRead() 其實是如下的巨集，定義在 Arduino.h 檔。

```
#define bitRead(value, bit) (((value) >> (bit)) & 0x01)
```

它的運作方式為：把數字右移指定的位元數，再跟 1 做 AND 運算。像底下兩個敘述將能取出 2^2 位數和 2^1 位數的二進位值：

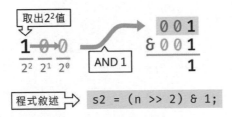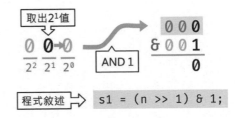

也能先做 AND 運算再右移：

右上圖的位元值是 0，不用做 AND 也知道答案是 0，執行 AND 運算之前先判斷該值是否為 0，會不會更好？

加入條件判斷的程式可改寫成底下這樣，但這些程式的運作效率都差不多：

```
s0 = n & 1;
s1 = (n & 2) ? 1 : 0;   // 若（n & 2）為「真」（非0值），則輸出1
s2 = (n & 4) ? 1 : 0;
```

根據以上的運算分析，上一節的 for 迴圈可改成底下的寫法，其執行結果跟上一節相同，但就程式的維護和可讀性來說，用 bitRead() 比較好。

```
for (byte n = 0; n < 8; n++) {
  s0 = n & 1;
  s1 = (n >> 1) & 1;
  s2 = (n >> 2) & 1;

  Serial.printf("%d %d %d %d\n", n, s2, s1, s0);
}
```

補充說明，Arduino.h 檔也定義了下列操作位元值的巨集：

● bitSet(數值 , 位元位置)：將「數值」的指定位元位置設為 1。

● bitClear(數值 , 位元位置)：將「數值」的指定位元位置設為 0。

● bitWrite(數值 , 位元位置 , 位元值)：若「位元值」參數為 1，則執行 bitSet()，將「位元位置」值設為 1；若「位元值」為 0，則執行 bitClear()，把「位元位置」值設為 0。

這三個巨集的原始碼如下：

```
#define bitSet(value, bit) ((value) |= (1UL << (bit)))
#define bitClear(value, bit) ((value) &= ~(1UL << (bit)))
#define bitWrite(value, bit, bitvalue) \
  ((bitvalue) ? bitSet(value, bit) : bitClear(value, bit))
```

8-2 擴充數位輸入接腳

循跡自走車的處理程式只關心感測到的線條是黑還是白,雖然循跡感測器的感測值是類比輸出,但當成數位輸出的話,因為黑白的電壓值分布的關係,也可當成黑色輸出高電位、白色輸出低電位,所以處理程式可將循跡感測器的輸出,看待成一組數位訊號。

若使用數位接腳並聯接收循跡感測值,要佔用 8 個輸入腳;每個狀態用一個 byte 型態的變數儲存,一共需要 8 個 byte(64 位元)空間。

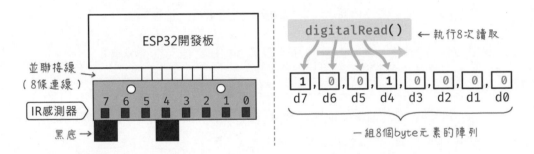

然而,因為每個感測資料不是 1 就是 0,所以 8 筆數據可用一個 byte 型態的變數存在一起,這樣不僅縮減記憶體用量,也能簡化判別循跡路線的程式。

一個byte(8位元)
↓
1 , 0 , 0 , 1 , 0 , 0 , 0 , 0 → 用1個8位元 → 1 0 0 1 0 0 0 0
d7 d6 d5 d4 d3 d2 d1 d0 |← 8位元 →|

在減少連接腳方面,除了採用 74HC4051 多工器,也能使用「並列轉序列」IC。

74HC166 並列輸入、序列輸出 IC

《**超圖解 Arduino 互動設計入門**》第 6 章介紹了**序列轉並列** IC：74HC595，而常見的**並列轉序列** IC 有 74HC165 和 74HC166，兩者的運作方式和腳位不太一樣，筆者選用 74HC166，單純只是因為採購零件時，商家只有這個型號。

74HC166 有 16 個接腳，其中三個接腳：**PE**（並列始能）、**CP**（時脈輸入）和 **Q7**（序列輸出）接 ESP32 開發板，CE 腳固定在低電位、MR 腳固定接高電位。

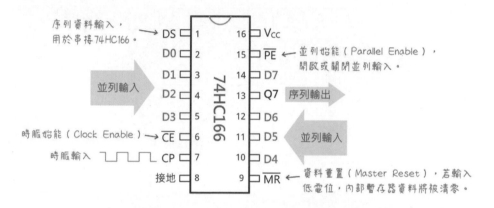

74HC166 的運作方式如下，先在 PE 和 CP（時脈）腳輸入低電位：

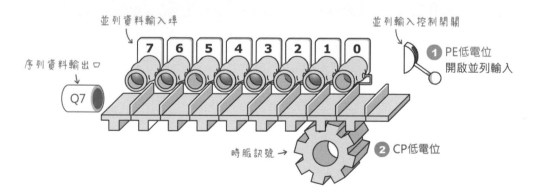

然後把 CP 時脈設成高電位，並列埠資料將輸入到 IC 內部的暫存器（此圖裡的輸送帶），接著把 PE 設成高電位。

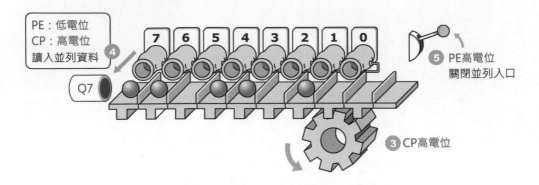

CP 時脈切換低、高電位 8 次，資料將依序從 Q7 腳輸出。

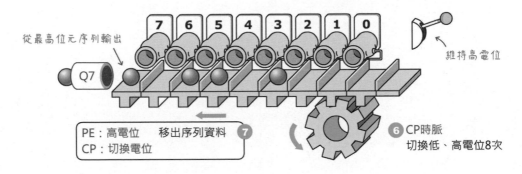

8 路紅外線循跡模組並列轉序列輸出電路

底下是 8 路紅外線循跡模組連接 74HC166 IC 的示範電路，其中的接腳 16,
17 和 36 代表 ESP32 的接腳。

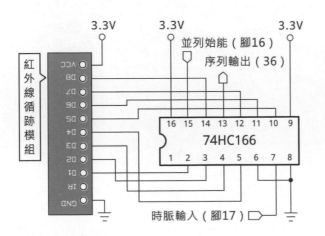

消除電源雜訊用的電容，
接在 IC 的電源腳；麵包板
實驗電路可省略。

麵包板接線參考：

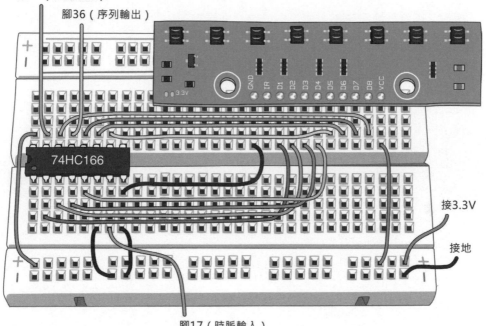

腳16（並列始能）
腳36（序列輸出）
74HC166
接3.3V
接地
腳17（時脈輸入）

讀取 74HC166 序列資料的程式碼

Arduino 內建兩個讀取序列轉並列、並列轉序列資料的函式：

● shiftOut()：直譯為「移出」，搭配 74HC595 IC，把序列資料從開發板移
  出給 IC，轉換成並列輸出。

● shiftIn()：直譯為「移入」，搭配 74HC165 或 74HC166，把並列資料從 IC
  序列移入開發板，語法如下：

```
digitalWrite( 時脈接腳, LOW );  ← 搭配74HC166使用時，時脈腳要先設為低電位。

shiftIn( 序列輸出接腳, 時脈接腳, 位元順序 );  ┌── 可能值為MSBFIRST（最高位元先傳）
                                                 或LSBFIRST（最低位元先傳）
```

每當 74HC166 的時脈訊號從**低電位→高電位**，序列埠就輸出 1 位元資料，

然而，shiftIn() 的時脈輸出是**高電位→低電位，若不事先把時脈設為低電位，shiftIn() 輸出資料將少 1 位元**。

讀取 8 路紅外線循跡模組資料的完整程式碼如下，筆者把取得 74HC166 序列輸出資料的函式命名為 readIR()，它將傳回 uint8_t（無號位元組）型態的感測值。

```
#define IR_LATCH_PIN 16     // PE 並列開關接腳
#define IR_CLOCK_PIN 17     // CP 時脈接腳
#define IR_DATA_PIN  36     // Q7 序列資料輸出接腳

uint8_t readIR( ) {
  uint8_t IR_data = 0;     // 儲存輸入資料值
  // 操作 PE 和 CP 腳，把並列資料讀入 74HC166
  digitalWrite(IR_LATCH_PIN, LOW);     // PE 腳設成低電位
  digitalWrite(IR_CLOCK_PIN, LOW);     // CP 時脈腳設成低電位
  digitalWrite(IR_CLOCK_PIN, HIGH);    // CP 時脈腳設成高電位
  digitalWrite(IR_LATCH_PIN, HIGH);    // PE 腳設成低電位

  // CP 時脈腳設成低電位，準備讀入資料
  digitalWrite(IR_CLOCK_PIN, LOW);
  // 透過 shiftIn( ) 函式，從最高位元依序把資料存入 IR_data 變數
  IR_data = shiftIn(IR_DATA_PIN, IR_CLOCK_PIN, MSBFIRST);
  return IR_data;
}

void setup( ) {
  Serial.begin(115200);
  pinMode(IR_LATCH_PIN, OUTPUT);
  pinMode(IR_CLOCK_PIN, OUTPUT);
  pinMode(IR_DATA_PIN, INPUT);
}

void loop( ) {
  byte IR = readIR();         // 讀取循跡模組資料
  Serial.println(IR, BIN);  // 以 2 進位方式顯示感測資料
  delay(100);
}
```

程式上傳完畢，用循跡感測器掃描有黑色條紋的白紙，你可使用《**超圖解 Arduino 互動設計入門**》第 14 章光電子琴的條紋圖像（如下圖）：

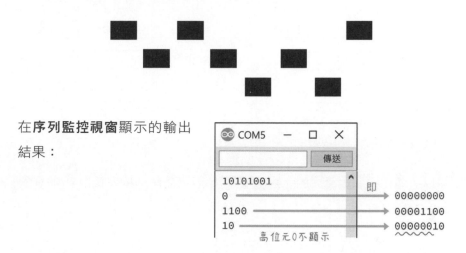

在**序列監控視窗**顯示的輸出結果：

不使用 shiftIn() 函式的程式碼

上文提到，每當 74HC166 的時脈腳收到低、高電位訊號，序列腳就會輸出一個位元資料（**從高位元開始**）。假設 74HC166 暫存的資料是 1001000，第一次時脈訊號後，序列輸出值將是 1。

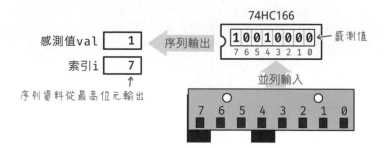

我們可宣告一個紀錄當前資料進位的索引 i，將它的初始值設為 7，每接收到資料，便將它左移 i 位到正確的位置，如下：

```
int8_t  i = 7;
uint8_t val = digitalRead(IR_DATA_PIN);
uint8_t one = ( val << i );
```
感測值左移 i 位

val `0 0 0 0 0 0 0 1`
← 左移 7 位 ←
one `1 0 0 0 0 0 0 0`

左移後的資料（變數 one）和預設為 0 的 IR_data 變數執行 OR 運算，如此
重複到索引 i 變成 0，即可獲得完整的循跡感測資料。

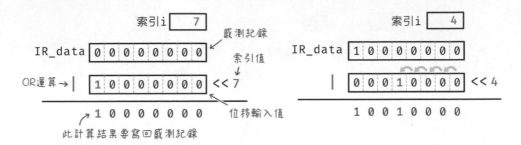

依照以上運作邏輯改寫成的 readIR() 函式如下，運作結果與採用 shiftIn() 函
式的版本相同。

```
uint8_t readIR() {
  uint8_t IR_data = 0;
  digitalWrite(IR_LATCH_PIN, LOW);
  digitalWrite(IR_CLOCK_PIN, LOW);
  digitalWrite(IR_CLOCK_PIN, HIGH);
  digitalWrite(IR_LATCH_PIN, HIGH);

  for (int8_t i = 7; i >= 0 ; i--) {
    digitalWrite(IR_CLOCK_PIN, LOW);   // 時脈先設成低電位
    uint8_t val = digitalRead(IR_DATA_PIN);
    if (val) {
      uint8_t one = (1 << i);
      IR_data = IR_data | one;
    }
    digitalWrite(IR_CLOCK_PIN, HIGH);  // 時脈設成高電位
  }

  return IR_data;
}
```

到此，循跡自走車的相關模組軟硬體就準備就緒了，我們將在下一章把這
些模組整合成一台可自行運作的小車。

9

組裝循跡自走車

之前幾章完成了馬達驅動和循跡感測器的實驗，下一章將實作循跡自走車的程式，在此之前，當然要先造出自走車！

本章將示範兩種自走車製作方式，第一種需要花費較多時間與工具，自行切割 PCB 洞洞板並銲接元件之間的接線。第二種則是用筆者事先繪製好的PCB 板，你只要把模組銲接上去即可，需要的工具和時間較少。這兩種方式沒有絕對的好或壞，就像完成一道料理，你可以從購買、清洗和切食材開始，逐步完成，也可以購買現成的料理包，自行加熱就好。兩種方式的樂趣、體驗和學到的經驗並不相同。

底下是第一種循跡自走車的外觀，我稱它「試作 1 號機」。它的馬達和循跡感測器、DRV8833 馬達驅動板、電池座、ESP32 開發板和 OLED 顯示器，安裝在不同的 PCB 子板（洞洞板）分層疊合在一起。下文會說明製作過程，但你並不需要按照我的方式完成，只要大方向正確：循跡感測器在前方，兩個馬達平行裝在車體左右兩側，你可用手邊容易加工的穩固材料，例如：塑膠盒、墊板、衛生筷……等組合車體，再加上用麵包板組裝的電路也行。

底下是第二種，把自行設計的電路板交給 PCB 代工廠打樣（即：少量試作，通常是 3 到 5 片），然後再銲接、組裝，我稱它「試作 3 號機」（對，在此之前還有「2 號機」），下文會簡介這個 PCB 板的設計過程，以及如何拿本章的範例檔給代工廠打樣出 PCB 板。

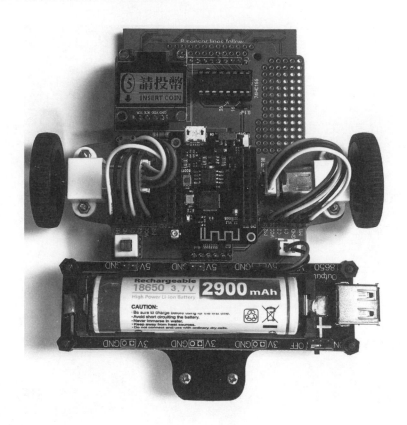

9-1 「差動驅動」型循跡自走車

本書的自走車採用左右兩個馬達驅動，實現前進、後退和轉彎的功能，這種驅動型式稱為**差動驅動**（differential drive），下圖左是典型的兩輪驅動結構，常見於掃地機器人；下圖右是本書的自走車結構。

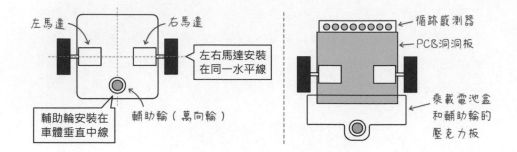

兩輪差動驅動車有幾個特點：

● 車體的中心點位於兩輪的中間，此即計算車體移動方向和距離的參考點。

● 兩輪位於車體左右兩則，彼此平行，中心點一致。

● 輔助輪位於車體中央後面或前面，與中心點垂直。

● 當左右輪以同方向等速轉動時，自走車將直朝那個方向前進。

● 若一個輪子轉得比另一個輪子快，自走車會以弧線轉向較慢的輪子。

● 若兩輪朝相反的方向等速轉動，自走車將在原地轉動。

自走車的 PCB 子板

這是自走車的側面照。為了讓萬向輪跟左右車輪盡量保持在水平線，萬向輪跟馬達安裝在不同底板，提升一個螺母的高度，下文再細說。

09

這是各個 PCB 子板的模樣，每個子板之間用排針相連、固定。位於中間的 ESP32 開發板，我原本採用的是 WEMOS ESP32 MINI，市面上有許多這個板子的相容品，有些稱為 MINI D1 ESP32，但它們的品質參差不齊，我手邊的一個板子插 USB 供電，運作沒問題；改從板子的 5V 接腳輸入電源給它，卻經常無法順利啟動。左右兩個小 PCB 板都是從較大的洞洞板（我選用 9mm × 7mm 尺寸）鋸下來，再自行焊接導線與排針和排母。

我後來把 ESP32 開發板改成下圖中間的 LILYGO TTGO Mini32 V1.3，"LILYGO" 是廠商的名字，相較於左邊的 MINI D1 ESP32，板子背面多了 3.7V 鋰電池插座和充電 IC，本書的實驗用不到，但它的 5V 電源輸入腳在外接電池時，完全沒問題。以下把左邊和中間板子統稱 "ESP32 mini" 控制板。

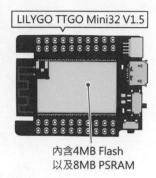

這兩款開發板的接腳完全相容

TTGO Mini32 V1.3 的價格比 MINI D1 ESP32 高了一點；TTGO Mini32 V1.3 沒有金屬屏蔽，不影響 DIY 實驗，上圖最右邊的 V1.5 版多了 8MB PSRAM，PSRAM 常見於擷取與暫存影像的應用，本書實驗用不到，相關說明請參閱筆者網站的〈ESP32-CAM 開發板（一）〉貼文，網址：https://swf.com.tw/?p=1723。此外，V1.5 版缺少 GPIO 腳 16 和 17，不能用於本書的自走車實驗。

ESP32 mini 控制板以及 DRV8833 馬達驅動板的 PCB，都採用排針長 11mm 的長腳型單排母座，以便和下一層的子板相連。安裝在最上層的 OLED 顯示器的子板則採用普通的單排母座。

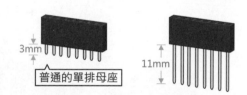

循跡自走車材料清單

底下列舉「試作 1 號機」所需的材料，某些材料的外觀與規格會在下文說明。

品名	數量
尼龍或金屬 PCB 固定螺絲，直徑 3mm、長 10mm	8
尼龍或金屬螺母，內徑 3mm	12
ESP32 D1 mini 開發板	1

品名	數量
2.54mm 間距 PCB 洞洞板，9mm × 7mm	2
DRV8833 馬達驅動板	1
8 路循跡感測器	1
096 吋 OLED 顯示器，I2C 介面	1
8 針 2.54mm 單排母座，普通腳長（約 3mm）	5
8 針 2.54mm 單排母座，腳長 11mm	4
4 針 2.54mm 單排母座，普通腳長	1
8 針 2.54mm 排針，普通腳長（約 6mm）	4
8 針 2.54mm 排針，90 度折彎，普通腳長	1
4 針 2.54mm 排針，90 度折彎，普通腳長	1
74HC166 IC	1
16 腳 IC 座	1
0.1uF（104）電容	1
微觸開關	1
附帶霍爾轉速感測器的 N20 馬達，齒輪箱轉速 1:30	2
N20 馬達配套固定座（附螺絲）	2
N20 馬達配套輪胎（直徑約 34mm）	2
萬向輪（本體外徑約 15mm）	1
固定電池座與萬向輪的壓克力板	1
18650 或 16340 電池座，具備充電與 5V 輸出	1
XH 插座和插頭，2.54mm 間距	各 1
導線	若干長度

我經常會用到不同針腳數的單排母座和排針，例如，2 針、4 針和 8 針，所以我都是購買 40 針款式，再用美工刀裁切需要的針數，每次切割母座都會損失一針，但仍比起個別採買數個特定針數的母座划算。

用美工刀在孔洞側邊多次劃出一道割痕，即可將它掰斷，然後再削掉兩側多餘的塑膠。

9-2 製作循跡自走車的工具

製作電子專案通常會用到這些工具：

● 電烙鐵　　　　　● 夾具　　　　　● 電鑽

還有其他小工具，包括：螺絲起子、鑷子、斜口鉗、尖嘴鉗、小銼刀、砂紙、美工刀和壓克力刀。

底下是兩款常見的電烙鐵，採 110V 或 220V 供電，筆者在學生時代，以及撰寫《**超圖解 Arduino 互動設計入門**》時，用的是不可調溫的旁熱式烙鐵，後來改用價格不高的 60W 可調溫內熱式烙鐵（如下圖，目前仍在用），我通常先調到 350℃ 快速加熱烙鐵頭後再調降到 300℃ 左右開始焊接。

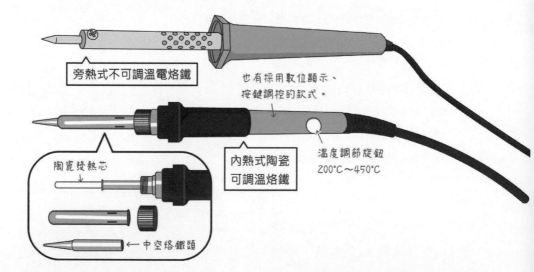

底下是一款採用 USB Type-C PD 協議電源供應器（也就是手機快充協議）、內建微控器 PID 溫控的電烙鐵，T12 是一種內含陶瓷加熱芯的烙鐵頭，優點是升溫快、高精度和高可靠性。上圖的「內熱式烙鐵」，它的烙鐵頭和陶瓷發熱芯是分離的，所以內熱式烙鐵頭比 T12 便宜很多。

調整溫度的按鍵，有些採用十字鍵或滾輪。　　　內含8位元或32位元微控器

369°C

內含陶瓷發熱芯的T12型烙鐵頭　　　　　USB Type-C / PD協定電源輸入介面

在網路搜尋 "T12 便攜式 電烙鐵" 關鍵字即可找到類似上圖的電烙鐵，有些廠牌甚至提供開源程式碼，讓用戶自行改寫、編譯電烙鐵微控器程式。倘若在 20 世紀，你說未來的電烙鐵將內藏 32 位元微控器和顯示器，大家會覺得你有病；隨著製造工藝進步，當今某些 RISC-V 微控器的價格甚至比 74 系列的邏輯 IC 還低廉。

還有一種電烙鐵，採用外置溫控器，常見於電子工廠的生產線，價格比較高。你也能在網拍上搜尋 "T12 溫控板"，購買烙鐵溫控套件來改裝電烙鐵，也有一些達人分享自製的 T12 型溫控電烙鐵的電路和程式碼，例如：

● 採用 ATmega328p 微控器和 Arduino 程式控制的便攜式電烙鐵，網址：https://bit.ly/40Kxjeu

● 採用 ATtiny13 微控器（8 個接腳的 8 位元微控器）和 Arduino 程式控制的 T12 型烙鐵溫控器 TinySolder，網址：https://bit.ly/3QM6GBm

● 基於 ESP32 的開源焊台控制器「朱雀」，有簡體中文說明，網址：https://bit.ly/3MP9nAZ

嗯，要自製智慧型溫控電烙鐵之前，你也得有一支電烙鐵。先買一支普通的可調溫電烙鐵就夠了。

> 電烙鐵融化焊錫時，會產生煙霧。嚴格來說，不管是烹飪食物產生的炊煙還是燃燒物品產生的煙霧，都對人體不好，所以有些人會在電烙鐵附近準備一個小型風扇（像電腦的散熱風扇），加上活性碳濾網吸排煙霧，宛如搭建一個抽油煙機。

電鑽、鑽頭和夾具

焊接、切割材料或鑽孔之前，零件或材料都必須要先固定好。固定切割板材的常見工具是 **G 字夾**和**老虎鉗**；固定焊接零件，除了《**超圖解 Arduino 互動設計入門**》介紹的**焊接助手**，也可以使用如下圖右，常見於靜態模型製作的**上色夾**。這種上色夾底座是強力磁鐵，能牢牢吸附在如鋼尺和鐵盒等金屬，因此調整的自由度比焊接助手更高。

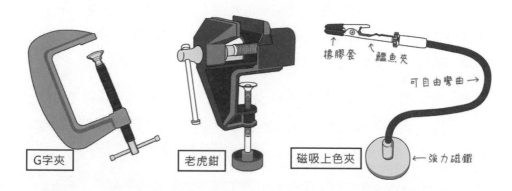

電鑽也是 DIY 電子專案的必備工具，可用於各種材質的鑽孔、切削、打磨（也有料理人用它當作攪拌器）。電鑽的馬達越大，輸出功率也越大，但馬達越大，電鑽也越笨重，越不易操作。下圖這種手持電鑽比電動雕刻刀的馬力大，但無法調節轉速，只能開、關馬達。

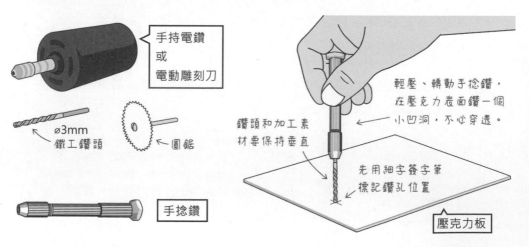

加工容易脆裂的材質（如：壓克力板）時，**電鑽的轉速要慢**，可調速的「電動雕刻刀」比較適合。

如果鑽孔的數量不多、孔徑不大（如：1mm），你也可以直接用「手捻鑽」手動鑽孔。某些材質（如：壓克力板）的表面比較光滑，徒手用電鑽鑽孔時，鑽頭很容易跑偏。因此，建議先用手捻鑽在壓克力板的預定位置鑽一個凹洞，再用電鑽鑽孔，比較容易定位。要留意的是，無論是手捻鑽或電鑽加工壓克力板，鑽頭切忌重壓壓克力板，以免產生裂痕。

鑽頭最主要規格是直徑，精確地說是「刃徑」，本章的自走車使用 **3mm 直徑**。有些鑽頭會標示**逆銑（upcut）**或**順銑（downcut）**，鑽孔請選擇「逆銑」款式；「順銑」比較能保持加工材質表面的平整度，適合用於雕刻。

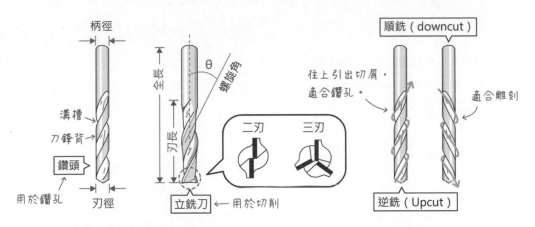

有些外觀像鑽頭，但頭部平整的是「刀具」，像上圖中的「立銑刀」，用於 CNC 加工機（參閱下文）切削素材。

依加工材質區分，鑽頭分成「木工用」和「金屬用」兩大類，**在金屬板、壓克力板、PCB 板鑽孔，要採「金屬用鑽頭」，也稱為「鐵工鑽頭」。**若用鐵工鑽頭鑽木材，木屑容易卡在孔洞裏面，隨著鑽頭高速旋轉摩擦，可能會導致木材焦黑冒煙。普通金屬鑽頭採用鋼鐵製造，有些用於鑽堅硬材料（如：石磚或金屬）的鑽頭採用高速鋼材質（High-Speed Steel，簡稱 HSS）或鈦合金，耐高溫達 500 度以上，鑽塑膠或木頭不必用這種高級鑽頭。

最後叮嚀，**操作工具要注意安全**，切割和鑽孔會產生碎屑和粉塵，請戴上口罩操作。

ESP32 mini 開發板的接腳

本書的循跡自走車採用尺寸迷你的 ESP32 mini 開發板,它兩側各有兩排 I/O 腳,其內側接腳與一款 WEMOS MINI 系列的 ESP8266 開發板(D1 mini)相容,可以共用它的模組。ESP32 mini 並不是最迷你的 ESP32 系列開發板,另有一個同樣跟 D1 mini 接腳相容且價格更低的 ESP32-S2 mini 開發板(參閱第 16 章)。本文採用 ESP32 mini 是因為它支援典型藍牙;ESP32-S2 不支援典型藍牙。

ESP32 mini 開發板背面的接腳標示如下,警告標示代表「不建議」或者無法使用該接腳。例如,GPIO 0 和 2 用於控制 ESP32 進入韌體燒錄或正常啟動模式,而 GPIO 6~11 接腳與內部 SPI 快閃記憶體相連,因此不建議使用。

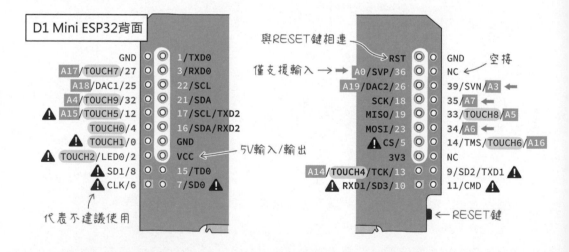

循跡自走車的 ESP32 接腳規劃

循跡自走車的 ESP32 mini 接腳規劃如下,筆者把馬達驅動和 74HC166「並入串出 IC」的接腳都安排在內側。

09

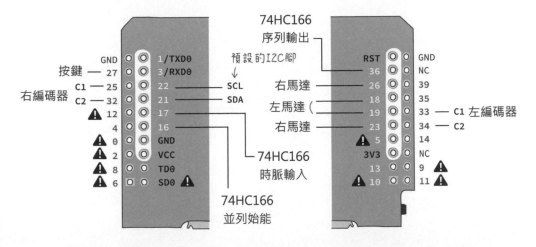

ESP32 開發板的排針或排母通常要自己焊接，筆者在兩側分別焊接單排 10
針排母和 8 針長腳排母。

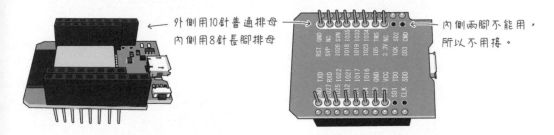

若是用於自製 PCB 板的「試作 3 號機」，ESP32 mini 的接腳請焊接普通
長度的排針，或者 10 x 2 排的長腳母排。

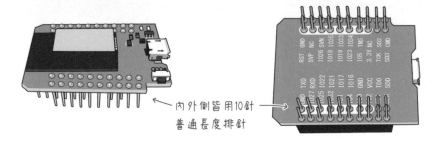

9-4 焊接與組裝 PCB 子板

下圖左是 DRV8833 馬達驅動模組跟 ESP32 連線的電路，筆者把這個模組焊接在一個 10×10 孔的洞洞板，連接馬達的 OUT1~OUT4 輸出，與 90 度彎針相連。

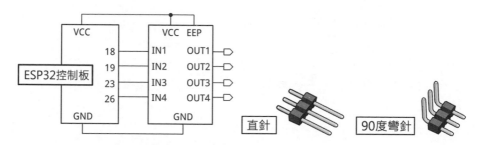

首先從大片的洞洞板鋸下 10×10 孔的大小。因為洞洞板的每個孔洞都有金屬，所以要用鋼鋸，否則鋸片容易磨損。

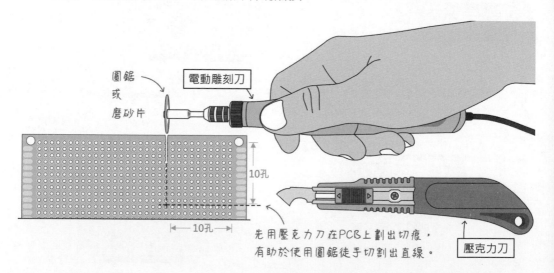

筆者通常使用小型磨砂圓鋸，搭配小型電鑽或電動雕刻刀切割；操作時要注意安全，筆者使用的小型電鑽馬力不大，雖然可以切割 PCB 也能鑽孔，但操作過程偶爾會卡住，這時就得迅速關閉電鑽，以免損壞電鑽的馬達。把圓鋸或鑽頭從卡住的狀態拔出來之後，再繼續切割或鑽孔。

DRV8833 模組之前已經焊接了排針，排針的另一端焊接在洞洞板；洞洞板兩側各焊接單排 8 針長腳排母，一邊焊接 90 度彎曲的排針。

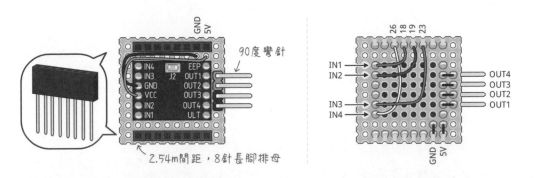

自走車頂層的 PCB 板負責承載 OLED 顯示器和「啟動」開關，也負責連接左、右霍爾感測器的 C1, C2 及 3.3V 和接地到 ESP32，它的電路如右：

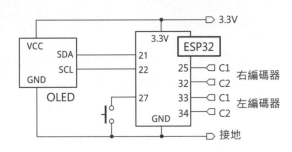

裁切 PCB 板時，筆者刻意保留洞洞板旁邊的條狀鍍錫區，用來焊接一條單排 8 針排針，洞洞板兩側分別焊接 10 針與 8 針的普通長度排針，排針朝下以便稍後跟下方的 ESP32 控制板組合在一起。

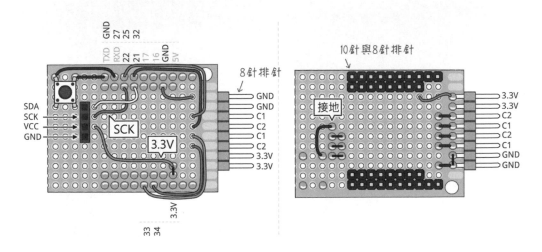

9-5 選擇電池盒與直流電壓轉換器

自走車的供電電壓和電流,主要取決於控制板和馬達的規格,所以本例的自走車採用 5V 電源。電源的方案很多,舉幾個例子,可以用:

- 現成的小型行動電源。
- 具備充電和 5V 升 / 降壓的充電電池盒模組。
- 購買鋰電池充放電模組、升 / 降壓板和電池盒自行焊接組裝。
- 選購搭載電池盒的 ESP32 開發板。

底下是三款具備充放電功能的電池盒和 TTGO Mini32 V1.3 開發板的正反面尺寸對照,採用的電池規格為 18650 和 16340(直徑 16mm、長 34mm),第二款整合了 ESP32 晶片,但它不具備 5V 輸出功能,所以必須額外連接 3.7V 轉 5V 的升壓模組才能驅動馬達;另外兩款則具備 3.3V 和 5V 輸出。本文的自走車可用第一款或第三款。

本文的自走車採用的 N20 馬達，其正常情況下的消耗電流僅 100mA，因此單節 18650 和 16340 的電池盒的輸出電力都足敷使用。然而，18650 電池比較容易買到，且電容量通常都是 16340 的兩倍以上，再加上某些電池有虛標情況（即：標示電量與實際不符），如果尺寸不是問題，建議選購 18650 電池盒。

上面第一款 18650 電池盒有個小小問題，它的開關只能控制左側 USB Type A 接頭的電力輸出，其餘的 3.3V 和 5V 排針，只要放入電池就會輸出電壓，所以你的自走車要自行焊接一個電源開關。市面上也能買到採用 Type-C 接頭的 18650 充放電模組。

18650 和 16340 電池充放電模組也有雙節甚至三、四節電池的款式，電池可能用串聯或並聯方式連接。

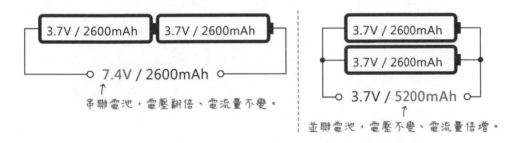

下圖是一款串聯兩個 16340 電池的充放電模組，它的輸出電壓是 7.4V，所以筆者額外連接一個「直流降壓」模組，將輸出電壓降成 5V，電源線接頭採用 XH 2.5mm 型式（下文再說明）。

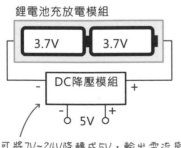

⚡ DIY 充電電池盒

如果要自行 DIY 充電電池盒，可以購買下圖這種常見於行動電源的「單節鋰電池」充放電模組；這款模組需要焊接一個微觸開關，按一下才能啟動 5V 輸出。雖然 18650 鋰電池的包裝標示 3.7V，但其實它的充電滿載電壓是 4.2V，因此有些單節鋰電池充電模組標示的輸出電壓是 4.2V。

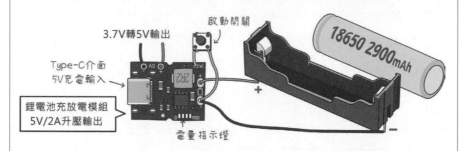

底下是筆者用上圖的模組外加一個電源開關，焊接在洞洞板。

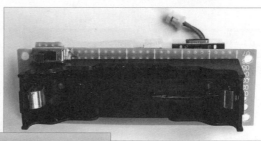

你也可以買到充串聯兩節鋰電池的充電模組（充電輸出 8.4V），筆者購買的模組只能充電，不具備降壓 5V 輸出，所以要額外焊接一個直流降壓模組：

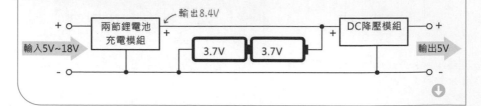

鋰電池充電模組的晶片通常都具有防止過充的保護機制，有些模組還標示具備電池溫度監控、過流保護、欠壓保護、短路保護、電池接反停機…等功能。購買充放電模組，主要留意三個規格：

- 最大輸入充電電壓，例如：20V，通常都是用 5V 充電。
- 充電輸出電壓，例如：4.2V（可充單節電池）或 8.4V（可充雙節串聯電池）。
- 充電電流，例如，0.1A~2A，充電電流越高，充電速度越快。

右邊是組裝串聯兩個 16340 鋰電池、Type-C 介面、充電模組、電源開關與降壓模組的完成品：

固定萬向輪和電池盒的壓克力底板

固定萬向輪以及電池盒的底板，使用壓克力板製作。考量到方便手工裁切，可選用厚度 1mm。再次強調，裁切或鑽孔時的下壓力道不要太大，壓克力容易裂開。

我用的是桶裝光碟片包裝附帶的透明塑膠片。先把 18650 電池充放電板和萬向輪擺放在塑膠板上，確認擺設方式之後，測量並繪製裁切線。

這是我測量的底板尺寸和鑽孔位置。

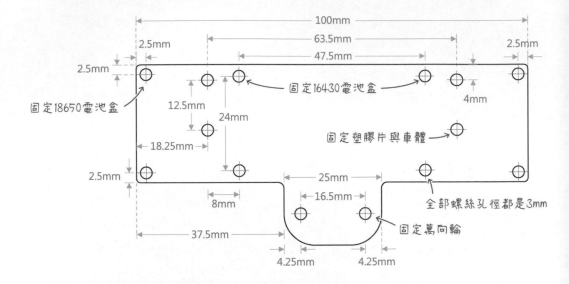

接著使用壓克力刀，搭配直尺沿著畫線裁切出底板，然後用手捻鑽標記鑽孔位置，再用電鑽鑽孔。底下是在這個底板用尼龍螺絲分別裝設 18650 和 16340 電池模組的模樣：

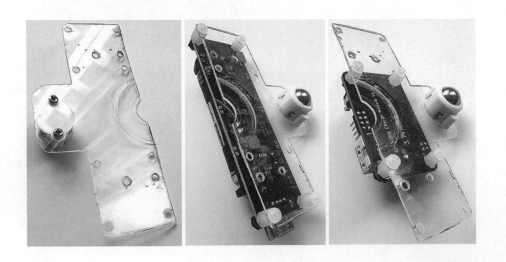

焊接循跡感測器模組和底板

自走車底盤負責承載 74HC166 和紅外線循跡模組,以及 5V 電源輸入插座,
這部分的電路如下:

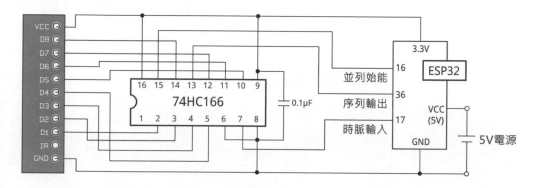

5V 電源輸入插座,筆者原本是使用 2 針排針,但是用排針當作電源插座有
兩大問題:

● 正負極容易混淆。

● 排線易受外力(晃動、拉扯)導致接觸不良或脫落。

建議採用稱為 XH 系列的插座和插頭當作電源接頭,它的插頭一側設有卡
榫,可牢牢固定接頭,也能避免插反。XH 系列有各種間距和針數可選,本
例採用 2.54mm 間距、2 針款式。下圖是 XH 插座和普通排針的外觀比較。

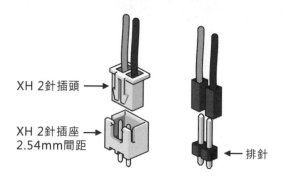

底盤直接使用一張 9mm×7mm、厚 1.6mm 的洞洞板，有許多空間可安排零組件，之前刊載於《**超圖解 Arduino 互動設計入門**》的循跡自走車，其馬達驅動模組是直接焊接在底板，但我後來覺得把它焊在另一個子板比較好，以便能用在其他實驗，所以這個底板的中間位置僅焊接兩個 8 針單排母座。

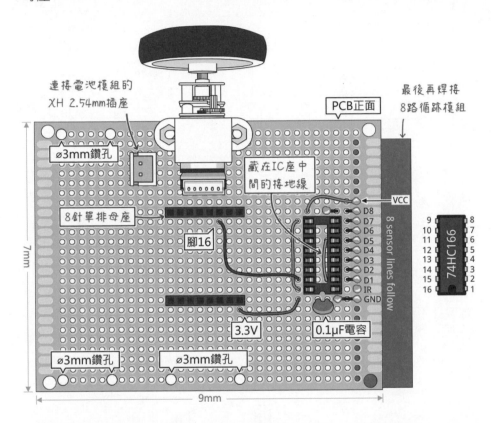

洞洞板的通孔直徑為 1mm，彼此中心相距 2.54mm，筆者選定其中 8 個通孔，使用直徑 3mm 的鑽頭將孔洞擴大，以便用螺絲固定萬向輪的塑膠子板和馬達固定座。底板上的兩條 8 針排母，用於連接 5V 電源以及74HC166，這是背面的接線參考圖：

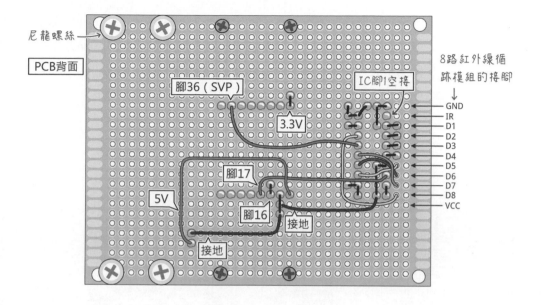

尼龍螺絲

PCB背面

腳36 (SVP)

3.3V

腳17

5V

腳16

接地

接地

8路紅外線循
跡模組的接腳

IC腳1空接

GND
IR
D1
D2
D3
D4
D5
D6
D7
D8
VCC

鎖上萬向輪壓克力板和底板的模樣：

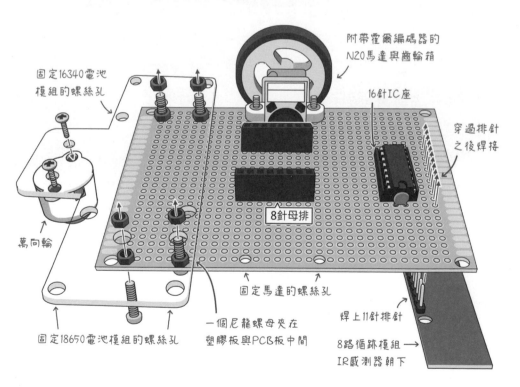

固定16340電池
模組的螺絲孔

萬向輪

附帶霍爾編碼器的
N20馬達與齒輪箱

16針IC座

穿過排針
之後焊接

8針母排

固定18650電池模組的螺絲孔

一個尼龍螺母夾在
塑膠板與PCB板中間

固定馬達的螺絲孔

焊上11針排針

8路循跡模組
IR感測器朝下

自走車前方的循跡感測器是最後才焊接的，因為紅外線感測器要跟地面保持約 2mm 的距離，才能獲得最佳感測結果。我手邊的塑膠尺厚度正好是 2mm，組裝好輪胎和萬向輪之後，再拿尺墊在循跡感測器模組底下，將模組焊接到底板。

到此，循跡自走車就自裝完成了。

其他自走車組裝方案

我想過把自走車的萬向輪和電池盒模組跟馬達都安裝在同一片 PCB 板，這樣就可以省略壓克力板。這個方案的設計把馬達裝在 PCB 板下方，它們的霍爾感測器接線插座透過 PCB 上的長方形挖孔穿到上方。

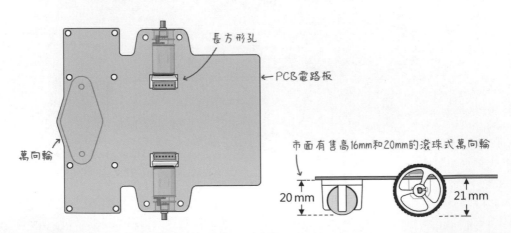

這個方案的 PCB 板跟地板的距離比較高，所以要另外設法固定 8 路循跡感測器，比方説，用平頭螺絲和六角銅柱固定，最後是萬向輪可能需要墊高 1mm，才能讓車體維持水平。

有一款高度較低的萬向輪：

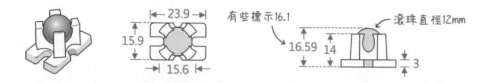

若採用這款萬向輪，PCB 板可以這樣設計：

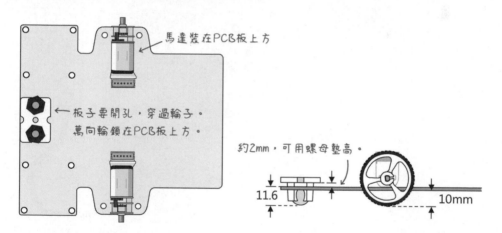

我沒有採用這個方案，主要是手動在 PCB 板內部裁切矩形孔有點麻煩（但若是交給 PCB 工廠打樣，開孔就不是問題）。設計 PCB 板還需考量尺寸，電路佈線也要修改，才能擠入新的外型，倘若有《試作 4 號機》，大概會朝這方向設計。然而，就像本章開頭説的，自走車沒有固定的組裝方式，讀者可自由發揮。

9-6 檢測電路以及繪製走線路徑

電路板焊接完畢,接上電源之前,請先拿三用電錶測量電源接腳有無短路或斷路。先不要插上微控板,三用電表切換到歐姆檔,分別測量 3.3V 和接地,以及 5V 和接地,它們的阻抗值應該是大到超過量測範圍;若阻抗值很低,代表短路了,請務必找出焊接錯誤。

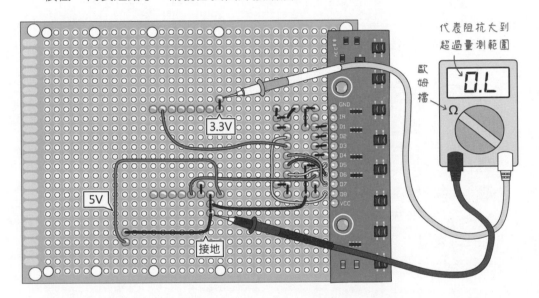

只要電源沒有短路,就可以插上元件、接通電源進行實機測試。如果有任何問題,例如,馬達不轉,或者循跡感測訊號讀取錯誤,請先拔除電源,然後用電錶的歐姆檔測量接線是否有地方斷線或焊接不良(也就是阻抗值非常大)。

用手機檢測紅外線發射元件

檢查循跡感測器上的紅外線發射元件是否正常運作,最簡單的方法是在開啟自走車電源之後,用手機的照相機觀察元件是否有發光(因為電源瓦數小,所以光線不會很亮),如果完全沒有發光,代表感測器模組的電源接線(正電源或接地)焊接不正常。

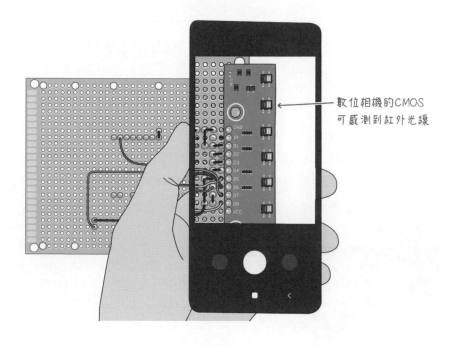

數位相機的CMOS
可感測到紅外光線

製作測試軌道

測試用的軌道（黑線）
用 5 張 A4 紙拼貼而成，
讀者可拿書本範例的
PDF 檔到影印店輸出或
者自行用印表機列印，
影印機或雷射印表機的
輸出效果較好。

黏貼處要平整，不
要翹邊，以免被自
走車的感測器扯破

如果要自行繪製軌道，要留意軌道的間隙，避免自走車同時感測到兩條黑
線。你也可以用鉛筆在紙上輕輕地勾勒出你想要的軌道模樣，再用黑色膠
帶沿著路徑黏貼。實際黏貼之前，可以在其他紙張上嘗試，因為不容易用
一條膠帶做出大幅彎曲的路徑，可嘗試用數個小段直線拼貼成彎曲路徑。

9-7 使用桌上型 CNC 雷射雕刻機 切割壓克力板

除了手工切割塑膠板，我也有採用雷射切割機製作自走車的電池底板。底下是雷射切割以及純手工切割的成品外觀比較，機械製品很平整，也沒有龜裂的痕跡，但我還是要強調，手工製品在機能上沒什麼問題，兩者都能用。

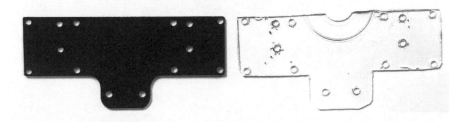

我採用的是一款稱為 3018 pro CNC 的無品牌平價小型 CNC 工具機（雖然名稱有個 "pro"，但我不知它為何稱得上「專業」）。CNC 代表**電腦數值控制**（Computer Numerical Control），也就是透過電腦軟體下達指令來操作工具機，而非手動操作；CNC 工具機也稱為「電腦數控工具機」。

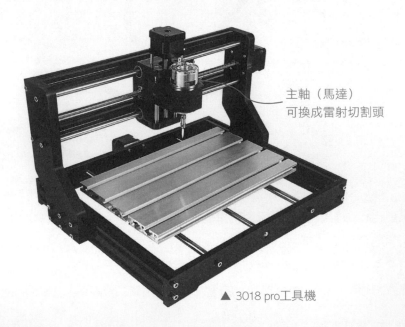

主軸（馬達）
可換成雷射切割頭

▲ 3018 pro工具機

「工具機」或者説「車床」，基本上就是把電鑽安裝在可移動的滑軌支架，方便精確、平穩地操控；安裝在工具機的「電鑽」，叫做**主軸（spindle）**，因為它不僅用於鑽孔，大多用於削切材料，所以主軸大多不是接「鑽頭」而是「**刀具**」。

"3018" 代表它的「工作台」尺寸 30cm×18cm；工作台的尺寸也相當於工具機所能加工處理的平面範圍。原本這台加工機切割出的直徑 3mm 圓孔，就像手繪的不規則圓形，後來發現精確度不高是機械震動導致。我拆下加工機的聯軸器上的止付螺絲，在它的螺紋周圍塗上螺絲固定劑，再緊緊鎖回去。再次切割 3mm 的圓孔就變得精確了。

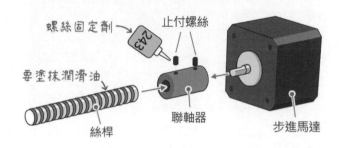

CNC 工具機、雷射雕刻機和 3D 列印機可以讓你在家製造出客製化、少量的物件或樣品，是 DIY 愛好者的好幫手。這些桌上型工具的價格相對於工廠裡的生產設備，可説是相當低廉，但它們的精密度、性能、效率和功能差異也是天壤之別。其實這些桌上型工具在我家的使用率並不高，像本文的壓克力電池底板，我製作完成兩、三片之後，幾乎就不會再做了。

許多地方都有提供各項 DIY 設備的「創客中心」，網路上也能搜尋到代客加工雷射切割和 3D 列印等服務的公司，他們的設備和生產品質都比家用的機器好，讀者可多加利用，或者發揮 DIY 精神，用洞洞板、塑膠片或其他手邊的材料製作原型。畢竟 DIY 的重點不在於製作出美觀的工藝品，而是在動手做的過程中雕琢、實踐你的構想。

雷射雕刻 / 切割模組

3018 pro 的主軸馬達可替換成二極體雷射模組，有些外觀設計成跟 775 型馬達一樣的圓柱型，方便用 3018 pro 的主軸夾具固定。我選購的雷射模組尺寸太大了（寬 44mm），主軸的夾具放不下，所以得自行設法加工，把它固定在夾具旁邊。

雷射模組有 3 個接腳：12V 電源、接地和 PWM，控制方式跟馬達一樣，所以雷射模組和主軸馬達可共用控制板接腳；安裝雷射模組之前，要拆下主軸馬達。雷射模組的主要規格如下：

● 工作電壓：12V。

● 輸出功率：通常有 1~20W（瓦）可供選擇，筆者選購的是 15W。請注意，有些模組標示的瓦數是**電源消耗功率（電功率）**，不是雷射輸出的功率。

● 聚焦方式：可調（手動調焦）或者固定焦距，我選購的是固定焦距。

● 雷射波長：450nm（藍光）。

底下是廠商提供的不同瓦數的雷射模組運作效果；如果你打算切割壓克力板，至少應該選購 10W 款式。基本上，二極體雷射無法切割透明材質，光線會直接穿過素材。我也試過以最高功率反覆切割 3 次 PCB 板（沒有銅箔的部分），但只能在 PCB 表面留下黑色燒灼痕跡，無法穿透。

	2.5W	5.5W	10W/15W	備註
牛皮紙	雕刻	雕刻 / 切割	雕刻 / 切割	切割後有黑邊
棉布	雕刻	雕刻 / 切割	雕刻 / 切割	切割後有黑邊
帆布	雕刻	雕刻 / 切割	雕刻 / 切割	切割後有黑邊
皮革	雕刻	雕刻 / 切割	雕刻 / 切割	切割後有黑邊
2mm 輕木	雕刻	雕刻 / 切割	雕刻 / 切割	切割後有黑邊
5mm 輕木	雕刻	雕刻	雕刻 / 切割	切割後有黑邊
竹片	雕刻	雕刻	雕刻	
實木	雕刻	雕刻	雕刻	
壓克力片	雕刻	雕刻	雕刻 / 切割	使用非白色不透明素材
磁磚 / 石頭		雕刻	雕刻	
304 不鏽鋼			雕刻	

另外，雷射加工機的工作台建議擺放「蜂巢板」，它的外觀如下，其作用是隔離加工物件與加工平台，防止雷射光反射，主要規格是外觀尺寸和蜂巢的孔徑。我購買的款式為 300mm×200mm 大小、孔徑 7.5mm。邊框底部自行黏貼 1mm 厚的長條型止滑墊，讓它平穩地待在平台。

最後叮嚀：雷射是透過高溫燒灼來切割 / 雕刻物體，過程中會產生氣味或煙霧；燒灼某些塑膠（如：PVC）會產生對人體有害的氯氣，因此操作過程除了要帶護目鏡，也務必保持室內空氣流通。

設計和切割壓克力底板

筆者使用免費開源的 Inkscape 向量繪圖軟體繪製自走車的電池底板。這套軟體的使用方式請自行上網查詢，它的操作畫面如下。不同於平面設計插畫，工程繪圖要求精確，開始繪圖之前，先從工具列把單位設成 mm。

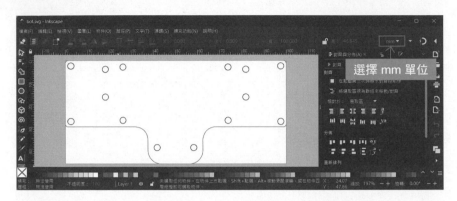

底板（以及自己繪製的 PCB 板）的每個轉角，建議都畫成圓角，摸起來才不割手。圖像繪製完成後，選擇主功能表的『**編輯（Edit）/ 將頁面調整成選取區大小（Resize Page to Selection）**』命令，整個文件版面就只留下設計圖，沒有多餘的白邊，這樣有助於雷射切割時掌握初始切割位置。Inkscape 影像存檔是 SVG 格式（.svg 檔），可用於 CNC 工具機和 PCB 電路板製作，讀者可以把範例檔交給壓克力加工廠切割出成品。

控制雷射雕刻 / 切割的 CAM 軟體，我使用免費開源的 LaserGRBL（https://lasergrbl.com/），它的操作畫面如下，在網路上可以找到它的使用方式。

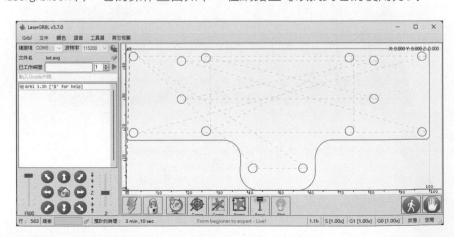

9-8 循跡自走車的自製 PCB 板

筆者在學生時代，電路圖和電路板幾乎都是手工繪製，再用化學藥劑腐蝕掉電路板上多餘的銅箔；也曾買過畫電路圖專用的模板尺，上面有刻畫常見的電子零件符號。當時也有電路繪製、模擬軟體，一套動輒台幣上萬元，現在不僅有免費版，還有打開瀏覽器就能用的雲端版。

筆者採用知名的開源、電子設計自動化（EDA）軟體 kiCAD（https://www.kicad.org/），它具有繪製電路圖、PCB 電路板佈線和 3D 成品預覽功能。底下是用 KiCAD 軟體繪製的「試作 3 號機」電路板正、反面成品外觀，尺寸約 9.8 × 9.9cm。

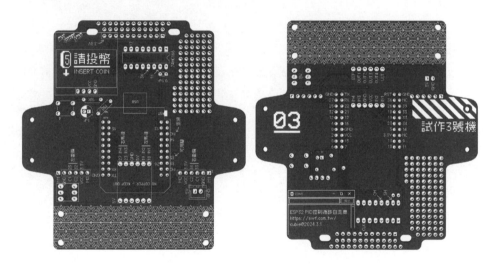

之前用洞洞板製作的自走車，各模組分層堆疊在不同板子，外型都是容易裁切的矩形；設計這個 PCB 的主要用意是要減少自行加工的步驟，所以全部元件都焊在這個板子；同樣地，板子的每個邊都做成不割手的圓角。

PCB 板通常是安裝在機器的內部，而這個板子則是顯露在外，所以最好加上一些補助說明文字和設計圖樣。我將這個電路未使用的 ESP32 腳位標示在 PCB 正面，而後方連接電池的空白處絲印三角紋樣。「試作 1 號機」洞

洞板放置馬達的空間比較緊湊，這個 PCB 板
則特意加長中間兩側，讓馬達固定座蓋住
N20 的齒輪箱，達到基本的防塵效果。

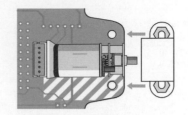

「試作 3 號機」的 ESP32 開發板放在 PCB 中央的母排，中間焊接 DRV8833
馬達驅動模組。為了避免雜訊干擾，電路走線刻意避開 PCB 左右放置馬達
的位置。

放置馬達的區域，正面和背面沒
有資料訊號走線，電路板的空白
區域都保留銅箔並且接地，藉此
降低電路的雜訊干擾。

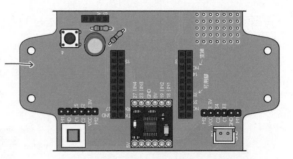

OLED 與微觸開關放在 PCB 板左前方；正前方和右前方的剩餘空間預留一
些 2.54mm 間距的銲接孔，方便日後新增開關、蜂鳴器、距離感測器…等
元件。

PCB 板的基本術語

說明 PCB 板設計流程之前，有必要先認識一些專有名詞。ESP32、Arduino
開發板和一些 DIY 電子模組，它們的 PCB 板絕大多數都是雙層板，代
表 PCB 兩面都有敷上一層薄薄的導電線路，稱為**走線（trace）**或**佈線
（track）**。下圖左是尚未加工的「雙面 PCB 覆銅板」，電子材料行有販售，
為了在加工階段區分頂層和底層，分別用 F（Front，前）和 B（Back，後）
表示，中間的基板材質通常是稱為 "FR-4" 的玻璃纖維 + 環氧樹脂，價格也
最低，也有軟性塑膠、鋁和其他材質。

PCB 電路上的挖孔，分成**通孔**（Pass-Through Hole，簡寫 PTH）和**過孔**
（via）兩種，也有人將它們都稱為通孔。區別在於**通孔（PTH）**用於插入零
件的接腳，而**過孔（via）**則用於連接頂層和底層的走線，外觀細小。

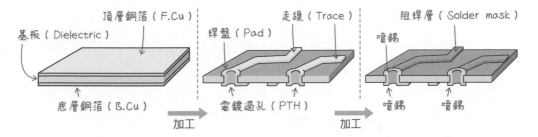

基板（Dielectric）　頂層銅箔（F.Cu）　焊盤（Pad）　走線（Trace）　阻焊層（Solder mask）噴錫
底層銅箔（B.Cu）　電鍍過孔（PTH）　噴錫　噴錫
加工　加工

電子 DIY 通常採用「直插式」元件，所以 PCB 板需要在焊接零件處鑽孔，並且設置稱為**焊盤（pad）**的焊接點，常見的形狀有圓形、方形和圓角矩形。PCB 代工廠會根據電路板的設計圖，侵蝕加工原本完整覆蓋的銅箔，留下走線與焊盤，之後再鑽孔、電鍍（讓通孔兩邊的焊盤相連）。接著在焊盤**噴錫**以利焊接。

焊盤以外的地方會塗敷絕緣的**阻焊劑**，避免走線接觸到其他導體而短路，也能防止走線的銅箔氧化。阻焊劑的顏色通常是綠色，有些 PCB 代工廠提供藍、紅、黃、黑、白、紫等顏色可選，但可能會額外收費。底下是 PCB 板的特寫，上面有尺寸與形狀不一的焊盤，還有**通孔**和**過孔**。

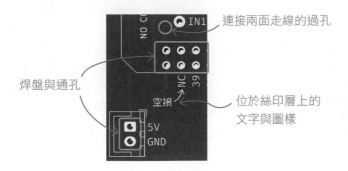

連接兩面走線的過孔

焊盤與通孔

位於絲印層上的文字與圖樣

過孔的表面通常也會用阻焊劑覆蓋，PCB 廠商稱之為「**過孔蓋油**」，也就是「覆蓋阻焊劑油墨」，你也可以指定「過孔開窗」，代表不覆蓋阻焊劑，露出過孔的銅盤或噴錫，以便日後在上面焊接，但過孔比較細小，所以通常不會這麼做。

阻焊層外面還可以加上**絲印（Silkscreen）**，用於標示零件擺位、接腳代號和其他文字與圖樣，絲印是單色，通常是白色（若阻焊層是白色，則絲印為黑色，有些代工廠可印製彩色絲印）。

製作 PCB 板的流程

在網上搜尋 "PCB 打樣" 關鍵字，即可找到許多 PCB 代工廠。要注意的是，PCB 代工廠的設備和工藝技術可能不太一樣，設計 PCB 之前請先閱讀廠商提供的技術文件，裡面有載明走線的最小寬度、最小線距、穿孔的最小直徑⋯等參數。**走線寬度與其能乘載的電流量成正比**，PCB 套裝軟體通常具有計算走線寬度、銅箔厚度的最大負載電流的功能，**常見的 0.035mm 厚、0.2mm 寬的走線即可承載約 0.9A 電流**。筆者設定的線寬如下：

● 一般走線（資料線）：0.25mm

● 3.3V 與 5V 電源和接地線：0.5mm

設計 PCB 板軟體的操作不難，只是有點繁瑣，大致流程如下，詳細的軟體操作方式請自行上網搜尋。

1　視 PCB 代工廠的設備要求，調整「設計規則」約束，如：最小走線寬度、最小間隙、最小通孔⋯等。下圖顯示筆者的 KiCAD 設定值，在 **PCB 編輯器**裡選擇『**檔案 / 電路板設定**』指令設定。

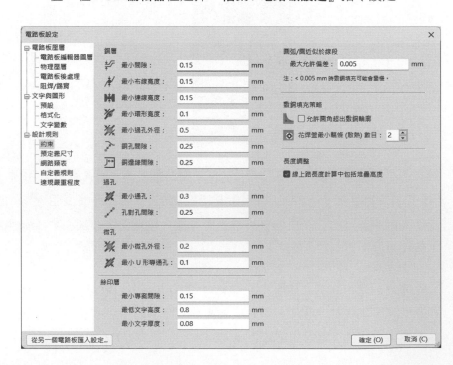

2 電路繪製軟體都有內建常用的電路符號（如：電阻和電容），但並沒有內建多數電子模組（如：ESP32 開發板）的符號，網路上也許可找到他人繪製好的模組符號，有時需要自行繪製。下圖顯示在 KiCAD 套裝軟體的**符號編輯器**中，繪製 DRV8833 馬達驅動模組的符號，也就是定義此模組有哪些接腳，以及它們的編號、功能和名稱（如：VCC, GND, SCA, …）。

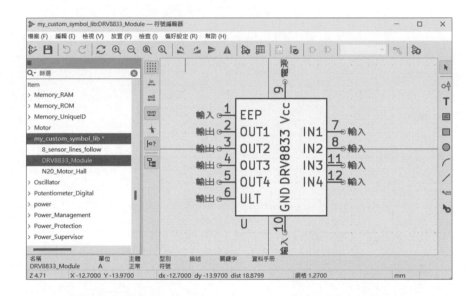

3 使用**封裝編輯器**繪製模組的實際尺寸以及接腳的確切位置，也就是這個模組呈現在 PCB 板的真實模樣。下圖顯示 DRV8833 模組的封裝編輯畫面。

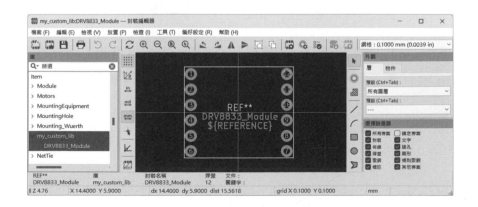

4 使用**原理圖編輯器**繪製電路圖。下圖是用 KiCAD 的**原理圖編輯器**繪製循跡自走車電路圖的畫面；這個電路圖比較像電子模組接線圖，元件符號在圖上都是一個個方塊。有興趣的話，你可以在網路上找到自走車所需的全部模組的電路圖，把它們拆解、整合繪製成自己的 PCB 板，然後採購電阻、電容、電晶體…，再逐一銲接到 PCB。然而，不同於連接模組，從頭設計微控器開發板要考慮到很多因素，如：訊號隔離、防止干擾、天線外型…等，技術門檻比較高，而且後續也要自行焊接許多零件。

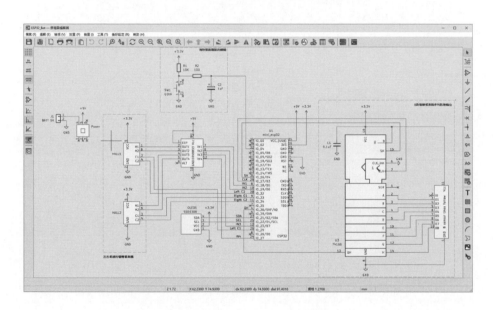

5 可先在其他繪圖軟體（如：Inkscape）畫好 PCB 的外型和開孔；要放在絲印層的自訂圖像，也可以先畫好。

6 在 **PCB 編輯器**中調整元件（模組）的擺放位置，然後進行佈線。下圖顯示「試作 3 號機」的 PCB 編輯畫面，包含外框邊緣（Edge Cut）、正反面走線、絲印層的圖像，以及不會實際輸出的輔助圖（電池底板）。

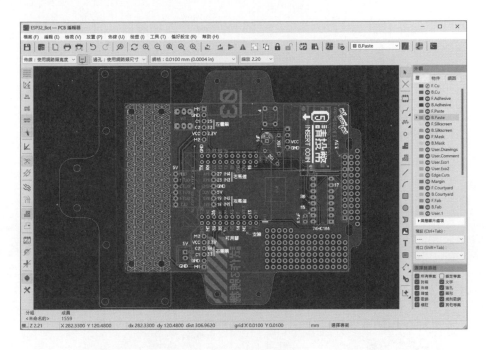

7　編輯絲印層，可匯入自行繪製的圖像。

8　執行**設計規則檢查**命令看看有沒有遺漏的接線或其他錯誤。

9　檢視 3D 模擬圖，上文的 PCB 正、反面成品外觀就是用這個功能
　　輸出的。

提交檔案給 PCB 代工廠打樣

提供 PCB 代工廠打樣的設計稿，不需要包含電路圖，代工廠也許不接受
KiCAD 的原始檔，所以我們要執行底下兩個步驟把 PCB 設計整理成 .zip 壓
縮檔：

1　從 **PCB 編輯器**匯出 Gerber（.gbr 檔）和**鑽孔檔**（.drl 檔），它們
　　是所有代工廠都支援的 PCB 生產格式檔案。

2　把匯出的檔案壓縮成一個 .zip 檔，即可上傳給代工廠生產。讀者
　　可自行上傳本書的 ESP32_LineBot_PCB.zip 給 PCB 代工廠打樣。

提交壓縮檔之前，可以先用 KiCAD 的 **Gerber 檔案檢視器**，開啟壓縮檔查看並選擇『**工具 / 測量工具**』確認 PCB 的尺寸。

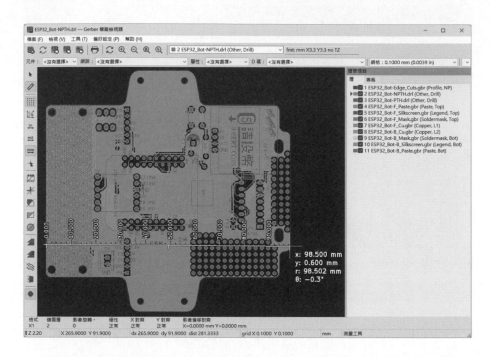

在網路上搜尋到 PCB 代工廠，聯繫線上客服人員。筆者把兩個「試作機」PCB 分別交給兩家代工廠打樣，其中一家要求用 e-mail 或直接在即時通訊軟體中傳給他，如果沒有特殊要求（如：板材厚度和阻焊劑顏色），就依照預設的工藝生產：

> 尺寸 10cm × 10cm（含）大小以內、FR-4 板材、板厚 1.6mm、無鉛噴錫、過孔蓋油、綠油白字、單層或雙層、銅箔厚度 1oz。

oz（盎司）是重量單位，1 oz 代表鋪設 1 平方呎（ft^2）的銅箔重量，換算成厚度等於 0.035mm，是最常見的走線銅箔厚度。

另一家則提供檔案上傳以及生產規格選項網頁，某些選項會影響價格，底下畫面呈現的是最低價方案。噴錫若改用符合環保的「無鉛」或含黃金、不易氧化的「沉金」類型，打樣價格就會漲數倍到十幾倍。你可以自由設計 PCB 板的外型、加上商標和獨特的圖樣絲印，這些都不影響打樣價格。

選擇規格參數 (同聯價格請以提交審核結果為準，如需瞭解更多，請聯絡客服人員)

當前價格　¥ 0.00　　快遞價格　¥ 0.00

| 板材類別 ❓ | FPC軟板 | FR-4 | 鋁基板 | 銅基板 | 羅傑斯高頻板 | 遠信龍高頻板 |

板子尺寸 ❓ 　9.8　CM　x　9.5　CM

板子數量 ❓ 　5

板子層數 ❓ 　1　2　4　6　8　10　12　14
更多層數 ∨

拼板款數 ❓ 　−　1　+　請填寫檔內有多少款不同的板子

出貨方式 　單片資料單片出貨　按客戶拼版資料出貨　拼版出貨

板子厚度 ❓ 　0.4　0.6　0.8　1.0　1.2　1.6　2.0

外層銅厚 ❓ 　1盎司　2盎司　2.5盎司　3.5盎司　4.5盎司

阻焊顏色 ❓ 　綠色　紅色　黃色　藍色　白色　啞黑色　紫色

字元顏色 ❓ 　白色

阻焊覆蓋 ❓ 　過孔蓋油　過孔開窗　過孔塞油　過孔塞樹脂+過孔電鍍蓋帽　過孔塞鋼漆+過孔電鍍蓋帽
過孔處理圖示

焊盤噴鍍 ❓ 　有鉛噴錫　無鉛噴錫　沉金

金（錫）手指斜邊 ❓ 　不需要　需要

線路測試 ❓ 　AOI全測+飛針全測

立即提交

在調整規格的同時，網頁會自動估算價格，若 PCB 板的尺寸超過 10 × 10cm，打樣的費用會高出數倍。確認無誤並提交之後，客服人員會大致檢視檔案內容並確認尺寸和預估交件日期，請注意，代工廠通常不允許你在付費之後重新提交修改檔案，如果沒問題就可以付費。我下單後三天，PCB 就打樣完成並以氣泡墊真空包裝、用快遞寄出。

9-9 試作 3 號機的修改電路

筆者原本採用跟洞洞板自走車（1 號機）相同的電路，繪製並打樣「試作 2 號機」PCB 板；但部分走線規劃，在 PCB 板有更合理的方式，例如：路線更短或者需要繞過某些區域，所以「試作 3 號機」稍微修改了電路：

● 「啟動」鍵：從使用微控器內建的上拉電阻，改成底下具備去除開關彈跳雜訊的電路，腳位也從 27 改成 4。

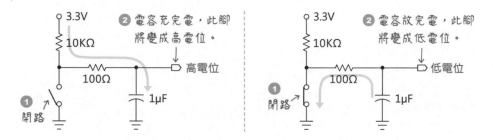

DRV8833 馬達驅動模組的 IN4 腳位，從 26 改成 27。為了方便在編寫程式時確認各元件的 ESP32 連接腳位，我將這些接腳的用途和編號都標示在 PCB 板上。

● DRV8833 模組的 EEP 腳位與 5V 相連，令它始終處於「啟用」狀態。

● 右馬達的 IN4 控制腳位不一樣；霍爾感測器的腳位則左右相反。

	1 號機接腳	3 號機接腳	備註
啟動開關	27	4	1 號機採上拉電阻，按下為低電位；3 號機按下為高電位。
左馬達 IN1	18	18	左馬達的轉向要反轉，「前行」運轉才會讓自走車往前走。
左馬達 IN2	19	19	
右馬達 IN3	23	23	
右馬達 IN4	26	27	
左霍爾 C1	33	25	左霍爾的測速資料要反轉，「前行」時才能讀取到「正」值。

	1 號機接腳	3 號機接腳	備註
左霍爾 C2	34	32	
右霍爾 C1	25	33	
右霍爾 C2	32	34	

自鎖按鍵電源開關

「試作 1 號機」沒有安裝電源開關，試作 2 號和
3 號機有，接在電源模組的正電源端子：

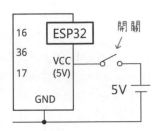

筆者採用如下圖左的 6 腳按鍵開關，它有「自鎖」和「無鎖」兩種類型。
「自鎖」代表每按一下，它就會鎖定在一個狀態（如：ON）、再按一下則切
換並鎖定在另一個狀態（如：OFF）。「無鎖」則是要持續按著，才會維持
在某個狀態。

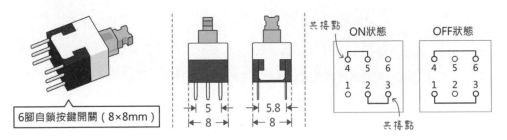

6 腳開關有不同尺寸，我使用 8×8mm 款式。上圖右顯
示 ON 和 OFF 狀態，接腳的導通情況，也可以用右邊的
電路圖表示：

焊接循跡自走車 PCB 板的元件

底下是「試作 3 號機」的材料清單：

品名	數量
尼龍或金屬 PCB 固定螺絲，直徑 3mm、長 10mm	8
尼龍或金屬螺母，內徑 3mm	12
ESP32 D1 mini 開發板	1
3 號機 PCB 板	1
DRV8833 馬達驅動板	1
8 路循跡感測器	1
096 吋 OLED 顯示器，I2C 介面	1
2 × 10 針 2.54mm 雙排母座，普通腳長，當作 ESP32 mini 的插座，也可並列兩個 2.54mm 單排母座	2
2 × 10 針 2.54mm 雙排排針，普通腳長，焊在 ESP32 mini 開發板，也可並列兩個 2.54mm 單排排針	2
4 針 2.54mm 單排母座，普通腳長	1
6 針 2.54mm 排針，普通腳長	4
74HC166 IC	1
16 腳 IC 座	1
0.1uF（104）電容	1
1uF 電容，耐電壓 ≥ 10V	1
100Ω 電阻（棕黑棕），1/8W 或 1/4W	1
10KΩ 電阻（棕黑紅），1/8W 或 1/4W	1
微觸開關	1
6 針自鎖按鍵開關，尺寸：8 × 8mm	1
附帶霍爾轉速感測器的 N20 馬達，齒輪箱轉速 1:30	2
N20 馬達配套固定座（附螺絲）	2
N20 馬達配套輪胎（直徑約 34mm）	2
萬向輪（本體外徑約 15mm）	1
固定電池座與萬向輪的壓克力板	1
18650 或 16340 電池座，具備充電與 5V 輸出	1
XH 插座和插頭，2.54mm 間距	各 1

　　PCB 板上的零件焊接位置如下圖，其中的編號是筆者的焊接順序，原則上是先焊接低矮的元件。焊接排針時，先焊接其中一腳，再確認排針有貼齊並垂直於 PCB 板，如果沒有，還來得及補救。前方的 8 路循跡感測器同樣是最後再焊接，焊接時用 2mm 左右厚度的直尺墊在感測器底下。

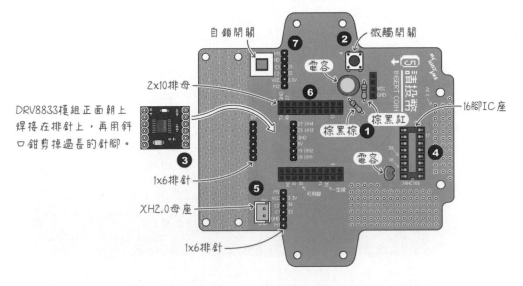

自鎖開關　⑦　②　微觸開關

電容

2x10排母　⑥

DRV8833模組正面朝上
焊接在排針上，再用斜
口鉗剪掉過長的針腳。

棕黑棕　①　棕黑紅

電容　16腳IC座

③　1x6排針　④

⑤　XH2.0母座

1x6排針

DRV8833 馬達控制模組的排針，我是先插入麵包板，再放上 DRV8833 模組
焊接好、從麵包板拔開，最後把排針的另一面插入 PCB 板焊接。

最後焊接完成的照片：

筆者用排針連接 N20 馬達的排線，是為了方便測試不同的 PCB 版，但其實把排線直接焊接在 PCB 板比較牢固。

電源線最好直接焊接在電池盒的 PCB 板，才不會因晃動而斷電。

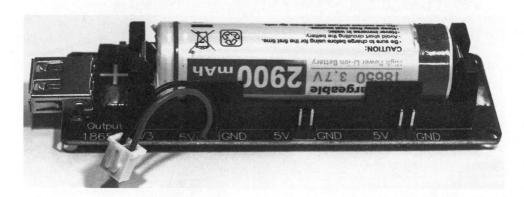

10

自走車的控制程式

第 8 章已經完成讀取循跡感測器資料的程式，本章將把它應用在第 9 章組裝完成的自走車。

10-1 感測車體的位置

循跡自走車的目標是讓車體維持在黑線中央，但程式也需要知道車體偏移的狀況，才能往另一側修正。第 8 章的讀取循跡感測值的 readIR() 函式，不利於判斷車體的角度。

下圖列舉黑線從右往左覆蓋的情況，由於黑線可能覆蓋 2 或 3 個感測器而非 1 個，若直接把感測值依位置代表的權值轉換成數字，從右下表「10 進位」欄位可看出，數值變化並沒有連續，所以程式很難辨別車體是否偏向另一邊。

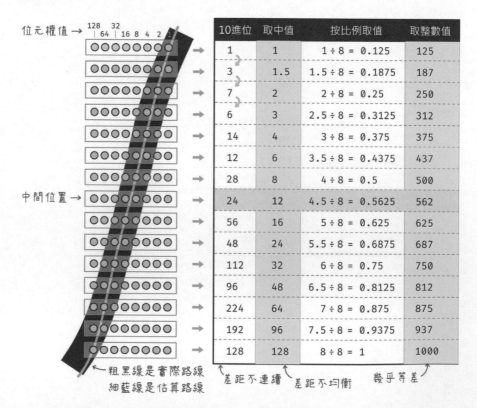

10進位	取中值	按比例取值	取整數值
1	1	1 ÷ 8 = 0.125	125
3	1.5	1.5 ÷ 8 = 0.1875	187
7	2	2 ÷ 8 = 0.25	250
6	3	2.5 ÷ 8 = 0.3125	312
14	4	3 ÷ 8 = 0.375	375
12	6	3.5 ÷ 8 = 0.4375	437
28	8	4 ÷ 8 = 0.5	500
24	12	4.5 ÷ 8 = 0.5625	562
56	16	5 ÷ 8 = 0.625	625
48	24	5.5 ÷ 8 = 0.6875	687
112	32	6 ÷ 8 = 0.75	750
96	48	6.5 ÷ 8 = 0.8125	812
224	64	7 ÷ 8 = 0.875	875
192	96	7.5 ÷ 8 = 0.9375	937
128	128	8 ÷ 8 = 1	1000

位元權值→ 128 32 | 64 | 16 8 4 2 |

中間位置→

←粗黑線是實際路線
　細藍線是估算路線

差距不連續　差距不均衡　幾乎等差

若是取感測範圍的中間值，例如，假設最右邊3個感測到黑線，則取中間那個的感測值（此例為2）；若最右邊2個感測到黑線，則取兩個感測值總和的一半（1.5），如此可取得連續變化的數值，但是數值之間的差距不平均，像最右邊的兩個感測值差0.5（即：1.5-1），而最左邊的兩個感測值差32（即：128-96），程式也不好處理。

比較好的辦法是**按照感測器的位置**取其比例值：先替每個感測器從右到左（低到高）編號1~8，然後取感測位置的中間值 ÷8，即可得到0~1之間的比例值。為了方便計算，上表「取整數值」欄位，先將感測值×1000，再÷8取得整數值。

紀錄感測值的陣列

宣告一個整數型態、8個元素大小的 IR_data 陣列來儲存感測器編號，每當讀取到1，就將該感測器的編號存入 IR_Data 陣列。另外宣告一個儲存感測到黑線值的感測器數量（計數器）的 cnt 變數（代表 count，計數），像底下這樣：

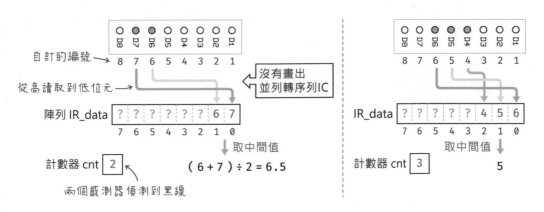

如果計數器值是偶數，則把 IR_data[0] 和 IR_data[1] 的值相加除以2，以便獲取中間值；若計數器值是奇數，則直接取用 IR_data[1] 的中間值。

但是，循跡感測器的可能不只有2個或3個感測到黑線，假設路線具有像下圖左的十字路，全部8個感測器都傳回1，這種情況下，程式就不能用 IR_data 的元素0和元素1來計算中間值。

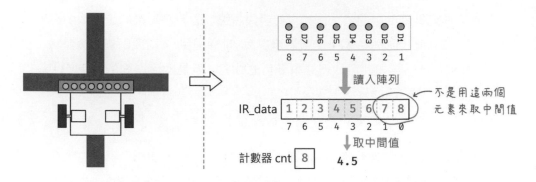

考量到上述情況，當計數器為偶數時，取得中間值的程式片段如下：

```
float middle;  // 宣告儲存中間值的變數
uint8_t index = cnt / 2;  // 陣列的中間元素位置
// 取得中間值
middle = (IR_data[index] + IR_data[index - 1]) / 2.0;
```

如果是計數器值是奇數，則只要把計數器值除以 2 取整數，即可當作陣列的索引，取出中間值：

IR_data 圖表（? ? ? 1 2 3 4 5）計數器 cnt 5，中間值 3

```
uint8_t index = cnt / 2;
middle = IR_data[index];
```

動手做 10-1　感測路線位置

實驗說明：根據上文的描述，寫出傳回 uint16_t（無號整數）值、命名為 checkLine 的循跡感測函式，依照感測到的黑線位置，傳回 125~1000；如果沒有感測到黑線，傳回 0。

實驗程式

根據需求寫成的 checkLine 函式如下：

```c
uint16_t checkLine() {
  uint8_t IR_data[8];        // 紀錄黑線位置
  uint8_t cnt = 0;           // 紀錄黑線寬
  float    middle;           // 中間值
  uint16_t lineRaw = 0;      // 感測位置

  digitalWrite(IR_LATCH_PIN, LOW);
  digitalWrite(IR_CLOCK_PIN, LOW);
  digitalWrite(IR_CLOCK_PIN, HIGH);
  digitalWrite(IR_LATCH_PIN, HIGH);

  for (int8_t i = 7; i >= 0 ; i--) {
    digitalWrite(IR_CLOCK_PIN, LOW);
    uint8_t val = digitalRead(IR_DATA_PIN);
    if (val) {
      IR_data[cnt] = i + 1;  // 索引範圍：8~1
      cnt ++;
    }
    digitalWrite(IR_CLOCK_PIN, HIGH);
  }

  if (cnt == 0) return 0;      // 若沒有感測到黑線…

  if (cnt == 1) {              // 只感應到一點
    middle = IR_data[0];       // 取得索引對應的權值
  } else if (cnt % 2 == 0) { // 偶數，取中間兩數的平均值
    uint8_t index = cnt / 2;
    middle = (IR_data[index] + IR_data[index - 1]) / 2.0;
  } else {    // 奇數，直接取中間值
    uint8_t index = cnt / 2;
    middle = IR_data[index];
  }
  lineRaw = middle * 1000 / 8; // 取得索引對應的權值

  return lineRaw;
}
```

加入 checkLine() 函式的主程式：

```
#define IR_LATCH_PIN 16
#define IR_CLOCK_PIN 17
#define IR_DATA_PIN  36

uint16_t checkLine() {  // 取得車體位置
  // 略
}

void setup() {
  Serial.begin(115200);
  pinMode(IR_LATCH_PIN, OUTPUT);
  pinMode(IR_CLOCK_PIN, OUTPUT);
  pinMode(IR_DATA_PIN,  INPUT);
}

void loop() {
  uint16_t pos = checkLine();  // 取得車體位置
  Serial.println(pos);
  delay(100);
}
```

實驗結果

上傳程式後，讓循跡感測器從右到左滑過一條黑線：

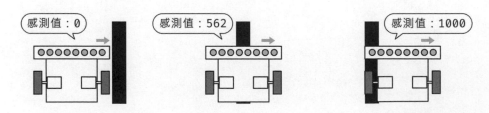

感測值：0　　　感測值：562　　　感測值：1000

序列埠監控視窗顯示的感測值將是 0, 125, 187, …., 1000。

1000 937 875 812 750 687 625 **562** 500 437 375 312 250 187 125

◄─────── 車體要朝左偏轉 ─── 直行 ─── 車體要朝右偏轉 ───────►

動手做 10-2 自走車的啟動／暫停開關 以及顯示畫面切換

循跡自走車有設置一個啟動／暫停開關，按下此開關之前，車子不動，
OLED 顯示器的畫面顯示「請投幣」；按下之後，車子開始前進，OLED 顯
示器將呈現自走車感測到的路徑位置，以及左右輪的 PWM 值。

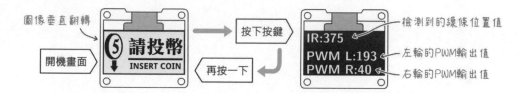

按鍵相關的常數、變數和事件處理函式宣告的敘述如下：

```
#include <button.hpp>   // 引用按鍵類別
#include <U8g2lib.h>    // OLED 顯示器程式庫
#include "bmp.h"        // OLED 點陣圖

Button button(27);      // 按鍵在 27 腳
bool start = false;     // 預設「不啟動」

// 建立 OLED 顯示器物件
U8G2_SSD1306_128X64_NONAME_1_HW_I2C u8g2(U8G2_R2, U8X8_PIN_NONE);
```

「請投幣」畫面的原始圖檔（128×64 像素大小）位於本單元的原始檔資料
夾裡面，轉換後的檔案名稱是 bmp.h，製作以及轉換點陣圖檔的說明，請
參閱《超圖解 ESP32 深度實作》第 7 章。請把 bmp.h 檔複製到循跡自走車
原始檔資料夾：

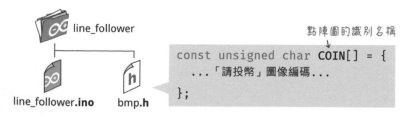

顯示「請投幣」畫面的自訂函式命名為 insert_coin()：

```
void insert_coin() {    // 顯示「請投幣」點陣圖
  u8g2.firstPage();
  do {
    u8g2.drawXBMP(0, 0, 128, 64, COIN);   // 繪製點陣圖 COIN
  } while (u8g2.nextPage());
}
```

顯示線條位置和左右馬達 PWM 輸出值的自訂函式命名為 OLED：

```
/*
 參數 pos：線條位置
 參數 left：左馬達 PWM 值
 參數 right：右馬達 PWM 值
*/
void OLED(int16_t pos, uint8_t left, uint8_t right) {
  u8g2.firstPage();
  do {
    u8g2.setCursor(0, 14);                 // 設定游標位置
    u8g2.print("IR: " + String(pos));    // 顯示線條位置
    u8g2.setCursor(0, 44);
    u8g2.print("PWM L: " + String(left));    // 左 PWM
    u8g2.setCursor(0, 64);
    u8g2.print("PWM R: " + String(right));   // 右 PWM
  } while (u8g2.nextPage());
}
```

筆者採用的顯示字體是 U8G2 程式庫內建的 14 像素高 u8g2_font_crox4hb_tf 字體，請在 setup() 函式指定字體，並且設置按鍵開關的接腳和中斷常式：

```
void setup() {
  Serial.begin(115200);

  button.begin();    // 初始化按鍵

  u8g2.begin();      // 啟動顯示器
  u8g2.setFont(u8g2_font_crox4hb_tf);
}
```

在 loop() 函式中加入偵測按鍵是否被按下的程式，以及切換顯示 OLED 畫面的程式：

```
void loop() {
  if (button.changed()) {   // 「啟動」鍵被按下了嗎？
    start = 1 - start;      // 等同 start = !start
    Serial.println("按鍵被按下了！");
  }

  if (start) {              // 若「啟動」鍵被按下…
    OLED(100, 23.4, 56.7); // 顯示虛構的位置和 PWM 值
  } else {
    insert_coin();          // 顯示「請投幣」
  }

  delay(5);
}
```

實驗結果

編譯上傳程式，OLED 首先顯示「請投幣」，按一下開關則顯示虛構的位置和 PWM 值。

動手做 10-3　測量自走車馬達轉速並估算轉向的 PWM 值

實驗說明：編寫馬達驅動程式之前，得先知道這台小車的大致性能，也就是輸出某個 PWM 值，能達到多少轉速以及移動距離，日後再利用這些數據估算修正自走車偏移所需的 PWM 動力值。

為了方便測試與檢視結果，這個程式將從 UART 序列埠接收浮點型態的 PWM 值，然後在 OLED 顯示器呈現 PWM、每分鐘轉速及每秒移動距離，只需要測試單邊馬達。

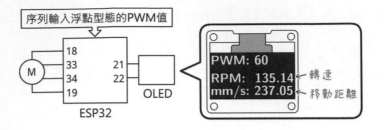

實驗程式

```cpp
#include <Cdrv8833.h>     // 馬達驅動程式庫
#include <QEncoder2.h>    // 編碼器中斷程式庫
#include <U8g2lib.h>      // OLED 顯示器程式庫
#define C1_PIN 33         // 編碼器腳位
#define C2_PIN 34
#define WHEEL_DIAM  33.5              // 輪胎直徑（單位:mm）
#define CIRCUM (WHEEL_DIAM * PI)      // 輪胎周長
#define GEAR_RATIO 30                 // 齒輪比
#define GEAR_PPR (GEAR_RATIO * 28)    // 每圈脈衝數


float pwm = 0;                        // 預設 PWM 值
unsigned long lastTime = 0;           // 暫存上次時間

QEncoder2  enc(C1_PIN, C2_PIN);       // 左編碼器物件
Cdrv8833 motor(18, 19, 0, true);      // 左馬達物件，反轉

// 宣告 OLED 顯示器控制物件 u8g2
U8G2_SSD1306_128X64_NONAME_1_HW_I2C u8g2(U8G2_R2, U8X8_PIN_NONE);

void OLED(float rpm, float mms) {  // 接收轉速和速度兩個參數
  u8g2.firstPage();
  do {
    u8g2.setCursor(0, 24);
    u8g2.print(String("PWM: ") + String(pwm));
    u8g2.setCursor(0, 44);
    // 顯示轉速至小數點後兩位
    u8g2.print(String("RPM: ") + String(rpm, 2));
    u8g2.setCursor(0, 64);
    u8g2.print(String("mm/s: ") + String(mms, 2)); // 每秒移動距離
  } while (u8g2.nextPage());
```

```
}

float readSerial() {    // 讀取序列輸入值
  float val = pwm;        // 預設輸入值等同 pwm
  while (Serial.available() > 0) {   // 若有序列資料輸入…
    val = Serial.parseFloat();        // 把讀入的字串轉成浮點數
    if (Serial.read() == '\n')  break;    // 讀到 '\n' 時退出迴圈
  }
  return val;
}

void setup() {
  Serial.begin(115200);

  motor.stop();        // 停止馬達
  enc.begin();         // 初始化編碼器
  enc.swap();          // 感測值要反向

  u8g2.begin();        // 啟動顯示器
  u8g2.setFont(u8g2_font_crox4hb_tf);  // 設定顯示字體

  lastTime = millis();       // 紀錄當前時間
}

void loop() {
  float num = readSerial();  // 讀取序列輸入資料
  if (num != pwm) {            // 若 PWM 設定值變了…
    if (num > 100.0) num = 100.0;  // 限制輸入值介於 -100~100
    if (num < -100.0) num = -100.0;
    pwm = num;
  }

  motor.move(pwm);  // 轉動馬達

  unsigned long currentTime = millis();
  if (currentTime - lastTime >= 1000) {   // 若經過 1 秒…
    float rpm = enc.value() * 60.0 / GEAR_PPR; // 每分鐘轉速
    float mms = CIRCUM * rpm / 60;          // 每秒移動距離
```

```
        OLED(rpm, mms);      // 顯示轉速和移動距離
        enc.clear();         // 清除脈衝值
        lastTime = currentTime;
    }
}
```

實驗結果

把自走車的輪胎懸空再上傳程式（避免車子跑掉），底下是筆者測試輸入
的 PWM 值，以及獲得的轉速和移動距離：

PWM 值	每分鐘轉速（RPM）	移動距離（mm/s）
20.0	34.71	60.89
30.0	60.71	106.5
40.0	85.43	149.85
50.0	110.71	194.2
60.0	135.14	237.05
70.0	160.71	281.9
80.0	185.43	325.25
90.0	210.29	368.85
100.0	234.29	410.95

從測試結果看來，PWM 和速率（每秒移動距離）是帶有偏值的線性變
化，約每 10 個 PWM 會產生 44mm/s 的速度變化，或是 25RPM 的變化。以
PWM 值 40 和 90 的速率來説，比例值分別是 0.267 及 0.244。

```
40.0 ÷ 149.85 ≈ 0.267
90.0 ÷ 368.85 ≈ 0.244
```

為了方便計算，我將比例值設為 0.25。假設自走車的預期速度為 300mm/
s，PWM 的輸出值為 75.0。

```
300 × 0.25 = 75.0
```

本章末會介紹幾個估算車體轉動角度和車輪轉速的數學方程式，底下先用試誤法調節馬達的 PWM 值。

10-2 依循跡感測值動態調整 PWM 輸出

從循跡感測器得知路線的位置，即可調整驅動左右馬達的 PWM 輸出，修正車體的姿態，如遇到像下圖右的髮夾彎，可令一側的馬達逆向旋轉：

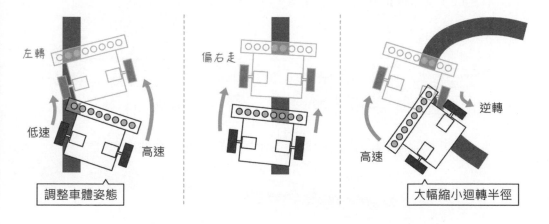

為了方便辨別車體偏左或偏右，可將 checkLine() 傳回的 125~1000 感測值減去中間值（526），從下圖可看出，正數代表車體要朝左偏；負數代表車體要朝右偏；0 代表位於正中央。

接著,把上面的感測值轉換成對應的 PWM 輸出,假設直行時,左右輪的 PWM 值皆為 60,大幅轉彎時,內側輪的 PWM 維持 60,外側輪的 PWM 為 100。

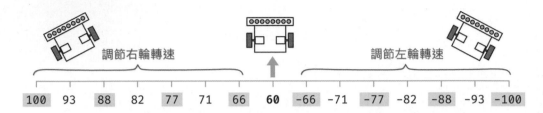

按照這個想法,假設正常速度的 PWM 值為 60,循跡感測值分配剩餘的 40;用最大感測值除以 40,約得到 0.09。所以把最大感測值乘以 0.09,再加上 60,就約等於 100。

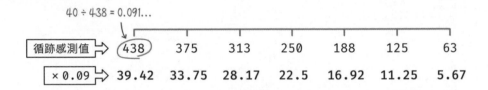

加上感測器的比例增值之後,PWM 輸出最高約 99.42、最低約 65.67。

透過弧長估算車體的轉向角度

若小車的左右輪轉速不同,車體的移動路徑將呈現圓弧形;取得 PWM 值以及對應的移動距離,便可透過弧長估算車體的轉向角度。參閱下圖,設 Dl 為左輪移動距離,Dr 為右輪移動距離,L 為兩輪之間的距離。若左右輪的轉速不同,車體將會轉向形成一個圓弧形路徑,此旋轉中心位置稱為**瞬時曲率中心**(Instantaneous Center of Curvature,簡稱 ICC)或**瞬時旋轉中心**(instant center of rotation,簡稱 ICR),底下稱為 ICC 或旋轉中心。

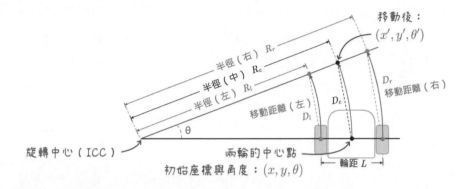

從上圖可看出，左、右輪的旋轉半徑不同，但它們和車體中心對齊同一條線，因此對應的轉動角度相同，移動路徑（弧長）和旋轉半徑的比例值（弧度，用 **rad 單位**表示）都一樣。

$$\boxed{弧度角 = \dfrac{弧長}{半徑}} \Rightarrow rad = \dfrac{D_l}{R_l} = \dfrac{D_c}{R_c} = \dfrac{D_r}{R_r}$$

左弧長 → D_l 左半徑 → R_l 右弧長 ← D_r 右半徑 ← R_r

其中的半徑值是未知數，要設法消除。根據「平行線截比例線段」性質，可知弧度角也等於「左右輪弧長差 ÷ 左右輪的半徑差」，而「左右輪的半徑差」等於輪距 L，因此可推導出：移動弧度＝左右輪移動差距 ÷ 輪距。

$$rad = \dfrac{D_r - D_l}{R_r - R_l} = \dfrac{D_r - D_l}{L}$$

← 左右輪移動差距 ← 輪距

假設左右輪的移動距離分別是 10mm 和 50mm，經過底下的計算可知車體約逆時針轉動 21.42°。

$$\boxed{弧度值} \Rightarrow rad = \dfrac{50 - 10}{107} \approx 0.373$$

$$\boxed{轉成角度} \Rightarrow rad \times \dfrac{180}{\pi} \approx 21.42°$$

若循跡感測值分別為 438 和 63，代入上面的公式，以及上文實驗的 PWM 輸出移動距離，可得知車體每秒的轉動角度分別為 84.07° 和 11.78°。

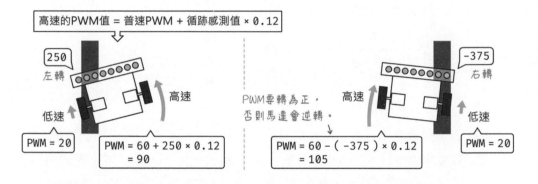

$$右輪的PWM值 \rightarrow \mathbf{438} \times 0.09 + \mathbf{60} = 99.42 \qquad \mathbf{63} \times 0.09 + 60 = 65.67$$

$$右輪的速率 \rightarrow 99.42 \div 0.25 = 397.68\,\text{mm/s} \qquad 65.67 \div 0.25 = 262.68\,\text{mm/s}$$

$$左輪的速率 \rightarrow 60 \div 0.25 = 240\,\text{mm/s} \qquad \mathbf{60} \div 0.25 = 240\,\text{mm/s}$$

$$轉動角度 \rightarrow \frac{397-240}{107} \times \frac{180}{\pi} = \mathbf{84.07°} \qquad \frac{262-240}{107} \times \frac{180}{\pi} = \mathbf{11.78°}$$

（循跡感測值、平時的PWM、循跡感測值）

實際用下文的程式碼測試上述 PWM 增值，在大幅過彎時，自走車會偏離路線，也就是過彎的速度不夠快。因此筆者調高循跡感測器值轉 PWM 的比例值（0.09 改成 0.12），同時把低速輪的 PWM 降成 20。

高速的PWM值 = 普速PWM + 循跡感測值 × 0.12

PWM要轉為正，否則馬達會逆轉。

左邊：PWM = 20，PWM = 60 + 250 × 0.12 = 90

右邊：PWM = 60 − (−375) × 0.12 = 105，PWM = 20

10-3 調節左右馬達 PWM 值的程式碼

為了方便管理，筆者把 PWM 的相關資料：直行輸出，過彎時的低速輪輸出以及循跡感測值轉成 PWM 的調節比例數據，存入叫做 pwm 的結構變數：

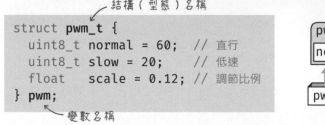

```
struct pwm_t {
  uint8_t normal = 60;   // 直行
  uint8_t slow = 20;     // 低速
  float   scale = 0.12;  // 調節比例
} pwm;
```

結構（型態）名稱

變數名稱

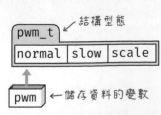

結構型態

pwm_t

| normal | slow | scale |

pwm ← 儲存資料的變數

10-16

驅動馬達的程式寫在 run() 函式裡面，搭配之前編寫的傳回循跡感測位置值的 checkLine() 函式，即可構成基本的循跡自走車程式：

```
#define LINE_CENTER  562    // 路徑中間值

Cdrv8833 motorL(18, 19, 0, 0, true);  // 左馬達物件，反轉
Cdrv8833 motorR(23, 26, 1, 0, false); // 右馬達物件

uint16_t prevPos = 0;      // 前次感測到的黑線位置

struct pwm_t {
  uint8_t normal = 60;    // 預設（直行）的 PWM
  uint8_t slow = 20;      // 低速運作的 PWM
  float   scale = 0.12;   // 高速 PWM 的調節比例
} pwm;

uint16_t checkLine() {    // 傳回 125~1000，0 代表沒有偵測到黑線
    :略
}

void run() {
  int16_t lineRaw = checkLine(); // 原始循跡感測值
  int16_t linePos = 0;           // 以 0 為中心的路徑位置
  int fastPWM;                   // 過彎時的高速 PWM 值

  if (lineRaw == 0) {   // 沒有感測到黑線
    linePos = prevPos;  // 採用前次感測值
  } else {
    linePos = lineRaw - LINE_CENTER;  // 位置值：-437~438
    prevPos = linePos;  // 紀錄本次的感測位置（以 0 為中心）
  }

  if (linePos == 0) {   // 此處的 0 代表「直行」
    motorL.move(pwm.normal);  // 採用預設的 PWM 值驅動馬達
    motorR.move(pwm.normal);
    // 於 OLED 顯示路徑位置和左、右輪 PWM 值
    OLED(linePos, pwm.normal, pwm.normal);
  } else if (linePos > 0) {    // 左轉
```

```
        // 計算高速 PWM 值
        fastPWM = pwm.normal + linePos * pwm.scale;
        if (fastPWM > 100) fastPWM = 100;   // 確保 PWM 值不超過 100
        motorL.move(pwm.slow);    // 左輪減速
        motorR.move(fastPWM);     // 右輪加速
        OLED(linePos, pwm.slow, fastPWM);
    } else {    // 右轉
        fastPWM = pwm.normal - linePos * pwm.scale; // linePos 要轉正
        if (fastPWM > 100) fastPWM = 100;
        motorL.move(fastPWM);     // 左輪加速
        motorR.move(pwm.slow);    // 右輪減速
        OLED(linePos, fastPWM, pwm.slow);
    }
}
```

動手做 10-4　PWM 循跡自走車的程式架構與原始碼

循跡自走車的功能需求包括：

● 啟動開關：小車一開始處於停止狀態。

● OLED 顯示畫面：顯示「請投幣」以及左右 PWM 輸出值等行車資訊。

● 循跡偵測：跟隨黑色線條移動。

● 典型藍牙序列連線：透過藍牙接收 PWM 設定參數。

● 讀寫偏好設定：在快閃記憶體中寫入與讀取 PWM 參數。

達成上述需求的循跡自走車程式結構如下，方框代表自訂函式，藍牙無線設定參數、讀寫偏好設定以及讀取循跡感測器等功能，前面的章節已介紹過。

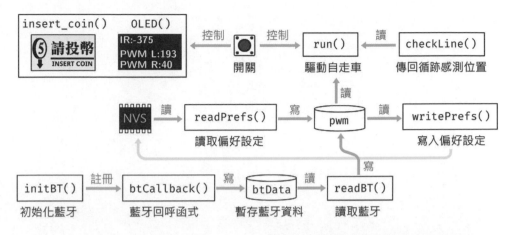

原始碼（diy10-4.ino）有兩百多行，為了避免佔用篇幅，跟之前相同的函式碼在此只提示其用途。此程式的元件腳位定義適用於「試作3號機」，3號機的「啟動」鍵未採用上拉電阻和中斷常式，因此未引用 button.hpp 程式庫。

```
#include <BluetoothSerial.h>  // 藍牙序列埠
#include <Cdrv8833.h>         // DRV8833 馬達驅動 IC 程式庫
#include <Preferences.h>      // 將資料存入快閃記憶體
#include <U8g2lib.h>          // OLED 顯示器程式庫
#include "bmp.h"              // OLED 點陣圖
#define IR_LATCH_PIN 16       // 74HC166 始能腳
#define IR_CLOCK_PIN 17       // 74HC166 時脈腳
#define IR_DATA_PIN  36       // 74HC166 資料腳
#define LINE_CENTER  562      // 路徑中間值
#define BTN_PIN      4        // 開關接腳

Cdrv8833 motorL(18, 19, 0, 20, true);  // 左馬達物件，反轉
Cdrv8833 motorR(23, 27, 1, 20);        // 右馬達物件

Preferences prefs;           // 儲存偏好設定的物件
uint16_t prevPos = 0;        // 前次感測到的黑線位置

struct pwm_t {               // PWM 參數
  uint8_t normal = 60;       // 預設（直行）的 PWM
  uint8_t slow = 20;         // 低速運作的 PWM
  float scale = 0.12;        // 高速 PWM 的調節比例
```

```
} pwm;

BluetoothSerial BT;              // 建立經典藍牙物件
struct bt_data {   vv            // 藍牙資料
  char txt[50] = "\0";
  bool updated = false;
} btData;

void initBT() {  … 略 … }   // 初始化藍牙以及註冊回呼函式
void readBT() {  … 略 … }   // 讀取藍牙序列資料

// 藍牙的回呼函式
void btCallback(esp_spp_cb_event_t event,
                esp_spp_cb_param_t *param) {
  : 略
}

// 建立 OLED 顯示器物件
U8G2_SSD1306_128X64_NONAME_1_HW_I2C u8g2(U8G2_R2, U8X8_PIN_
NONE);
/* OLED 畫面顯示
   pos 參數：感測位置值
   left 參數：左 PWM 值
   right 參數：右 PWM 值 */
void OLED(int16_t pos, uint8_t left, uint8_t right) {
  u8g2.firstPage();
  do {
    u8g2.setCursor(0, 14);
    u8g2.print("IR: " + String(pos));        // 感測位置
    u8g2.setCursor(0, 44);
    u8g2.print("PWM L: " + String(left));   // 左 PWM
    u8g2.setCursor(0, 64);
    u8g2.print("PWM R: " + String(right));  // 右 PWM
  } while (u8g2.nextPage());
}

void insert_coin() {  … 略 … }  // 顯示「請投幣」點陣圖
```

```
// 檢測循跡感測值，傳回 125~1000，0 代表沒有偵測到黑線
uint16_t checkLine() { … 略 … }

// 從快閃記憶體讀取偏好設定
// 偏好設定的命名空間為"PWM"，儲存 normal, slow 和 scale 參數
bool readPrefs() {
  bool hasKey = false;
  prefs.begin("PWM", true);        // true 是「僅讀」
  if (prefs.isKey("normal")) {     // 若 "normal" 鍵存在…
    // 讀取無號字元型態 normal 值
    pwm.normal  = prefs.getUChar("normal");
    // 讀取無號字元型態 slow 值
    pwm.slow = prefs.getUChar("slow");
    pwm.scale = prefs.getFloat("scale"); // 讀取浮點型態 scale 值
  }
  prefs.end();

  return hasKey;   // 傳回 true 代表偏好設定值存在，false 代表不存在
}

void writePrefs() {  // 寫入偏好設定到快閃記憶體
  prefs.begin("PWM", false);  // 以「可寫」方式開啟
  // 寫入無號字元型態 normal值
  prefs.putUChar("normal", pwm.normal);
  prefs.putUChar("slow", pwm.slow);    // 寫入無號字元型態 slow 值
  prefs.putFloat("scale", pwm.scale); // 寫入浮點型態 scale 值
  prefs.end();
}

void run() { … 驅動馬達程式跟1號機相同 … }

void setup() {
  pinMode(IR_LATCH_PIN, OUTPUT);  // 設置循跡感測器模組的接腳
  pinMode(IR_CLOCK_PIN, OUTPUT);
  pinMode(IR_DATA_PIN,  INPUT);
  pinMode(BTN_PIN, INPUT);        // 啟動鍵的接腳設為「輸入模式」

  Serial.begin(115200);
```

```
bool hasKey = readPrefs();   // 讀取偏好設定值
if (hasKey) {
  Serial.printf("偏好設定：\n"
                "normal= %hhu, slow= %hhu, scale= %f\n",
                pwm.normal, pwm.slow, pwm.scale);
} else {
  Serial.println("偏好設定不存在");
}

initBT();         // 初始化藍牙
motorL.stop();
motorR.stop();

u8g2.begin();   // 初始化顯示器
u8g2.setFont(u8g2_font_crox4hb_tf);     // 指定顯示字體
}

void loop() {
  static bool start = false;          // 是否為啟動狀態，預設「否」
  static bool lastBtnState = LOW;   // 啟動鍵接腳的前次狀態

  bool btnState = digitalRead(BTN_PIN);   // 讀取按鍵的值
  if (btnState != lastBtnState) {
    // 只有當按鍵狀態為 LOW 時才翻轉 start 值
    if (btnState == LOW) {
      start = !start;
    }
  }

  if (start) {    // 若是「啟動」狀態
    run();         // 啟動自走車
  } else {
    insert_coin();  // 顯示「請投幣」
    motorL.stop();
    motorR.stop();
  }
```

```
    lastBtnState = btnState;  // 更新按鍵狀態
    readBT();
    delay(5);
}
```

編譯上傳程式到自走車之後，把它放到用黑色膠帶黏成或印表機輸出的軌跡上測試，並且依照過彎幅度調整 PWM 參數。

測試採用微控器內部上拉電阻的「啟動」鍵電路的「試作一號機」時，若馬達的 PWM 頻率低於 1000Hz，「啟動」鍵容易受雜訊干擾而觸發，導致在運作過程忽然暫停。在 setup() 函式中，透過底下的敘述把 PWM 值調升到 1500Hz 或更高，「啟動」鍵就沒有發生誤觸現象。

```
motorL.setFrequency(2000);  // 設定左馬達的 PWM 調變頻率
motorR.setFrequency(2000);
```

或者，你也可以修改按鍵的事件處理程式，加入延時敘述，用類似「消除彈跳」訊號的方式避免馬達引起的雜訊干擾。筆者也嘗試過在附帶霍爾感測器的 N20 馬達的 M1 和 M2 接點，焊接一個 0.1μF 電容，但沒有顯著改善效果。

底下是在馬達的電源接腳焊接電容，降低馬達引起的電源雜訊的三種方式，最理想的辦法是焊接 3 個電容。

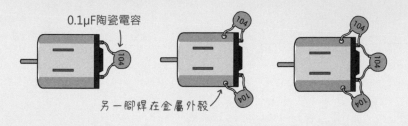

0.1μF陶瓷電容

另一腳焊在金屬外殼

以下將補充說明並推導差動雙輪自走車的移動距離、速度和旋轉半徑等相關數學式，讀者可選擇性閱讀。

使用三角函式公式估算移動距離

自走車在平面上轉向 θ 度移動 d 距離，新的座標位置 (x', y')，可透過底下的運算式求得。

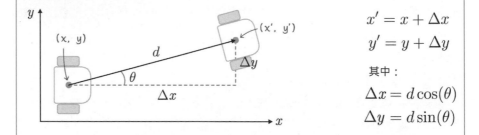

$$x' = x + \Delta x$$
$$y' = y + \Delta y$$

其中：

$$\Delta x = d\cos(\theta)$$
$$\Delta y = d\sin(\theta)$$

此外，在得知內側輪的移動距離、兩輪距離 L 以及旋轉角度 θ 的情況下，也能透過三角函數的**餘弦定理**和**半角公式**，推測車體的移動距離 Dc。車體轉彎的行駛路線呈現弧形，下圖用三角函式計算近似的直線距離。就像第 1 章看到，對類比訊號取樣之後的數位訊號，呈現的是離散式的細長矩形；程式每隔一段時間讀取霍爾編碼資料，拼湊起來也是分段直線串連的路徑。取樣間隔時間越短（取樣頻率越高），就越接近實際路徑。

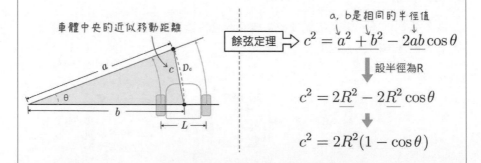

車體中央的近似移動距離

a, b是相同的半徑值

餘弦定理 ⟹ $c^2 = a^2 + b^2 - 2ab\cos\theta$

設半徑為R

$$c^2 = 2R^2 - 2R^2\cos\theta$$

$$c^2 = 2R^2(1 - \cos\theta)$$

從上圖左可看出，車體移動路徑和圓弧中心構成一個等腰三角形，a 和 b 長度相等。上面式子當中的半徑 R 是未知值，要設法消除，而 c^2 也要化簡成 c。

首先把等號右邊的算式整理成 sin(θ/2) 的形式：

$$\boxed{\text{半角公式}} \Rightarrow \sin\frac{\theta}{2} = \sqrt{\frac{1-\cos\theta}{2}}$$

$$c^2 = 4R^2\left(\frac{1-\cos\theta}{2}\right)$$

乘2

除2

兩邊開根號

$$c = 2R\left(\sqrt{\frac{1-\cos\theta}{2}}\right)$$

最後下圖的算式代換半徑 R，即可從內側輪的移動距離 Dl、兩輪距離 L 和旋轉角度 θ，計算出車體中心的直線移動距離 c：

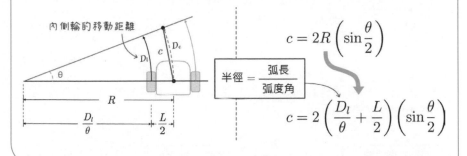

$$c = 2R\left(\sin\frac{\theta}{2}\right)$$

$$\boxed{\text{半徑} = \frac{\text{弧長}}{\text{弧度角}}}$$

$$c = 2\left(\frac{D_l}{\theta} + \frac{L}{2}\right)\left(\sin\frac{\theta}{2}\right)$$

內側輪的移動距離

計算車體的移動速度和旋轉半徑

物體的轉動位移，除了用角度描述，還可以用「角速度」。角速度代表一段時間內的角度變化，用小寫希臘字母 ω 表示（讀音：omega），也可定義成「速度 ÷ 半徑」。下圖顯示車輪的旋轉（角度位移），會驅使它在平面上直線移動，移動的速度跟角速度和半徑息息相關。

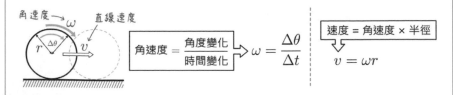

$$\boxed{\text{角速度} = \frac{\text{角度變化}}{\text{時間變化}}} \Rightarrow \omega = \frac{\Delta\theta}{\Delta t}$$

$$\boxed{\text{速度} = \text{角速度} \times \text{半徑}} \Rightarrow v = \omega r$$

設左輪距離中心位置（ICC）的半徑長度為 r，左右兩輪的距離為 L，則左、右輪和車體中心的移動速度分別定義如右：

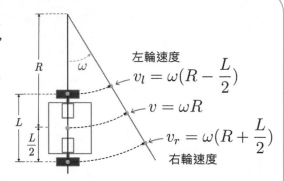

左輪速度
$$v_l = \omega(R - \frac{L}{2})$$

$$v = \omega R$$

$$v_r = \omega(R + \frac{L}{2})$$

右輪速度

展開左右輪速度的式子：

左輪速度 ▷ $v_l = \omega(R - \frac{L}{2})$

$= \omega R - \omega \frac{L}{2}$

右輪速度 ▷ $v_r = \omega(r + \frac{l}{2})$

$= \omega R + \omega \frac{L}{2}$

左右輪速度相減可得到角速度 ω 的值；相加可得到左右輪以不同速度轉動時的轉彎半徑：

左右輪速度相減 ▷ $v_r - v_l = \frac{2\omega L}{2}$

⬇

角速度 ▷ $\omega = \frac{v_r - v_l}{L}$

左右輪速度相加 ▷ $2\omega R = v_r + v_l$

⬇ ω 帶入左邊的式子

車體轉彎半徑 ▷ $R = \frac{L(v_r + v_l)}{2(v_r - v_l)}$

車體的移動速度即是左右輪速度相加除以 2：

車體的速度 ▷ $v = \omega R$ ➡ $\frac{v_r - v_l}{L} \times \frac{L(v_r + v_l)}{2(v_r - v_l)}$ ➡ $\frac{v_r + v_l}{2}$

上面的計算式可反求出每秒轉動 40 度角的 PWM 值：先將角度換成弧度，再求兩輪的速率差，最後計算 PWM 值（假設平時的 PWM 輸出為 60）：

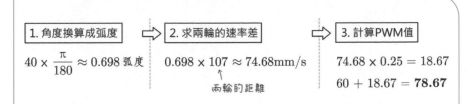

1. 角度換算成弧度	→	2. 求兩輪的速率差	→	3. 計算PWM值

$$40 \times \frac{\pi}{180} \approx 0.698 \text{ 弧度}$$

$$0.698 \times 107 \approx 74.68 \text{mm/s}$$
↑
兩輪的距離

$$74.68 \times 0.25 = 18.67$$
$$60 + 18.67 = \textbf{78.67}$$

以上透過三角函式以及弧度分析自走車馬達的速率,都是假設路線為筆直、車體跟路線平行,當車體偏移路線時所需修正的角度。但實際行走的路徑並非筆直,車體也不總是和路線平行,實際的修正角度和馬達轉速會大於以上的估算。

動手做 10-5 動態調整雙輪轉速讓小車直行

實驗說明:在供電相同的情況下,自走車左右兩個馬達的轉速通常都不完全相同,所以自走車在直行時會偏向一邊。本實驗將設法讓自走車往前執行,並且在 OLED 顯示器呈現左、右編碼和PWM 值。

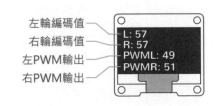

左輪編碼值 ── L: 57
右輪編碼值 ── R: 57
左PWM輸出 ── PWML: 49
右PWM輸出 ── PWMR: 51

透過動態調整 PWM 使馬達轉速趨於一致

假設在相同 PWM 輸出的情況下,自走車會向左偏移,我們可以嘗試增加左馬達的電力、降低右馬達的電力,讓兩個馬達的轉速一致。

左馬達出力 PWM=50   右馬達出力 PWM=50

增加出力 ↓   減少出力 ↓

左馬達出力 PWM=51   右馬達出力 PWM=49

這個程式透過讀取霍爾編碼器值得知兩個馬達的轉速，決定降低或提升它們的出力，處理流程如下：

1 停用中斷處理常式。

2 記錄當前的左、右編碼值。

3 將左、右編碼值歸零。

4 啟用中斷處理常式。

5 若左編碼值 > 右編碼值，則增加右馬達出力、減低左馬達出力。

6 若左編碼值 < 右編碼值，則減少右馬達出力、增加左馬達出力。

PWM 的增、減值要依實際測試情況調整，筆者設定每次增、減 1。為了避免增、減值超出預設的 PWM 值太多，例如，假若預設 PWM 為 50，運行一段時間之後可能變成 62 或 39，有必要設定 PWM 值的上、下限。

假設上下限範圍是 5%，底下的 pwrLimit 值將是 3，而 pwrMin（輸出下限）和 pwrMax（輸出上限）則是 47 和 53。

```
const int8_t power = 50;  // PWM 輸出
// 假設 PWM 上下限範圍是 5%，最少調整 1 個 PWM
const int8_t pwrLimit = power * 0.05 + 1;
const int8_t pwrMin = power - pwrLimit;   // PWM 輸出下限
const int8_t pwrMax = power + pwrLimit;   // PWM 輸出上限
```

動態增、減左右 PWM 輸出值，讓車體筆直前進的完整「1 號機」程式碼：

```
#include <Cdrv8833.h>     // 馬達驅動程式庫
#include <QEncoder2.h>    // 引用自訂類別
#include <button.hpp>     // 按鍵類別
#include <U8g2lib.h>      // OLED 顯示器程式庫
```

```
#define SAMPLE_TIME 50     // 取樣間隔時間 50ms（1/20 秒）
#define MOTOR_FREQ  1000  // PWM 調變頻率

const int8_t power = 50;  // PWM 輸出
const int8_t pwrLimit = power * 0.05 + 1;  // 假設誤差 5%
const int8_t pwrMin = power - pwrLimit;     // PWM 輸出下限
const int8_t pwrMax = power + pwrLimit; // PWM 輸出上限
uint32_t prevTime = 0;    // 前次時間

Button button(27);              // 建立「啟動」鍵物件（腳 27）

QEncoder2 encL(33, 34);    // 定義「左編碼器」物件
QEncoder2 encR(25, 32);    // 定義「右編碼器」物件

Cdrv8833 motorL(18, 19, 0, 20, true);    // 左馬達物件，反轉
Cdrv8833 motorR(26, 23, 1, 20);          // 右馬達物件

// 建立 OLED 顯示器物件
U8G2_SSD1306_128X64_NONAME_1_HW_I2C u8g2(U8G2_R2, U8X8_PIN_NONE);

void OLED(uint16_t ticksL, uint16_t ticksR, uint16_t pwrL,
          uint16_t pwrR) {
  u8g2.firstPage();
  do {
    u8g2.setCursor(0, 14);
    u8g2.print("L: " + String(ticksL));
    u8g2.setCursor(0, 30);
    u8g2.print("R: " + String(ticksR));
    u8g2.setCursor(0, 46);
    u8g2.print("PWML: " + String(pwrL));
    u8g2.setCursor(0, 64);
    u8g2.print("PWMR: " + String(pwrR));
  } while ( u8g2.nextPage() );
}

void run() {
  uint32_t now = millis();        // 取得目前時間
  static int16_t pwrL = power;  // 紀錄馬達的 PWM 輸出
  static int16_t pwrR = power;
  int16_t ticksL, ticksR;           // 左右馬達的當前編碼計數值
```

```
if (now - prevTime > SAMPLE_TIME) {
  cli();   // 停用中斷機制
  ticksL = encL.value();    // 讀取編碼值
  ticksR = encR.value();
  encL.clear();   // 清除編碼值
  encR.clear();
  sei(); // 啟用中斷

  if ( ticksL > ticksR ) {   // 若左 > 右編碼…
    pwrL --;   // 減弱左馬達的輸出
    pwrR ++;   // 增加左馬達的輸出
  }

  if ( ticksL < ticksR ) {
    pwrL ++;
    pwrR --;
  }

  pwrL = constrain(pwrL, pwrMin, pwrMax);   // 限制馬達輸出值
  pwrR = constrain(pwrR, pwrMin, pwrMax);

  motorL.move(pwrL);   // 用更新後的輸出值驅動馬達
  motorR.move(pwrR);

  OLED(ticksL, ticksR, pwrL, pwrR);
  prevTime = now;
  }
}

void setup() {
  u8g2.begin();    // 啟動顯示器
  u8g2.setFont(u8g2_font_crox4hb_tf);   // 設定字體

  button.begin();   // 初始化按鍵

  encL.begin();      // 初始化「左編碼器」接腳與中斷處理常式
  encL.swap();       // 左側的編碼值要反向
  encR.begin();      // 初始化「右編碼器」接腳與中斷處理常式
```

```
motorL.setFrequency(MOTOR_FREQ); // 設定馬達的 PWM 調變頻率
motorR.setFrequency(MOTOR_FREQ);

prevTime = millis();
}

void loop() {
  static bool start = false;

  if (button.changed())   // 若「啟動」鍵被按下…
    start = 1 - start;     // …切換 start 值

  if (start) {
    motorL.move(power);   // 開始運轉
    motorR.move(power);
    run();
  } else {
    encL.clear();   // 計數器清零
    encR.clear();
    motorL.stop(); // 停止馬達
    motorR.stop();
  }
}
```

實驗結果

編譯上傳程式後,按一下 27 腳的開關,自走車將往前行,並且在 OLED 顯
示左右輪編碼值和 PWM 輸出。筆者的自走車的車體偏向一邊的情況有改
善,但仍稍稍偏左行駛,代表左馬達的基礎動力不足,所以筆者把左馬達
的初始輸出值從 20 上調成 22,右馬達維持不變:

```
Cdrv8833 motorL(18, 19, 0, 22, true); // 左馬達物件,反轉
Cdrv8833 motorR(26, 23, 1, 20);       // 右馬達物件
```

重新編譯上傳測試,自走車就趨於直線行駛了。下一個動手做單元,將嘗
試採用 PID 控制讓自走車直線行駛。

動手做 10-6 用 PID 控制器維持馬達轉速

實驗說明：替左、右馬達分別設定相同的轉速，例如，每秒鐘轉動輪胎一圈。從編碼器取得轉速資料，然後透過 PID 計算目前轉速與目標值的差距，產生驅動馬達到目標轉速所需的 PWM 值。

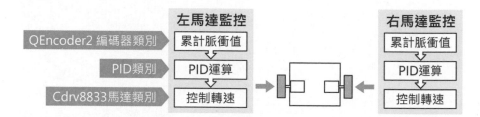

雖然左右馬達的屬性略有不同，但兩者被賦予相同的目標、個別計算 PID，只要參數調校得好，理論上兩個馬達將能達成相同轉速。

操控兩個馬達，需要設置兩組 PID 運算模組，分別記錄運轉目標的誤差和運算過程值。與其編寫兩段相同的 PID 程式碼，不如將它包裝成 PID 類別，更容易管理與使用。

自訂 PID 控制器類別

本單元的自訂 PID 類別的名稱就叫 PID，其建構式原型如下，它接收 target（目標值）、kp（預設 1）、ki（預設 0）、kd（預設 0）和 t（取樣間隔時間，預設 500ms）等 5 個參數：

```
PID(uint16_t target, float p = 1, float i = 0, float d = 0,
    uint16_t t=500)
```

這個類別具有兩個公有方法，底下是設定 PID 參數的方法原型，它接收 target（目標值）、kp（預設 1）、ki（預設 0）和 kd（預設 0）等 4 個參數：

```
void setParams(uint16_t target, float p = 1, float i = 0,
               float d = 0)
```

另一個是計算 PID 值的方法原型，它接收一個編碼器輸入值，傳回介
於 -100.0~100.0 的浮點型態 PWM 值：

```
float compute(int16_t input)
```

完整的 PID 類別程式碼如下，

```
class PID {
  private:    // 私有成員
    float kp, ki, kd;      // PID 參數
    double errorSum = 0;   // 累計誤差
    double prevError = 0;  // 前次誤差值
    uint16_t sampleTime;   // 取樣時間
    uint16_t setpoint;     // 目標值

  public:
    PID(uint16_t target, float p = 1, float i = 0, float d = 0,
        uint16_t t = 500) {
      setpoint = target;
      kp = p;
      ki = i;
      kd = d;
      sampleTime = t;
    }

    // 設定 PID 參數：目標值、kp, ki 和 kd
    void setParams(uint16_t target, float p = 1, float i = 0,
                   float d = 0) {
      setpoint = target;
      kp = p;
      ki = i;
      kd = d;
    }

    // 計算 PID，input 參數是編碼器輸入值，傳回浮點型態值
    float compute(int16_t input) {
      // 把取樣間隔轉成秒數
      double dT = (double)sampleTime / 1000;
```

```
        int16_t error = setpoint - input;      // 計算誤差

    errorSum += error * dT;   // 累計誤差
    errorSum = constrain(errorSum, 0, 60);   // 限制積分值範圍
    // 計算微分
    double errorRate = kd * ((error - prevError) / dT);
    prevError = error;         // 儲存本次誤差

    // 計算 PID
    float output = kp * error + ki * errorSum + errorRate;
    output = constrain(output, 0, 100);   // 限制輸出值範圍

    return output;
  }
};
```

把程式碼命名存成 motorPID.hpp 檔備用。底下是用這個類別定義 PID 物件，以及計算 PID 的範例程式片段：

```
#include "motorPID.hpp"   // 引用自訂的 PID 類別
#define SAMPLE_TIME 50    // 取樣間隔時間 50ms
uint16_t setpoint = 21;   // 目標脈衝數

// 宣告名叫 PID_L 的 PID 物件
PID PID_L(setpoint, 1, 0, 0, SAMPLE_TIME);
// 輸入 10，計算出對應的 PWM 值
float pwrL = PID_L.compute(10);
```

筆直前行的程式

PID 的 kp, ki 和 kd 參數需要在運作過程調校，所以這個程式也需要準備接收和解析序列輸入的 PID 參數字串，嚴格來說，兩個馬達的特性不同，所以它們的 PID 參數也應該不一樣，但為了簡化程式碼，本文讓兩個 PID 物件都套用相同的參數（解析序列字串的流程都一樣，讀者可自行改寫成讀取兩組 PID 序列輸入參數的程式）。

雖然 PID 運算式比較的「誤差」是馬達的編碼值，例如，轉動一圈的編碼數是 21，但是對人類來說，直接輸入輪胎轉動的目標圈數，例如：每秒 1 圈或者 1.5 圈，比較直覺。假設輪胎轉動一圈的脈衝數是 420，每 100ms 和 50ms 取樣一次所得的脈衝數分別是 42 和 21：

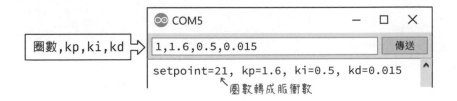

我們可寫一個把**圈數轉成脈衝值**的函式，筆者將它命名為 turnsTarget，它接收一個浮點型態圈數參數：

```
uint16_t turnsTarget( float turns ) {
  return turns * WHEEL_PPR * SAMPLE_TIME / 1000;
}
        圈數    輪胎轉1圈脈衝    轉成秒數單位
```

$$1 \times 420 \times \frac{50}{1000}$$

上面的函式將在初設以及改變目標值時被呼叫，例如，在**序列埠監控視窗**輸入目標圈數以及 PID 參數時，把圈數 1 轉成脈衝數 21：

圈數,kp,ki,kd →

```
COM5                          —  □  ✕
1,1.6,0.5,0.015                        傳送
setpoint=21, kp=1.6, ki=0.5, kd=0.015
        圈數轉成脈衝數
```

「1 號機」完整的程式碼如下，在筆者的自走車上，kp, ki 和 kd 參數分別設成 1.8, 0.5 和 0.015，左馬達的初始 PWM 值多 2，將使得兩輪的轉速趨近一致。

```
#include <Cdrv8833.h>      // 馬達驅動程式庫
#include <QEncoder2.h>     // 引用自訂類別
#include <button.hpp>      // 按鍵類別
#include <U8g2lib.h>       // OLED 顯示器程式庫
#include "motorPID.hpp"    // 引用自訂 PID 類別
#define SAMPLE_TIME 50     // 每 50ms (1/20 秒) 檢驗一次
```

```
#define WHEEL_DIAM  33.5  // 輪胎直徑（單位:mm）
#define GEAR_RATIO 30     // 齒輪比
#define PPR   14          // 每圈脈衝數
#define WHEEL_PPR (PPR * GEAR_RATIO) // 輪胎轉一圈的脈衝數
#define MOTOR_FREQ 1000   // 馬達的 PWM 調變頻率

float kp = 1.8;
float ki = 0.15;
float kd = 0.015;
uint32_t prevTime = 0;    // 前次時間（微秒）

Button button(27);          // 建立「啟動」鍵物件（腳 27）

QEncoder2 encL(33, 34);   // 定義「左編碼器」物件
QEncoder2 encR(25, 32);   // 定義「右編碼器」物件
Cdrv8833 motorL(18, 19, 0, 22, true); // 左馬達物件，反轉
Cdrv8833 motorR(26, 23, 1, 20);       // 右馬達物件

uint16_t turnsTarget(float turns) {
  return turns * WHEEL_PPR * SAMPLE_TIME/1000;
}

// 目標脈衝數，預設每秒轉 1 圈
uint16_t setpoint = turnsTarget(1.0);

PID PID_L(setpoint, 1, 0, 0, SAMPLE_TIME);
PID PID_R(setpoint, 1, 0, 0, SAMPLE_TIME);

// 建立 OLED 顯示器物件
U8G2_SSD1306_128X64_NONAME_1_HW_I2C u8g2(U8G2_R2,
                                         U8X8_PIN_NONE);

void OLED(int16_t pulseL, int16_t pulseR) {
  u8g2.firstPage();
  do {
    u8g2.setCursor(0, 14);
    u8g2.print("L: " + String(pulseL));
    u8g2.setCursor(0, 44);
    u8g2.print("R: " + String(pulseR));
    u8g2.setCursor(0, 64);
    u8g2.print("SetPoint: " + String(setpoint));
```

```
  } while ( u8g2.nextPage() );
}

void readSerial() {    // 讀取序列輸入字串的函式
  float turns = 1.0;   // 圈數

  if (Serial.available()) {
    String msg = Serial.readStringUntil('\n');

    sscanf(msg.c_str(), "%f, %f,%f,%f",
           &turns, &kp, &ki, &kd);
    setpoint = turnsTarget(turns);   // 「圈數」轉成「脈衝數」
    PID_L.setParams(setpoint, kp, ki, kd);
    PID_R.setParams(setpoint, kp, ki, kd);
    Serial.printf("setpoint=%d, kp= %f, ki= %f, kd= %f\n",
                  setpoint, kp, ki, kd);
  }
}

void run() {
  uint32_t now = millis();  // 取得目前時間
  float pwrL, pwrR;
  int16_t ticksL, ticksR;    // 左右馬達的當前編碼計數值

  if (now - prevTime > SAMPLE_TIME) {
    cli();   // 停用中斷機制
    ticksL = encL.value();  // 讀取編碼值
    ticksR = encR.value();
    encL.clear();           // 清除編碼值
    encR.clear();
    sei(); // 啟用中斷

    pwrL = PID_L.compute(ticksL);
    pwrR = PID_L.compute(ticksR);
    motorL.move(pwrL);
    motorR.move(pwrR);

    OLED(ticksL, ticksR);
    Serial.printf("ticksL: %ld, pwr: %.2f\t", ticksL, pwrL);
    Serial.printf("ticksR: %ld, pwr: %.2f\n", ticksR, pwrR);
```

```
      prevTime = now;
  }
}

void setup() {
  Serial.begin(115200);
  u8g2.begin();       // 啟動顯示器
  u8g2.setFont(u8g2_font_crox4hb_tf);

  button.begin();   // 初始化按鍵

  encL.begin();       // 初始化「左編碼器」接腳與中斷處理常式
  encL.swap();        // 左側的編碼值要反向
  encR.begin();       // 初始化「右編碼器」接腳與中斷處理常式

  motorL.setFrequency(MOTOR_FREQ); // 設定馬達的 PWM 調變頻率
  motorR.setFrequency(MOTOR_FREQ);
  motorL.stop();
  motorR.stop();

  prevTime = millis();
}

void loop() {
  static bool start = false;

  if (button.changed()) // 若「啟動」鍵被按下…
    start = 1 - start;  // …切換 start 值

  if (start) {
    run();            // 開始運轉
  } else {
    encL.clear();   // 計數器清零
    encR.clear();   // 計數器清零
    motorL.stop();
    motorR.stop();
  }

  readSerial();
}
```

動手做 10-7 PID 控制循跡自走車

實驗說明：採用 PID 控制器修正車體，讓自走車保持在路線中央行走，提供下列功能：

● 藍牙序列輸入 Kp, Ki 和 Kd 參數。

● 存快閃記憶體存取 Kp, Ki 和 Kd 偏好設定，命名空間設為 "PID_LINE"。

● 在 OLED 顯示左右輪的轉速。

實驗程式

本實驗的程式概念和主要的函式與 PID 類別，之前都已解釋過，重點在於調整 PID 參數。以下圖為例，假設驅動馬達的 PWM 極限為 100，而目前獲取的誤差值為 438，那麼，若 kp 為 0.228（因為 100÷438=0.228），右輪的 PWM 出力將達到 100；而累計誤差的 Ki 參數，大約從 0.01 左右開始調整，以免一下子就累積到龐大的數值。

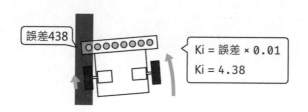

底下是 PID 控制的循跡自走車程式碼，同樣地，避免浪費篇幅，在此僅列出重點。Kp 參數筆者一開始設成 0.2，在實際測試階段逐漸往上調整成 0.3, 0.4 到 0.5，才獲得比較滿意的結果。

```
#include <BluetoothSerial.h>    // 藍牙序列通訊程式庫
#include <Cdrv8833.h>           // 馬達驅動程式庫
#include <Preferences.h>        // 將資料存入快閃記憶體
#include <button.hpp>           // 按鍵類別
#include <U8g2lib.h>            // OLED 顯示器程式庫
```

10-39

```
#include "bmp.h"              // 「請投幣」點陣圖
#define IR_LATCH_PIN 16       // 74HC166 始能腳
#define IR_CLOCK_PIN 17       // 74HC166 時脈腳
#define IR_DATA_PIN  36       // 74HC166 資料腳
#define LINE_CENTER  562      // 循跡感測中間值
#define INTERVAL     50       // 計算 PID 的間隔時間 50ms
#define BTN_PIN      27       // 「1 號機」的啟動鍵腳位


float power = 60.0;           // 預設的直行速度


// PID 參數
float kp = 0.2;               // 從 0.2 上調到 0.5
float ki = 0.015;
float kd = 0;


Button button(BTN_PIN );  // 建立「啟動」鍵物件
bool start = false;


Preferences prefs;            // 宣告儲存偏好設定的物件


BluetoothSerial BT;           // 建立典型藍牙序列通訊物件
struct bt_data {              // 藍牙資料
  char txt[50] = "\0";        // 儲存序列輸入字串
  bool updated = false;       // 代表「未更新」
} btData;


// PID 相關變數
uint32_t prevT = 0;           // 前次計算 PID 的時間
double errorSum = 0;          // 累計誤差
double prevError = 0;         // 前次誤差值
int16_t linePos = 0;          // 黑線位置
// 1 號機的馬達接腳
Cdrv8833 motorL(18, 19, 0, 20, true); // 左馬達物件，反轉
Cdrv8833 motorR(23, 26, 1, 20);       // 右馬達物件


// 建立 OLED 顯示器物件
U8G2_SSD1306_128X64_NONAME_1_HW_I2C u8g2(U8G2_R2, U8X8_PIN_NONE);


void initBT() { … 略 … }   // 初始化藍牙
void readBT() { … 略 … }   // 讀取藍牙資料
```

```
void btCallback(esp_spp_cb_event_t event,
                esp_spp_cb_param_t *param)
{ … 略 … }  // 藍牙的回呼函式

// 顯示位置及左、右 PWM 輸出
void OLED(float left, float right) { … 略 … }
void insert_coin() { … 略 … }  // 顯示「請投幣」點陣圖

// 傳回 125~1000，0 代表沒有偵測到黑線
uint16_t checkLine() { … 略 … }

bool readPrefs() {     // 從快閃記憶體讀取偏好設定
  bool hasKey = false;
  prefs.begin("PID_LINE", true); // true 是「僅讀」
  if (prefs.isKey("kp")) {
    kp = prefs.getUChar("kp");    // 讀取紀錄
    ki = prefs.getUChar("ki");
    kd = prefs.getFloat("kd");
  }
  prefs.end();

  return hasKey;
}

void writePrefs() {    // 寫入偏好設定到快閃記憶體
  prefs.begin("PID_LINE", false);  // 以「可寫」方式開啟
  prefs.putUChar("kp", kp);
  prefs.putUChar("ki", ki);
  prefs.putFloat("kd", kd);
  prefs.end();
}

float computePID() {  // 計算 PID
  static int16_t preError = 0;  // 前次誤差
  uint16_t pos = checkLine();    // 目前位置
  int16_t error;

  if (pos == 0) {       // 沒有感測到黑線
    error = preError; // 採用前次誤差
  } else {
```

10-41

```
      error = pos - LINE_CENTER;   // 誤差值：-437~438
      preError = error;
   }


   // 間隔時間轉成秒數（0.05 秒）
   double dT = (double)INTERVAL / 1000.0;
   errorSum += error * dT; // 累計誤差
   errorSum = constrain(errorSum, -100, 100);


   double errorRate = kd * ((error - prevError) / dT); // 計算微分
   prevError = error;        // 儲存本次誤差
   Serial.printf("errorRate= %lf\n", errorRate); // 顯示微分值


   // 計算 PID
   double output = kp * error + ki * errorSum + errorRate;
   return output;
}

void run() {
  uint32_t now = millis();

  if (now - prevT >= INTERVAL) {
    prevT = now;

    float output = computePID(); // 計算 PID
    // 傳回負值時，左馬達要轉正
    float speedL = constrain(power - output, -100, 100);
    float speedR = constrain(power + output, -100, 100);

    motorL.move(speedL);   // 驅動馬達
    motorR.move(speedR);
    OLED(speedL, speedR); // 顯示左右速度
  }
}

void setup() {
  Serial.begin(115200);
  pinMode(IR_LATCH_PIN, OUTPUT);
  pinMode(IR_CLOCK_PIN, OUTPUT);
  pinMode(IR_DATA_PIN,  INPUT);
```

```
    initBT();                    // 初始化藍牙
    button.begin();              // 初始化按鍵

    bool hasKey = readPrefs();   // 讀取偏好設定值
    if (hasKey) {
      Serial.printf("偏好設定 : \n"
                    "kp= %f, ki= %f, kd= %f\n", kp, ki, kd);
    } else {
      Serial.println("偏好設定不存在");
    }

    motorL.setFrequency(500);    // 設定 PWM 調變頻率
    motorR.setFrequency(500);
    motorL.stop();
    motorR.stop();

    u8g2.begin();                // 初始化 OLED 顯示器
    u8g2.setFont(u8g2_font_crox4hb_tf);

    prevT = millis();
}

void loop() {
  if (button.changed()) // 若「啟動」鍵被按下…
    start = 1 - start;  // …切換 start 值

  if (start) {
    run();                     // 開始運轉
  } else {
    insert_coin();             // 顯示「請投幣」
    motorL.stop();
    motorR.stop();
  }

  readBT();                    // 讀取藍牙資料
}
```

10-43

M E M O

11

解析 ESP32-S2 與 ESP32-S3 開發板

本書的實作範例採用兩種開發板：ESP32 和 ESP32-S3，S3 的主要特色是內建 USB 介面。ESP32-C2 和 C3 都搭載樂鑫自研的 RISC-V 處理器；RISC-V 是一種開源、可免費使用的指令集架構，任何人都可以使用 RISC-V 的規範來設計自己的處理器，樂鑫可因此省下支付 Tensilica 公司的微處理器 IP 授權費用、降低成本。雖然 ESP32 系列的微處理器架構不盡相同，但對於 C/C++/Arduino 程式開發者來說，它們只有功能上的差異，程式寫法都一樣。

另有兩款採用單核心 RISC-V 處理器，支援 Wi-Fi 6、藍牙 BLE、Zigbee 和 Thread 無線通訊標準的 ESP32-C6 以及 ESP32-H2，非常適合家庭自動化領域，但無關本書主題，先略過。

11-1 認識 ESP32-S3 開發板

ESP32-C2 在樂鑫的官方技術文件標示為 ESP8684，主要用於取代 ESP8266 系列晶片。表 11-1 列舉各個微控器的主要規格，它們的消耗功率涉及不同因素，如：正常運作、深度睡眠、啟用 Wi-Fi、藍牙連線…等，請參閱各自的技術文件。

表 11-1

型號	ESP32-C2	ESP32	ESP32-S2	EP32-S3	ESP32-C3
發表日	2022 年 4 月	2016 年 9 月	2019 年 9 月	2020 年 12 月	2020 年 11 月
主處理器	單核心 RISC-V 32 位元（最高 120MHz）	單 / 雙核心 Tensilica Xtensa 32 位元 LX6（最高 240MHz）	單核心 Tensilica Xtensa 32 位元 LX7（最高 240MHz）	雙核心 Tensilica Xtensa 32 位元 LX7（最高 240MHz）	單核心 RISC-V 32 位元（最高 160MHz）
ULP 副處理器	無	有	ULP-RISC-V	ULP-RISC-V	無
SRAM	272 KB	520KB	320KB	512KB	400KB
ROM	576 KB	448KB	128KB	384KB	384KB

RTC 記憶體	無	16KB	16KB	16KB	8KB
Wi-Fi	Wi-Fi 4	Wi-Fi 4	Wi-Fi 4	Wi-Fi 4	Wi-Fi 4
藍牙	BLE 5.0	Classic 2.x / BLE 4.2	無	BLE 5.0	BLE 5.0
乙太網路	無	有	無	無	無
GPIO	14	34	43	44	22
ADC 類比輸入	1 × 12 位元，5 個通道	2 × 12 位元，18 個通道	2 × 13 位元，20 個通道	2 × 12 位元，20 個通道	2 × 12 位元，6 個通道
DAC 數位轉 類比輸出	無	2 × 8 位元	2 × 8 位元	無	無
PWM	6	16	8	8	6
UART	2	3	2	3	2
SPI	3	4	4	4	3
I2C	1	2	2	2	1
I2S	無	2	1	2	1
CAN / TWAI	無	1	1	1	1
USB OTG	無	無	1	1	無
JTAG	外接	外接	內建	內建	內建
觸控感測器	無	10	14	14	無
霍爾感測器	無	有	無	無	無
溫度感測器	有	有	有	有	有

ESP32-S3 開發板的腳位

ESP32-S3 和 ESP32-S2 系列開發板也有多種尺寸、快閃記憶體大小等款式可選，作為實驗用途，建議選購樂鑫官方的開發板，如：ESP32-S3-DevKitC-1（以下簡稱「S3 官方板」），因為官方的文件資料充足，而且開發板的型號選項也內建於 Arduino 和 PlatformIO 等開發工具。底下是 S3 官方板的外型和接腳：

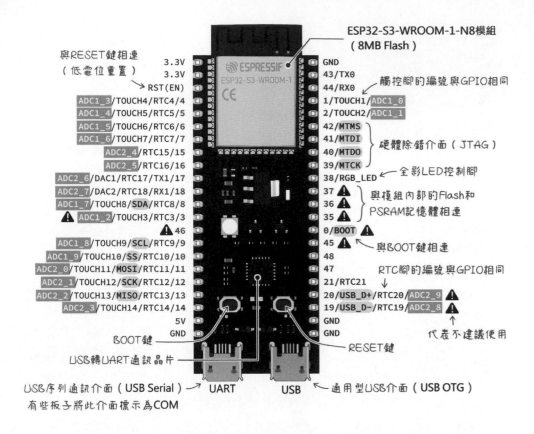

ESP32-S3-WROOM-1-N8模組
（8MB Flash）

與RESET鍵相連
（低電位重置）

觸控腳的編號與GPIO相同

硬體除錯介面（JTAG）

全彩LED控制腳

與模組內部的Flash和
PSRAM記憶體相連

與BOOT鍵相連

RTC腳的編號與GPIO相同

代表不建議使用

BOOT鍵

USB轉UART通訊晶片

USB序列通訊介面（USB Serial）
有些板子將此介面標示為COM

UART

USB

RESET鍵

通用型USB介面（USB OTG）

ESP32-S2 和 S3 最大的特點就是內建支援 USB 2.0 規範的接腳；上圖這個
板子有兩個 USB 母座（可能是 micro 或 Type-C 款式，功能一樣），可單
獨或同時使用。標示 "UART" 的插座，也稱為 **USB Serial**（序列通訊）或
USB CDC（參閱下文），它透過「USB 轉 UART 通訊晶片（橋接器）」連到
ESP32 的 TX 和 RX 腳，跟普通、單一 USB 介面的 Arduino 板子的功能一樣，
用於上傳程式或者收發序列訊息。

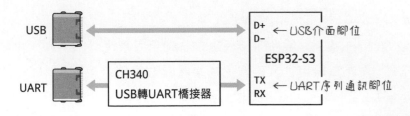

標示 "USB" 的則是 USB OTG，連接到 ESP32 晶片內建的 USB 介面接腳。
USB OTG 介面則可設定成兩種模式：

- CDC：跟另一個 UART 介面一樣，提供上傳程式和序列通訊功能。

- OTG：OTG 代表 "On-The-Go"（意旨「在途中」），代表 ESP32 可扮演 **USB 主機（host）**或者**裝置（device）**。舉例來說，「USB 主機」模式可讓 ESP32 像電腦一樣，連接鍵盤、滑鼠等周邊；「USB 裝置」則是透過軟體把 ESP32 模擬成鍵盤、滑鼠等人機介面或者 USB 儲存設備。

> 「模擬」一詞代表 USB 裝置的功能是透過軟體寫出來的，例如，在沒有實體按鍵的情況下，讓 ESP32 被電腦識別為「鍵盤」並發出按下按鍵的訊號。

ESP32-S3 不建議使用的 GPIO 腳

ESP32-S3 有 4 個統稱 "strapping"（意指「捆綁」）的接腳不能在開機或重置時隨意使用，這 4 腳透過內部或外部的上拉或下拉電阻，被「綁定」到高電位或低電位。

- GPIO0：上拉，預設為高電位。
- GPIO3：浮接，狀態未定。
- GPIO45：下拉，預設為低電位。
- GPIO46：下拉，預設為低電位。

GPIO0 和 GPIO46 兩腳用於設置「啟動模式」；開機或重置時，若 GPIO 0 處於高電位，則不管 GPIO46 的狀態為何，ESP32-S3 都會進入正常開機狀態，也就是讀取並執行快閃記憶體的程式碼。**若開機時 GPIO0 和 46 都處於低電位，則進入程式燒錄狀態**，接收來自 UART 序列埠或 USB-OTG 埠的程式檔。

接腳	正常開機	進入燒錄狀態
GPIO0	高電位	低電位
GPIO46	隨意	低電位

除了上述接腳，有些接腳用於連接 Flash、PSRAM 以及 USB 介面，若你的開發板有用到這些功能，則不能使用這些接腳：

- 連接 Flash 和 PSRAM：GPIO26~32 通常用於連接 SPI 介面的 Flash 和 PSRAM；GPIO33~37 用於連接 Octal（高速 8 位元序列周邊介面，參閱下文）Flash 或 Octal PSRAM。

- USB-OTG 介面：GPIO19 和 GPIO20 是晶片內建的 USB 介面接腳，若透過 pinMode() 設定它們的輸出 / 入模式，USB 介面將被停用。

更多資訊請參閱 ESP32-S3 技術文件的〈GPIO & RTC GPIO〉單元（https://bit.ly/48fZvcf）。

標準、Dual（雙線）、Quad（四線）和 Octal（八線）SPI 介面

有一款接腳跟 WEMOS mini 系列相容的 ESP32-S2 開發板 LOLIN S2 MINI（也稱為 "WEMOS S2 mini"，商品搜尋關鍵字 "ESP32-S2 mini"），因為 ESP32-S2 內建 USB 介面，也內建 4MB 快閃記憶體和選擇性的 2MB PSRAM，省下周邊元件的成本和空間，GPIO 腳數多於 ESP8266 的 D1 mini，價格也比 D1 mini 低廉。關於 LOLIN S2 MINI 腳位的說明，請參閱第 16 章〈ESP32-S2 mini 開發板簡介〉單元。

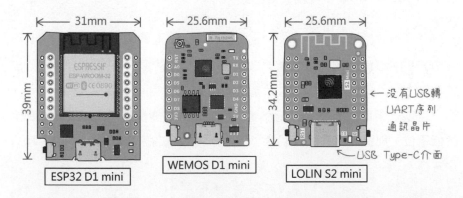

除了少數型號（如：S2 系列），ESP32 晶片的快閃記憶體都是透過 SPI 介面外接。有些開發板的快閃記憶體連同微控器晶片，被裝在金屬外殼裡面，那是因為**美國 FCC（聯邦通訊委員會）要求所有認證的微控板模組，都需要一個金屬屏障來保護和預防 RF（射頻輻射）干擾**，所以我們無法直接得知快閃記憶體的型號。

RF金屬屏蔽罩：防止
內部的電磁波洩漏和
外部的電磁波干擾。

ESP32微控器

內部構造

快閃記憶體   石英震盪器

S3 官方板採用 ESP32-S3-WROOM-1 微控器模組，在網路上搜尋 "esp32-s3-wroom-1 datasheet zh-CN" 關鍵字，可找到簡體中文版的 ESP32-S3-WROOM-1 原廠技術規格書（網址：https://bit.ly/41NQYur）。其中的「表 1：ESP32-S3-WROOM-1 系列型號對比」的 Flash 和 PSRAM 欄位（下表列舉部分內容），指出它們的介面有 Quad SPI 和 Octal SPI 兩種，快閃記憶體都是 Quad（四線）式。

表 11-2

型號	Flash	PSRAM
ESP32-S3-WROOM-1-N4	4MB (Quad SPI)	
ESP32-S3-WROOM-1-N8	8MB (Quad SPI)	
ESP32-S3-WROOM-1-N16	16MB (Quad SPI)	
ESP32-S3-WROOM-1-N4R2	4MB (Quad SPI)	2MB (Quad SPI)
ESP32-S3-WROOM-1-N8R8	8MB (Quad SPI)	8MB (Octal SPI)
ESP32-S3-WROOM-1-N16R8	16MB (Quad SPI)	8MB (Octal SPI)

標準 SPI 也稱為 Single（單線）SPI 介面，代表數據線只能單向傳輸，用於連接周邊裝置，例如：矩陣式 LED、SD 記憶卡和 OLED 顯示器。**Dual（雙線、2 位元）、Quad（四線、4 位元）和 Octal（八線、8 位元）SPI，則是為提升記憶體存取速度而設計的雙向傳輸介面**。下圖顯示雙線和四線 SPI 介面的資料匯流排分別有 2 和 4 條接線，而八線 SPI 介面則有 8 條資料線。

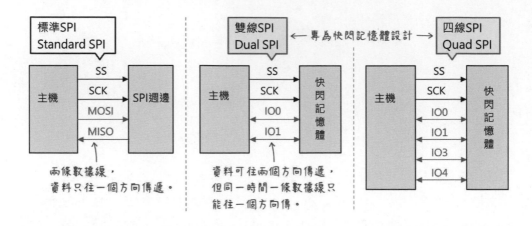

以華邦電子（Winbond）的 W25Q128JV 快閃記憶體（容量 128Mb，即 16MB）為例，它支援標準、Dual（雙線）和 Quad（四線）SPI 介面。

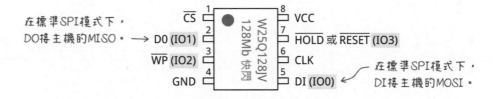

底下是從記憶體輸出 8 個位元資料的時脈示意圖，標準 SPI 一次只能傳輸 1 個位元，所以要花費 8 個時脈才能傳輸完畢；四線 SPI 僅需 2 個時脈即可傳輸完畢；若是八線，則一次可傳送 8 個位元…這基本上已經屬於「並列」介面了。

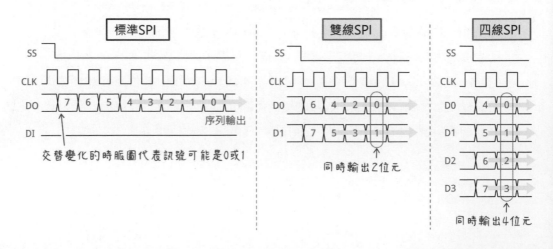

底下是在 Arduino IDE 的『**工具**』功能表，選擇 ESP32S3 Dev Module（開發板模組）開發板之後，從 **Flash Mode（快閃記憶體模式）**子選單可看到 QIO（四線）、DIO（二線）和 OPI（八線）介面選項，多數開發板僅有 QIO 和 DIO 兩種介面。

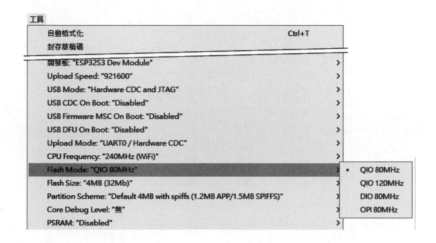

如果你的開發板有連接 Octal（八線）SPI 介面的元件，例如 8MB (Octal PSRAM) 記憶體，請記得 35, 36 和 37 腳不能使用。

相容於樂鑫 ESP32-S3 的開發板

樂鑫的 ESP32 開發板也是開源專案，任何人都可依照電路圖自由生產、販售，所以市面上有多款標示「兼容 ESP32-S3-DevKitC-1」的開發板，你買到的板子有可能不是樂鑫原廠的，但它們的功能基本相同。

筆者購買一款相容 S3 官方板的「ESP32-S3 核心板 N16R8」，微控器都是 ESP32-S3，但原廠的 Flash 容量是 4MB、沒有 PSRAM；相容板的 "N16R8" 代表 Flash 是 16MB、PSRAM 是 8MB。此外，它的序列通訊晶片和內建 LED 的接腳也不同，兩個按鍵與 USB-C 介面位置跟原廠的相反；序列通訊晶片的型號跟程式開發沒有關係，只是電腦端安裝的驅動程式不一樣。RTC 腳位與 GPIO 相同，因此下圖沒有逐一標示。

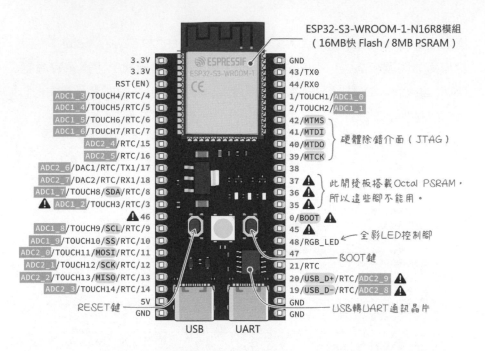

生產 ESP32 模組的公司也不只有樂鑫一家，底下是一款搭載位於深圳的安信可科技公司開發的 ESP32-S3-12K 模組的開發板，微控器核心也是 ESP32-S3，只是周邊元件和接腳的佈局不一樣。這個開發板只有一個用於上傳程式檔以及序列通訊的 USB 介面，寬度比較窄，插入麵包板時，兩邊各留一排接孔。

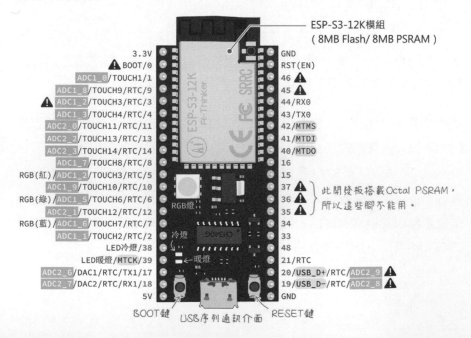

11-2 ESP32-S3 的兩個 ADC 單元和類比輸入腳

ESP32-S3 內部有 ADC1 和 ADC2 兩個「類比數位轉換器」單元,每個單元各有 10 個通道(channel),也就是總共有 20 個類比輸入腳,扣除不建議使用的腳位,實際可用 17 個。但**如果啟用 Wi-Fi 無線網路,所有 ADC2 的類比輸入功能都失效**,數位輸出 / 入功能則不受影響。

表 11-3:灰底代表不建議使用;藍底代表啟用Wi-Fi時無法使用

GPIO 腳	ADC 單元 1	常數名稱	GPIO 腳	ADC 單元 2	常數名稱
GPIO1	ADC1_CH0	A0	GPIO11	ADC2_CH0	A10
GPIO2	ADC1_CH1	A1	GPIO12	ADC2_CH1	A11
GPIO3	ADC1_CH2	A2	GPIO13	ADC2_CH2	A12
GPIO4	ADC1_CH3	A3	GPIO14	ADC2_CH3	A13
GPIO5	ADC1_CH4	A4	GPIO15	ADC2_CH4	A14
GPIO6	ADC1_CH5	A5	GPIO16	ADC2_CH5	A15
GPIO7	ADC1_CH6	A6	GPIO17	ADC2_CH6	A16
GPIO8	ADC1_CH7	A7	GPIO18	ADC2_CH7	A17
GPIO9	ADC1_CH8	A8	GPIO19	ADC2_CH8	A18
GPIO10	ADC1_CH9	A9	GPIO20	ADC2_CH9	A19

設定 ADC(類比數位轉換器)的解析度和量測電壓範圍

ESP32 的類比解析度預設是 12 位元(數值範圍:0~4095),ESP32-S3 預設是 13 位元(數值範圍:0~8191)。設定解析度的函式有兩個:

- analogSetWidth(位元寬度):設定 ADC 的取樣位元數,只適用於 ESP32 開發板。ESP32 晶片的「位元寬度」參數的有效範圍介於 9~12。

- analogReadResolution(解析度)：設定解析度，ESP32 晶片的「解析度」的有效範圍介於 9~12；S3 晶片則介於 9~13，代表 ADC 的傳回值介於 2^9-1(0~511)~$2^{13}-1$ (0~8191)。

底下敘述將把 ADC 取樣位元數設成 10，因此類比輸入值的範圍將介於 0~1023：

```
analogSetWidth(10);
```

ADC 的量測電壓範圍，可透過這兩個函式之一設定：

- analogSetAttenuation(衰減常數)：設定所有類比輸入腳的量測電壓範圍，預設「衰減常數」值為 ADC_11db。
- analogSetPinAttenuation(腳位 , 衰減常數)：設定指定類比輸入腳的量測電壓範圍，預設「衰減常數」值為 ADC_11db。

不同的 ESP32 系列晶片，實際的量測（類比輸入）電壓範圍也不同，如表 11-4 所示。

表 11-4

衰減值常數	ESP32	ESP32-S2	ESP32-S3	ESP32-C3
ADC_0db	100 mV ~ 950 mV	0 mV ~ 750 mV	0 mV ~ 950 mV	0 mV ~ 750 mV
ADC_2_5db	100 mV ~ 1250 mV	0 mV ~ 1050 mV	0 mV ~ 1250 mV	0 mV ~ 1050 mV
ADC_6db	150 mV ~ 1750 mV	0 mV ~ 1300 mV	0 mV ~ 1750 mV	0 mV ~ 1300 mV
ADC_11db	150 mV ~ 2450 mV	0 mV ~ 2500 mV	0 mV ~ 3100 mV	0 mV ~ 2500 mV

底下敘述將類比量測電壓上限設為 3.3V（實際上限約 3.1V）；「量測」範圍不等於「輸入電壓上限」，ESP32 的接腳最高允許輸入 3.6V，只是高於量測電位的傳回值都是最高值。

```
analogSetAttenuation (ADC_11db);
```

如果你需要取得類比輸入的實際電壓值，可執行底下這個函式，它將傳回指定接腳的類比輸入 mV（千分之一伏特、毫伏）電壓值：

```
analogReadMilliVolts(類比輸入腳位)
```

11-3 ESP32 的開機模式說明

ESP32 有兩種開機啟動模式：

- SPI 啟動模式：此為預設模式。當啟動或重置 ESP32 之後，晶片會嘗試從快閃記憶體讀取程式碼；此模式也稱為 SPI_FAST_FLASH_BOOT。

- 下載模式：可透過 UART 序列埠或 USB 介面下載程式碼到快閃記憶體或主記憶體（RAM）；此模式也稱為 DOWNLOAD_BOOT。

上文提到設定開機啟動模式的接腳稱為 "strapping" 腳位，ESP32 晶片會在通電或者重置（亦即，EN 腳接地）後，讀取這些接腳的狀態。如果在燒錄程式階段，出現 Wrong boot mode detected（偵測到錯誤的啟動模式）訊息，就代表晶片沒有進入「下載模式」。

上文列舉的 ESP32-S3 開發板都有兩個按鍵：

- Reset 鍵：可能標示成 "RST" 或 "EN"，跟 EN 腳相連，用於重新啟動。

- Boot 鍵：有些標示成 "IO0"，與 GPIO0 相連，此按鍵若先於 Reset 進入低電位，則晶片將進入「下載」模式。

如果開發板沒有自動進入「下載」模式，請按照底下的順序手動操作；這個過程的重點是：**重置時，GPIO0 要處於低電位，並且在重置後至少維持 0.001 秒低電位。**

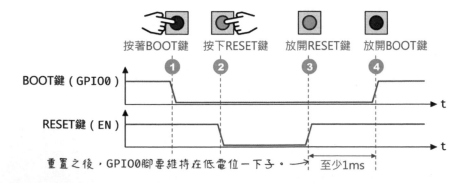

此時，開發板應該會處於「下載模式」。若 ESP32 無法進入下載模式，請
檢查電路是否有連接 GPIO0 或其他導致晶片無法進入下載模式的相關接
腳。

自動切換下載模式的電路與 esptool.py

如果 ESP32 開發板上面有 USB 轉 UART 序列通訊晶片（如：CH340G 或
CP2102N，以下簡稱「橋接器」），這個板子將具有如下自動把開發板切
換成「下載模式」的電路。ESP32 的 EN（Reset）連接上拉電阻，所以
預設處於「高電位」，該腳也接了一個 1μF 電容，這個電容將在進入下
載模式過程中扮演關鍵作用。ESP32 的 GPIO0 接腳內部也連接了一個上
拉電阻，所以 GPIO0 預設也處於高電位。

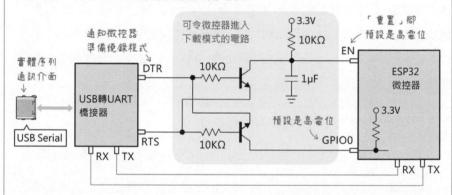

橋接器晶片的 DTR（Data Terminal Ready，數據終端就緒）和 RTS
（Request to Send，發送資料請求）接腳，分別連接兩個電晶體。

下圖是這兩個 NPN 電晶體的等效開關電路，若 DTS 和 RTS 同時輸入
0 或 1，另一端將同時輸出 1，ESP32 不會被重置也不會進入「下載模
式」。

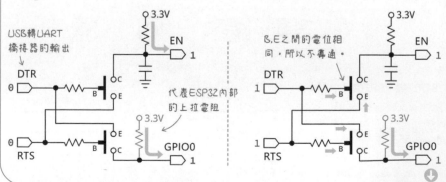

11-14

樂鑫公司為旗下的 ESP32 與 ESP8266 系列微控器，採用 Python 語言開發了一個通訊工具程式 esptool.py（主要用於上傳韌體，原始碼：https://bit.ly/3tEc2Hj）。在程式開發工具（如：Arduino IDE）上傳檔案到 ESP32 時，實際執行任務的程式是 esptool.py。

底下是 esptool.py 模組裡的 reset() 函式，它透過設定「橋接器」晶片的 DTR 和 EN 腳的電位狀態，先重置微控器，然後再從 DTR 腳送出低電位訊號，讓 ESP32 進入「下載模式」。

```
def reset(self):
    self._setDTR(False)  # IO0 設成「高電位」·············①
    self._setRTS(True)   # EN 設成「低電位」，重置晶片····②
    time.sleep(0.1)      # 保持 0.1 秒
    self._setDTR(True)   # IO0 設成「低電位」·············③
    self._setRTS(False)  # EN 設成「高電位」，晶片啟動····④
    time.sleep(self.reset_delay)  # 預設延遲 0.05 秒
    self._setDTR(False)  # IO0=HIGH，結束·················⑤
```

下圖顯示 reset() 函式執行過程，電晶體電路的變化。當 RTS 腳變低電位，微控器的 EN 腳也將變成低電位，重置微控器。接著，DTR 變成低電位，最後再將 RTS 變成高電位（啟動微控器）。

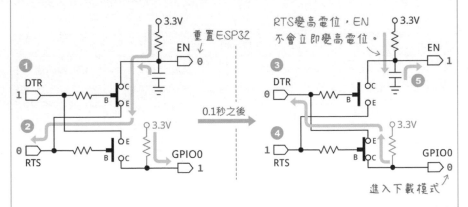

由於 EN 腳連接一個電容，當上面的電晶體斷路時，EN 腳不會立即變成高電位；電源會先向電容充電，等充電到超過邏輯高電位的水平時，EN 腳才會變成高電位，使得晶片進入正常運作狀態。用時序圖來看這個運作過程如下：

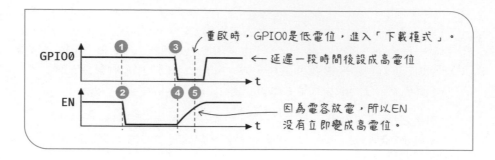

11-4 ESP32 內建的 USB Serial/CDC 序列通訊介面

除了初代 ESP32，C 系列（如：C3 和 C6）與 S 系列（如：S2 和 S3）都有內建 USB 介面。底下是 ESP32-S3 結構的簡化圖，**周邊（Peripheral）**單元顯示它有 **USB OTG** 和 **USB Serial/JTAG** 兩種 USB 介面，ESP32-S2 的完整結構功能介紹，請參閱樂鑫官方簡體版技術文件：https://bit.ly/46MUq9q。

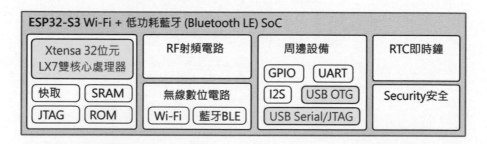

JTAG 是一種硬體除錯介面（參閱第 13 章），**USB Serial 是序列通訊介面，提供開發板上傳程式以及通訊功能。**在 USB 技術規格的功能分類中，具備序列通訊功能的裝置，統稱 **CDC（communications device class，通訊裝置類別）**，例如：UART 序列介面、RS-232 轉接器、數據機…等，所以有些技術文件把 USB Serial 標示為 USB CDC。

底下是 ESP32-C3 結構的簡化圖，它只有一個 **USB Serial/JTAG** 介面、沒有 OTG，完整結構功能介紹，請參閱樂鑫官方簡體版技術文件：https://bit.ly/3RFuEhS。也就是説，ESP32-C3 的 USB 介面僅提供上傳程式、序列通訊和硬體除錯，無法模擬成其他 USB 裝置。

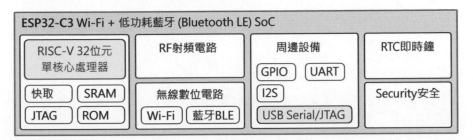

透過 UART 序列介面上傳與傳遞序列資料

ESP32-S3 開發板標示 UART 或 COM 的 USB 介面，因為連接了 UART 橋接器，所以上傳程式以及序列通訊程式的寫法，都跟以往的 ESP32 程式相同。以這個簡單的輸出序列訊息程式為例：

```
void setup() {
  Serial.begin(115200);      // 初始化 UART 序列埠連線
  Serial.println("hello");   // 透過 UART 埠輸出初始訊息
}

void loop() { }
```

上傳程式時，USB 線務必接在標示 UART 或 COM 的插座。

Arduino IDE 的『**工具 / 序列埠**』功能表，必須選擇 UART 介面的埠號、**Upload Mode（上傳模式）**選項，必須選擇 **UART0/Hardware CDC（UART0 或硬體 CDC）**。其他關於 USB 介面的選項，採用預設值即可，例如，**USB CDC on Boot** 選擇 **Disabled**，代表開機時停用 USB CDC 介面，因為目前沒有連接這個介面。

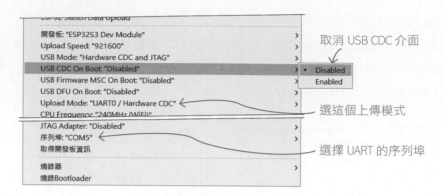

編譯上傳程式,即可在**序列埠監控視窗**看見熟悉的 "hello" 訊息。

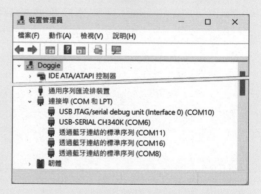

如果 ESP32-S3 開發板的 UART 和 USB 都接上電腦,像這樣(因為我換了開發板,所以序列埠編號也變了):

Windows 會分配兩個序列埠編號給它,從**裝置管理員**可看到 UART 埠分配到 COM6,USB 則分配到 COM10。

如果上傳程式時,**工具**選單的所有選項延續上文的設置,但**序列埠**改成開發板的 USB 介面,像下圖這樣,程式仍可上傳,但開啟**序列埠監控視窗**之前,你必須把序列埠改成 UART 的埠號(此例為 COM6),否則你將看不到 Serial 物件送出的訊息,因為此時的 Serial 物件代表 UART 埠。

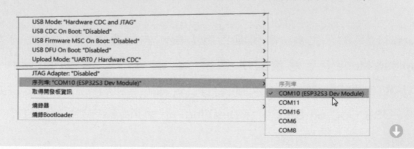

不同的開發板，序列埠的配置可能不一樣，如果你無法透過板子的 USB
埠上傳程式碼，請改接 UART 序列埠，或者手動讓開發板進入燒錄模
式：按著 Boot 鍵不放，按一下 Reset 鍵，再放開 Boot 鍵，並在上傳後
按 Reset 離開燒錄模式。

以 USB CDC 模式輸出序列及錯誤訊息

要採用 ESP32-S3 內建的 USB 介面上傳程式碼，必須設定 Arduino IDE 的
『**工具**』主功能表的這些選項：

● **USB CDC on Boot**（開機時的 USB CDC 介面）：選擇 **Enabled**，代表
  開機時啟用 USB CDC。

● **Upload Mode**（上傳模式）：選擇 **UART0/Hardware CDC**（UART0 或硬
  體 CDC）。

● **USB Mode**（USB 模式）：選擇 **Hardware CDC and JTAG**（USB 模式：
  硬體 CDC 和 JTAG）

● 序列埠：選擇 USB CDC 介面的序列埠，這個序列埠會標示開發板的名
  字。**請注意！**程式上傳完畢後，變成 USB-OTG 模式的 USB 介面，其序
  列埠號（COM 編號）會改變。

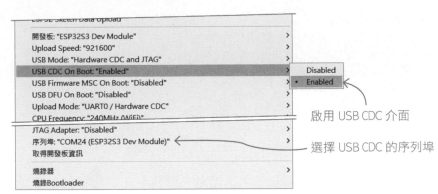

啟用 USB CDC 介面

選擇 USB CDC 的序列埠

這兩個 USB 介面相關選項用不到，所以都設為 **Disabled**（取消）：

● **USB DFU On Boot**：DFU 是 Device Firmware Upgrade（裝置韌體升級）
  的縮寫，讓我們透過 USB 介面升級 ESP32 的韌體。

● **USB Firmware MSC On Boot**：MSC 是 "Mass Storage Class"（大量儲存
  設備類別）的縮寫，讓 ESP32 開發板被電腦看待成 USB 隨身碟。

開機啟用 ESP32-S3 的 USB CDC（序列通訊模式）之後，USB 和 UART 兩個
介面都能進行序列通訊，它們的識別名稱分別是：

● **Serial 物件**代表內建的 USB 介面

● **Serial0 物件**代表 UART 介面

此外，在內建 USB 介面的開發板，如：ESP32-S3 和 Arduino Leonardo，初
始化 USB CDC 序列連線時，需要加上一個等待建立連線的 while 迴圈，否
則，setup() 裡的初始序列訊息通常不會輸出。這個簡單的範例程式將每隔
兩秒在兩個序列介面輸出訊息：

```
#define RGB_PIN 48              // 自訂全彩 LED 的控制腳

void setup() {
  Serial0.begin(115200);    // 初始化 UART 序列埠連線
  Serial.begin(115200);     // 初始化 USB CDC 序列埠連線

  while (!Serial) {         // 等待建立 USB CDC 序列連線
    delay(10);              // 讓時間給 FreeRTOS 處理其他任務
  }
  Serial.println("hello"); // 透過 USB CDC 輸出初始訊息
}

void loop() {
  Serial0.println("輸出到UART的訊息");
  Serial.println("輸出到USB-CDC的訊息");
  neopixelWrite(RGB_PIN, 60, 60, 60); // 亮度 60、白色
  delay(1000);
  neopixelWrite(RGB_PIN, 0, 0, 0);    // 關燈 / 黑色
  delay(1000);
}
```

開發板的 UART 和 USB 插座都接上電腦，程式
同樣透過 UART 上傳。

編譯上傳的執行結果如下，**序列監控視窗**一次只能連接一個序列埠，請分
別選擇序列埠，再開啟**序列監控視窗**。訊息第一行的 "esp32s3-20210327"
是燒錄在 ESP32 晶片內部 ROM 的開機啟動程式的版本名稱和日期，代表
這個 ROM 程式建構於 2021 年 3 月 27 日。

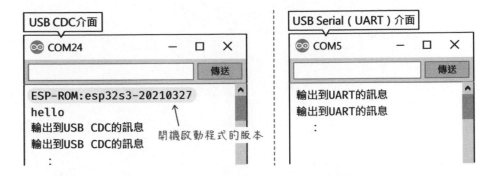

右上圖顯示在 UART 序列埠輸出的訊息（你必須先從 Arduino IDE 的『**工具
/ 序列埠**』選擇 UART 介面的埠口，再 0 開啟**序列監控視窗**）。ESP32 在開
機或重置之後，也會在 UART 序列埠輸出如下的 ROM 版本和快閃記憶體等
訊息：

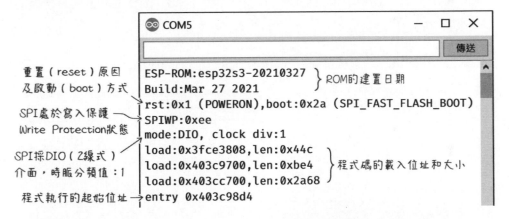

附帶一提，USB CDC 序列埠也能輸出**核心除 . 錯訊息**（Core Debug，參閱
《**超圖解 ESP32 深度實作**》第 2 章），以在 setup() 函式的 "hello" 訊息輸出之
後加入如下的除錯訊息為例：

```
Serial.println("hello");
int counter = 10;
log_i("以USB設成CDC模式");
log_d("counter值:%d", (counter + 10));
```

從 Arduino IDE 的『**工具**』能表的『**Core Debug Level（核心除錯等級）**』
單，選擇 **Debug**，編譯上傳之後，USB CDC 和 UART 序列埠都會輸出如下
的除錯訊息：

```
   :略
[    813][I][Blink_RGB.ino:11] setup(): 以USB設成CDC模式
[    814][D][Blink_RGB.ino:12] setup(): counter值:20
輸出到USB-CDC的訊息
[    825][D][esp32-hal-rmt.c:615] rmtInit():  -- TX RMT - CH 0
- 1 RAM Blocks - pin 48
   :略
```

以 USB OTG 模式輸出序列及錯誤訊息

USB OTG 模式具備模擬人機介面或大量儲存裝置,以及 CDC 序列通訊功能。啟用 OTG 模式並透過它上傳檔案的設定如下:

● **USB CDC on Boot**(開機時的 USB CDC 介面):選擇 **Enabled**,代表開機時啟用 USB CDC。

● **Upload Mode**(上傳模式):選擇 **USB-OTG (TinyUSB)**。

● **USB Mode**(USB 模式):選擇 **USB-OTG CDC (TinyUSB)**。

● 序列埠:選擇 USB CDC 介面的序列埠,這個序列埠會標示開發板的名字。

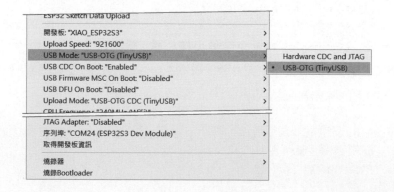

跟上一節的 USB CDC(僅具備序列通訊,不具備人機介面等功能)模式一樣,它的序列通訊物件名稱是 Serial。你可以再次編譯上傳上一節的程式,執行結果相同。

11-5 WS2812 全彩 LED

S3 官方板及其相容板，都內建一個叫做 WS2812 的全彩 LED 晶片；美國電子零組件供應商 Adafruit 將 WS2812 晶片取名為 NeoPixel（霓虹像素）。WS2812 有 4 個接腳，內部有三個 LED 和一個控制晶片，每個 LED 的最大工作電流約 20mA。

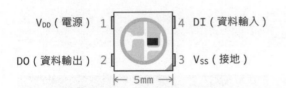

LED	電流	電壓
紅	20mA	1.8~2.2V
綠	20mA	3.0~3.2V
藍	20mA	3.2~3.4V

WS2812 的工作電壓介於 4~7V，通常接 5V。單單接上電源，WS2812 不會發光，因為它的 LED 全都由內部的 IC 控制。底下是兩個 ESP32-S3 開發板的 WS2812 晶片的連接電路，控制接腳不一樣：一個接 38 腳、一個接 48 腳；DOUT（資料輸出）腳都是空接。

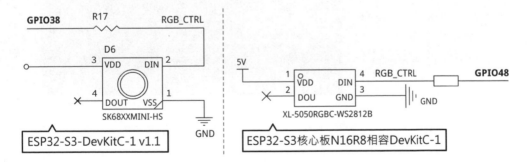

上圖左取自樂鑫的 ESP32-S3-DevKitC-1 v1.1 簡體中文說明文件，其中有 PDF 格式的開發板電路圖（原理圖，https://bit.ly/49z3a4W）。開發板商品的介紹網頁不一定會標示內建 LED 的腳位和類型，像筆者購買的「ESP32-S3 核心板 N16R8」相容板就沒有標示，但賣家有提供電路圖。這兩個開發板的全彩 LED 元件的符號外觀不同，但從元件的接腳以及型號名稱可看出它們是什麼東東。

WS2812 彩色 LED 控制程式

ESP32 Arduino 開發環境內建控制 WS2812 的 **neopixelWrite () 函式**，定義在 esp32-hal-rgb-led.h 檔（原始碼：https://bit.ly/48lpVZY），語法如下，其 4 個參數的型態都是 uint8_t，所以紅、綠、藍值都介於 0~255。

```
neopixelWrite(接腳, 紅色, 綠色, 藍色)
```

例如，底下的敘述將令 38 腳的 WS2812 發出橙光：

```
neopixelWrite(38, 128, 0, 0);        // 發出 50% 亮度的紅色光
neopixelWrite(38, 0xff, 0x99, 0);    // 發出橙色光
```

組成顏色的紅、綠、藍值，可用 Chrome 瀏覽器搜尋 "顏色挑選器"，在調色盤點選你想要的色彩，它就會顯示對應的紅、綠、藍的 16 進位和 10 進位數值。

此調色盤的顏色 16 進位格式為 HTML 語言的 "# 紅紅綠綠藍藍"，請自行把井號改成 C 語言的 "0x" 開頭，像下圖左。假設要從中取出綠色值，可將色彩值右移 8 位元，再跟 0xff 做邏輯 AND 運算，如下圖右。

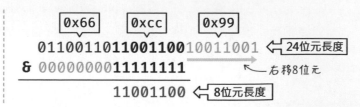

筆者定義一個 uint32_t 型態的 RGBs 陣列，儲存 6 個顏色值：

```
const uint32_t RGBs[] = {0xff6600, 0xff9933, 0x66cc99,
                         0x00cc66, 0x0099ff, 0x9966cc};
```

底下是簡單的全彩 LED 控制程式範例，令 LED 循環點、滅六種不同的色彩。開發板預設的 RGB 燈接腳定義在 RGB_BUILTIN 常數，因筆者採用的是相容板，所以自行定義一個 RGB_PIN 常數。

```
#include <Arduino.h>
const uint8_t RGB_PIN = 38;   // 開發板的 RGB 控制腳，請自行修改
// 定義 LED 的 RGB 色彩
const uint32_t RGBs[] = {0xff6600, 0xff9933, 0x66cc99,
                         0x00cc66, 0x0099ff, 0x9966cc};

uint16_t delay_ms = 1000;     // 延遲毫秒數

// 從 RGBs 陣列，取出指定索引的紅、綠、藍色
void LED_ON(uint8_t index) {
  uint8_t R = (RGBs[index] >> 16) & 0xff;   // 紅色
  uint8_t G = (RGBs[index] >> 8) & 0xff;    // 綠色
  uint8_t B = RGBs[index] & 0xff;           // 藍色
  neopixelWrite(RGB_PIN, R, G, B); // 令 LED 呈現指定的 R, G, B 色彩
}

void LED_OFF() {  // 熄滅 LED；嚴格來說，是令它呈現「黑色」
  neopixelWrite(RGB_PIN, 0, 0, 0);
}

void setup() {
  Serial.begin(115200);
}

void loop() {
  static uint8_t index = 0;  // 色彩索引

  LED_ON(index++);
  delay(delay_ms);  // 延遲一下
  LED_OFF();
  delay(delay_ms);  // 延遲一下
```

```
// 取得 RGBs 陣列大小，若 index 超過陣列大小，將 index 歸 0
if (index >= sizeof(RGBs) / sizeof(RGBs[0])) {
  Serial.println("重頭開始！");
  index = 0;
}
}
```

WS2812 可以串連在一起並且個別控制每個 WS2812 晶片的色彩和亮度。DIY 實驗購買的通常都是已焊接在 PCB 板的 WS2812 LED 模組（以下簡稱彩色 LED 模組），而非單獨的 WS2812 晶片。彩色 LED 模組有不同晶片數量，常見的外觀有矩形、圓環和燈條型式。

WS2812 模組必須透過微控器傳送指令，指揮晶片發光。控制訊號只用一條序列線，每個模組的資料輸出（Data Output, DO）或者訊號輸出（Singal Output, SO），可連接另一個模組的資料輸入（Data Input, DI）或訊號輸入（Signal Input, SI）。與微控器相連的模組，其位址編號為 0，串接在後面的模組位址則依序加 1：

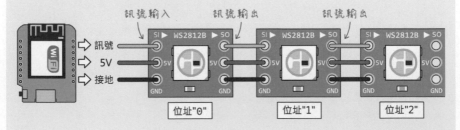

本文採用的 neopixelWrite() 函式只能控制一個 WS2812 LED，若需要控制多個 WS2812 模組，在 Arduino IDE **程式庫管理員**中搜尋關鍵字 "WS2812"，即可找到相關程式庫和範例，例如：支援 ESP32 等多款微控器的 Adafruit_NeoPixel 程式庫（https://bit.ly/3T7rlB9）。

11-6 GPIO Matrix（接腳矩陣）和 pins_arduino.h 檔

解析 ESP32-S2 與 ESP32-S3 開發板

許多微控器的接腳功能是固定的，像 UNO 板的 I2C 介面腳位是 A4（SDA）和 A5（SCL）。ESP32-S2, S3 以及 ESP32-C2, C3 也有預設功能的腳位，但是內部的功能和接腳之間，透過 GPIO matrix（矩陣）和 IO MUX（切換）機制，可將 I2S, I2C, SPI, UART…等功能轉接到指定的腳位，提供周邊硬體設計更大的彈性。

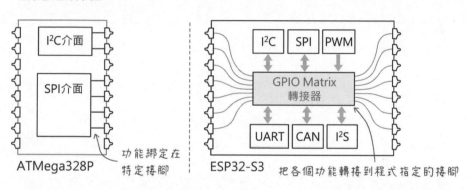

以 I2C 介面為例，底下敘述把 GPIO15 和 16 指定為 I2C 接腳：

```
#define SDA_PIN 15      // 自訂 SDA 腳位
#define SCL_PIN 16      // 自訂 SCL 腳位


void setup() {
    Wire.setPins(SDA_PIN, SCL_PIN); // 設定 I2C 腳位
    Wire.setClock(100000UL);   // 選擇性地設定 I2C 頻率（Hz 單位）
    Wire.begin( );             // 啟用 I2C 連線
    // 上面 3 行可寫成一行：
    // Wire.begin(SDA_PIN, SCL_PIN, 100000UL);
        :略
}
    :略
```

定義接腳功能的 pins_arduino.h 檔

雖然 ESP32-S3 的功能接腳可隨意改變，但仍有預設的腳位，它們都定義在開發板專屬的 pins_arduino.h 標頭檔，而在 Arduino IDE 中，這些標頭檔由 boards.txt 指派使用，這兩個檔案的用途：

- **boards.txt**：列舉 ESP32 開發板的代號、可用記憶體大小、程式燒錄速度…等資料；Arduino IDE『**工具**』主功能表的開發板各種選項，都記錄在 boards.txt 檔。

- **pins_arduino.h**：定義開發板的名稱、內建 LED 的接腳、預設的 I2C 和 SPI 腳位及其他接腳。

在 Arduino IDE 中，ESP32 開發板的 boards.txt 檔位於這個路徑：

- **Windows 系統**：

```
%HOMEPATH%\AppData\Local\Arduino15\packages\esp32\hardware\
esp32\SDK版本\
```

- **macOS 系統**：

```
~/Library/Arduino15/packages/esp32/hardware/esp32/SDK版本/
```

每個開發板都有一個 pins_arduino.h 檔，存放在 variants（直譯為「變體」）資料夾底下，以「開發板變體名稱」命名的子資料夾裡面。

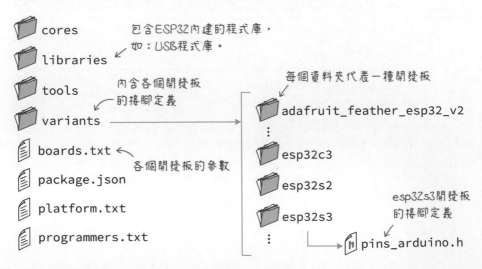

boards.txt 檔案的內容用自訂的「唯一識別名稱」代表開發板,透過底下的語法設定開發板的屬性。此識別名稱可以是任何 ASCII 字元,但不能有空格和 # 號。

呈現在 boards.txt 檔最前面的是樂鑫官方開發板;# 號是註解開頭。

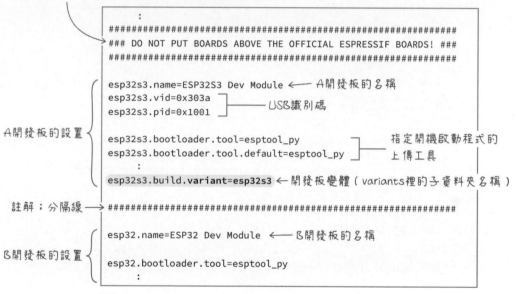

從 中 可 看 到 ESP32 Dev Module 開 發 板 模 組 的 pins_arduino.h 檔,位 於 esp32s3 子資料夾裡面。

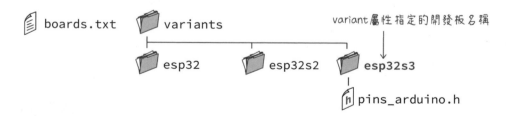

pins_arduino.h 檔案內容

使用 VS Code 或其他文字處理軟體開啟 esp32s3 裡面的 pins_arduino.h 檔，可看到 UART, I2C, SPI 等接腳的定義（註解是筆者加上的）。

```c
#ifndef Pins_Arduino_h
#define Pins_Arduino_h

#include <stdint.h>
#include "soc/soc_caps.h"

#define USB_VID 0x303a       // USB 廠商識別碼
#define USB_PID 0x1001       // USB 產品識別碼


#define EXTERNAL_NUM_INTERRUPTS 46   // 外部中斷腳數量
#define NUM_DIGITAL_PINS        48   // 數位腳數量
#define NUM_ANALOG_INPUTS       20   // 類比輸入腳數量


// 內建的 LED 腳位
static const uint8_t LED_BUILTIN = SOC_GPIO_PIN_COUNT+48;
// SOC_GPIO_PIN_COUNT 常數定義在：https://bit.ly/42Sb731
// 為保持舊版本相容而設的 LED 腳常數
#define BUILTIN_LED  LED_BUILTIN
#define LED_BUILTIN LED_BUILTIN
#define RGB_BUILTIN LED_BUILTIN        // 內建的 RGB 接腳
#define RGB_BRIGHTNESS 64              // RGB 的亮度（0~255）


#define analogInputToDigitalPin(p) \
        (((p)<20)?(analogChannelToDigitalPin(p)):-1)
#define digitalPinToInterrupt(p)   (((p)<49)?(p):-1)
#define digitalPinHasPWM(p)        (p < 46)


static const uint8_t TX = 43;        // UART 序列埠傳送腳
static const uint8_t RX = 44;        // UART 序列埠接收腳


static const uint8_t SDA = 8;        // I2C 資料腳
static const uint8_t SCL = 9;        // I2C 時脈腳
```

```
static const uint8_t SS    = 10;  // SPI 選擇腳
static const uint8_t MOSI  = 11;  // SPI 主出從入腳
static const uint8_t MISO  = 13;  // SPI 主入從出腳
static const uint8_t SCK   = 12;  // SPI 時脈腳

static const uint8_t A0 = 1;      // 類比輸入腳 A0
static const uint8_t A1 = 2;      // 類比輸入腳 A1
 :略
static const uint8_t A19 = 20;    // 類比輸入腳 A19

static const uint8_t T1 = 1;      // 觸控腳 T1
 :略
static const uint8_t T14 = 14;    // 觸控腳 T14

#endif /* Pins_Arduino_h */
```

這個標頭檔還定義了三個巨集，它們主要用於接腳功能較為侷限的開發板，例如 ATmega328 和 ATmega2560 系列的開發板，鮮少用在 ESP32，出現在這裡只是為了維持跟其他 Arduino 程式的相容性。

- **analogInputToDigitalPin()**：把類比腳轉成數位腳。以 Arduino UNO R3 為例，它的 A0~A5 類比輸入腳，等同數位 14~19 腳，在 UNO R3 開發板執行底下敘述的 pinNum 變數值將是 15：

```
byte pinNum = analogInputToDigitalPin(A1);
```

- **digitalPinToInterrupt()**：把數位腳轉成對應的外部中斷編號。ESP32 的所有可用數位腳都具備外部中斷功能，且中斷編號與接腳編號一致，所以不需要執行這個巨集。

- **digitalPinHasPWM()**：確認指定的數位腳具備 PWM 輸出功能，若是則傳回 true。ESP32 的所有可用數位腳都能設置 PWM 輸出，因此不需要執行這個巨集。

採用相同微控器的不同開發板，它們的功能接腳定義可能不一樣，並沒有硬性規定。下表列舉同樣採用 ESP32-S2 的 LOLIN S2 MINI 板（網址：https://bit.ly/3UJ4ewO）和 Adafruit Feather ESP32-S2 板（網址：https://bit.ly/3La1ZPW），它們定義的內建 LED, I2C 和 SPI 都不同。

表 11-5

	LOLIN S2 MINI	Adafruit Feather ESP32-S2
LED_BUILTIN	15	13
I2C	SDA（資料）= 33 SCL（時脈）= 35	SDA = 3 SCL = 4
SPI	SS（選擇）= 12 SCK（時脈）= 7 MOSI（主出從入）= 11 MISO（主入從出）= 9	SS = 42 SCK = 36 MOSI = 35 MISO = 37
I2S	DAC1 = 17 DAC2 = 18	DAC1 = 17 DAC2 = 18

11-7 透過前置處理指令辨別 Arduino 開發板和微控器類型

支援「Arduino 程式」的開發板眾多，微控器型號和功能不一，有時我們需要在同一個程式當中，編寫專屬某一款微控器的程式碼，或者排除某些微控器，像這種情況，就能透過前置指令，配合開發環境提供的微控器或開發板識別常數，略過或選擇編譯部分程式碼。

底下是依據 A4 腳的類比輸入值調整 LED 亮度的程式碼，分別用於 UNO 和 ESP32 開發板。

```
// 用於 Arduino UNO
#define LED_PIN 9 // LED 腳

void setup() {
  pinMode(LED_PIN, OUTPUT);
}

void loop() {
  int val = analogRead(A4);
  // 限縮感測值
  val = map(val, 0, 1024,
            0, 255);
  analogWrite(LED_PIN, val);
}
```

```
// 用於 ESP32
#define LED_PIN 2 // LED 腳
#define BITS 10    // 取樣位元

void setup() {
  pinMode(LED_PIN, OUTPUT);
  analogReadResolution(BITS);
  // PWM 設於通道 0、5KHz、10 位元
  ledcSetup(0, 5000, BITS);
  ledcAttachPin(LED_PIN, 0);
}

void loop() {
  int val = analogRead(A4);
  ledcWrite(0, val);
}
```

Arduino 程式開發環境有提供開發板的識別常數，假設你在 Arduino IDE 的『**工具**』選單選擇 Arduino UNO 開發板，IDE 就會載入該開發板的相關設定和標頭檔，例如，avr/io.h 標頭檔（原始碼：https://bit.ly/48naeS1）包含 __AVR_ATmega328P__ 和其他 AVR 微控器家族的常數定義。

因此，若目標開發板是 Arduino UNO，底下的前置處理條件判斷指令就會成立，進而編譯 #if…#endif 之間的程式敘述。

定義在"avr/io.h"標頭檔裡的微控器常數名稱

```
#if defined( __AVR_ATmega328P__ )
// ATmega328p開發板 ( 如：UNO ) 專屬程式
#endif
```
或
```
#if __AVR_ATmega328P__
// ATmega328p開發板的程式
#endif
```

底下的前置處理指令可判斷目標微控器是否為 AVR 系列：

```
#if __AVR__ || __avr__
// AVR 系列開發板的專屬程式碼
#endif
```

ARDUINO_ARCH_ ○○○和 ARDUINO_ ○○○常數

ARDUINO_ARCH_○○○格 式 的 常 數 代 表 微 控 器 架 構 ("ARCH" 意 旨 "architecture",架構),是架構或系列名稱,例如:

● ARDUINO_ARCH_AVR:AVR 系列微控器

● ARDUINO_ARCH_ESP32:ESP32 系列微控器

● ARDUINO_ARCH_ESP8266:ESP8266 系列微控器

底下兩個片段用於分辨 ESP8266 和 ESP32 開發板:

```
#if ARDUINO_ARCH_ESP8266 || ESP8266
    // ESP8266 開發板的專屬程式碼
#endif

#if ARDUINO_ARCH_ESP32 || ESP32
    // ESP32 開發板的專屬程式碼
#endif
```

ARDUINO_○○○格式的常數代表特定開發板,○○○是紀錄在 boards.txt 檔案裡的 build.board 參數,以 esp32s3 為例,它的參數值是 ESP32S3_DEV:

```
    :
  esp32s3.build.board=ESP32S3_DEV
    :
```

因此,底下的片段只會在 ESP32S3_DEV 開發板編譯執行:

```
#if ARDUINO_ESP32S3_DEV
  Serial.println("這是ESP32S3 DEV開發板");
#endif
```

ESP32 IDF 開發環境提供的微控器識別常數

ESP32 IDF 開發環境定義了 CONFIG_IDF_TARGET_○○○格式的常數來區分目標微控器,其中的○○○代表微控器名稱,範例程式片段如下:

```
#if CONFIG_IDF_TARGET_ESP32
   // ESP32 開發板專屬的程式碼
#elif CONFIG_IDF_TARGET_ESP32S3
   // ESP32-S3 開發板專屬的程式碼
#elif CONFIG_IDF_TARGET_ESP32S2
   // ESP32-S2 開發板專屬的程式碼
#endif
```

這些常數都定義在 sdkconfig（開發工具設置）檔，每個 ESP32 晶片類型的開發環境都有一個 sdkconfig 檔，它在 Arduino IDE 工具的預設安裝路徑如下：

● Windows 系統

```
%HOMEPATH%\AppData\Local\Arduino15\packages\esp32\hardware\
esp32\版本\tools\sdk
```

● macOS 系統：

```
~/Library/Arduino15/packages/esp32/hardware/esp32/SDK版本/
tools/sdk
```

sdk 目錄包含所有 ESP32 系列微控器的「開發設置檔」：

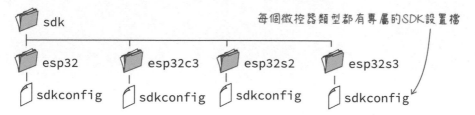

底下是 ESP32-C3 和 ESP32-S3 的 sdkconfig 的片段，可看到各自定義的 CONFIG_IDF_TARGET_○○○常數。

CONFIG_IDF_TARGET_ARCH_RISCV=y 晶片架構是RISCV	**CONFIG_IDF_TARGET_ARCH_XTENSA**=y 晶片架構是XTENSA
CONFIG_IDF_TARGET="esp32c3" 晶片名稱	**CONFIG_IDF_TARGET**="esp32s3" 晶片名稱
CONFIG_IDF_TARGET_ESP32C3=y 晶片名稱是ESP32C3	**CONFIG_IDF_TARGET_ESP32S3**=y 晶片名稱是ESP32S3
ESP32C3的sdkconfig檔	ESP32S3的sdkconfig檔

依不同微控板類型編譯的程式

底下是合併 UNO 和 ESP32 版本的調光器程式碼，程式開頭必須先引用
Arduino.h 標頭檔，否則編譯器會找不到識別開發板的常數。

```
#include <Arduino.h>      // 必須引用這個標頭檔
#if __AVR_ATmega328P__
  #define LED_PIN 9       // 僅用於 ATmega328P 開發板
#elif CONFIG_IDF_TARGET_ESP32
  #define LED_PIN 2       // 僅用於 ESP32 開發板
  #define BITS 10
#endif

void setup() {
  pinMode(LED_PIN, OUTPUT);
  #if CONFIG_IDF_TARGET_ESP32
    analogReadResolution(BITS); // 10 位元寬度
    ledcSetup(0, 5000, BITS);    // 設定 PWM，通道 0、5KHz、10 位元
    ledcAttachPin(LED_PIN, 0);   // 指定內建的 LED 接腳成 PWM 輸出
  #endif
}

void loop() {
  int val = analogRead(A4);
  #if __AVR_ATmega328P__
    val = map(val, 0, 1024, 0, 255);
    analogWrite(LED_PIN, val);
  #elif CONFIG_IDF_TARGET_ESP32
    ledcWrite(0, val);
  #endif
}
```

補充說明，若希望在編譯階段發現目標微控器跟預期不符時，停止編譯主
程式，可以使用 #error 前置指令，停止編譯並顯示錯誤訊息，像這樣：

```
#include <Arduino.h>
#if CONFIG_IDF_TARGET_ESP32
  // ESP32-S2 開發板專屬的程式碼
#else
  #error "這不是ESP32！"   // 停止編譯並在終端機顯示 "這不是ESP32！"
#endif
```

12

使用 PlatformIO IDE 開發 Arduino 專案

PlatformIO IDE（以下簡稱 PIO，"platform" 代表「平台」）是一款免費的微控制板整合開發環境，支援（但不限於）Arduino 程式語言和程式庫，比 Arduino IDE 支援更多開發板和平台（程式開發環境），提供更多功能和靈活性。

Arduino IDE（尤其是 1.x 版）的操作介面比較友善，適合初學者或業餘愛好者；PIO 並不是一個獨立的軟體，而是 VS Code 的一個**延伸模組**。初次接觸 PIO 的使用者可能需要一點時間適應它的英文操作介面、參數設定檔、資料夾結構…等，但有多年程式開發經驗的使用者會對 PIO 豐富的功能愛不釋手，再加上 VS Code 整合的各種延伸模組，如：AI 助手，讓程式開發事半功倍、如虎添翼，資深專業創客，絕對要會活用 PIO。

12-1 安裝 PlatformIO IDE

在 VS Code 的**延伸模組**中搜尋 "platformio" 關鍵字，即可找到並安裝 PlatformIO IDE。

1 點擊**延伸模組**　**2** 搜尋 "platformio"　**3** 點擊**安裝**

安裝完畢後，左側工具列將新增一個圖示（以下稱為 **PIO 圖示**），點擊 **Reload Now**（立即重載），VS Code 當中就會嵌入一個 PIO 編輯器。

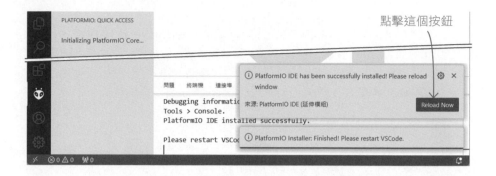

這個編輯器是英文介面，但操作簡單，所以不用太在意。PIO 主畫面左邊有一排工作列圖示，下文將會介紹它們。

若 PIO 主畫面沒有出現，請點擊 **PIO** 圖示，然後點擊 **QUICK ACCESS**（快速存取）裡的『**PIO Home（主頁）/Open（開啟）**』：

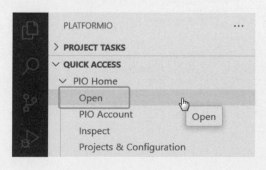

在安裝 PIO 過程中，它會自行安裝微軟開發的 C/C++ 延伸模組，因為 Arduino 語言本質就是 C/C++ 程式。這個延伸模組提供 C/C++ 程式指令提示、自動完成拼寫、除錯…等功能。第 4 章安裝的 AI 助手（Codeium），也會在我們編寫 Arduino 程式的時候及時提供建議。

早期的 PIO 工具還需要我們自行安裝 Python 語言的執行環境，現在它自帶 Python，不用再安裝。

PlatformIO IDE 的動手做實驗說明

本章將使用 PIO 開發工具製作具備下列功能的 ESP32 實驗：

- 透過 Wi-Fi 連線到無線路由器。

- 在 OLED 顯示器呈現 ESP32 的 IP 位址。

- 當用戶端瀏覽器連線到 ESP32 時，傳遞靜態網頁給用戶。

- 當腳 27 的開關被按下時，每隔 500ms 閃爍 LED 三次。

本章的實驗材料：

ESP32 開發板（筆者採用 LOLIN ESP32）	1 塊
0.96 吋 OLED 顯示器	1 個
微觸開關	1 個

實驗電路麵包板接線如下：

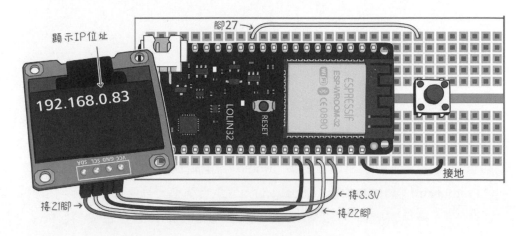

這是使用者連線到此 ESP32 開發板的網頁畫面：

從這個簡單的例子可以學習到如何在 PIO 中：

● 設置開發環境，包括：選擇開發板與編譯平台、設定上傳檔案的序列
埠、序列通訊的傳輸速率⋯等。

● 安裝第三方程式庫。

● 建立與儲存自訂的程式庫檔案。

● 寫入檔案到 ESP32 的快閃記憶體 SPIFFS 分區。

● 編譯與上傳程式、操作**序列監控視窗**。

12-2 新建 PlatformIO 專案

用 Arduino IDE 開發軟體，一打開編輯器就能直接在文件中編寫程式；用 PIO 開發軟體，則要先建立**專案（project）**。

點擊 PIO 主頁上的 New Project（新建專案）後，請在如下的 Project Wizard（專案助手）面板填寫**專案名稱（Name）**、選擇**開發板（Board）**、**框架（Framework）**和**儲存位置（Location）**。專案名稱僅允許字母、數字、底線（_）、連字符號（-）和點（.）；專案檔的預設儲存路徑位於 "文件\PlatformIO\Projects\ 專案名稱"。

```
Project Wizard                                          ×

This wizard allows you to create new PlatformIO project or update existing. In the last
case, you need to uncheck "Use default location" and specify path to existing project.

    Name:   [ ESP32_web ]  ←── 自訂專案名稱

    Board:  [ WEMOS LOLIN D32 ]  ←── 開發板         ∨

    Framework:  [ Arduino ]  ←── 框架                ∨

    Location:  ☑ Use default location ⑦
                │
                └── 採用預設的儲存位置

                                      [ Cancel ]  [ Finish ]
```

> ESP32 開發板的款式眾多，如果你的開發板不在清單裡面，請選擇一個規格相似的板子，或者編輯或新增 **Board** 選單內容，請參閱第 13 章說明。

設定完畢後，點擊 **Finish（完成）**，請等待一段時間讓它下載並安裝 ESP32 Arduino 開發工具（檔案大小約 1.1GB）。開發工具（框架）儲存路徑位於使用者家目錄的 ".platformio/packages" 裡面，跟專案檔的存放位置不同；框架可讓不同的專案檔使用，僅需下載一次。

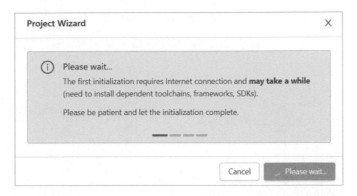

專案開發環境準備就緒時，VS Code 的檔案總管將呈現一個**未命名的工作區**，裡面包含新建專案的專屬資料夾。

此專案的檔案結構　　屬於 PIO 的圖示工具列　　專案範例　　開啟專案

先簡單看一下專案資料夾的組成結構：

使用 PlatformIO IDE 開發 Arduino 專案

12-7

相較於下圖的傳統 Arduino 檔案結構，PIO 專案看起來頗複雜，但其實最常接觸的只有 src 資料夾裡的 main.cpp 主程式檔，以及 platformio.ini 專案環境設定檔。

專案資料夾和主程式檔同名 → ESP32_web
副檔名是.ino → ESP32_web.ino
僅用於此專案，下文將把它改名為 sw.hpp。 button.hpp
libraries
所有Arduino專案共用的程式庫 → U8g2

> 單元測試是一種透過編寫和執行小測試，來檢查程式碼的各個元件或模組的行為，驗證程式碼的功能和品質的方法，請參閱第 12 章說明。

VS Code 中的工作區是在 VS Code 視窗中開啟的一個或多個資料夾的集合，一個資料夾代表一個專案。PIO 預設會把新建的 PIO 專案放入「未命名」工作區，如果關閉 VS Code 時看到以下交談窗：

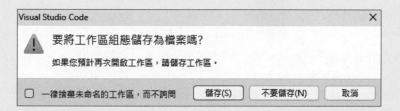

只要選取**不要儲存**即可，因為工作區最大的作用是整合不同資料夾內的個別專案，但我們建立的專案都是以單一資料夾為主，並不需要工作區。

認識 platformio.ini 專案參數設定檔

專案開發環境建立完成時，VS Code 會自動開啟 platformio.ini 檔，其內容是 PIO 依據此專案選定的開發板和框架自動生成的，分號（;）開頭的文字是 註解。

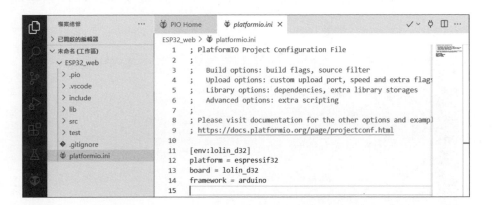

[env: 識別名稱] 格 式 的 敘 述 定 義 了「 環 境 設 定 」 名 稱（"env" 是 "environment"，「環境」的縮寫），其作用相當於替這些參數設定取個名字。**識別名稱僅允許小寫字母、數字、底線和連線（-）符號**，預設採用開發板 的名字，但是你也可以改用其他名字，例如：〔env:esp32〕。

這個 .ini 檔指出此專案的開發環境的平台是樂鑫提供的 espressif32、開發板 是 WEMOS LOLIN D32（實際參數值是**開發板的唯一識別碼 "lolin_d32"**，參 閱第 12 章說明）、程式開發框架是 arduino。

```
環境設定識別名稱 ⟶   [env:lolin_d32]
          平台 ⟶   platform = espressif32
        開發板 ⟶   board = lolin_d32
          框架 ⟶   framework = arduino
```

除了這些，稍後還會看到序列埠名稱、傳輸率和程式庫名稱等參數設定。 這個 .ini 文件可以先關閉，暫時不用理它。

12-3 認識 PlatformIO 的操作介面

PIO 的程式編輯器就是 VS code，它的介面大致可分為五個區塊：

狀態列包含編譯和上傳等常用功能，以及顯示控制板所在的序列埠、編輯器中的文字插入點位置⋯等資訊。

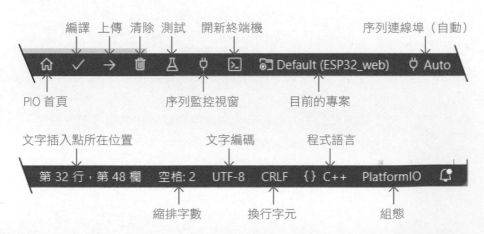

程式編輯器視窗的右上角，也有開啟**序列監控視窗**圖示，以及**編譯**（**Build**）、**上傳**（**Upload**）、**測試**（**Test**）和**清除**（**Clean**）功能表，功能跟狀態列的按鈕一樣。

12-4 替專案加入第三方以及自訂程式庫

本章範例會用到驅動 OLED 顯示器的 u8g2 程式庫，以及提供 HTTP 網站伺服器功能的 ESPAsyncWebServer 程式庫。PIO 有四種存取程式庫的方式：

- 從它的 **Libraries**（**程式庫**）工具頁面搜尋並安裝（類似 Arduino IDE 的**程式庫管理員**功能）。

- 把程式庫資料夾複製到專案的 lib 資料夾。

- 把程式庫存在系統的全域 lib 資料夾。

- 引用 Arduino IDE 既有的程式庫。

PIO 預設不會存取 Arduino IDE 的 "文件 /libraries" 程式庫檔案，所以即使之前你已經在 Arduino IDE 安裝過這些程式庫，仍需在 PIO 中安裝它們。

本文先介紹第一種，也是最常用的安裝方式。請點擊 PIO 左側**工具**面板的 **Libraries**（**程式庫**），搜尋 "u8g2"，然後點擊符合條件程式庫名稱：

代表找到 24 個結果

點擊程式庫名稱

此程式庫的簡介

支援的開發板

這個頁面顯示程式庫簡介、版本、範例檔、更新日誌（Changelog）、更新
（Updates）…等訊息。

日後可點擊 Updates
更新程式庫

選擇版本

可瀏覽不同範例
檔的下拉式選單

範例程式碼

點擊 **Add to Project**（新增至專案），然後在底下這個畫面選擇專案名稱：

目前選擇的程式庫和版本

1 選擇要加入此程式庫的專案　　　　　　2 按下 Add（新增）

每次新增第三方程式庫，PIO 會自動在 platformio.ini 檔新增 **lib_deps 參數**（代表 **"libraries dependents"，相依的程式庫**）以及程式庫名稱，像這樣：

```
[env:lolin_d32]
platform = espressif32
board = lolin_d32
framework = arduino
monitor_speed = 115200
lib_deps = olikraus/U8g2@^2.35.8
```

程式庫的版本編號

底下是 lib_deps 第三方程式庫的設置語法：

插入號

`lib_deps = olikraus/U8g2@^2.35.8` ⟵ 提供者/程式庫名稱@版本

版本編號採用三個編號數字中間加上點（.）組成的 SemVer 語法（http://semver.org/）表示，這些數字代表的意義如下：

主版號．次版號．修訂號

不相容的API改動　　　向下相容的新增功能　　　修正錯誤（bug）

以蘋果的 iOS 系統為例，iOS 17.0.0 是 iOS 16.x 之後的重大改版，iOS 17.0.1 則是 iOS 17 的錯誤（bug）修正版，沒有新增功能。由於不同「主版號」（如：1.x 和 2.x 版）程式庫的程式語法不甚相容，為了確保專案程式能順利執行，程式庫的版本編號前面通常加上插入號（^），例如："^2.35.8"，這代表將來即使出現最新的 3.x 版，此專案仍只會安裝 2.x 版。版本編號前面也可以加入代表最低版本需求的波浪號（~），或者不加任何符號。

`lib_deps = olikraus/U8g2@2.35.8` ➡ 不管是否有新版，就是安裝2.35.8版

`lib_deps = olikraus/U8g2@^2.35.8` ➡ 2.x最新相容版

`lib_deps = olikraus/U8g2@~2.35.8` ➡ 2.35.x最新修正版

第三方程式庫的實際安裝路徑位於此專案資料夾的 libdeps 子資料夾裡面：

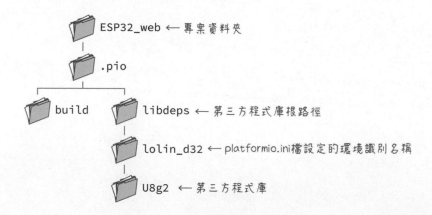

ESP32_web ← 專案資料夾

.pio

build　　　libdeps ← 第三方程式庫根路徑

lolin_d32 ← platformio.ini檔設定的環境識別名稱

U8g2 ← 第三方程式庫

按照同樣的方法，新增建立 Web 伺服器的 ESPAsyncWebServer 程式庫：

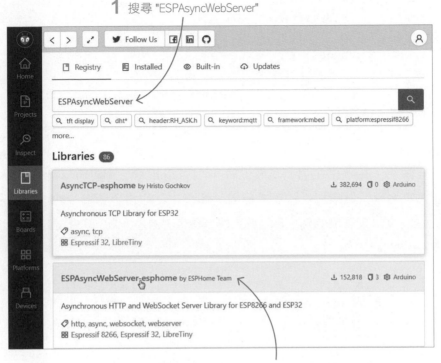

1 搜尋 "ESPAsyncWebServer"

2 點擊這一個,再選擇安裝到目前的專案

安裝完畢後,畫面可能會出現如下的安裝成功訊息,請按下 **OK** 確認。

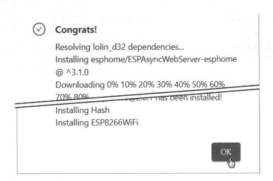

platformio.ini 檔的 lib_deps 參數會自動加入剛才新增的第三方程式庫資訊,
每個程式庫在 lib_deps 參數中單獨寫成一行,前面用 Tab 鍵縮排。

```
[env:lolin_d32]
platform = espressif32
board = lolin_d32
framework = arduino
monitor_speed = 115200
lib_deps =
    olikraus/U8g2@^2.35.8
    esphome/ESPAsyncWebServer-esphome@^3.1.0
```

補充說明，在網路上看到的程式庫，也可以透過在 platformio.ini 中加入程式庫名稱（與選擇性的版本編號）和網址。以匯入解析 JSON 訊息的 ArduinoJSON 程式庫為例，輸入底下的參數值並存檔，PIO 就會自動下載指定的程式庫。

lib_deps =   版本編號可不寫，預設引用最新版。
縮排→ ArduinoJson@7.0.3
        https://github.com/bblanchon/ArduinoJson
            程式庫的原始碼網址

加入自訂程式庫

自己編寫的程式庫，請存入專案資料夾的 lib 路徑。我們可以在系統的檔案總管中，把之前寫過的「中斷按鍵開關」類別檔及其資料夾，複製到此專案的 lib（程式庫）資料夾。為了便於書本版型編排，筆者把 button.hpp 檔重新命名為名稱較簡短的 sw.hpp，程式檔位於本章範例資料夾。

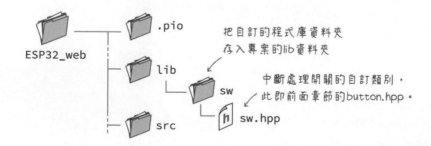

或者把程式庫資料夾（此例的 sw），從外面拖入 VS Code 的檔案總管理的 lib 路徑。底下則是新增資料夾和檔案，再貼入程式原始碼的步驟。

1 開啟檔案總管　　3 新增資料夾

2 點擊 lib

4 輸入 sw

5 新增檔案

6 命名成 sw.hpp

自訂的程式庫資訊，不會出現在 platformio.ini 裡面。點擊 sw.hpp 檔，在開啟的程式編輯視窗中貼入本章範例檔 sw.hpp 的內容。隨後，VS Code 將用紅點、紅色檔名、紅色曲線、狀態列…等，提示程式碼有錯誤。

此紅色檔名顯示程式有 9 個以上錯誤　　這是程式碼縮略圖，可點擊或拖曳以快速瀏覽程式碼

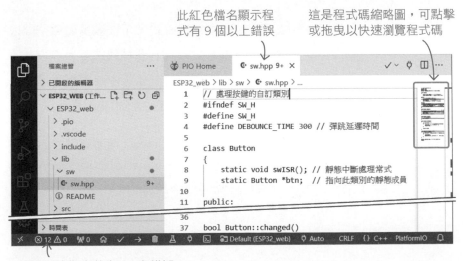

這裡明確指出共有 12 處錯誤

程式出錯的原因是這個原始碼引用了 Arduino 專屬函式和常數，如：pinMode()、millis()、attachInterrupt()⋯等。解決這個錯誤的辦法是在程式開頭引用 Arduino.h 標頭檔。請在 sw.hpp 第一行輸入 "#include <Arduino.h>"，VS Code 程式編輯器具備「程式碼提示功能」，所以當你敲入前幾個字元，它就會提示你相關指令，你只要按下 Enter 鍵，就能自動填入目前的備選字：

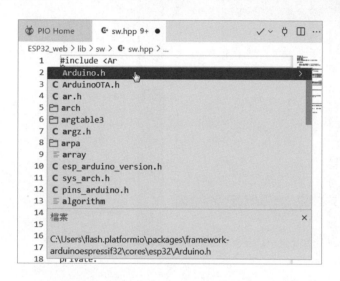

引用 Arduino.h 標頭檔之後，程式就沒有錯誤了。

全域程式庫

Arduino IDE 採共享第三方程式庫給所有專案的方式，可以減少磁碟空間浪費，也方便統一管理所有程式庫，這種程式庫稱為**全域程式庫**。但程式庫跟程式語言都有版本的區別，某些程式庫可能在更新版本時改變了函式呼叫格式（也就是「函式簽名」），導致呼叫該函式的主程式要跟著修改。

工程界有一句名言：**如果沒有壞，就不要修**。PlatformIO 推薦專案各自管理程式庫（如下圖右），避免相容性和維護的問題。但你要把程式庫分享給所有專案使用，也是可以的，只是 PIO 不建議這麼做。

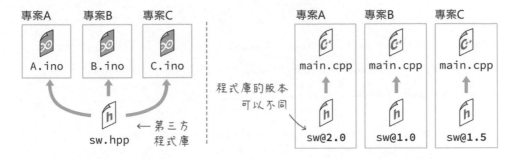

使用者家目錄裡面有個 .platformio 資料夾，以 Windows 系統為例，此路徑是 %HOMEPATH%\.platformio，其內容如下，請在這裡面新增一個儲存「全域程式庫」的 lib 資料夾。

你可以把現有的 Arduino 程式庫，複製或移入 lib 資料夾，即可分享給 PIO 開發環境的所有 Arduino 程式專案使用。例如，把 sw.hpp 程式庫移入這裡：

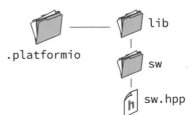

若刪除目前專案裡的 lib 資料夾當中的 sw.hpp 程式庫，main.cpp 程式則會存取全域的 sw.hpp，下文〈查看函式和其他識別字的出處〉一節將說明如何得知引用的程式庫來源。

使用 Arduino IDE 既有的程式庫

雖然 PIO 不建議，但我們仍可使用 Arduino IDE 既有的程式庫，也就是位於 "文件 /Arduino/libraries" 路徑裡的程式庫。辦法是在 platformio.ini 檔，加入 **lib_extra_dirs 參數**：

```
lib_extra_dirs = ~/Documents/Arduino/libraries
```
程式庫的附加目錄　　　　　　使用者家目錄裡的「文件」資料夾

像底下這樣，PIO 會在編譯時，於附加目錄中找尋指定的程式庫。

```
[env:lolin_d32]
platform = espressif32
board = lolin_d32
framework = arduino
; 引用 ArduinoIDE 既有的程式庫
lib_extra_dirs = ~/Documents/Arduino/libraries
```

編譯程式時，VS Code 右下角可能出現如下的 CMake Tools 訊息，CMake 是編譯（建置）C/C++ 程式碼的工具軟體，請點擊**現在不要**，採用工具的預設值即可。

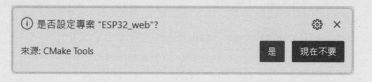

調整程式碼的自動編排格式

儲存程式碼時，VS Code 會自動美化程式的編排格式。左下是筆者輸入的程式碼（這種程式編排樣式稱為 Google 風格），右下則是存檔後，VS Code 採用預設的樣式規則重新編排的樣子（Visual Studio 風格）：

左大括號排在新行開頭

```
void OLED(IPAddress ip) {
  u8g2.firstPage();
  do {
    u8g2.setCursor(0, 16);
    u8g2.print(ip.toString());
  } while (u8g2.nextPage());
}
```

```
void OLED(IPAddress ip)
{
  u8g2.firstPage();
  do
  {
    u8g2.setCursor(0, 16);
    u8g2.print(ip.toString());
  } while (u8g2.nextPage());
}
```

每個區塊階層縮排2個空白字元

上面兩種程式碼編排風格各有擁護者，若你偏好左邊的 Google 風格，可按照下列步驟修改 VS Code 的編排樣式：

1 從主功能表選擇『**檔案 / 喜好設定 / 設定**』。

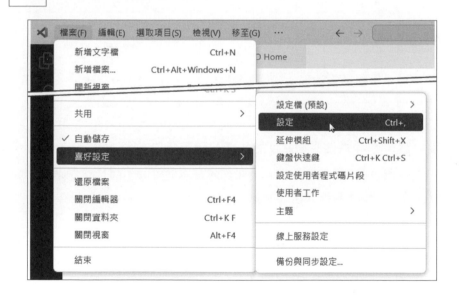

2 在「設定」頁面搜尋 "clang_format_fallbackStyle" 格式化樣式，將預設的 "Visual Studio" 改成 "Google"（預設縮排 2 字元）或 "{ BasedOnStyle: Google, IndentWidth: 2 }"。"IndentWidth" 即「縮排字數」，通常設為 2 或 4。

將此樣式值改為 "Google" 風格

修改之後，VS Code 會自動儲存。回到 main.cpp 程式檔再次存檔，程式碼就會以 Google 風格重新編排。

12-5 在快閃記憶體 SPIFFS 分區 儲存網頁檔案

本章的實驗專案需要在 ESP32 的快閃記憶體儲存網頁文件（HTML 和圖檔）；即將寫入 SPIFF 分區的檔案，必須先存入專案的 data 子資料夾，這個資料夾可先在作業系統的檔案總管建立好。

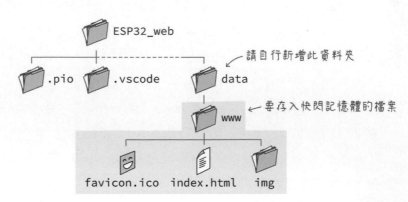

或者，在 VS Code 中新增 data 資料夾：

1 點擊**檔案總管**　**3** 點擊新增資料夾

2 點擊專案名稱　**4** 命名成 "data"　**5** 從外部把 www 資料夾拖入 data

資料夾準備完成，還要將它編譯成**檔案系統映像檔**（Filesystem Image）
格式，請點擊『**PIO 介面 /PROJECT TASKS（專案任務）/ 專案名稱
（lolin_d32）/Platform（平台）/Build Filesystem Image（產生檔案系統映
像檔）**』。

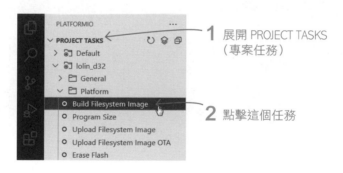

1 展開 PROJECT TASKS
（專案任務）

2 點擊這個任務

在筆者的電腦上第一次產生映像檔時，PIO 的「終端機」顯示無法開啟映
像檔錯誤。

重新執行一次產生映像檔的工作命令就成功了。

最後，把 ESP32 開發板接上電腦的 USB 埠，執行 **Platform（平台）/ Upload Filesystem Image（上傳檔案系統映像檔）**。PIO 會自動找尋 ESP32 所在的序列埠、下載並安裝寫入快閃記憶體所需的工具軟體，然後寫入映像檔。

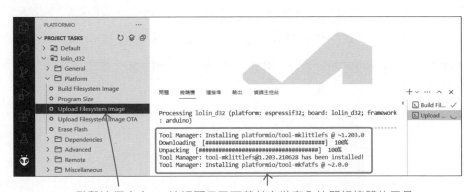

點擊這個命令　　這裡顯示已下載並安裝寫入快閃記憶體的工具

底下是寫入 data 資料夾到快閃記憶體成功的訊息：

12-6 設定序列埠

PIO 開發環境的序列埠連線預設為 **auto（自動）**，代表它會逐一偵測目前連接的序列埠裝置是否為目標開發板，如果電腦連接了數個序列通訊裝置，會花費較長的時間辨識；若同時連接了兩個相同的開發板，你就得手動指定序列埠。

點擊 PIO 介面的 **Devices（裝置）**，可看到目前連線的所有序列通訊裝置。

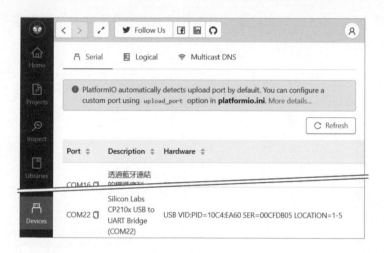

點擊 VS Code 狀態列的序列連線名稱（Auto），可從上方的**命令面板**（**Command Palette**）欄位選擇序列連接埠。

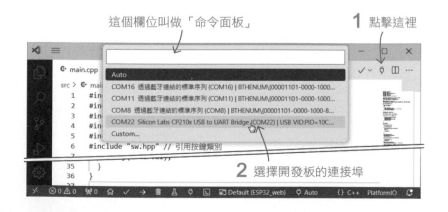

指定連接埠之後，狀態列將顯示連接埠名稱（如：COM22）。

透過 PIO 的選單編輯 platformio.ini 內容

我們可以在 platformio.ini 檔指定上傳韌體以及**序列監控視窗**的連接埠，除了自行敲入參數名稱和參數值，也可以從選單點選。

點擊 PIO 介面的 **Projects（專案）**，它將列舉所有專案（目前只有一個）。從這個介面可加入現有的專案、新增專案、搜尋專案或者設置專案（等同手動編輯 platformio.ini 檔）。

先替 ESP32_web 專案設定簡短的描述，請點擊鉛筆圖示，並輸入 " 在OLED 顯示 IP 位址的 Web 伺服器 " 描述文字。

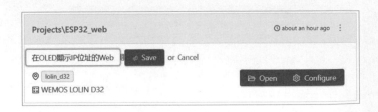

按下 **Save** 儲存說明文字，接著按下 **Configure（設置）**準備指定上傳（燒錄）程式的序列埠。

PIO 將會切換到如下的畫面，其中的每個欄位都是 platformio.ini 當中的既有參數及其值。從 **New Option（新增選項）**的下拉選單，可輸入或選擇其他可用的參數，例如 **upload_port（上傳埠口）**。

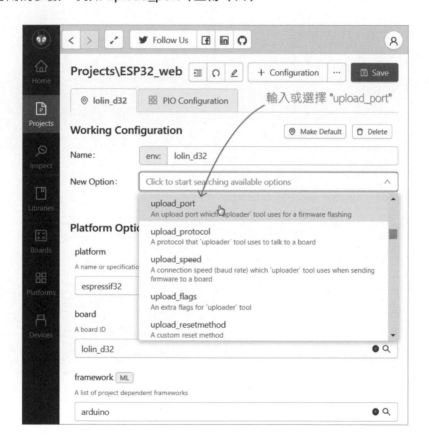

PIO 將顯示 upload_port 的設定選項，你可以直接輸入或選擇 ESP32 開發板的連接埠。

此下拉選單將列舉所有可用連接埠

設定完畢後，按下頁面頂部的 **Save（儲存）**：

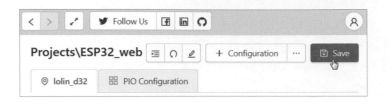

PIO 將 提 醒：platformio.ini 內容將會被改寫，請點擊 **Save（儲存）**確認。

PIO 隨即開啟 platformio.ini 檔，顯示剛才寫入的內容。從中可看到它新增了專案描述和「上傳埠口」兩個參數。若將來連接埠變了，你可以直接修改這裡的值。

```
[env:lolin_d32]
platform = espressif32   ; 平台
board = lolin_d32        ; 開發板
framework = arduino      ; 程式框架
lib_deps =
  olikraus/U8g2@^2.35.8
  esphome/ESPAsyncWebServer-esphome@^3.1.0
upload_port = COM22      ; 指定上傳埠口

[platformio]
description = 在OLED顯示IP位址的Web伺服器  ; 專案簡介
```

補充説明，你可以直接刪除 platformio.ini 檔當中不再需要的參數設定，或者從 **Projects（專案）**頁面刪除，以刪除 upload_port 為例，進入 **Configure（設置）**畫面，點擊參數欄位的 ⊗，再按 **Save（儲存）**即可刪除該參數設定。

此外，platformio.ini 檔可包含多組環境設定，例如，底下內容包含兩個開發板的環境設定，但絕大多數情況只會設定一個開發板。

```
[env:lolin_d32]  ; WEMOS LOLIN D32 板的環境設定
platform = espressif32
board = lolin_d32
upload_port = COM22


[env:uno]         ; Arduino UNO 板的環境設定
platform = atmelavr
framework = arduino
board = uno
upload_port = COM9
```

12-7 在 PIO 中編譯與上傳程式

底下是簡易的 Web 伺服器原始碼，它將在**序列監控視窗**和 OLED 顯示 IP 位址；按下腳 27 的開關，它會閃爍 3 次 LED。

```cpp
#include <Arduino.h>
#include <ESPAsyncWebServer.h>
#include <SPIFFS.h>
#include <U8g2lib.h>
#include <WiFi.h>


#include "sw.hpp"  // 引用按鍵類別


const int8_t LED_PIN = 5;  // 開發板的 LED 腳
const char *ssid = "你的Wi-Fi名稱";
const char *password = "你的Wi-Fi密碼";
```

```
Button btn(27);     // 按鍵在 27 腳
U8G2_SSD1306_128X64_NONAME_1_HW_I2C u8g2(U8G2_R2,
                                          U8X8_PIN_NONE);

void OLED(IPAddress ip) {
  u8g2.firstPage();
  do {
    u8g2.setCursor(0, 16);
    u8g2.print(ip.toString());   // 顯示 IP 位址
  } while (u8g2.nextPage());
}

AsyncWebServer server(80);

// 閃爍 LED
void blink(int times = 2, int interval = 500) {
  for (int i = 0; i < times; i++) {
    digitalWrite(LED_PIN, HIGH);
    delay(interval);
    digitalWrite(LED_PIN, LOW);
    delay(interval);
  }
}

void setup() {
  Serial.begin(115200);
  pinMode(LED_PIN, OUTPUT);

  if (!SPIFFS.begin()) {
    Serial.println("無法掛載SPIFFS");
    while (1) {
      delay(50);
    }
  }

  WiFi.mode(WIFI_STA);
  WiFi.begin(ssid, password);
  Serial.println("");

  while (WiFi.status() != WL_CONNECTED) {
```

```
    Serial.print(".");
    delay(500);
  }
  Serial.print("IP位址 : ");
  Serial.println(WiFi.localIP());      // 顯示 IP 位址

  server.serveStatic("/", SPIFFS, "/www/")
       .setDefaultFile("index.html");
  server.serveStatic("/img", SPIFFS, "/www/img/");
  server.serveStatic("/favicon.ico", SPIFFS,
                     "/www/favicon.ico");

  btn.begin();                          // 初始化按鍵
  u8g2.begin();                         // 初始化顯示器
  u8g2.setFont(u8g2_font_8x13B_mf);     // 採 13 像素高字體
  OLED(WiFi.localIP());                 // 顯示 IP 位址

  server.begin();  // 啟動網站伺服器
  Serial.println("HTTP伺服器開工了～");
}

void loop() {
  if (btn.changed()) {   // 「啟動」鍵被按下了嗎？
    blink(3, 500);
  }

  if (Serial.available()) {
    int val = Serial.parseInt();

    if (val > 0) {
      val = constrain(val, 1, 10);
      Serial.printf("閃爍 %d 次\n", val);
      blink(val);
    }
  }
}
```

在 main.cpp 文件中輸入上面的程式（記得修改 Wi-Fi 名稱和密碼），然後按下狀態列的 ✅ 圖示進行編譯。

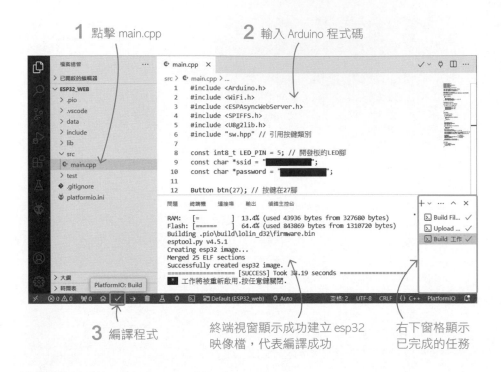

1 點擊 main.cpp **2** 輸入 Arduino 程式碼

終端視窗顯示成功建立 esp32
映像檔,代表編譯成功

右下窗格顯示
已完成的任務

3 編譯程式

點擊狀態列上的**→圖示**上傳程式檔到開發板。

點擊上傳檔案

開發板自動重啟後,OLED 顯示器將顯示 IP 位址。在瀏覽器中輸入 IP 位址,將呈現存在快閃記憶體的網頁。

補充說明,如果把主程式的 .cpp 副檔名改成 .ino,VS Code 將提示底下訊息,大意是說「C/C++ 模組」無法在 .ino 檔提供語法提示等服務,請把副檔名改回 .cpp。

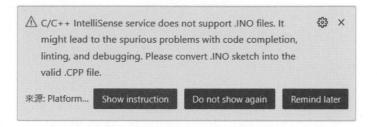

如果不理它，直接編譯程式，PIO 將會動態產生一個同名，副檔名為 .cpp 的主程式檔；待成功編譯出 .bin 韌體檔，它會自動刪除動態產生的 main.ino. cpp 檔。

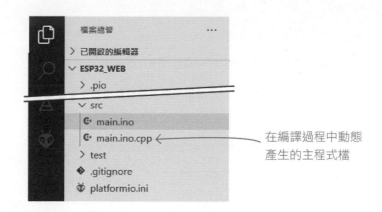

在編譯過程中動態產生的主程式檔

程式碼註解與自動提示

除了程式碼關鍵字提示，當游標移入變數、函式等識別字上方時，VS Code 的「C/C++ 延伸模組」也會提示相關資訊。以這個附帶註解的常數定義敘述為例：

```
const int8_t LED_PIN = 5;  // 開發板的 LED 腳
```

當游標移入 LED_PIN 識別字時，編輯器將提示其定義值和註解：

```
63    server.s┌────────────────────────────────┐ng/");
64    server.s│ const int8_t LED_PIN = (int8_t)5 │ "/www/favicon.ico");
65            │ 開發板的LED腳                      │
66    pinMode(LED└PIN, OUTPUT);────────────────┘
```

「C/C++ 延伸模組」也支援用於分類標記訊息的 JavaDoc 註解標籤。註解標籤用 @ 開頭，常見的標籤如下：

- @author：標示作者名稱

- @brief：用途簡介

- @deprecated：説明此類別、方法、函式或變數不再建議使用，可能從將來的版本移除。

- @note：説明注意事項。

- @param 參數名稱：描述函式、建構式或方法的參數。

- @return：説明傳回值。

- @see：提供説明文件或原始碼出處的連結網址。

- @since：説明開始加入此函式（方法）或變數（屬性成員）的版本編號。

- @throws：指出此函式或方法可能會拋出例外錯誤。

- @version：指出類別的版本。

JavaDoc 風格的註解用 "/**" 起頭，例如，blink() 函式前面可以加入如下的註解；第 4 章安裝的 AI 程式助手可自動完成註解。

```
/**
 * @brief 閃爍 LED
 * @note    預設閃爍 2 次，間隔 500ms
 * @param times      指定閃爍次數
 * @param interval 間隔毫秒
 */
void blink(int times = 2, int interval = 500) {
  for (int i = 0; i < times; i++) {
    digitalWrite(LED_PIN, HIGH);
    delay(interval);
    digitalWrite(LED_PIN, LOW);
    delay(interval);
  }
}
```

JavaDoc 註解風格也能用於單行註解。註解標籤必須放在函式定義的上面一行，例如，sw.hpp 的類別公用方法宣告可加入這樣的註解：

```cpp
// @brief 建立此物件時要設置開關腳位
Button(uint8_t swPin) : BTN_PIN(swPin){};
// @brief 初始化按鍵物件
void begin();
// @brief 傳回按鍵狀態改變與否
bool changed();
```

如此，把游標移到呼叫函式的敘述上面時，將能看到分類顯示的註解：

查看函式和其他識別字的出處

在上文安裝程式庫時提到，程式庫可安裝在「全域」範圍。

在程式敘述中的 changed() 上按滑鼠右鍵，選擇**移至定義**命令：

VS Code 將開啟定義 change() 的敘述所在的 sw.hpp 原始檔，從分頁標籤底下的位址欄位可看到確實是引用「全域程式庫」裡的 sw.hpp 檔。

```
  main.cpp        sw.hpp       ×       platformio.ini

C: > Users > flash > .platformio > lib > sw > sw.hpp > changed()

 36
 37    bool Button::changed() {    C:\Users\flash\.platformio\lib\sw
 38      if (swPressed > 0) {   // 「啟動」鍵被按下了嗎？
 39        swPressed = 0;       // 清除按鍵紀錄
 40        return true;
 41    }
```

「移至定義」是個非常好用的指令，它可以幫助你查看某個第三方函式或者類別
方法的出處或原始碼。

12-8 終端機介面以及 PlatformIO 的文字命令

PlatformIO 中的**終端機**視窗對於存取 PlatformIO Core (CLI) 非常有用，它是
一個命令列介面，可讓你執行與專案開發相關的各種任務，例如編譯、
上傳、偵錯、測試和監控。它其實就是把作業系統提供的終端機（如：
Windows 的 PowerShell 或 macOS 的 Terminal）嵌入到 VS Code 裡面，所以
你也可以在裡面執行系統的命令。

點擊狀態列的 **New Terminal** 圖示，或者按下 Ctrl 和 ` 鍵，可開啟或關
閉終端機面板。

此處顯示終端機程式的名字   關閉終端機

在此輸入下文的 pio 命令

點擊 New Terminal   關閉面板但不關閉終端機

透過 PIO 終端機文字命令編譯與上傳程式檔

所有 PlatformIO IDE 開發環境的圖像介面功能，都能透過**終端機**以文字命令操作，本文將舉例幾個常用的命令，完整的說明請參閱官網〈CLI Guide（命令行指南）〉，網址：https://bit.ly/4awkVU3。

PlatformIO IDE 的命令就叫 pio，底下的命令將列舉目前連接的序列埠裝置：

```
pio device list
```

它將顯示裝置所在埠號、硬體識別碼和簡介，例如：

```
COM22
-----
Hardware ID: USB VID:PID=10C4:… (略) 硬體識別碼
Description: Silicon Labs CP210x USB to UART Bridge (COM22)
```

編譯的命令是 pio run，如果 platformio.ini 裡面只有一個環境設定，如：〔env:lolin_d32〕，底下兩個命令的執行結果相同，其中的 -e 參數是 --environment 的簡寫：

編譯platformio.ini裡的所有環境設定的開發板
```
pio run
```

僅編譯"lolin_d32"環境的開發板
```
pio run -e lolin_d32
```
此參數代表environment（環境）

在編譯命令後面加上 -t 或者 --target 參數和 upload，即可在編譯之後上傳（燒錄）程式檔：

編譯並上傳程式到所有環境設定的開發板
```
pio run -t upload
```
此參數代表target（目標）

編譯並上傳程式到"lolin_d32"環境的開發板
```
pio run -e lolin_d32 -t upload
```

上傳檔案的命令後面可以加上 --upload-port 參數指定序列埠：

```
pio run -e lolin_d32 -t upload --upload-port COM22
```

設置序列埠監視窗的連線速率

點擊右上角的**序列埠監控視窗**，終端機將顯示來自 ESP32 開發板的序列訊息；

這個訊息顯示終端機接在 COM22、速率和格式為 9600 8-N-1

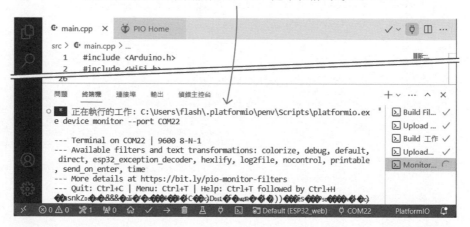

終端機顯示**序列監控視窗**跟上傳檔案的連接埠相同，但訊息內容都是亂碼，因為終端機和程式設定的通訊速率不同。請開啟 platformio.ini 檔，加入**序列監控視窗**速率的參數設定：

```
[env:lolin_d32]
platform = espressif32
board = lolin_d32
framework = arduino
monitor_speed = 115200   ; 序列監控視窗鮑率
  :略
```

如果開發板同時連接電腦兩個序列埠，也就是上傳程式與序列訊息輸出的連接埠不同，則可透過 monitor_port 參數額外設定**序列監控視窗**埠口，例如，假設上傳程式埠與序列監控埠分別接在電腦的 COM22 和 COM8：

```
upload_port = COM22
monitor_port = COM8
```

按下 `Ctrl` + `S` 儲存 platformio.ini 之後，請點擊終端機內容，再按 `Ctrl` + `C` 鍵，過一會兒它將提示「按任意鍵關閉」，此時按任意鍵即可關閉序列通訊。重新點擊右上角的**序列埠監控視窗**鈕即可正確顯示來自 ESP32 的訊息。

如果沒有事先關閉處於連線狀態的終端機，按下右上角的**序列埠監控視窗**鈕，PIO 將發出如下的警告，請點擊**重新啟動工作**。

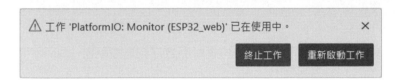

輸入序列資料

Arduino IDE 的**序列監控視窗**具有獨立的輸入欄位和**傳送**鈕，PIO 則是沿用 VS Code 的終端機，直接在內部輸入資料。

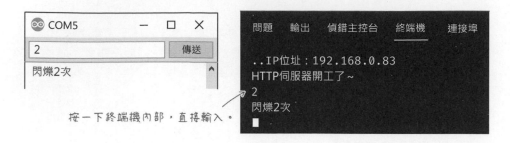

按一下終端機內部，直接輸入。

VS Code 終端機預設會在你輸入資料的同時，將它傳給開發板，而且你輸入的內容並不會顯示在終端機，不太方便。我們可以在 platformio.ini 裡面透過參數設定調整成：

● 顯示或者說回應（echo）輸入內容。

● 按下 Enter 鍵再送出資料。

修改後的 platformio.ini 內容如下：

```
[env:lolin_d32]
platform = espressif32
board = lolin_d32
framework = arduino
monitor_speed = 115200
monitor_echo = yes     ; 回應輸入內容
monitor_filters = send_on_enter  ; 按 Enter 鍵再送出
    : 略
```

關閉目前的終端機序列埠連線，再重新開啟**序列監控視窗**，即可測試：

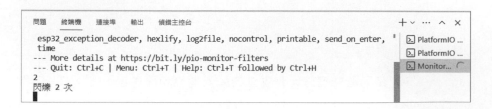

13

PlatformIO 的檢查工具
與單元測試

本章繼續介紹 PlatformIO IDE（以下簡稱 PIO）開發環境，包括下列主題，最後補充說明在 PlatformIO 中新增開發板資料的方式。

● 查看開發板的唯一識別名稱

● 檢查與更新程式開發框架

● 查看程式碼的主記憶體、快閃記憶體用量以及程式碼缺陷

● 認識與進行單元測試（unit test）

13-1 PlatformIO 的其他工具列說明

本單元將說明 PIO 的工具列上的 **Boards（開發板）**、**Platforms（平台）**和 **Inspect（檢查）**的用途。

Boards（開發板）和 Platform（平台）工具

Boards 工具提供所有 PIO 支援的開發板的名稱、微控器、時脈、ROM 和 RAM 的大小等資訊。以 LOLIN 系列開發板為例，搜尋 "lolin"，可找到 WEMOS LOLIN D32 開發板，點擊開發板的名稱，將開啟瀏覽器連接到 platformio.org 網站，關於此開發板的說明網頁。

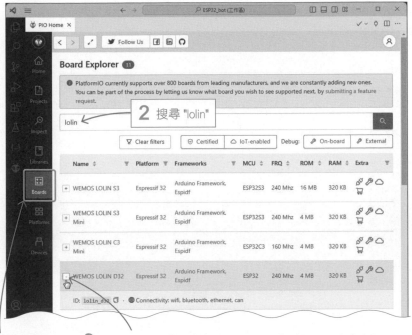

1 點擊 Boards   3 點擊 +，可看到此開發板的唯一識別碼以及連線功能

Platforms 工具將列舉目前已安裝的開發平台，並提供檢查更新（Updates）、移除平台（Uninstall）以及搜尋、安裝新平台的功能。

點擊 Frameworks（框架）可搜尋、安裝其他程式框架

目前安裝的版本

點擊 **Updates**（**更新**），它將檢查已安裝的平台是否有更新。下圖顯示可更新到 6.5 版。

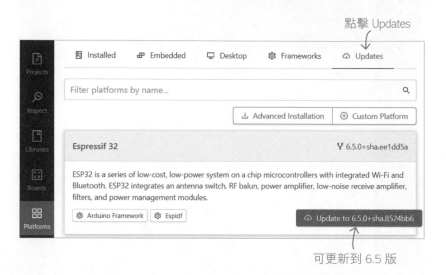

你可以在 PIO 專案中加入多個開發平台（也就是安裝不同版本的 ESP32 開發環境），實際引用哪個平台和版本，由 platformio.ini 檔的 **platform 參數**設定，例如：

```
[env:lolin_d32]
platform = espressif32@6.5.0  ; 指定採用6.5.0版的ESP32開發平台
board = lolin_d32
framework = arduino
```

匯入既有的 Arduino 專案

PIO 主畫面上的**匯入 Arduino 專案**選項，可將既有的 Arduino 程式碼遷移到 PIO 的專案資料夾，以匯入之前在 Arduino IDE 編寫的 EPS32_bot 為例，操作步驟：

1 點擊 **Import Arduino Project**（匯入 Arduino 專案）：

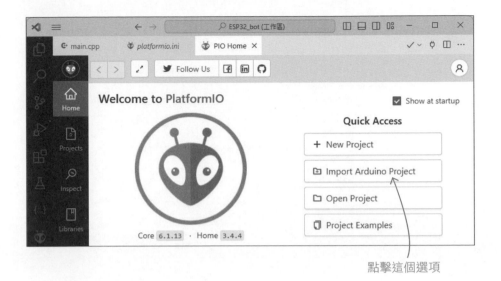

點擊這個選項

畫面將出現底下的面板，讓你選擇開發板以及既有 Arduino 專案所在的資料夾。

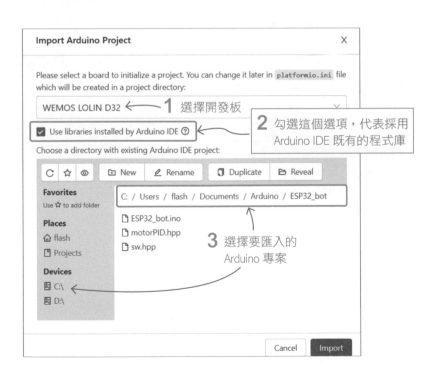

3 按下 **Import（匯入）**，將出現底下的畫面，提示要稍等一段時間讓它複製檔案或安裝必要的開發工具環境。

4 匯入完畢，從 src 資料夾可看到，它把 Arduino 專案資料夾的檔案都複製過來了，主程式檔名不變，但專案資料夾名稱不同。你可以自行把主程式的副檔名 .ino 改成 .cpp，以便讓 VS Code 的 C++ 模組提供語法提示功能。

你也需要自行加上 #include <Arduino.h>，否則 VS Code 會不認識 Serial, delay,pinMode 等 Arduino 專屬的這些物件或是函式。

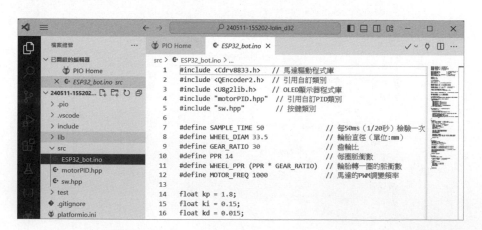

PIO 也將自動產生如下的 platformio.ini 內容，由於筆者勾選 **Use libraries installed by Arduino IDE（採用 Arduino IDE 安裝的程式庫）**，所以此專案的程式庫用 lib_extra_dirs 參數設定。

```
[env:lolin_d32]
platform = espressif32
board = lolin_d32
framework = arduino
; 採用 Arduino IDE 安裝的程式庫
lib_extra_dirs = ~/Documents/Arduino/libraries
```

若沒有勾選 **Use libraries installed by Arduino IDE（採用 Arduino IDE 安裝的程式庫）**，我們就得自己將此專案所需的 QEncoder2 程式庫複製到專案的 lib 資料夾。

Inspect（檢查）工具

Inspect（檢查） 功能可分析、顯示專案程式檔（韌體）的佔用空間、記憶體利用率以及程式碼缺陷的統計資料。

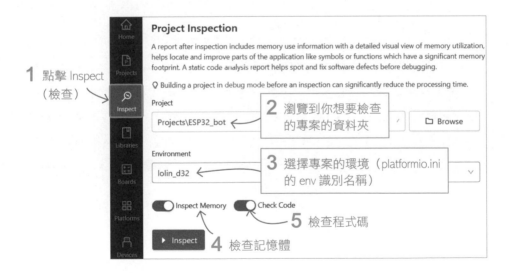

按下 **Inspect（檢查）** 之後過一陣子，畫面將顯示主記憶體（RAM）、快閃記憶體（Flash）、程式缺陷（Defects）、前五大檔案和符號（Symbol，泛指變數、常數、函式等識別字）等的統計資料。PIO 指出這個專案的程式碼共有 994 項缺陷，絕大部分都來自 OLED 程式庫 U8g2。

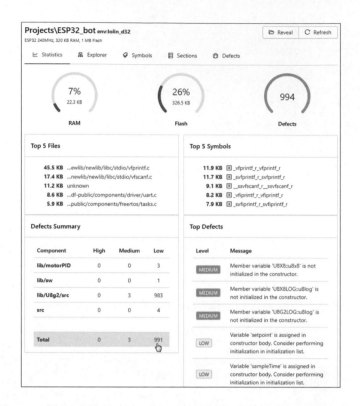

點擊統計資料的任一項目，可觀看詳細説明。從中可得知它指出 U8g2 的問題大多是識別字未被使用，因為這個程式庫定義了許多接腳模式、水平、翻轉…等顯示模式的識別字，問題可忽略；最後一頁（如下圖）顯示 main.cpp 主程式的 4 個小問題，分別是 pwmL 和 pwmR 變數的有效範圍可再縮減，還有 setup() 和 loop() 函式從未被使用。

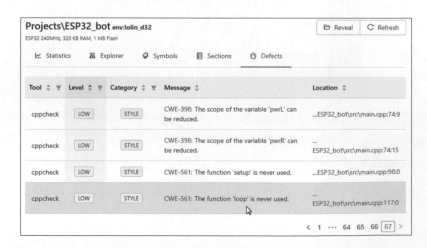

setup() 和 loop() 確實沒有被我們的程式呼叫，但它們會被 Arduino 開發環境底層的程式呼叫，所以這兩個問題可忽略。pwmL 和 pwmR 變數則定義在 run() 函式的開頭：

```
void run() {
  uint32_t now = millis();   // 取得目前時間
  float pwrL, pwrR;
  int16_t ticksL, ticksR;    // 左右馬達的當前編碼計數值

  if (now - prevTime > SAMPLE_TIME) {
      :略
    pwrL = PID_L.compute(ticksL);
    pwrR = PID_L.compute(ticksR);
      :略
  }
}
```

把這兩個變數的宣告移入 if 條件式之內，即可縮減它們的有效範圍。修改主程式之後再重新檢查，PIO 就不會說它們有缺陷了。

```
void run() {
  uint32_t now = millis();   // 取得目前時間
  int16_t ticksL, ticksR;    // 左右馬達的當前編碼計數值

  if (now - prevTime > SAMPLE_TIME) {
      :略
    float pwrL = PID_L.compute(ticksL);
    float pwrR = PID_L.compute(ticksR);
      :略
  }
}
```

13-2 單元測試入門

嵌入式系統專案開發是一連串硬體接線、寫程式、測試、除錯、檢查硬體、修正程式…的循環過程。「測試」用於檢查某項功能是否符合預期，小到某個感測器的輸入和輸出狀態，大到裝置的整體運作情況。

單元測試（unit testing）是指單獨測試軟體的一個組件，也就是每次只專注在一小部份，通常是指一個函式、類別或程式庫。測試過程可以透過人工或另外寫一個測試程式自動完成。

舉一個常見的例子來說明，許多網站和裝置都有「用戶登入」機制，它是系統當中微小但是重要的組件。在開發過程中，可能需要測試下列項目：

- 輸入正確的密碼，可順利登入系統嗎？
- 沒有輸入密碼，按下 `Enter` 會怎樣？
- 輸入三次錯誤密碼，系統的處置正確嗎？
- 若忘記密碼，可依照指示順利重設密碼嗎？
- 若用戶選擇不同方式登入，如 Google 或 FB，可順利登入嗎？
- 登入之後，若用戶從其他裝置（如：手機）修改密碼，可以登出目前裝置的使用者嗎？

每次修正程式之後，都要重新測試所有功能，如果都用人工執行，不僅耗時而且也可能發生遺漏。此外，程式的作者和日後接手的開發人員，也能從單元測試程式更加了解該模組的機制、輸入參數以及預期的輸出結果，所以單元測試也能被視為範例和說明文件，提高程式碼的品質、可讀性和可維護性。

許多程式語言都有協助自動化測試的程式庫，Arduino 也有，最知名的兩個「單元測試程式庫」是 Unity（https://github.com/ThrowTheSwitch/Unity）和 AUnity（https://github.com/bxparks/AUnit），這兩個單元測試的程式語法不同，不能混用。Arduino 官方的 ArduinoCore-API（Arduino 核心 API）原始碼有提供單元測試範例（網址：https://bit.ly/477xYrR），採用的是 AUnity 程式庫。PIO 內建的單元測試功能則採用 Unity，所以本文也使用 Unity。

> 有個知名的 3D 程式引擎也叫做 Unity，跟本文的 Unity 單元測試程式無關。

Unity 單元測試程式架構

簡單地說，Unity 只是一個包含各項驗證我們編寫的程式碼是否按照預期執行的巨集指令（函式）的程式庫。例如，假設 A 函式能傳回兩個整數的相加結果，我們就用 Unity 寫一個測試，丟不同的整數值給 A 函式，看看相加結果是否正確，有沒有發生溢位？或者丟入非整數型態的資料，會不會產生錯誤？

執行單元測試的程式檔要存放在 test 資料夾，檔名用 "test_" 開頭，預設檔名為 test_main.cpp。

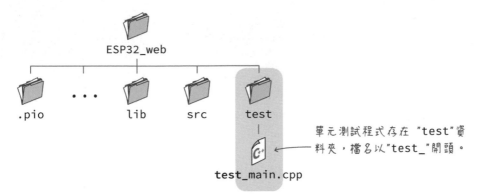

test_main.cpp 原始碼的開頭需要引用 unity.h（Unity 程式庫）以及 Arduino.h 標頭檔。

此外，測試檔原始碼要包含 Unity 程式庫規定的 setUp() 和 tearDown() 函式定義，它們都不接受任何參數，也沒有傳回值：

● setUup()：注意 U 大寫，可包含在每次測試之前要執行的內容。

● tearDown()："tear down" 意指「拆除」，可包含每次測試後要執行的內容。

底下是測試檔原始碼的結構，你會看到幾個陌生的內容，其中一個是以 "test_" 或 "spec_" 開頭（兩者皆非強制規定），負責執行測試任務的自訂函式，這個測試函式不帶任何參數，也不回傳值。一個測試檔原始碼通常會包含許多測試函式，對應不同的測試工作。

```cpp
#include <Arduino.h>
#include <unity.h>          ← 引用單元測試程式庫

void setUp() {    }         大寫U

void tearDown() {    }
                            自訂測試函式，建議用
                            "test_"開頭以利識別。
void test_○○○○○() {        驗證執行結果
    :                       是否符合預期
    TEST_ASSERT_○○○○○( □□□□ );
}
                            小寫u
void setup() {
    UNITY_BEGIN();    // 開始單元測試
    RUN_TEST( test_○○○○○ );
    UNITY_END();      // 單元測試停止
}

void loop() {  }
```

執行單元測試之前的一些初始化工作（內容可省略）

執行單元測試之後的工作（內容可省略）

執行測試函式 →

test_main.cpp檔

在 "test_" 或 "spec_" 開頭的測試函式裡面，會執行 "TEST_ASSERT" 開頭、全部大寫的函式。基本上，這個原始碼裡面出現的名稱全部大寫的函式，都來自 Unity 程式庫。在程式設計中，驗證執行結果跟預期相符的行為，叫做**斷言（assert）**，也因此，**Unity 的每個驗證測試的巨集（函式）名稱都以 "TEST_ASSERT" 開頭。**

這個原始碼也包含普通 Arduino 程式的 setup() 和 loop() 函式。觸發執行各項測試的敘述寫在 UNITY_BEGIN() 和 UNITY_END() 之間，透過 RUN_TEST() 呼叫自訂測試函式。

動手做 13-1 執行單元測試

實驗說明：寫一個單元測試程式，點亮開發板內建的 LED，然後透過 Unity 程式庫的測試函式，驗證 LED 數位腳的狀態符合預期。以 LOLIN D32 開發板為例，其 LED 陰極接在腳 5，所以腳 5 輸出低電位會點亮 LED、輸出高電位關閉 LED。換句話說，**透過驗證數位腳 5 的狀態是低電位，可知 LED 處於點亮狀態。**

實驗材料：ESP32 開發板 ×1，本例採用 LOLIN D32，你可以用其他 ESP32 開發板，只是內建 LED 的接腳以及接線形式（LED 陰極或陽極與開發板相連）可能不同，請自行修改程式碼。

實驗程式

底下是 Unity 的兩個基本測試巨集，用於測驗某個邏輯狀態是否為 true 或 false。

- TEST_ASSERT_TRUE(狀態)：若「狀態」為 true 則通過測試，否則失敗。

- TEST_ASSERT_FALSE(狀態)：若「狀態」為 false 則通過測試，否則失敗。

筆者定義一個名叫 test_LED_ON 的測試函式，在點亮 LED 之後，讀取 LED 腳的狀態，最後執行 TEST_ASSERT_FALSE() 測試 LED 該狀態值是否為 false（低電位）。

測試函式的名稱建議用 "test_" 開頭以利辨別，但不是強制性的。

```
void test_LED_ON() {
  digitalWrite(LED_PIN, LOW);       // 點亮LED
  bool val = digitalRead(LED_PIN);  // 讀取LED腳的狀態
  TEST_ASSERT_FALSE(val);           // 測試LED腳的是否輸出低電位
}
```
測試val值是否為false

假設單元測試結束後要關閉 LED，可以在 tearDown() 函式加入底下的敘述：

```
void tearDown() {
  digitalWrite(LED_PIN, HIGH);  // 在 LED 接腳輸出高電位以關閉 LED
}
```

完整的單元測試程式檔（test_main.cpp）的內容如下：

```
#include <Arduino.h>
#include <unity.h>

const uint8_t LED_PIN = 5;  // 指定 LED 接腳

void setUp() {}

void tearDown() {
  digitalWrite(LED_PIN, HIGH);      // LED 腳輸出高電位，關閉 LED
}

void test_LED_ON() {
  digitalWrite(LED_PIN, LOW);       // LED 腳輸出低電位，點亮 LED
  bool val = digitalRead(LED_PIN);  // 讀取 LED 腳的狀態
  TEST_ASSERT_FALSE(val);     // 測試 LED 腳的狀態值是否為 false
}

void setup() {
  pinMode(LED_PIN, OUTPUT);
  UNITY_BEGIN();  // 開始單元測試
  RUN_TEST(test_LED_ON);  // 執行 test_LED_ON 函式進行驗證
  UNITY_END();    // 單元測試結束
}

void loop() {}
```

執行單元測試

將 ESP32 開發板接上電腦，然後按下狀態列的 🥼 圖示，PIO 將僅編譯並上傳 test 資料夾裡的 test_main.cpp，不會編譯 src 資料夾裡的 main.cpp。過一會兒，終端機將顯示如下的測試 SUCCESS（成功）訊息。恭喜你完成第一個單元測試！

這裡指出 test_main.cpp 第 18 行的 test_LED_ON 函式測試成功

點擊 Test　執行 1 項測試、1 個成功

接著，稍微修改一下程式碼，讓測試失敗，看看終端機會出現什麼訊息。當作「數位輸出」的接腳，都要事先透過 pinMode() 設定成 OUTPUT（輸出）模式，否則該接腳不會受 digitalWrite() 輸出指令控制。所以，把 setup() 裡的 pinMode() 敘述改成註解，執行點亮 LED 的程式就不會如預期運作。

```cpp
void setup() {
  // pinMode(LED_PIN, OUTPUT);        // 不設定接腳的模式
  UNITY_BEGIN();  // 開始單元測試
  RUN_TEST(test_LED_ON);
  UNITY_END();    // 單元測試結束
}
```

再次按下狀態列的 🥼，重新編譯上傳程式。這一次，終端機將回報 FAILED（失敗），原因是 Expected FALSE Was TRUE（預期 FLASE，結果是 TRUE），也就是預期該腳輸出「低電位」，結果是「高電位」。

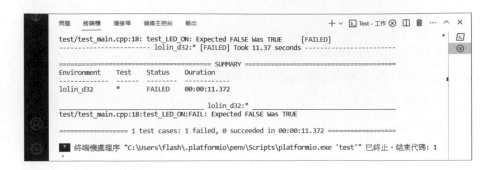

自訂錯誤訊息

Unity 程式庫的許多測試 TEST_ASSERT 巨集都有以 "_MESSAGE" 結尾的版本，代表可以附加自訂的「英文」錯誤訊息。以測試結果是否為 FALSE 的自訂訊息函式為例，指令改成：

```cpp
void test_LED_ON() {
  digitalWrite(LED_PIN, LOW);      // 點亮LED
  bool val = digitalRead(LED_PIN); // 讀取LED腳的狀態
  TEST_ASSERT_FALSE_MESSAGE(val, "LED is OFF!"); // 測試是否為低電位
}                                  自訂的錯誤訊息
```

重新按下 **Test** 編譯上傳到開發板，終端機將顯示自訂的錯誤訊息。

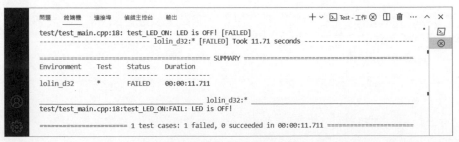

▲ 改成顯示自訂的錯誤訊息

單元測試的巨集指令

Unity 程式庫定義的許多測試指令的功能其實都一樣，只是測試對象的資料型態不同，所以巨集指令名稱也不同。以下列「**測試某個動作（變數值或函式傳回值）的結果是否等同（EQUAL）期待的整數值**」指令為例，格式全都一樣，只是按照期待值（和函式傳回值）的資料型態分成 INT（整數）~INT32（32 位元整數）、FLOAT（浮點數）及 HEX（16 進位值）不同指令，稍後的程式會用到其中一個：

```
// "_INT" 可省略，寫成 TEST_ASSERT_EQUAL
TEST_ASSERT_EQUAL_INT（期待值，動作）
TEST_ASSERT_EQUAL_INT8（期待值，動作）
TEST_ASSERT_EQUAL_INT16（期待值，動作）
TEST_ASSERT_EQUAL_INT32（期待值，動作）
TEST_ASSERT_EQUAL_FLOAT（期待值，動作）
TEST_ASSERT_EQUAL_HEX（期待值，動作）
```

底下這個測試函式使用 TEST_ASSERT_EQUAL() 評估陣列儲存的 IP 位址資料是否正確：

```
void test_ip_array() {
  // 定義陣列型態的 IP 數字
  uint8_t const IP_Addr [] = {192, 168, 1, 2};
  IPAddress ip(IP_Addr);          // 定義 IP 位址

  TEST_ASSERT_EQUAL(129, ip[0]);  // 期待值不等於實際值，失敗
  TEST_ASSERT_EQUAL(168, ip[1]);  // 過關
  TEST_ASSERT_EQUAL(1, ip[2]);    // 過關
  TEST_ASSERT_EQUAL(2, ip[3]);    // 過關
}
```

INT 是帶正負號的整數，把上面的整數型態改成 **UINT~UINT32**，就是**測試「不帶正負號」整數值**的指令，例如：

```
TEST_ASSERT_EQUAL_UINT16（期待值，動作）// 是 16 位元正整數
```

測試執行結果是否跟期待整數值**不相等（NOT EQUAL）**的指令群，語法格式也都一樣，所以筆者列舉一個就夠了：

```
// 若期待的「正負整數值」跟動作\結果不相同，則測試過關
TEST_ASSERT_NOT_EQUAL（期待值，動作）
```

下列兩個巨集用於測試「實際值」是否**大於（GREATER THAN）**或**小於（LESS THAN）**「臨界值」。

```
// 若實際值 > 臨界值，則過關
TEST_ASSERT_GREATER_THAN(臨界值, 實際值)
// 若實際值 < 臨界值，則過關
TEST_ASSERT_LESS_THAN(臨界值, 實際值)
```

底下是比較字串（NULL 結尾的字元陣列）、整數元素陣列以及記憶體內容的巨集指令：

```
TEST_ASSERT_EQUAL_STRING （期待值，動作）
TEST_ASSERT_EQUAL_INT_ARRAY （期待值，動作，元素數量）
TEST_ASSERT_EQUAL_MEMORY （期待值，動作，長度）
```

這個測試兩個字串值是否相等的敘述將會失敗：

```
char str1[] = "hello";
char str2[] = "world";
TEST_ASSERT_EQUAL_STRING(str1, str2);   // 期待值不等於實際值，失敗
```

底下測試 arr1 和 arr2 整數陣列前 3 個元素值是否相等的敘述將會過關：

```
int arr1[] = {6, 7, 8, 9};
int arr2[] = {6, 7, 8, 12};
// 兩個陣列的前 3 個元素值相等
TEST_ASSERT_EQUAL_INT_ARRAY(arr1, arr2, 3);
```

底下測試 a, b 兩個結構體內容是否相等的敘述將會失敗：

```
typedef struct{
  int id;
  char name[5];
} data;

data a = {2, "mac"};
data b = {3, "win"};

// 期待值 a 和實際值 b 的記憶體內容不相等，測試失敗
TEST_ASSERT_EQUAL_MEMORY(&a, &b, sizeof(data));
```

這個巨集用「遮罩（mask）」來比較兩組整數的指定位元值是否相等。「遮罩」當中的位元為 0 代表忽略，位元為 1 則表示將比較「實際值」和「期待值」之間的該位元。

```
TEST_ASSERT_BITS（遮罩, 期待值, 實際值）
```

底下位元測試函式將會過關：

```
void test_bits() {
  int act = 0x1234;   // 實際值
  int exp = 0x1200;   // 期待值
  TEST_ASSERT_BITS(0xFF00, exp, act);  // 進行位元值測試
}
```

測試位元值巨集的運作方式如下圖，用「實際值」和「遮罩」進行 AND 運算，其結果就是「期待值」；用右下的 2 進位值會看得更清楚。

```
        0x12 34 ← 實際值          0001 0010 0011 0100

  AND   0xFF 00      2進位   AND  1111 1111 0000 0000
  ─────────────────        ─────────────────────────
  期待值 → 0x12 00                0001 0010 0000 0000
```

底下兩個巨集用於檢查「實際值」是否**介於（WITHIN）**特定整數範圍內，如果不在則測試失敗。

```
// 測試正負整數是否在範圍內
TEST_ASSERT_INT_WITHIN(增量，期待值，實際值)
// 測試正整數是否在範圍內
TEST_ASSERT_UINT_WITHIN(增量，期待值，實際值)
```

「增量（delta）」參數是「期待值」與「實際值」之間允許的最大差異，例如，底下敘述將檢查 pwm 是否介於 -100~100，或者說：如果 pwm - 0 的絕對值小於或等於 100，則通過測試；底下的測試將會失敗。

```
void test_pwm_within() {
  int pwm = -200;    // 實際值
  // 檢查 pwm 是否介於 -100~ 100
  TEST_ASSERT_INT_WITHIN(100, 0, pwm);
}
```

同理，底下敘述將檢查 pwm 值是否介於 -100~0；(-10)-(-50) 的絕對值等於 40，因此測試通過。

```
void test_pwm_within() {
  int pwm = -10;     // 實際值
  // 檢查 pwm 是否介於 -100 ~ 0
  TEST_ASSERT_INT_WITHIN(50, -50, pwm);
}
```

動手做 13-2 執行多個檢測

實驗說明：單元測試要檢查的函式，通常都不像上文一樣直接寫在 test_main.cpp 檔，而是放在外部標頭檔或 .cpp 檔或是拿既有的程式庫檔來測試。

實驗程式

假設我們編寫了一個叫做 foo 的函式庫，裡面定義了兩個函式：

- void countUp(void)：沒有輸入參數，也沒有傳回值。每呼叫一次，它就把全域變數 count 值加 1。

- int powerOut(int pwm)：傳入一個整數型態的 PWM 值，限制 PWM 介於 -100~100，然後傳回此 PWM 值。

這是 foo.h 標頭檔的原始碼，包含兩個函式的宣告敘述：

```
#ifndef _FOO_H_
#define _FOO_H_
#include <Arduino.h>

void countUp(void);        // 計數器值 +1
int powerOut(int pwm);     // 輸出「馬達動力」值

#endif  // _FOO_H_
```

這兩個函式的定義寫在 foo.c 檔：

```
#include "foo.h"

int counter = 5;          // 定義全域的計數器變數
void countUp() {          // 將 counter 值 +1
  counter++;
}

int powerOut(int pwm) {   // 限制 pwm 值於 -100~100 之間
  pwm = constrain(pwm, -100, 100);
  return pwm;
}
```

foo.h 和 foo.cpp 存在 lib/foo 路徑底下，像這樣：

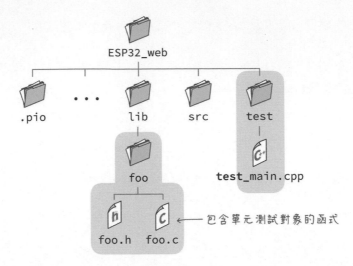

包含單元測試對象的函式

底下是修改自上文的 test_main.cpp 檔，這個程式將對 foo.c 裡的函式進行單元測試，並且加入幾個之前提到的 "TEST_ASSERT_○○○" 巨集指令示範。

```cpp
#include <Arduino.h>
#include <unity.h>
#include "foo.h"          // 引用被測試對象的程式庫

extern int counter;  // 取用定義在他處（此例為 foo.c）的全域變數
const uint8_t LED_PIN = 5;
String host;            // 宣告字串變數

void setUp() {          // 注意 U 大寫，裡面寫入要在單元測試之前執行的敘述
  pinMode(LED_PIN, OUTPUT);  // pinMode() 敘述也可以寫在這裡
  host = "swf.com.tw";        // 設定字串變數值
}

// 單元測試結束後執行的工作
void tearDown() { digitalWrite(LED_PIN, HIGH); }

void test_LED_ON() {   // 測試數位腳是否如預期般輸出
  digitalWrite(LED_PIN, LOW);
  bool val = digitalRead(LED_PIN);
```

```
  // val 值是 false，測試過關
  TEST_ASSERT_FALSE_MESSAGE(val, "LED is OFF!");
}


void test_powerOut() {
  int pwm = -200;        // 測試用的實際 PWM 值
  int power = powerOut(pwm);
  // 測試 powerOut() 的輸出值是否介於 -100~100
  TEST_ASSERT_INT_WITHIN(100, 0, power);   // 測試結果：過關
}

void test_countUp() {
  int initial = counter;   // 儲存當前的「計數器」值
  countUp();               // 呼叫「計數器 +1」函式
  // 測試呼叫 countUp() 函式之後，count 全域變數值是否 +1
  // 預期值 = 之前的計數值 +1
  TEST_ASSERT_EQUAL_INT(initial + 1, counter);
}

void test_substring() {     // 測試host字串的前3個字元是否為 "swf"
  TEST_ASSERT_EQUAL_STRING("swf", host.substring(0, 3).c_str());
}
```
　　　　測試字串值是否相等　　期待值　　取得host字串的前3個字　取得字元陣列值

```
void test_bits() {      // 測試兩個整數的特定位元範圍值
  int act = 0x1234;   // 實際值
  int exp = 0x1200;   // 期待值
  TEST_ASSERT_BITS(0xFF00, exp, act);   // 進行位元值測試：過關
}

void test_ip_number() {
  IPAddress ip(192 | (168 << 8) | (1 << 16) | (2 << 24));
  TEST_ASSERT_EQUAL(ip[0], 192);
  TEST_ASSERT_EQUAL(ip[1], 168);
  TEST_ASSERT_EQUAL(ip[2], 1);
  TEST_ASSERT_EQUAL(ip[3], 2);
}

void test_ip_array() {
  uint8_t const ip_addr_array[] = {192, 168, 1, 2};
  IPAddress ip(ip_addr_array);
```

```
  // 測試結果：兩個數值不同，失敗
  TEST_ASSERT_EQUAL(129, ip[0]);
  TEST_ASSERT_EQUAL(168, ip[1]);
  TEST_ASSERT_EQUAL(1, ip[2]);
  TEST_ASSERT_EQUAL(2, ip[3]);
}

void setup() {
  UNITY_BEGIN();                    // 開始單元測試
  RUN_TEST(test_LED_ON);            // 測試數位輸出：過關
  RUN_TEST(test_powerOut);          // 測試 PWM 輸出範圍：過關
  RUN_TEST(test_countUp);           // 測試「計數值 +1」：過關
  RUN_TEST(test_substring);         // 測試子字串值：過關
  RUN_TEST(test_ip_number);         // 測試 IP 數字：過關
  RUN_TEST(test_ip_array);          // 測試 IP 數字：其中一個不過關
  RUN_TEST(test_bits);              // 測試數字位元：過關
  UNITY_END();                      // 單元測試結束
}

void loop() {}
```

以上程式碼當中的兩個 IP 位址測試函式，改自 Arduino 官方的 ArduinoCore-API 當中的 test_IPAddress.cpp 範例（網址：https://bit.ly/477xYrR），該程式採用 AUnity 單元測試程式庫，語法跟 Unity 不同。

程式開頭宣告 host 全域變數，我們可以在宣告的同時定義其值（"swf.com.tw"），這裡只是為了示範初始化單元測試值，所以把字串定義寫在 setUp() 裡面。補充說明，host 變數的資料型態是 "String"，而 TEST_ASSERT_EQUAL_STRING() 巨集比較的型態是「字元陣列」，因此 host 值要透過 c_str() 取得字元陣列值。

實驗結果

按下狀態列的 🧪 圖示編譯上傳程式後，測試結果顯示有一項錯誤，test_ip_array 預期是 129，結果是 192。

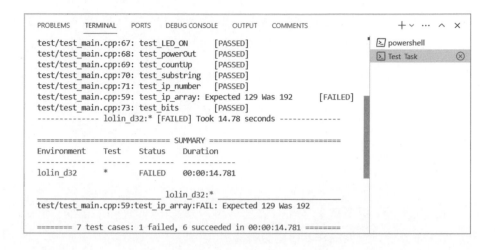

```
test/test_main.cpp:67: test_LED_ON         [PASSED]
test/test_main.cpp:68: test_powerOut       [PASSED]
test/test_main.cpp:69: test_countUp        [PASSED]
test/test_main.cpp:70: test_substring      [PASSED]
test/test_main.cpp:71: test_ip_number      [PASSED]
test/test_main.cpp:59: test_ip_array: Expected 129 Was 192     [FAILED]
test/test_main.cpp:73: test_bits           [PASSED]
-------------- lolin_d32:* [FAILED] Took 14.78 seconds --------------


============================== SUMMARY ==============================
Environment   Test    Status    Duration
------------   ----    --------  ------------
lolin_d32      *       FAILED    00:00:14.781

_____ lolin_d32:* _____
test/test_main.cpp:59:test_ip_array:FAIL: Expected 129 Was 192

======== 7 test cases: 1 failed, 6 succeeded in 00:00:14.781 ========
```

13-3 自訂開發板組態設定 JSON 檔

最後，補充說明在 PlatformIO 中新增開發板資料的方式。ESP32 開發板的款式眾多，如果你的開發板不在清單裡面，請選擇一個規格相似的板子；規格相似代表：微控器型號相同、快閃記憶體和 PSRAM 小於或等於你的開發板。開發板的商品頁面都會標示這些基本規格。

例如，筆者購買一款樂鑫原廠 ESP32-S3-DevKitC-1 相容的「ESP32-S3 核心板 N16R8」，微控器都是 ESP32-S3，但原廠 DevKitC-1 的 Flash 容量是 4MB、沒有 PSRAM；相容板的 "N16R8" 代表 Flash 是 16MB、PSRAM 是 8MB。因此，**Board（開發板）**選項選擇 **ESP32-S3-DevKitC-1**。

為了妥善運用新開發板的功能，我們必須自行定義一個可讓 PlatformIO 使用的「開發板資訊檔案」，它其實由數個檔案組成，但必須由我們自行建立的只有兩個：

- 用連字符號隔開的開發板名字 .json：描述開發板的微控器、時脈速率、記憶體容量和介面、開發工具平台…等資訊。下文將此檔案稱作「**開發板組態設置檔**」。

- 用底線符號隔開的開發板名稱資料夾 /pins_arduino.h：指出開發板內建 LED 的腳位，以及這個板子有哪些數位、類比、PWM、觸控腳…等資訊。下文將此檔案稱作「**接腳設置檔**」。

替新的開發板建立設置檔

在新增專案時，我們從 **Borad（開發板）**選單挑選的開發板名稱，都是來自底下路徑裡面的 .json 設置檔（"@ 版本 " 是選擇性的）：

```
%HOMEPATH%\.platformio\platforms\espressif32@版本\boards
```

這些 .json 檔名就是開發板的名字：

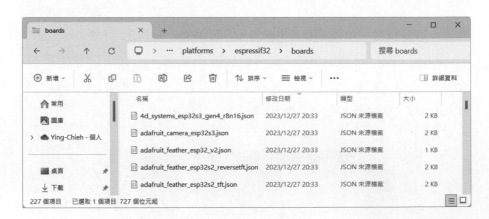

新建開發設置檔最便利的方法是先複製、修改現成的設置檔。筆者複製了 ESP32-S3-DevKitC-1.json，將新檔案改名為 esp32-s3-n16r8.json，名稱中間的單字用連線符號隔開。

規格最相近的設置檔

ESP32-S3-DevKitC-1.json

複製後改名

esp32-s3-n16r8.json

用 VS Code 編輯器開啟 esp32-s3-n16r8.json，可見到如下內容，藍色部分以及註解是筆者加上的，請注意，**JSON 裡的成員和參數之間用逗號分隔，新增成員時別忘了在前面一項的結尾加上逗號。**

```
{
  "build": {  // 建置（編譯）設定
    "arduino": {
      "ldscript": "esp32s3_out.ld", // 連結器腳本
      // 快閃記憶體分區，採預設 16MB
      "partitions": "default_16MB.csv",
      "memory_type": "qio_opi" // 記憶體介面型態，有 QIO 和 OPI
    },
    "core": "esp32",  // 處理器核心
    "extra_flags": [  // 額外的旗標設置
      "-DARDUINO_ESP32_S3_N16R8",  // 自訂的開發板名稱
      "-DARDUINO_USB_MODE=1",  // USB 模式 1 代表「硬體 USB CDC」
                               // USB 模式 0 代表 "TinyUSB"
      "-DARDUINO_RUNNING_CORE=1",  // 主程式執行於「核心 1」
      "-DARDUINO_EVENT_RUNNING_CORE=1",  // 事件在「核心 1」處理
      "-DBOARD_HAS_PSRAM"  // 此開發板有 PSRAM
    ],
    "f_cpu": "240000000L",  // 處理器頻率
    "f_flash": "80000000L",  // 外閃記憶體頻率
    "flash_mode": "qio",  // 快閃記憶體介面模式
    "psram_type": "opi",  // PSRAM 介面類型
    "hwids": [  // USB 裝置的硬體識別碼
      [
        "0x303A",  // 樂鑫的 USB VID（製造商 ID）
        "0x1001"  // USB PID（產品 ID）
      ]
    ],
    "mcu": "esp32s3",  // 微控器類型
    "variant": "esp32_s3_n16r8"  // 開發板的接腳設定
  },
  "connectivity": [  // 聯網功能
```

```
      "bluetooth",
    "wifi"
  ],
  "debug": {    // 偵錯
    "default_tool": "esp-builtin",   // 預設工具
    "onboard_tools": [     // 開發板相關的工具
      "esp-builtin"
    ],
    "openocd_target": "esp32s3.cfg"   // openOCD 目標設置檔
  },
  "frameworks": [   // 開發平台框架
    "arduino",
    "espidf"
  ],
  "name": "ESP32-S3-N16R8 (16 MB QD, 8MB PSRAM)", // 開發板名稱
  "upload": {   // 上傳（燒錄）程式相關設定
    "flash_size": "16MB",   // 快閃記憶體大小
    "maximum_ram_size": 327680,   // RAM 大小上限
    "maximum_size": 16777216,     // 快閃記憶體大小上限（位元組）
    "require_upload_port": true, // 需要指定上傳埠口
    "speed": 460800   // 上傳速率
  },
  // 開發板的說明網址
  "url": "https://docs.espressif.com/projects/esp-idf/en/
latest/esp32s3/hw-reference/esp32s3/user-guide-devkitc-1.html",
  "vendor": "Espressif"   // 開發板製造商名稱
}
```

其中的 **ldscript** 代表 "linker script"（連結器腳本），它是一個 .ld 純文字檔，用來告訴連結器如何分配程式碼、資料和其他資源的記憶體空間。「連結器腳本檔」實際是由 ESP32 開發工具裡的 gen_esp32part.py Python 程式，讀取底下的「分區」規劃檔自動產生的，ldscript 參數只是指定這個腳本的輸出檔名，不用改。

extra_flags（額外的旗標設置）當中的「自訂開發板名稱」，用 "-DARDUINO_" 開頭，後面跟著大寫名稱，單字之間用底線分隔，像這樣："-DARDUINO_ESP32_S3_N16R8"。

partitions（分區）用於規劃快閃記憶體的空間分配，相關說明請參閱《**超圖解 ESP32 深度實作**》第 12 章，在此只要指定檔名，實際的 .csv 檔存在這個路徑：

```
%HOMEPATH%\.platformio\packages\framework-
arduinoespressif32の版本\tools\partitions
```

variant（**變體版本**）用於指定開發板的接腳設置檔名，esp32_s3_n16r8 是筆者自訂的設定檔，參閱下文說明。

openocd_target（**openOCD 目標設置檔**）：OpenOCD 是個硬體偵錯工具軟體，內建於 ESP32 開發平台，esp32s3.cfg 則是同樣由 ESP32 開發平台提供的腳本程式，用來指引 OpenOCD 設定和控制偵錯任務。

不同 ESP32 系列微控器都各自有其 openOCD 目標設置檔，我們只需要提供檔名，編譯器會自動從這個路徑取用它：

```
%HOMEPATH%\.platformio\packages\tool-openocd-esp32\share\
openocd\scripts\target
```

建立自訂的開發板組態設定之後，即可修改採用此開發板的專案的 platformio.ini 檔，把其中的 board 參數改成**開發板組態設定檔名（不含副檔名）**。

自訂的環境名稱可以不改

```
[env: esp32-s3-devkitc-1]
platform = espressif32
board = esp32-s3-devkitc-1
framework = arduino
        ：略
                        platformio.ini檔
```

改成

```
[env: esp32-s3-n16r8]
platform = espressif32
board = esp32-s3-n16r8
framework = arduino
        ：略
                        platformio.ini檔
```

然而，編譯此專案程式會產生錯誤，因為開發板組態設置檔裡面，variant 參數指定的 esp32_s3_n16r8 路徑底下的 pin_arduino.h **接腳設置檔**並不存在，下一節將說明如何建立此設定檔。

新增開發板的接腳設置檔

相同微控器系列、不同開發板的接腳設置檔最主要的差別是內建 LED 的腳
位。ESP32 開發板的**接腳設置檔**位於底下路徑,其中的 "@ 版本 " 只有在你
安裝多個不同開發套件版本時才會出現。

```
%HOMEPATH%\.platformio\packages\framework-
arduinoespressif32@版本\variants
```

請複製、貼上一個跟你的開發板相似的板子的資料夾,此例我選擇
esp32s3(核心板),將它改成你自訂的名稱,名稱習慣上全用小寫、用底
線區隔單字,如:esp32_s3_n16r8。

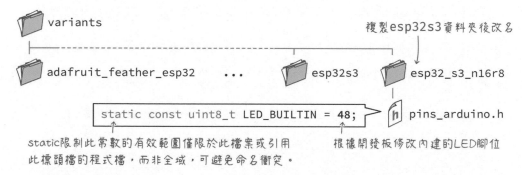

使用 VS Code 或其他文字處理器開啟 pins_arduino.h(接腳定義)標頭檔,
底下內容的註解是筆者加上的,我僅修改藍色部分的內建 LED 接腳編號,
因為其他接腳定義,所有 ESP32-S3 開發板都適用。

```c
#ifndef Pins_Arduino_h
#define Pins_Arduino_h

#include <stdint.h>
#include "soc/soc_caps.h"

#define USB_VID 0x303a    // USB 廠商識別碼
#define USB_PID 0x1001    // USB 產品識別碼
```

```
#define EXTERNAL_NUM_INTERRUPTS 46    // 外部中斷腳數量
#define NUM_DIGITAL_PINS        48    // 數位腳數量
#define NUM_ANALOG_INPUTS       20    // 類比輸入腳數量

static const uint8_t LED_BUILTIN = 48;    // 內建的 LED 腳位
// 為保持舊版本相容而設的 LED 腳常數
#define BUILTIN_LED  LED_BUILTIN
#define LED_BUILTIN LED_BUILTIN
#define RGB_BUILTIN LED_BUILTIN    // 內建的 RGB 接腳
#define RGB_BRIGHTNESS 64          // RGB 的亮度（0~255）

#define analogInputToDigitalPin(p) \
        ((((p)<20)?(analogChannelToDigitalPin(p)):-1)
#define digitalPinToInterrupt(p)   (((p)<49)?(p):-1)
#define digitalPinHasPWM(p)        (p < 46)

static const uint8_t TX = 43;    // UART 序列埠傳送腳
static const uint8_t RX = 44;    // UART 序列埠接收腳

static const uint8_t SDA = 8;    // I2C 資料腳
static const uint8_t SCL = 9;    // I2C 時脈腳

static const uint8_t SS   = 10;  // SPI 選擇腳
static const uint8_t MOSI = 11;  // SPI 主出從入腳
static const uint8_t MISO = 13;  // SPI 主入從出腳
static const uint8_t SCK  = 12;  // SPI 時脈腳

static const uint8_t A0 = 1;     // 類比輸入腳 A0
static const uint8_t A1 = 2;     // 類比輸入腳 A1
 : 略
static const uint8_t A19 = 20;   // 類比輸入腳 A19

static const uint8_t T1 = 1;     // 觸控腳 T1
 : 略
static const uint8_t T14 = 14;   // 觸控腳 T14

#endif /* Pins_Arduino_h */
```

M E M O

14

硬體偵錯與 JTAG 介面

美國 Wilson Research Group（威爾遜研究集團）2020 年的一份調查報告指出，ASIC/IC 設計工程師大約花費一半的時間在驗證他們的設計（報告原文：https://bit.ly/4ahLuw2）。

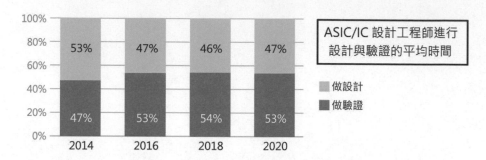

而驗證工作中的 41% 花費在偵錯上，精良有效率的偵錯工具的重要性可見一斑。

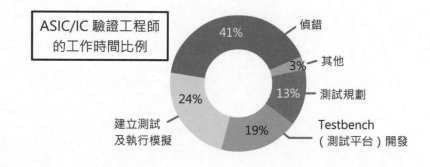

14-1 硬體偵錯

如同第 9 章說明，電路板焊接完畢，應該先拿三用電錶測量電源接腳有無短路。通電後，若電路沒有反應，就得用電錶逐一測量每個接點是否焊接正常。對於少量製作的電路板，這種**線路偵錯**的方式不算太麻煩。

工廠大量生產的電路板，例如，智慧型手機的電路板，在組裝之前，每個電路板都要確保所有元件焊接無誤且運作正常。工廠不可能讓員工拿三用電錶逐一檢查每個接點，因為：接點太多、太小、太密集、測試太耗時。

工廠會採用不同類型的自動化檢測設備，例如，用光學感測器掃描 PCB 表面來檢測焊點、元件或走線（PCB 電路板上的接線）的缺陷，或者使用帶有許多彈簧探針的釘床測試器（Bed-of-nails tester），或用飛針測試（flying probe testing，FPT）檢測電路板。

▲ 飛針測試，圖片來源：自動化設備製造商 SPEA（https://spea.com/）

隨著電路板和 IC 封裝製造工藝升級，例如，像三明治一樣把電路佈線夾在多層結構的 PCB 板，或者球柵陣列（BGA）封裝元件，其接腳焊點隱藏在 IC 底部和 PCB 表面之間，檢測儀器的探針觸及不到這些接點，所以無法檢測出如下圖右的焊接不良情況。

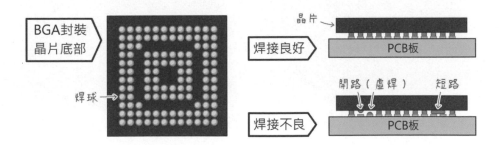

產業界的工程師也因此研發出不同的硬體偵錯技術，例如，一種稱為**邊界掃描**（Boundary Scanning）的測試方法，透過在電路板上預留的「偵錯」接腳輸入某些訊號來控制晶片的接腳狀態，藉以檢測是否存在短路或開路（斷路）。

下圖是初代微軟 XBOX 遊戲機預留在 PCB 板的偵錯介面焊接點，這個介面稱為 JTAG。JTAG 有診斷電路板缺陷的邊界掃描功能，還能燒錄韌體和偵錯，例如：讀寫裝置的記憶體內容、暫停處理器和存取暫存器，但不是每個具備 JTAG 介面的裝置都支援邊界掃描，大多是用於軟體偵錯和更新韌體，許多手機、路由器、掃地機器人、電視和其他 3C 產品的電路板都有預留類似的偵錯介面。

標示 "DEBUG"（偵錯）的 JTAG 介面焊接點

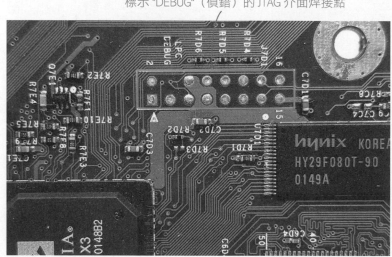

附帶一提，偵錯介面就像一把雙面刃，方便但也可能傷到自己。例如，初代 XBOX 上市不久，就有人發現其系統漏洞，並從 JTAG 介面連接燒錄了自製韌體的快閃記憶體，讓 XBOX 繞過驗證正版遊戲的機制而執行玩家自製的軟體，相關說明可參閱筆者網站的〈**Xbox 改機（一）：更換 BIOS**〉貼文（網址：https://swf.com.tw/?p=4）。後來，微軟為了避免玩家修改XBOX，提出的對策之一是變更電路板設計，移除 JTAG 接點。

JTAG 偵錯工具的功能

JTAG 是一個組織的名字，全名是 "Joint Test Action Group"（聯合測試行動小組），成立於 20 世紀 80 年代中期，旨在開發一種驗證設計和測試印刷電路成品的方法。1990 年，JTAG 向 IEEE（電氣與電子工程師協會，是一個發布 Wi-Fi、藍牙等所有標準的國際組織）提出的協議被寫入 IEEE 1149.1成為正式標準；這份文件經過數次修訂，目前最新的標準是 IEEE 1149.7。

ESP32 支援 JTAG 偵錯和燒錄程式，但**不支援邊界掃描**。底下列舉 JTAG 偵錯的常用功能：

● 設定中斷點（breakpoint）：中斷點是程式暫停執行的位置，可用行號或者函式名稱設定。例如，假設你在 setup() 函式開頭設定中斷點，當程式執行到 setup() 就會暫停，直到你令它繼續執行。中斷點也可以設定用條件式觸發，例如：變數達到某個值，或者函數被呼叫時暫停。

● 單步（step）執行程式碼：代表一次執行一行敘述，方便我們觀察程式的狀態變化。你也可以**跳過（skip）**、**逐步執行（step in）**或**跳離函式（step out）**。

● 跳到（jump）指定行：改變程式執行流程，跳到你指定的那一行。

● 監看（watch）變數：查看程式執行過程中，某些變數或表達式的數值變化。你還可以直接修改變數或表達式的值，看看它如何影響程式的行為。

● 查看呼叫堆疊（stack）：執行中的函式會被存入堆疊，這項功能有助於查看函式的呼叫順序，也能釐清程式執行流程以及不同函式之間的關係。

以前，想要查看變數的值，我們都使用 Serial.println() 之類的敘述輸出；對於簡單的輸出訊息和變數值，直接在程式中插入 Serial.println() 比較方便，比方說，收到藍牙序列資料時，回覆對方已收到的值。但是對於檢測程式執行狀態，從而發現並解決程式的錯誤，JTAG 偵錯的優勢是 Serial.println() 無法比擬的。

> 有些裝置的電路板具有 **ISP（In-System Programming，線上燒錄）**接腳，如同其名，它的用途是用來燒錄、更新裝置的韌體，沒有偵錯功能。在 ISP 協定出現之前，工程師必須從 PCB 板取下晶片，用專屬的燒錄器寫入韌體。

某些 Arduino 開發板，例如 UNO 和 Leonardo，具有 ICSP（In-Circuit Serial Programming，線上序列燒錄）接腳，主要用於燒錄 Arduino 的開機啟動程式（Bootloader）；ISP 和 ICSP 兩個名詞幾乎是同義字，只是 ICSP 為 Microchip Technology（微晶片科技）公司的註冊商標。

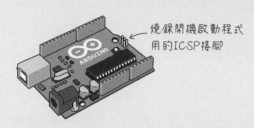

燒錄開機啟動程式
用的ICSP接腳

關於透過 ICSP 接腳燒錄開機啟動程式的說明，可參閱筆者網站的〈**使用 Leonardo（李奧納多）板燒錄 Arduino 的 Bootloader**〉貼文（https://swf.com.tw/?p=578）。

認識微控器的偵錯介面

當今的微處理器都具備硬體偵錯介面，但不同微處理器家族支援的偵錯協定不盡相同，所以要添購的偵錯設備也不一樣。例如，8 位元 Arduino 開發板採用的 AVR 系列處理器開發商 Atmel（已被 Microchip 微晶片科技公司併購），替 AVR 家族研發了數種專屬偵錯協定，包含 PDI（Program and Debug Interface，程式和偵錯介面）、TPI（Tiny Programming Interface，微型程式介面）和 aWire（Atmel Wire）。

Arduino 官方的 32 位元開發板大都採用 ARM 晶片，例如 Arduino UNO R4 和 MKR 系列開發板。ARM 公司為其處理器家族開發的偵錯協定稱為 **SWD（Serial Wire Debug，序列線偵錯）**，偵錯採用 ARM 處理器的開發板，就要購買 SWD 相容的工具，例如，德國 SEGGER 公司的 J-Link 或者 ST（意法半導體）公司的 ST-Link。

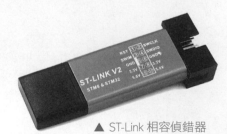

▲ ST-Link 相容偵錯器

ESP32 系列晶片採用 **JTAG** 協定，某些偵錯工具（如：J-Link 和 ST-Link）支援 SWD 和 JTAG 兩種業界廣泛採用的協定。而內建 USB 介面的 **ESP32-S3** 和 **ESP32-C3** 等 ESP32 晶片，只要用 USB 線連接電腦，無須額外的硬體設備即可進行 JTAG 偵錯或上傳程式。從 ESP32-S3 技術文件的區塊圖，可看到它內建 JTAG 功能和介面，底下是簡化版區塊圖。

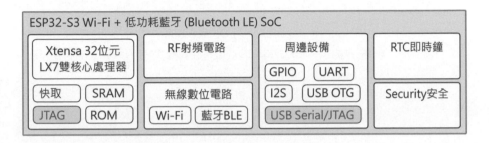

沒有內建 USB JTAG 介面的 ESP32 晶片（ESP-WROOM-32 模組），則需要外接樂鑫公司的 ESP-Prog 板子（外觀如下）或 J-Link、ST-Link 等設備進行偵錯。下文將先介紹使用 USB 線連接 ESP32-S3 開發板進行偵錯，再說明透過 ESP-Prog 偵錯的方法。

樂鑫的 ESP32 Arduino 開發環境從 2.0.6 版開始支援 ESP32 JTAG 偵錯，Arduino IDE 2.x 也具備偵錯功能，但筆者在編寫本文時，它本身有 bug：偵錯面板會呈現空白畫面，所以本章仍以 PIO 開發工具進行偵錯。

動手做 14-1 ESP32-S3 開發板 JTAG 偵錯

實驗說明：運用 ESP32-S3 開發板內建的 JTAG 介面進行偵錯。

實驗材料

具有兩個 USB 插座的樂鑫 ESP32-S3-DevKitC-1 開發板或相容板	1 個

實驗程式

本單元沿用第 11 章的 ESP32-S3 閃爍 RGB 專案程式，請在該專案的 platformio.ini 加入底下最後三行的偵錯參數：

```
[env:esp32-s3-devkitc-1]
platform = espressif32
board = esp32-s3-devkitc-1
framework = arduino
monitor_speed = 115200          ; 序列監控窗速率：115200bps
build_type = debug              ; 編譯型式：偵錯
debug_tool = esp-builtin        ; 偵錯工具：採用 ESP32 內建的 JTAG
debug_init_break = tbreak setup ; 偵錯的初始中斷點：設於 setup()函式
```

這些參數的用途：

- build_type：指定編譯的韌體檔案形式，有 **release（發行）** 以及 **debug （偵錯）** 兩種，預設採「發行」版。要在開發過程透過 JTAG 介面檢測程式狀態，韌體必須編譯成「偵錯」版，編譯器會在韌體檔案中附加偵錯資訊。

- debug_tool：指定偵錯工具，esp-builtin 代表採用 ESP32 晶片的內建偵錯功能。若採用 ESP-Prog 板子偵錯，這個選項要設成 esp-prog。

- debug_init_break：偵錯的初始中斷點，設定後，程式將在執行時暫停在指定的位置，此例為 setup，允許開發人員分析程式、檢視變數並單步執行程式碼。

  你也可以指定暫停在原始檔的某一行，例如，底下的敘述代表將初始中斷點設在 main.cpp 檔的第 12 行：

```
debug_init_break = break main.cpp:12
```

 不是應該打成 "tbreak main.cpp:12" 嗎？你少打一個 "t"。

 眼力很好哦！ "tbreak" 代表 "temporary breakpoint"（暫時的中斷點），它只能讓程式執行到它時停止一次，然後這個中斷點就自動消失了。"break" 則是持續有效的中斷點，除非你手動移除它，否則每當程式執行到它，都會暫停下來。

我們也可以用 "break setup" 設定中斷點，但因為 setup() 本來就只會被執行一次，所以用 "tbreak" 比較契合；底下的「GDB 文字命令」單元會再說明。

 了解！

更新 USB 驅動程式

把 ESP32-S3 開發板的兩個 USB 插座都接上電腦，從 Windows 的**裝置管理員**可以看到它們被辨識並各自分配到一個序列埠。

ESP32-S3 內建的 USB 介面

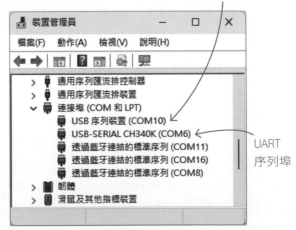

UART 序列埠

但如果這時就開始進行偵錯，PIO 將會顯示一堆錯誤訊息，其中這兩行代表「找不到 USB JTAG 裝置」：

```
Error: libusb_open() failed with LIBUSB_ERROR_NOT_FOUND
Error: esp_usb_jtag: could not find or open device!
```

解決的辦法是採用 Zadig 工具程式（網址：https://zadig.akeo.ie/）替換 Windows 系統預設的 USB 驅動程式。**macOS 和 Linux 系統的使用者不必更新驅動程式**。請下載 Zadig、安裝然後開啟它，進行下列操作：

1 選擇主功能表的『**Options（選項）/List All Devices（列出全部裝置）**』。

2 從列舉裝置的下拉式選單選擇 **USB JTAG/serial debug unit (Interface 2)**。

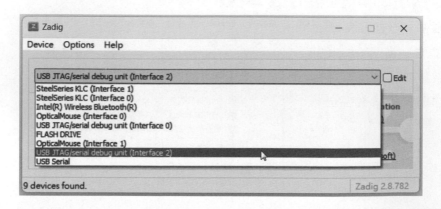

這個下拉式選單會列舉目前連接到電腦的所有 USB 設備的介面（Interface），從中可看到許多 USB 裝置都有一個以上的介面，這代表該裝置具有不同功能。例如，USB 音訊設備可能有一個用於播放（耳機）的介面和另一個用於錄音（麥克風）的介面，每個介面都有一個編號來標識，從 0 開始。Zadig 可讓我們選擇為裝置的某個介面安裝 USB 驅動程式。

3 下圖顯示此 USB 裝置目前的驅動程式為 10.0.22621.x 版的 WinUSB。WinUSB 是微軟設計的一種支援通用 USB 裝置的驅動程式。請把驅動程式改成 **libusbk**，再按下 **Replace Driver（取代驅動程式）**。

1 選擇 (Interface 2) 介面　　**2** 選擇取代的驅動程式 libusbk

目前的驅動程式版本　　　　**3** 按下 Replace Driver（取代驅動程式）

它將下載並安裝指定的驅動程式，過程會花費一點時間。安裝完畢後，按下 **Close** 關閉對話方塊。

若選擇 **USB JTAG/serial debug unit (Interface 0)**，從 Driver 欄位可看到它的驅動程式是 usbser（Usbser.sys），這個介面的驅動程式不用改。usbser的 "ser" 代表 "serial"（序列通訊），它是一個支援使用 **CDC（communication device class，通訊設備類別）協定**的 USB 裝置的驅動程式，能讓應用程式透過序列埠介面（COM 連接埠）存取周邊裝置。

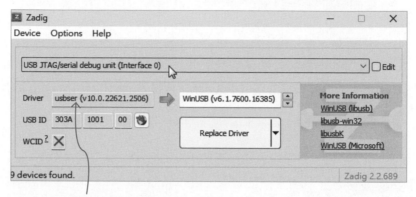

這個介面採用序列通訊驅動程式，不用改

驅動程式更新後，關閉 Zadig，從 Windows 的**裝置管理員**可以看到之前的 USB 序列裝置名稱變了，而且多了一個 **serial debug unit（序列偵錯單元）**。到此，ESP32-S3 的 JTAG 偵錯介面便準備就緒了！

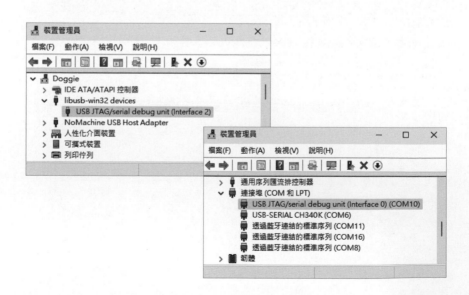

筆者嘗試把 USB JTAG/serial debug unit (Interface 2) 的 WinUSB 驅動程式改成舊的 6.1.x 版，測試也沒問題。

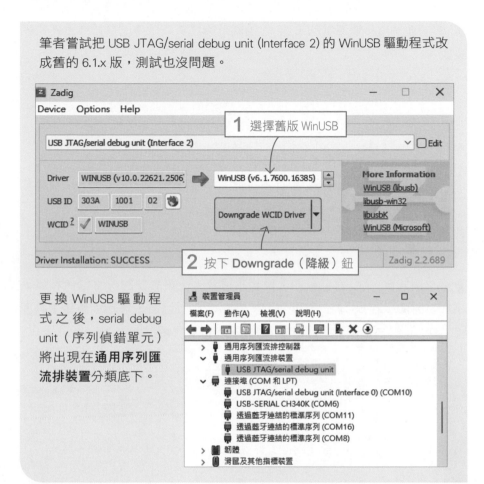

更換 WinUSB 驅動程式之後，serial debug unit（序列偵錯單元）將出現在**通用序列匯流排裝置**分類底下。

上傳偵錯版韌體

接著開啟**執行與偵錯**工具，選擇 **PIO Debug**（偵錯）選項，然候點擊**開始偵錯**鈕。

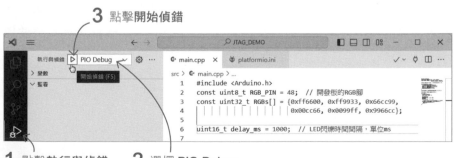

PIO 將開始進行「偵錯前的工作」，也就是編譯偵錯版本的韌體並上傳到開發板。

這裡顯示正在進行 **Pre-Debug（偵錯前的）** 工作

韌體上傳完畢，PIO 會自動開啟**偵錯主控台**，偵錯過程的所有警告和錯誤訊息都將顯示在此；PIO 工作列也將變為橙色並且顯示浮動式**偵錯工具**面板，代表 PIO 目前處於**偵錯檢視（Debug View）**模式。

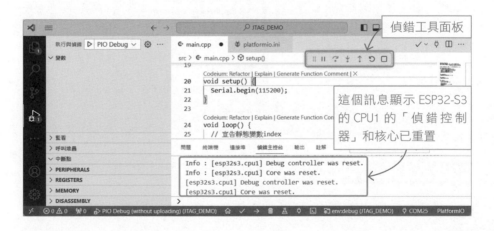

這個專案的 platformio.ini 設置了 debug_init_break = tbreak setup，照理說，編輯器畫面的 setup() 函式那一行應該會出現黃底，並在行號前面顯示一個標示，像這樣：

```
        Codeium: Refactor | Explain | Generate Function Comment | ✕
▷  20      void setup() {
   21        Serial.begin(115200);
   22      }
```

標示程式執行到這一行

但也許是開發工具的 bug，程式實際暫停在底層（ESP-IDF）的 app_main()。
不過沒關係，目前的 PIO 開發環境確實已進入「偵錯」模式。

> 在不同的電腦環境測試後發現，debug_init_break 可能反倒導致程式不會
> 在偵錯環境中暫停，若刪除或者把 debug_init_break = tbreak setup 標示成
> 註解，即可讓程式暫停在 app_main()：
>
> ; debug_init_break = tbreak setup
>
> 接著在 Arduino 程式中手動設定中斷點（參閱下文〈進行 JTAG 偵錯〉），
> 便能讓程式停在指定的地方。補充說明，如果你不小心關閉了**偵錯主控
> 板**，可按下 Ctrl ＋ Shift ＋ Y 鍵再開啟它。

安裝 USB 驅動程式的問題與解決方式

筆者使用同一塊 ESP32-S3 開發板嘗試包括 USB 人機介面和 JTAG 偵錯的不
同實驗，所以電腦的 USB 介面驅動程式需要來回修改。實驗過程曾遇到兩
個問題，一個是：用 Zadig 修改驅動程式，但 Windows 仍沿用修改前的驅
動程式。

解決辦法是在**裝置管理員**中，在 ESP32-S3 的兩個 JTAG 序列埠按滑鼠右
鍵，選擇**解除安裝裝置**，然後拔除 ESP32-S3 的 USB 接線、再插入電腦，系
統就自動載入 Zadig 安裝的驅動程式。

第二個問題是：ESP32-S3 的 JTAG USB 接線插入電腦後，系統會持續反覆地斷線、連線。解決辦法是讓 ESP32-S3 進入「燒錄」模式，也就是：**按著板子的 Boot 鍵→按一下 Reset 鍵→放開 Boot 鍵**，它和電腦的 USB 連線就不間斷了。

接著，在不啟用內建的 USB 介面以及 JTAG 模式的情況下，也就是像底下這樣設定 platformio.ini，再執行**清除快閃記憶體**（參閱下文），或者上傳一個簡單的程式（如：閃爍 LED）到開發板，就能解決這個問題。

```
[env:esp32-s3-devkitc-1]
platform = espressif32
board = esp32-s3-devkitc-1
framework = arduino
build_unflags = -D ARDUINO_USB_MODE   ; 移除原生的USB介面
```

build_unflags 代表「取消編譯時的旗標設定」。日後，重新設定 platformio.ini、啟用 JTAG 偵錯、重新上傳要測試偵錯的程式碼就沒問題了。

補充說明，除了「取消旗標」，也有 **build_flags（設定旗標）**命令，底下參數中的 "D" 代表「設定前置處理器的巨集」，此例設定了名叫 BAUD_RATE（鮑率）的巨集，其值為 115200：

```
build_flags = -D BAUD_RATE=115200
```

主程式可直接引用此巨集，它將在編譯時被設成 115200：

```
Serial.begin(BAUD_RATE);   // 以參數設定的速率初始化序列連線
```

清除快閃記憶體

如果 ESP32-S3 的 USB 介面之前被設置成其他用途導致無法使用 JTAG 偵錯，你可以清除它的快閃記憶體，此舉將會刪除原有的程式和資料。

點擊 PIO 面板的 **PROJECT TASKS（專案任務）** 環境名稱 **Platform（平台）Ease Flash（清除快閃記憶體）**。過一會兒，終端機最後一行將顯示代表清除成功的 "SUCCESS" 訊息，其餘一長串訊息的內容，請參閱下文〈使用 esptool.py 檢查 ESP32 晶片的版本〉說明。

清除快閃記憶體

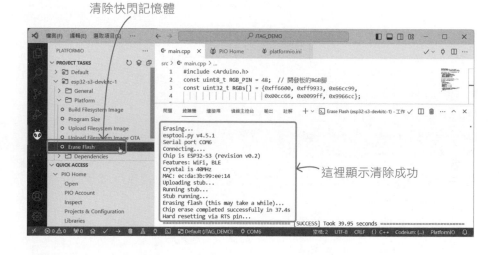

這裡顯示清除成功

進行 JTAG 偵錯

筆者打算觀察 loop() 函式裡的 delay_ms 和 index 變數的值，為此，我們可以在引用這些變數的敘述設定中斷點，例如，27 行和 30 行。先說一下，ESP32-S3 晶片本身只允許設定兩個中斷點，但程式開發環境透過軟體讓它支援到 64 個中斷點，詳細說明請參閱樂鑫官方的簡體中文〈可用的斷點和觀察點〉文件：https://bit.ly/42SheV2。

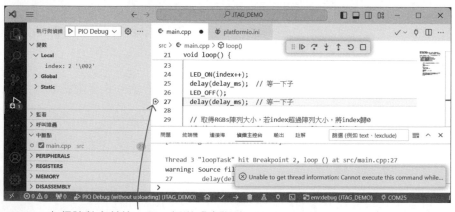

在行號數字前按一下，新增「中斷點」

設定中斷點後，偵錯主控台可能會出現標題為 "Unable to get the thread information"（無法取得執行緒的資訊）的警告訊息並且彈出訊息窗，這些警告通常不會影響偵錯，請忽略它們，過一會兒它們會自動關閉；你也可以手動關閉彈出訊息，底下的〈GDB 文字命令〉單元會再說明。

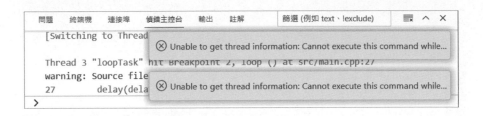

控制偵錯程式的執行流程

在**偵錯檢視**模式下，VS Code 上方會出現一個控制程式執行流程的浮動面板，提供下列功能：

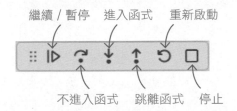

- 繼續 / 暫停：點擊或按 F5 鍵，執行程式直至遇到中斷點後暫停。

- 不進入函式（Step Over）：點擊或按 F10 鍵，程式就執行一步，若遇到函式呼叫，則會執行完該函式但不會進入函式。

- 逐步執行（Step Into）：點擊或按 F11 鍵，程式就執行一步，若遇到函式呼叫敘述，則會進入該函式。

- 跳離函式（Step Out）：點擊或按下 Shift + F11 鍵，執行函式剩餘的程式碼然後離開，跳回之前呼叫該函式的敘述。

- 重新啟動：點擊或按下 Ctrl + Shift + F5 鍵，停止目前的偵錯任務並重新啟動偵錯器。

- 停止：點擊或按下 Shift + F5 鍵，停止並退出偵錯任務。

執行與偵錯面板可列舉與監看偵錯對象的變數、呼叫堆疊和中斷點。

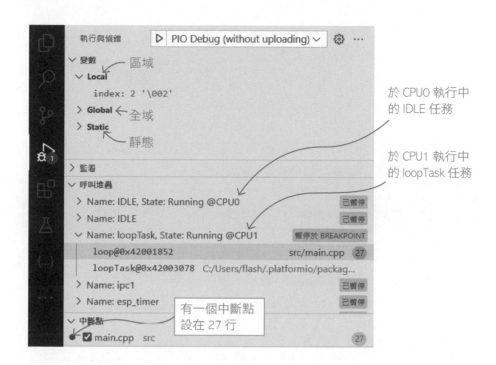

整數型態的變數值將同時以 10 進位和 ASCII 格式呈現,如果該值是「不可列印」的 ASCII 字元(如:Enter 或 Ctrl 控制字元),它將顯示編碼值,所以此例的 index 值顯示為 2 '\002',ASCII 格式值用單引號括起來,代表它是字元而非字串。若是「可列印」字元(如:字母、數字或標點符號),則顯示該字元;假設 index 值為 97,它將顯示為 97 'a'。

替函式設定中斷點

當游標滑入**中斷點**面板時,它的右上方將出現三個功能按鈕:

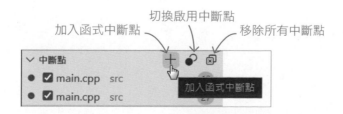

按下 ⊞，便可輸入想要設定中斷點的函式，例如：loop，函式名稱後面不用加小括號。

在**中斷點**面板加入的函式中斷點不會在程式前面顯示小紅點，但同樣會在偵錯運作過程中，停留在函式宣告的起始行。

「不要進入函式」與「進入函式」

假設我們想要觀察 LED_ON 函式的區域變數值，可逐步執行或者在該函式中設定中斷點，然後點擊**繼續**，讓程式停在函式內部。此時，點擊**執行與偵錯**面板裡的**變數 Local**，將能顯示 R, G, B 變數的目前值。

上圖顯示程式暫停在 13 行，我不想查看 neopixelWrite() 函式的內容，因此點擊**不要進入函式**。下圖顯示程式暫停在 25 行，若點擊**進入函式**：

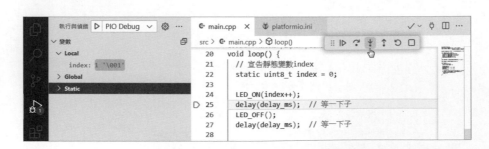

它將顯示 esp32-hal-misc.c 的 delay() 函式定義內容：

變更與監看變數

偵錯模式也允許我們修改變數值。以設置 LED 閃爍的延遲時間 delay_ms 為例，請先在**變數**面板的 **Global**（全域）分類中找到它：

雙按其值即可修改，下圖顯示從 1000 改成 500；為了方便觀察變化，請先停用所有中斷點。你可以逐一點擊**中斷點**前面的選項來停用或啟用它，或者點擊面板右上方的**切換啟用中斷點**。

切換啟用中斷點

然後按下**繼續**鈕，你可觀察到 LED 閃爍的頻率確實變快了。

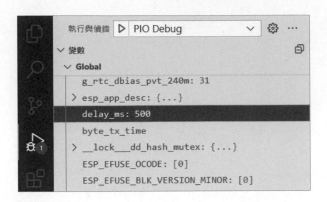

監看變數

在上面的操作過程中，你會發現一個程式除了包含我們自行定義的變數和
函式，還包含程式框架內建的變數和函式。為了快速查看特定變數，可以
將它加入**監看**，例如，查看 index 變數值：

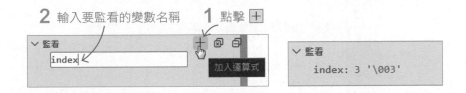

設定條件中斷點

偵錯器允許設定唯有特定條件發生時，再讓程式暫停在指定的行數。假設
要在 index 值等於 2 時，將程式暫停在 25 行。請在行號 25 前面按滑鼠右
鍵，選擇**新增條件中斷**：

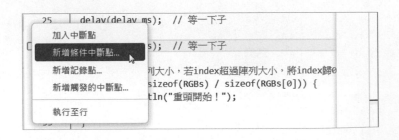

輸入觸發中斷的條件式:"index == 25"。

按下 Enter 鍵完成設定後,把游標移入中斷點,它將顯示觸發條件:

按下**繼續**鈕執行程式,它將在 index 值變成 2 時,暫停在此中斷點。

	監看		25	delay(delay_ms); // 等一下子
	index: 2 '\002'		26	LED_OFF();
			27	delay(delay_ms); // 等一下子

若要移除此中斷點,請在它上面按滑鼠右鍵,選擇**移除中斷點**,或者從**中斷點**面板移除。

⊖ 25	delay(delay_ms); // 等一下子
移除 中斷點 Delete	// 等一下子
編輯 中斷點...	
停用 中斷點	,若index超過陣列大小,將index歸0
	(RGBs) / sizeof(RGBs[0])) {
執行至行	直頭開始!");
32	index = 0;

最後,如果要離開偵錯模式,請按下浮動式**偵錯**面板的**停止**。

14-2 認識 GDB、OpenOCD 與 .elf 檔

補充說明偵錯過程的一些細節。首先，編譯器編譯出來的韌體（可執行的二進位檔），必須是「可偵錯」版本，才能被偵錯工具使用。Arduino（含 ESP32）程式開發環境，採用一款開源、廣受歡迎的編譯器套件 GCC 來編譯原始碼。使用 GCC 編譯時加入 -g 參數，即可編譯出「可偵錯」版本。

GCC 套件包含一個偵錯程式的工具 GDB（GNU Debugger），透過 GDB，開發人員可單步執行「可偵錯版」的程式、檢查變數值、設置中斷點等操作。我們在上文執行的各項偵錯操作，實際上是由 GDB 在背地裡完成的。

然而，GDB 工具程式並不知道要如何和 ESP32-S3 的 JTAG 介面溝通，需要透過一個中介軟體橋接（連結）GDB 和 ESP32，這個中介軟體大多採用開源的 OpenOCD（https://openocd.org/）。

在 ESP32-S3 開發板執行偵錯的軟硬體架構大致如下圖所示，GCC, GDB 和 OpenOCD 工具程式都內建於樂鑫的 ESP32 Arduino 開發環境，此 GDB 偵錯工具是樂鑫公司為了 ESP32 微控器優化的版本，名叫 xtensa-esp32-elf-gdb。

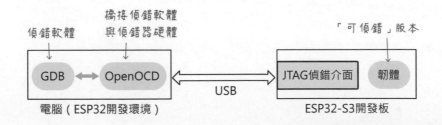

在 platformio.ini 的 build_type 設成 debug 模式（亦即，「編譯成偵錯版」）的狀態下，點擊工作列的**編譯**鈕，終端機將顯示如下的訊息，編譯完成的韌體檔名是 firmware.elf。

這裡顯示「以偵錯模式建置」　　　主記憶體和快閃記憶體的用量

```
問題　終端機　連接埠　偵錯主控台　輸出　註解                                    + ∨ … ∧ ×
Building in debug mode                                                    powershell
Retrieving maximum program size .pio\build\esp32-s3-devkitc-1\firmware.elf       PlatformIO: Build 工作 ✓
Checking size .pio\build\esp32-s3-devkitc-1\firmware.elf
Advanced Memory Usage is available via "PlatformIO Home > Project Inspect"
RAM:   [=           ]    5.8% (used 19000 bytes from 327680 bytes)
Flash: [=           ]    8.1% (used 271473 bytes from 3342336 bytes)
============================ [SUCCESS] Took 5.10 seconds ===================
```

把 platformio.ini 的 build_type 參數設成註解或者設成 release（發行版）像這樣：

```
[env:esp32-s3-devkitc-1]
platform = espressif32
board = esp32-s3-devkitc-1
framework = arduino
; build_type = debug          ; 改成註解，或者設成 release
; debug_tool = esp-builtin
; debug_init_break = break setup
```

再次按下**編譯**鈕，它將連結剛剛已編譯的元件，建置成 firmware.bin 檔。底下的截圖沒有顯示出來，如果往上捲動終端機內容，你會看到 "Building in release mode"（以發行模式建置）的訊息。

```
問題　終端機　連接埠　偵錯主控台　輸出　註解                                    + ∨ … ∧ ×
Archiving .pio\build\esp32-s3-devkitc-1\libFrameworkArduino.a             powershell
Linking .pio\build\esp32-s3-devkitc-1\firmware.elf                               PlatformIO: Build 工作 ✓
Retrieving maximum program size .pio\build\esp32-s3-devkitc-1\firmware.elf
Checking size .pio\build\esp32-s3-devkitc-1\firmware.elf
Advanced Memory Usage is available via "PlatformIO Home > Project Inspect"
RAM:   [=           ]    5.8% (used 19000 bytes from 327680 bytes)
Flash: [=           ]    8.1% (used 271469 bytes from 3342336 bytes)
Building .pio\build\esp32-s3-devkitc-1\firmware.bin
esptool.py v4.5.1
Creating esp32s3 image...
Merged 2 ELF sections
Successfully created esp32s3 image.
======================= [SUCCESS] Took 13.48 seconds ===================
```

▲ 原始碼最後被編譯成 .bin 檔，快閃記憶體用量比偵錯版稍微小一點

".bin" 代表 "binary"（二進位檔），也就是只包含機械碼的可執行檔，在執行時期，程式的符號（如：常數、變數和函式）通常會被載入到固定的記憶體位址。

".elf" 代表 "Executable Linkable Format"（可執行可連結格式），檔案裡面包含了可執行檔和其他資訊，例如：符號表（symbol table）、偵錯資訊和可重

定位資料，允許符號在執行時期被載入到任何記憶體位址，因此檔案大小高於 ".bin" 檔。

多重編譯環境設定

platformio.ini 檔可包含多組環境設定，例如，底下內容包含兩個開發板的環境設定，一個命名為 "release"（發行），另一個命名為 "debug"（偵錯）。

```
[env:release]          ;「發行版」的環境設定
platform = espressif32
board = esp32-s3-devkitc-1
framework = arduino
build_type = release   ; 建置類型設為「發行」

[env:debug]            ;「除錯版」的環境設定
platform = espressif32
board = esp32-s3-devkitc-1
framework = arduino
build_type = debug     ; 建置類型設為「偵錯」
```

上面的設定沒問題，但是大部分的參數值都是一樣的，我們可以把相同的部分獨立出來，就像變數設定一樣，將來若要修改，只要改一個地方。設定與引用共享參數的語法如下：

底下是修改後的環境設定，筆者把相同的部分寫在〔iot〕共享設定中：

```
[iot]   ; 自訂的共享設定名稱
platform = espressif32
board = esp32-s3-devkitc-1
framework = arduino
monitor_speed = 115200

[env:release]
platform = ${iot.platform}
board = ${iot.board}
framework = ${iot.framework}
build_type = release      ; 建置類型設為「發行」
monitor_speed = ${iot.monitor_speed }

[env:debug]
platform = ${iot.platform}
board = ${iot.board}
framework = ${iot.framework}
build_type = debug        ; 建置類型設為「偵錯」
debug_tool = esp-builtin  ; 使用內建的 JTAG 介面
debug_init_break = tbreak setup
monitor_speed = ${iot.monitor_speed }
```

若直接按下工作列的**編譯**鈕，它將陸續編譯 platformio.ini 當中定義的兩個環境。但通常我們只要編譯其中一個環境設定，請點擊工作列上的**切換專案環境**，再選擇環境：

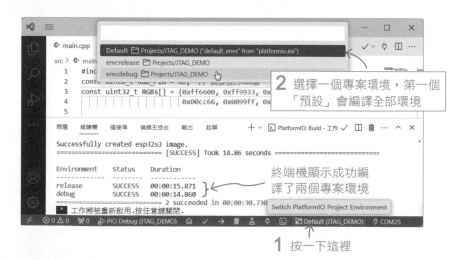

再次點擊**編譯**，這次就只編譯 "debug" 專案環境。

這裡顯示目前的專案環境是 "env:debug"

GDB 文字命令

GDB 是「文字命令式」偵錯工具，上文的設定中斷點、逐步執行、跳出函式…等操作，原本都要在終端機視窗輸入命令操作，幸虧 VS Code 提供了圖像式操作環境。

然而，有些偵錯作業還是得仰賴文字命令。比方說，你可能在偵錯時遇到如下的「不能在目標仍在運作時執行這個命令」警告訊息，提示你嘗試輸入 "interrupt"（中斷）命令來停止目標。

> ⊗ Unable to get thread information: Cannot execute this ∨ ✕
> command while the target is running. Use the "interrupt"
> command to stop the target and then try again. (from thread-
> info 1)

訊息提示的「輸入命令」，其輸入欄位在**偵錯主控台**面板底下。我們先做一個小試驗，觀察 platformio.ini 的初始中斷點的 "tbreak" 和 "break" 的差異。如果 VS Code 目前處於「偵錯檢視」狀態，請按下偵錯浮動面板的**停止**，或**者在偵錯主控台窗格底部欄位輸入 "quit" 或 "q"，再按下** Enter 鍵，即可停止偵錯模式。

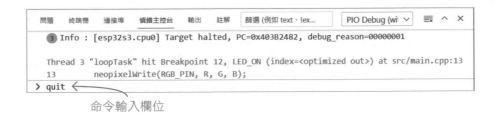

命令輸入欄位

離開偵錯檢視模式後，請修改 platformio.ini 裡的 debug_init_break 參數值：

```
debug_init_break = tbreak loop  ; 初始中斷點改設在 loop 函式
```

接著依舊選擇 " 不上傳韌體 " 的除錯模式（你要重新上傳韌體也行，只是沒必要），進入除錯模式之後，在第 13 行（或其他行）設一個中斷點，程式將處於暫停執行狀態。此時，在**偵錯主控台**欄位輸入 "info b" 或者 "info break"（代表「中斷點資訊」），它將顯示目前已設定的中斷點的資訊：

其中編號 1 的中斷點，其 Disp 欄位顯示 "del"，代表該中斷點被「刪除」；中斷點 2 號則顯示 "keep"，代表它將被「保留」。

按下**偵錯**浮動面板上的**繼續**，或者在**偵錯主控台**欄位輸入 "c"（代表 "continue"，繼續），程式將繼續執行到第 13 行的中斷點。再次於**偵錯主控台**欄位輸入 "info b"，你將看到目前只剩下一個被「保留」的中斷點；中斷點的編號是 GDB 設定的，可能會在偵錯過程中改變，不用管它。

| 問題 | 終端機 | 連接埠 | 偵錯主控台 | 輸出 | 註解 | 篩選 (例如 text、!exclude) | PIO Debug∨ |

```
→ info b
    Num     Type            Disp Enb Address     What
    8       breakpoint      keep y   0x420017ea in LED_ON(unsigned char) at src/main.cpp:13
            breakpoint already hit 1 time ←
    {"token":78,"outOfBandRecord":[],"resultRecords":{"resultClass":"done","results":[]}}
  >
```

這裡顯示此中斷點已被觸發 1 次

由此可知,在 platformio.ini 當中設置的 tbreak,真的是「設置暫時的中斷點」,觸發一次就被刪除了。之前在 VS Code 的圖像式操作,都有對應的 GDB 命令,例如,「在 27 行設定一個中斷點」的命令是 "b 27" 或 "break 27",「刪除中斷點」的命令則是 "d N" 或 "delete N",N 代表中斷點的編號,可透過 "info b" 命令得知。

不過,文字命令的操作結果,並不會反應在 VS Code 的圖像操作環境,例如,新設定的中斷點並不會出現在**中斷點**面板,而常用的偵錯操作,圖像介面也足夠使用,如果想知道更多可用的 GDB 命令,可參閱樂鑫官網的〈使用命令行的調試示例〉:https://bit.ly/4a6TH5p,雖然該文件主要是針對 ESP-IDF 開發環境和另一個知名的程式開發工具 Eclipse,但 GDB 命令都是相同的。

14-3 JTAG 偵錯器架構與接線

沒有內建 USB 介面的 ESP32 模組以及 ESP32-C3,都有提供外接 JTAG 偵錯器的接腳(GPIO12~15)。要在不具備 USB 介面的 ESP32 上進行 JTAG 偵錯,必須額外添購 JTAG 偵錯器。

JTAG 協定的連接埠簡稱 TAP(Test Access Port,測試存取埠),共有 5 個接腳,但重置腳是選擇性的,通常只接 4 個腳,這些接腳的名稱與用途如下:

● **TDI**(Test Data In,測試資料輸入):向偵錯裝置(如:ESP32)輸入資料。

● **TDO**(Test Data Out,測試資料輸出):從偵錯裝置讀取資料。

- TCK（Test Clock，測試時脈）：提供時脈訊號給偵錯裝置。

- TMS（Test Mode Select，測試模式選擇）：用於設定檢測模式和偵錯裝置的狀態。

- TRST（Test Reset，測試重置）：這個接腳在 IEEE 1149.1 標準是選擇性的，因為透過 TMS 腳也可以重置（初始化）偵錯裝置。

底下是支援 JTAG 偵錯的微控器結構簡圖，資料以序列方式傳送，並且以串接方式連結電路板上其他支援 JTAG 的元件。

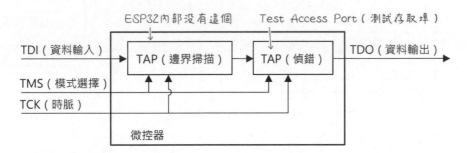

JTAG 偵錯器通常採用 FT2232HL 晶片，負責轉換 USB 訊號與 JTAG 協定，接線方式大致像這樣：

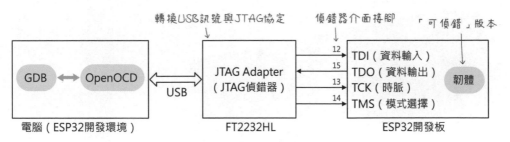

動手做 14-2　連接 ESP-Prog 進行偵錯

實驗說明：採用 ESP-Prog 偵錯器連接 ESP32 開發板進行偵錯。

實驗材料

ESP32 開發板（本例採用 LOLIN D32）	1 個
JTAG 偵錯器（筆者使用 ESP-Prog）	1 個

偵錯的硬體環境設置，電腦端通常會連接兩個 USB 埠，一個用於上傳程式碼，另一個用於偵錯。

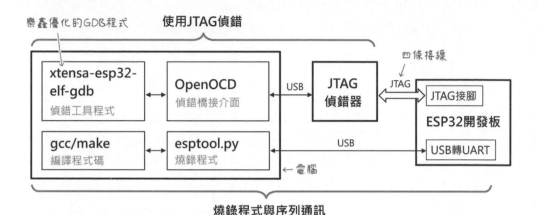

底下是樂鑫官方的 JTAG 偵錯器的接腳，它有 4 個插座，但其中兩個插座的腳位和功能一樣，只是大小不同。

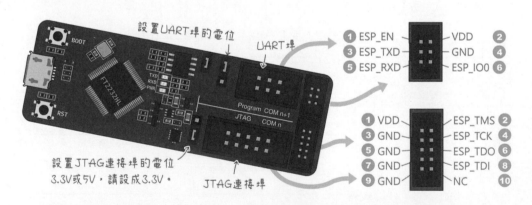

麵包板示範接線如下，ESP32 開發板和 JTAG 偵錯器（ESP-Prog）都各自從電腦 USB 取得電源，所以**它們之間的電源只需要接地，Vcc 不要互接**。

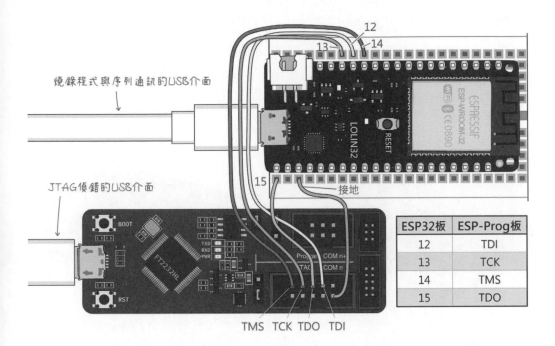

ESP32板	ESP-Prog板
12	TDI
13	TCK
14	TMS
15	TDO

ESP-Pro 偵錯器本身也具有 UART 序列埠，可取代 ESP32 開發板上的 UART
通訊晶片，所以偵錯器也可以這樣接：

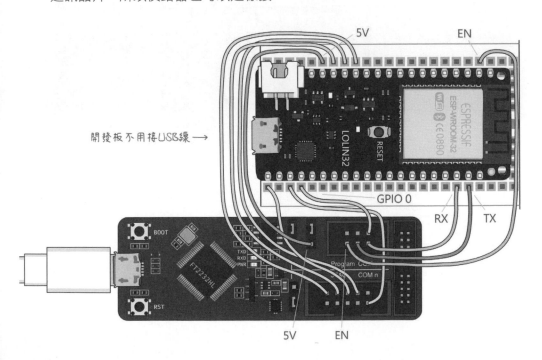

JTAG 沒有標準的連接端子型式，偵錯器也不一定要使用樂鑫官方的 ESP-Prog。ESP-Prog 板子的主要元件是 FT2232HL 晶片，市面上有販售其他採用此晶片的板子，例如名叫 FT232H USB to JTAG 模塊的板子和 ESPLink，它們都能用於偵錯 ESP32，價格也比 ESP-Prog 低廉。

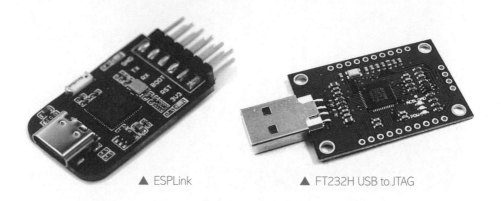

▲ ESPLink　　　　　　　　　▲ FT232H USB to JTAG

底下是 FT232H USB to JTAG 模塊的示範接線：

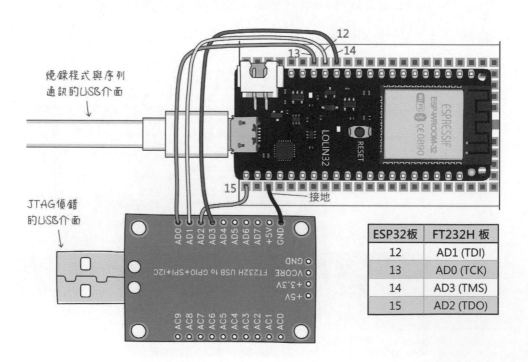

ESP32板	FT232H 板
12	AD1 (TDI)
13	AD0 (TCK)
14	AD3 (TMS)
15	AD2 (TDO)

專案的偵錯工具設置

在 PIO 的主畫面點擊 **New Project（新增專案）**，筆者將它命名為 "JTAG_DEMO"，開發板採用不具備 USB 介面的 LOLIN D32。

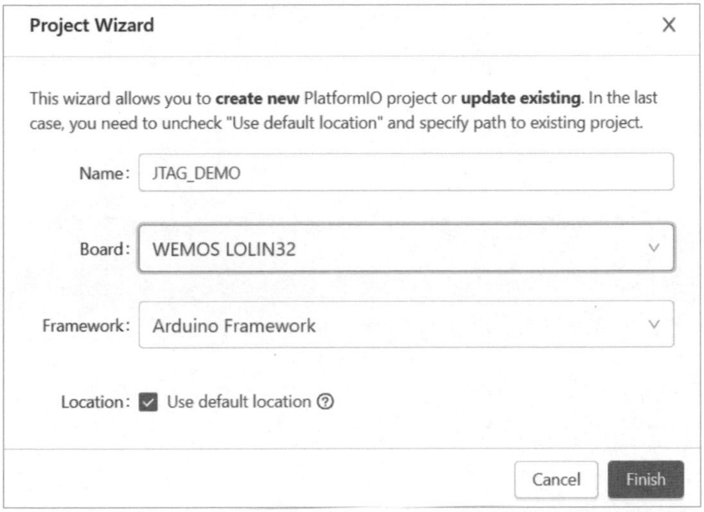

在它的 platformio.ini 中加入底下的偵錯設置，**debug_tool（偵錯工具）設成 esp-prog**。

```
[env:lolin_d32]
platform = espressif32
board = lolin_d32
framework = arduino
monitor_speed = 115200
build_type = debug            ; 編譯型式：偵錯
debug_tool = esp-prog         ; 偵錯工具：ESP-Prog
debug_init_break = break setup ; 偵錯的初始中斷點：設於 setup() 函式
```

取代 FTDI 驅動程式

ESP-Prog（或其他採用 FT2232HL 晶片的模組）在 Windows 系統的 USB 驅動程式也要使用 Zadig 替換；接上 Windows 電腦之後，系統會自動將它識別成兩個 USB 序列埠裝置，像下圖的 COM18 和 COM19。

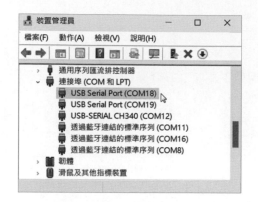

在其中任何一個序列埠按右鍵，選擇**內容**，可看到它的驅動程式提供者就是晶片的製造商 FTDI。我們必須手動修改驅動程式，才能讓 ESP32 開發工具的 OpenOCD 程式自動辨識並與它通訊。

開啟 Zadig，選擇主功能表的『**Options（選項）/List All Devices（列出全部裝置）**』。然後從下拉式選單中找到 Dual RS232-HS 裝置，它同樣有 0 和 1 兩個介面（Interface）而且驅動程式都是 FTDIBUS。請將其中一個介面（筆者選擇 Interface 0）的驅動程式改成 WinUSB，另一個不用改。

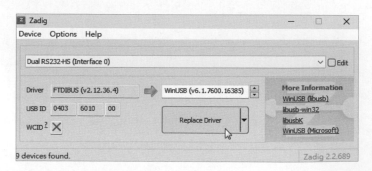

替換驅動程式之後，ESP-
Prog 另一個 USB 序列埠將顯
示成 "Dual RS232-HS"。如此，
偵錯環境就準備完成了！

開始用 ESP-Prog 偵錯

驅動程式設置完畢，在專案的 main.cpp 輸入底下的原始碼：

```cpp
#include <Arduino.h>

/**
 * 閃爍 LED
 * @param n: 閃爍次數
 * @param t: 延遲毫秒
 */
void blink(uint8_t n, uint16_t t) {
  if (n < 1) return;

  for (int8_t i = 0; i < n; i++) {
    digitalWrite(LED_BUILTIN, HIGH);
    delay(t);
    digitalWrite(LED_BUILTIN, LOW);
    delay(t);
  }
}

void setup() {
  pinMode(LED_BUILTIN, OUTPUT);
}
```

```
void loop() {
  blink(4, 500);
  blink(2, 1000);
}
```

其他在 VS Code 和 PIO 裡的操作方式，跟上文偵錯 ESP32-S3 相同。點擊**偵
錯**面板的 **PIO Debug**，上傳偵錯版韌體開始進行偵錯。下圖顯示程式暫停
在 setup() 函式。

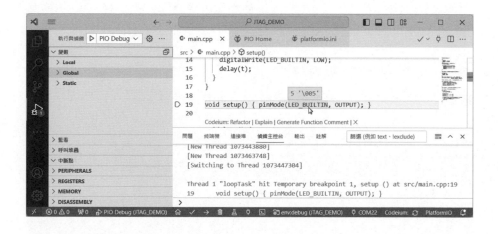

14-4 確認晶片的生產板本

ESP32-C3 開發板也支援 USB JTAG 偵錯，但初期生產的 0.1 和 0.2 版本不支
援。雖然目前市面販售的應該都是更新版，但如果你想要確認版本的話，
有三個方法：

● 在編譯上傳程式檔時顯示晶片版本

● 使用程式讀取晶片版本

● 使用 esptool.py 讀取晶片版本

為了在編譯上傳程式檔時顯示晶片版本，請在 Arduino IDE 的**喜好設定**中，勾選底下的選項：

如此，在編譯上傳程式到開發板時，**輸出**面板將會顯示晶片的資訊，例如：

```
Chip is ESP32-C3 (revision v0.3)
Features: WiFi, BLE
Crystal is 40MHz
MAC: 7c:df:a1:::
```

第二個方法是採用 ESP32 內建的範例程式。從 Arduino IDE 的主功能表選擇『**檔案 / 範例 /ESP32/ChipID/GetChipID**』，編譯並上傳到 EP32 開發板，它將在**序列埠監控視窗**顯示晶片的版本。晶片版本的詳細標示方式，可參閱〈Chip Revision〉線上文件（https://bit.ly/483g8Hi）。

使用 esptool.py 查看 ESP32 開發板的資訊

esptool.py 是個採用 Python 語言開發的開放原始碼、跨平台的工具軟體（原始碼網址：https://github.com/espressif/esptool），用於跟樂鑫公司的 ESP32 和 ESP8266 系列晶片的開機啟動程式（bootloader）進行通訊，執行讀取、寫入、刪除和驗證快閃記憶體中的二進制資料，以及讀取晶片版本、MAC 位址和其他資料。

ESP32 的程式開發工具，包括 ESP-IDF、Arduino IDE 和 PlatformIO IDE 也都透過 esptool.py 上傳程式檔到 ESP32 晶片。我們可以直接從終端機命令列操作 esptool.py，在 Arduino IDE 環境中，它是一個可執行檔，位於底下路徑：

● Windows 系統：

```
%HOMEPATH%\AppData\Local\Arduino15\packages\esp32\tools\
esptool_py\版本
```

● macOS 系統：

```
~/Library/Arduino15/packages/esp32/tools/esptool_py/版本
```

在 PlatformIO IDE 中，esptool.py 則是 Python 原始檔，位於底下路徑：

● Windows 系統：

```
%HOMEPATH%\.platformio\packages\tool-esptoolpy
```

● macOS 系統：

```
~/.platformio/packages/tool-esptoolpy
```

要執行 Python 原始碼版本的 esptool.py，作業系統需要事先安裝 Python 語言的執行環境和相關套件（如：序列通訊的 serial 套件）或者透過 PIO 內建的 Python 執行。

如果你的電腦系統有安裝 Python 3 執行環境，可在終端機透過 pip 命令安裝 esptool.py，但本範例不需要自行安裝。

```
pip install esptool
```

底下的操作採用安裝在 Arduino IDE 的 esptool 執行檔，以 Windows 11 系統為例，請瀏覽到 esptool_py 所在資料夾，然後在其中按滑鼠右鍵，選擇**在終端機中開啟**：

1 瀏覽到這個資料夾　　**2** 執行此命令

在終端機視窗中輸入底下命令：

".\"代表目前所在路徑　　　　　　　可簡寫成"-p COM25"

.\esptool flash_id　　或　　.\esptool --port COM25 flash_id

取得晶片參數　　　　　　　　　指定連接開發板的序列埠

如果沒有指定連接開發板的序列埠，esptool 將逐一檢測目前連接的序列埠裝置，自動找到 ESP32 開發板並顯示晶片的資料，執行結果像這樣（井號文字是筆者加上的註解）：

```
esptool.py v4.5.1       # 顯示 esptool.py 的版本
Found 4 serial ports    # 找到 4 個序列埠裝置
Serial port COM8        # 選擇其中一個序列埠
# 連接失敗
COM8 failed to connect: Could not open COM8, the port doesn't
exist
Serial port COM25       # 連接 COM25
Connecting....          # 嘗試連線…
Detecting chip type... ESP32-S3   # 檢測到晶片類型 …ESP32-S3
Chip is ESP32-S3 (revision v0.2)  # 晶片是 0.2 版 ESP32-S3
```

```
Features: WiFi, BLE   # 功能：WiFi 和 BLE 低功耗藍牙
Crystal is 40MHz      # 石英震盪器是 40MHz
MAC: ec:da:3b:::      # MAC 位址
Uploading stub...     # 上傳 flasher stub，stub 是 esptool 內建的小程式
Running stub...       # 執行 stub
Stub running...       # 以下是 stub 取得的快閃記憶體資訊
# 快閃記憶體製造商代碼 "ef"：Microchip Technology
Manufacturer: ef
Device: 4018          # 快閃記憶體型號：MCP4018
Detected flash size: 16MB   # 快閃記憶體大小：16MB
# 快閃記憶體介面：4 線式
Flash type set in eFuse: quad (4 data lines)
Hard resetting via RTS pin...   # 透過 RTS 腳重置晶片
```

執行 .\esptool read_mac 命令參數，也能取得晶片的版本，但不包含快閃記憶體的容量資訊。執行 .\esptool -h 命令參數，可取得 esptool 的全部命令參數簡介，完整的命令說明可參閱 esptool 線上文件：https://docs.espressif.com/projects/esptool/。

"stub" 代表原始程式的替代版，以 ESP32 晶片為例，它在出廠之前已事先在內部 ROM 燒錄了**開機啟動程式（bootloader）**，用於載入、執行我們上傳的程式碼。這個位於 ROM 裡面的程式無法在出廠後修改。若日後發現 ROM 的程式有 bug，可透過 esptool 工具上傳替代版 "stub bootloader"，臨時替代晶片裡的原始版本。

若執行 esptool 時加入 --no-stub 參數，它將使用原始的 ESP32 開機啟動程式，像這樣：

```
.\esptool.exe -p COM17 --no-stub flash_id
```

在筆者的電腦和開發板的執行結果：

```
Detecting chip type... ESP32-C3
Chip is ESP32-C3 (revision v0.3)
Features: WiFi, BLE
Crystal is 40MHz
MAC: 60:55:f9:::
Enabling default SPI flash mode...
```

```
Manufacturer: c2
Device: 2016
Detected flash size: 4MB
Hard resetting via RTS pin...
```

14-5 清除編譯完成的韌體

如果你要備份用 PIO 開發的專案，或者複製給他人，可直接複製 "文件 \
PlatformIO\Projects" 路徑底下的專案資料夾。不過，複製之前，最好先執行
Clean（清除） 命令，把之前編譯完成的韌體（.bin 或 .elf 檔），以及編譯過
程建立的其他檔案都清除掉。

以本章的 JTAG_DEMO 專案來說，main.cpp 原始檔只有 1KB 大小，但暫存
在專案路徑 .pio\build 資料夾裡面，release（發行）和 debug（偵錯）環境
的編譯檔案加起來的大小約 51MB。

你可以手動刪除 .pio\build 資料
夾的內容，但為了避免誤刪檔
案，最好是執行 **PIO** 面板當中的
『**PROJECT TASKS（專案任務）
/ General（一般）/ Clean（清
除）**』，即可清除目前選擇環境
（如：release 或 debug）的暫存編
譯檔案。

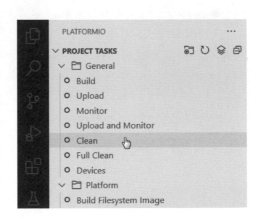

點擊 **Clean（清除）** 命令後，PIO 不會跟你確認，就直接刪除編譯檔。你若
再次編譯，這些檔案就會被重新產生。

另一個 **Full Clean**（完整清除）命令，則不僅刪除編譯檔，還會將存放在 .pio\libdeps 裡的程式庫以及建置環境（ESP32 Arduino）一併刪除。不過，執行 **Full Clean**（完整清除）命令之後，PIO 將隨即依據專案的 platformio.ini 設定，重新下載建置環境和指定的程式庫。

14-6　使用 PlatformIO 開發與偵錯 Arduino UNO 開發板程式

本章最後，介紹一下如何在 Arduino UNO 板子上進行偵錯。捷克的 Jan Dolinay 先生編寫了一個叫做 avr8-stub 的程式庫，透過軟體來模擬 GDB 偵錯協定介面，提供 ATmega328, ATmega1280 和 ATmega2560 等微控器處理 GDB 的流程控制（停止和繼續）、讀寫記憶體與暫存器等命令，無需外部硬體偵錯器。

這個程式庫的名稱 avr8-stub，說明了它是一個用於 AVR 家族的 8 位元微控器，用替代版（stub）開機啟動程式來測試或模擬實際程式的運作結果。

透過 avr8-stub 程式庫偵錯，有兩點要注意：

1. 偵錯程式透過預設的 UART 序列埠連接 Arduino 開發板，所以 Arduino 程式不可使用 Serial 物件輸出或輸入訊息，底下的程式會引發錯誤：

```
Serial.begin(115200);
Serial.println("hello!");
```

如有需要，請用 SoftwareSerial 自訂一個軟體序列埠。

| 2 | avr8-stub 會佔用一個外部中斷腳，所以 UNO 板的數位腳 2 或 3 不可用。 |

avr8-stub.h 的原始碼（https://bit.ly/3Team1v）有註解説明，使用此程式庫偵錯時，Arduino 板子不能使用 AVR8_SWINT_SOURCE 巨集指定的中斷腳，該值預設為 0，代表 UNO 板子的數位腳 2（中斷 0）不能用。如果有需要，可以將 AVR8_SWINT_SOURCE 的值設為 1，代表數位腳 3（中斷 1）不能用。

新增 Arduino UNO 專案

本文採用 Arduino UNO 開發板示範，在 PIO 主頁新建專案，**Board（開發板）**選擇 **Arduino Uno**、**Framework（框架）**選擇 **Arduino**。

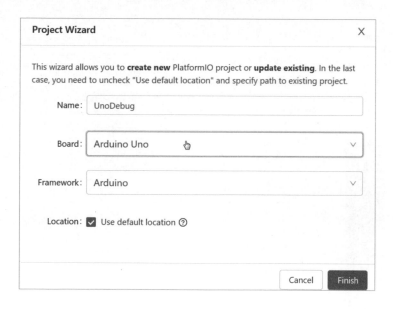

專案建立完畢，點擊 PLATFORMIO 的 **QUICK ACCESS（快速選取）**中的 **Libraries（程式庫）**：

專案自動產生的 platformio.ini 檔

1 點擊 PlatformIO　　　**2** 點擊 Libraries

或者點擊 PIO Home 畫面的 **Libraries（程式庫）**圖示，然後搜尋 "avr-debug"
程式庫，將能找到 Jan Dolinay 開發的 avr-debugger 程式庫。

這裡顯示找到一個程式庫

點擊此程式庫

這裡標示適用於 Ateml AVR 系列處理器

點擊 **Add to Project**（新增至專案）：

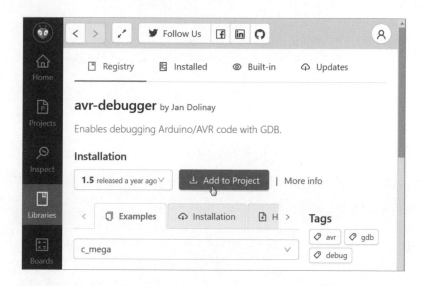

螢幕將顯示要加入專案的程式庫名稱和版本，請選擇要加入的專案：

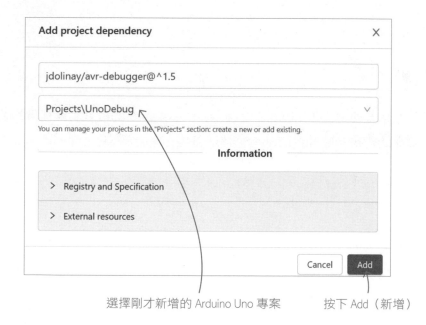

選擇剛才新增的 Arduino Uno 專案　　　按下 Add（新增）

platformIO 將自動在 platformio.ini 檔新增 lib_deps 參數及程式庫名稱。請自行在後面加入 debug_tool（偵錯工具）和 debug_port（偵錯連接埠）兩個參數：

```
[env:uno]
platform = atmelavr       ; 平台 =Atml AVR 家族
board = uno               ; 板子 =UNO
framework = arduino       ; 框架 =arduino
lib_deps = jdolinay/avr-debugger@^1.5    ; 相依程式庫
debug_tool = avr-stub  ; 偵錯工具
debug_port = COM5        ; 偵錯埠，請改成你的 UNO 板的序列埠
```

偵錯 Arduino UNO 開發板程式

在 platformIO 中使用 avr8-stub 進行偵錯的 Arduino 程式架構如下，必須在
setup() 函式中執行 debug_init() 啟用偵錯器。

```
#include <Arduino.h>
#include "avr8-stub.h"    // 引用偵錯程式庫

void setup() {
  debug_init();              // 初始化偵錯器
      :略
}

void loop() {  … 略 … }
```

底下是筆者使用的測試程式，在 loop() 中呼叫 **avr8-stub 程式庫提供的設定
中斷點函式 breakpoint()**，將令偵錯器將程式停在 if 條件式那一行。

```
#include <Arduino.h>
#include "avr8-stub.h"

const int8_t LED_PIN = 13;

void blink(int times, int interval) {
  for (int i = 0; i < times; i++) {
    digitalWrite(LED_PIN, HIGH);
    delay(interval);
    digitalWrite(LED_PIN, LOW);
    delay(interval);
  }
```

```
}

void setup() {
  debug_init();    // 初始化偵錯器
  pinMode(LED_PIN, OUTPUT);
}

void loop() {
  static uint8_t count = 0;
  breakpoint();    // 設定中斷點

  if (count < 3) {
    blink(3, 100);
  } else {
    blink(3, 500);
    count = 0;
  }

  count++;
}
```

點擊**偵錯**面板的 **PIO Debug**，上傳偵錯版韌體開始進行偵錯，執行畫面如下，其他操作跟偵錯 ESP32-S3 開發板相同。

 M E M O

15

USB 介面入門與
人機介面裝置實作

本章一開始先介紹 USB 介面的硬體接線，接著替旋轉編碼器編寫一個自訂中斷觸發類別，再結合 ESP32-S3 原生的 USB OTG 介面，以及 Arduino 開發環境提供的 USB 類別，製作 USB 多媒體小鍵盤。

15-1 認識 USB 介面

USB 採用主從式結構，一個匯流排僅有一個**主控端**（USB Host，如：電腦或手機）和最多 127 個**從端設備**（USB Device，如：鍵盤和隨身碟），所有設備都聽從主控端指揮。在 USB 2.0 規範中，主機、設備或**集線器（hub）**之間的連接線長度上限為 5 公尺（連接自帶電源的集線器時，最長可達 10 公尺），透過集線器可串接 5 層，這種連線方式，稱為「**分層星形拓撲**」。

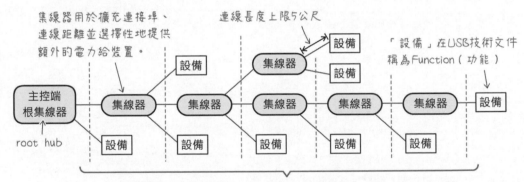

USB 定義的 **function**（直譯為「功能」）代表在設備中執行特定任務或一組任務的東西；一個設備可能有多種功能，例如：鍵盤裝置實現了「按鍵輸入」功能，而「附帶觸控板的鍵盤」裝置則實現了「按鍵輸入」和「滑鼠」兩種功能。所以「功能」並不等於「設備」，上圖只是貪圖方便而簡化概念。

USB 架構有下列幾個特點：

● 由主控端主導通訊，僅主控端能發出請求，以主控端為中心的通訊系統（host-centric connectivity system）。

● 裝置只能單方面地回應主控端發出的請求，USB 設備之間不能直接通訊。但有個例外，當主控端處於**休眠（suspend，低功耗狀態）**時，設備可以發出「遠端喚醒」訊號。

● 主控端會週期性地巡訪所有 USB 裝置，查看它們的狀態，以全速和低速裝置（參閱下文）來說，每 1ms 都會收到主控端送來的資料。例如，當鍵盤按鍵被按下時，鍵盤並不立即通知主控端，而是等主控端巡訪到它，才取得按鍵狀態。

● USB 匯流排上的每個設備（含集線器）都會分配到一個唯一的位址，有效位址範圍為 2^7（0~127），位址 0 保留用於列舉（emulation，即：探詢新連線設備），所以理論上，一個 USB 匯流排最多可連接 127 個裝置。

● 每當新的 USB 設備接入匯流排時，主機會先用位址 0 探詢設備，取得如製造商、功能、產品 ID（PID）、製造商 ID（VID）…等基本資訊之後，再分配位址給該設備。

● USB 旨在連接 PC 附近的設備。在需要遠距離通訊的應用場合，應該考慮其他連線方案，例如乙太網路。

USB 裝置的 VID 和 PID

電腦系統透過 USB 裝置的 Vender ID（廠商識別碼，縮寫 VID）以及 Product ID（產品識別碼，縮寫 PID）來辨識裝置，進而安裝適合的驅動程式。以 ESP32-S3 開發板為例，把它的原生 USB 介面接上電腦，在**裝置管理員**的該介面上點擊右鍵，選擇**內容**：

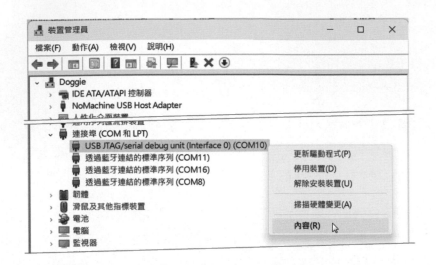

切換到**詳細資料**分頁，從**屬性**選單選擇**硬體識別碼**，即可見到該裝置的 VID 和 PID 碼，分別是 303A 和 1001。

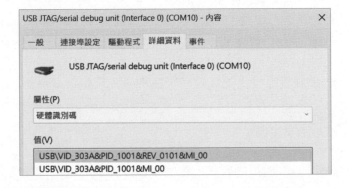

PID 是廠商自訂的「產品識別碼」，VID 則是 **USB 機構**統籌編制的唯一識別碼。根據 USB 機構的〈Getting a Vendor ID〉（取得廠商識別碼）頁面（https://www.usb.org/getting-vendor-id）指出，取得 VID 的方式有兩種：支付年費美金 $5,000 加入會員，或者繳納美金 $3,500 元取得為期兩年的非 USB 開發者論壇（USB Implementers Forum，縮寫為 USB-IF）會員商標授權。

實驗產品或者自己 DIY 的東西當然不用取得 VID，可採用現有廠商的識別碼。devicehunt.com 的〈All USB Vendors〉（所有 USB 製造商，https://devicehunt.com/all-usb-vendors）以及 linux-usb.org 的 usb.ids 文件（http://www.linux-usb.org/usb.ids），列舉了所有 USB 製造商的 VID 以及產品的 ID；

這些網頁用 Device ID（裝置 ID，縮寫 DID）來稱呼 PID，但「裝置 ID」通常是指 VID 和 PID 組成的裝置唯一識別碼。

底下是在 macOS 的**系統報告**顯示的 DIY 鍵盤的裝置名稱和製造商資料，筆者把上面的樂鑫 VID 和 PID，以及產品名稱都改成微軟公司的一款人體工學鍵盤，下文將會說明修改方式。

把 USB 裝置接上 Mac，然後選擇『**蘋果 / 系統設定**』，點擊**一般**，再點擊最下方的**系統報告**，即可在**硬體 / USB** 項目看到所有連接的 USB 裝置資訊。

USB 裝置的傳輸速率和接線

USB 2.0 規格定義三種傳輸速率，ESP32-S3 支援「全速」。

表 15-1

規範	USB 2.0 高速 （high speed，HS）	全速 （full speed，FS）	低速 （low speed，LS）
傳輸速率	480Mbps	12Mbps	1.5Mbps
導線要求	雙絞線及屏蔽層	與「高速」相同	不需要雙絞線 不需要屏蔽層

USB 2.0 數據線有四條接線，其中兩條是資料線，每條接線的顏色都有規範，高速和全速資料線還要採用雙絞線（亦即，兩條絕緣線相互纏繞）。

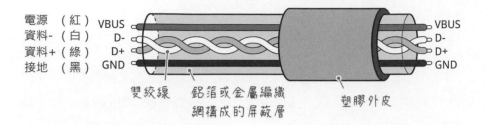

電源 （紅） VBUS
資料- （白） D-
資料+ （綠） D+
接地 （黑） GND

VBUS
D-
D+
GND

雙絞線　鋁箔或金屬編織　　　　塑膠外皮
　　　　網構成的屏蔽層

雙絞線能讓兩條資料線的長度保持恆定（電源和接地不必相互纏繞），優良的 USB 線材對線徑、絕緣體的厚度以及每公尺的絞數都有講究，四條導線全部包裹在屏蔽層裡面，以隔絕電磁干擾；屏蔽層跟 USB 端子的金屬殼焊接在一起。

USB 2.0 裝置藉由 D+ 和 D- 的上拉電阻來辨識傳輸速率。USB 主控端的 D+ 和 D- 線各接一個 15KΩ 下拉電阻，如下圖左。USB 裝置的 D+ 和 D- 線，則依「全速」和「低速」連接不同的上拉電阻，如下圖右。設備接上主控端時，若主控端感測到 D+ 是高電位，就知道設備支援高速或全速傳輸率；若 D- 是高電位，則是低速設備。

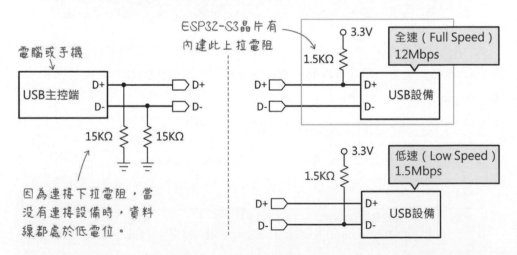

自行焊接 USB 接頭

如果你的 ESP32-S3 開發板僅有一個上傳程式檔用的 USB CDC（連接序列晶片的那一個）介面，你可以購買一個像下圖的 USB 母座（有些附帶 PCB 板，方便焊接與固定），將它焊接上開發板。

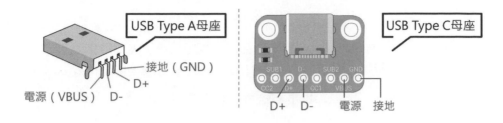

像這樣把它和開發板接在一起，這樣就有 USB OTG 介面了：

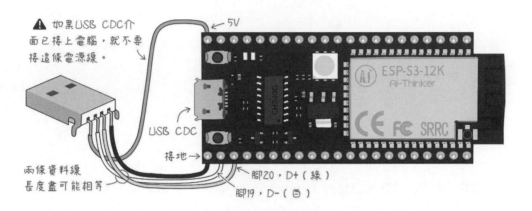

上圖的接線顏色 D+（綠）和 D-（白）是 USB 的標準規範，我們自己 DIY 的作品不用在意顏色。請注意，**如果你要把兩個 USB 介面都接上電腦的話，自行焊接的 USB 連接器的電源線就不要接了，因為另一個 USB 可從電腦取得電源。**

我是剪斷舊的 USB 數據線，把其中的 4 條導線以及 4 針排插銲接在一小塊 PCB 洞洞板以利於麵包板實驗，電源（VBus）和接地之間並聯一個 1μF 電容（下文說明）。

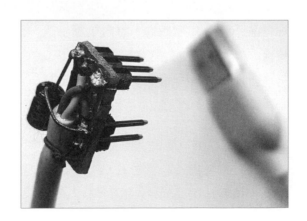

開發板的 USB 介面電路説明

上文的簡單 USB 接線不能用在商業產品，主要是沒有考量電源保護。底下是樂鑫官方 ESP32-S3 Dev 開發板的 USB 介面的部分電路，USB 連接器和 ESP32 晶片中間多了一些二極體和避免裝置的電源受波動影響的電容。

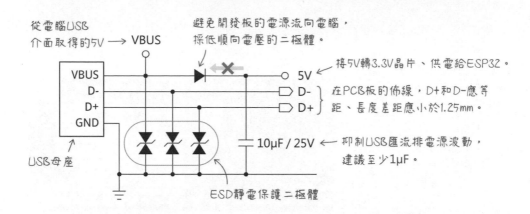

USB 2.0 主控端的電源輸出 4.75V~5.25V，電流上限 500mA。把某些較耗電的 USB 設備（如：電風扇、加熱杯墊）接上或者拔出 USB 插槽時，可能會對匯流排的電源造成劇烈波動。為了避免同一個匯流排的裝置受到電源波動影響（嚴重可能會導致設備重置），可以**在 USB 的電源和接地之間並聯一個 1~10μF、耐壓 10V 以上的電容**。

VBUS 串接的二極體可避免開發板自身的電源（如果有的話）逆向流入主控端。不過，**二極體有「順向電壓」特性**，代表通過它的電壓都會下降。普通二極體的順向電壓約 0.7V，輸入 5V、輸出會降到約 4.3V，如右圖：

加上這個二極體可能會引發「電壓不足」的問題。假設微控器的運作電壓是 3.3V，開發板通常會搭載 5V 轉 3.3V 的直流降壓 IC，例如：AMS1117-3.3，而這個 IC 的最低輸入電壓是 4.4V，結果導致開發板不能如期運作。所以 USB 電路通常採用**低順向電壓**的二極體，例如 1N5817 這個型號，其順向電壓約 0.45V，輸入 5V，輸出約 4.55V，不然就得換用其他直流降壓 IC。

底下「充電時間」單元介紹 USB 的訊號格式和編碼，讀者可選擇性閱讀。

認識「差分訊號」

普通的數位訊號稱為**單端訊號**（single-ended signaling），它有兩個狀態變化，以 TTL 為例，低電位（0~0.8V）代表 0，高電位（2V~5V）代表 1。TTL 訊號電位容易受到雜訊干擾而產生錯誤，如左下圖。早期電腦系統採用的 RS-232 序列通訊介面，為了提高抗雜訊能力，把訊號電位範圍提高到 -12~＋12，如下圖右，幾伏特的雜訊不會影響原始訊號。

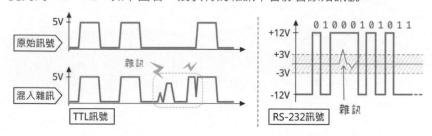

USB（以及後文介紹的 RS-485 和 CAN 匯流排）採用兩個訊號線之間的電位差來表示邏輯 0 和 1，這種訊號稱為**差分訊號**（differential signaling）。USB 資料線之所以採用**雙絞線**，是因為受到干擾時，兩條線感應到的雜訊振幅相同（因為緊靠在一起），差分雜訊因而相互抵消。

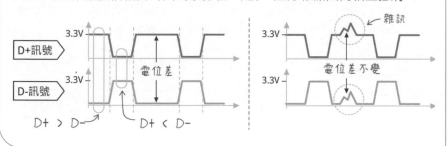

J、K、SE0 和 SE1 狀態

USB 的邏輯狀態分成 D+>D- 和 D+<D-，USB 協議把這兩種狀態命名成 J 和 K 而不是 0 和 1，至於哪個狀態是 J、哪個是 K，則因傳輸速率而不同，這是**全速**（full speed）的定義：

● J 狀態：D+ 電位 > D- 電位
● K 狀態：D+ 電位 < D- 電位

低速（low speed）的 J, K 極性定義跟全速恰恰相反，請參閱表 15-2，下文的說明都採用全速的定義。再次強調，**J 和 K 只是電位狀態差異的名稱，並不代表 1 或 0。**

表15-2

	D+	D-
低速 J	低電位	高電位
低速 K	高電位	低電位
全速、高速 J	高電位	低電位
全速、高速 K	低電位	高電位

USB 規範也定義了兩個資料線電位同為低或高狀態的名稱：

- **SE0（Single Ended Zero，單端 0）**：代表兩條資料線都處於低電位狀態，例如，USB 匯流排沒有連接裝置的時候。

- **SE1（Single Ended One，單端 1）**：代表兩條資料線都處於高電位狀態，這是不應該發生的錯誤狀態。

NRZI 編碼與位元填充（反轉）

USB 傳送的資料都會經過 NRZI（Non Return to Zero Inverted，反相非歸零）編碼；NRZI 編碼的方式為：**遇到 "0" 反轉、遇到 "1" 不變。**

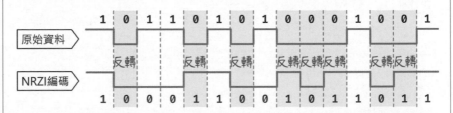

由於 USB 匯流排沒有時脈線，採用 NRZI 編碼有助於確保資料傳輸的完整性，因為反轉訊號電位可讓接收端適時調整同步頻率；好比兩個人在心中默數節拍 1, 2, 3, 4，其中一人不時地唸出一個節拍數字，另一人就能同步跟上。然而，若資料訊號長期連續不變，例如，包含一連串 "1"，資料線的電位將長時間維持不變，而若接收端和發送端的速率稍有不同，就有可能誤讀資料。

USB 資料採用**位元填充**（bit-stuffing，也可理解為「位元反轉」）的方式來處理資料狀態長期不變的問題。若傳輸資料包含連續 6 個 1，它就在後面強制插入一個 0 來反轉電位，從而能讓接收端調整同步速率。相對地，接收端收到資料之後，要先解碼 NRZI，然後進行**位元反填充**（bit-destuffing），去除多餘的 0。

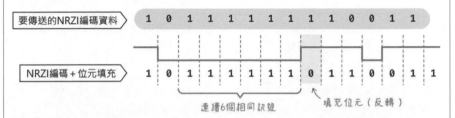

底下是在 USB 匯流排傳送 NRZI 編碼資料 01011010（低位元先傳）的訊號波形範例。D+ 原本處於高電位，D- 處在低電位，傳送實際資料之前，會先送出 8 個位元的「封包開始」訊號，前面 7 個位元都是 0，因此波形會持續變化。跟在資料後面的是兩個位元的 SE0 狀態，代表封包傳送結束。讀者只要對 NRZI 以及 J, K 訊號極性有概念即可，不用了解 USB 封包格式。

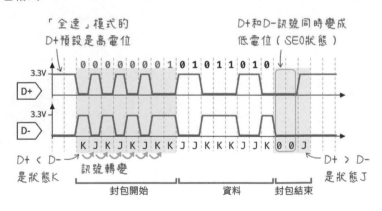

主控端開設 pipe（管道）連接裝置的 endpoint（端點）

USB 主控端和設備之間的資訊交流，是透過 pipe（管道，位於主控端的程式）和 endpoint（端點，位於設備的記憶體區塊），每個 USB 設備都有一個「端點 0」，其餘「端點」視需要而提供，最多可定義 32 個端點（16 個輸入、16 個輸出），但多數裝置都只定義兩、三個端點。

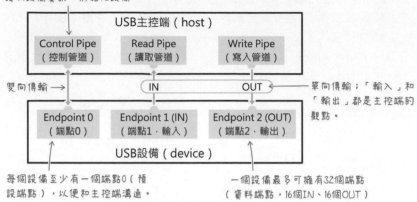

讀取設備資訊、初始化設備

USB主控端（host）

| Control Pipe （控制管道） | Read Pipe （讀取管道） | Write Pipe （寫入管道） |

雙向傳輸 →

IN   OUT

單向傳輸；「輸入」和「輸出」都是主控端的觀點。

| Endpoint 0 （端點0） | Endpoint 1 (IN) （端點1．輸入） | Endpoint 2 (OUT) （端點2．輸出） |

USB設備（device）

每個設備至少有一個端點0（預設端點），以便和主控端溝通。

一個設備最多可擁有32個端點（資料端點，16個IN、16個OUT）

在裝置初始通訊階段（稱為 enumeration，列舉），也就是設備插入主控端 USB 埠的當下，設備尚未被配置位址，主控端將透過**位址 0**，跟設備端的預設端點（Endpoint 0）相連，要求裝置提供基本資料（亦即，讀取裝置的 descriptor，描述元），接著替裝置配置位址和其他參數。以 USB 鍵盤為例，裝置傳給主控端的基本資料就是《**超圖解 ESP32 深度實作**》第 16 章說明的「HID 報告描述元」，像主控端報告它是一種**通用桌上型**（**Generic Desktop**）**控制器**、具有哪些按鍵以及對應的編碼。

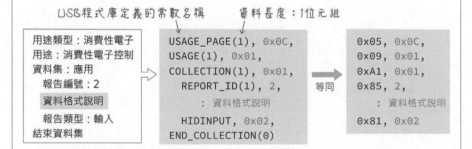

USB程式庫定義的常數名稱　　　資料長度：1位元組

| 用途類型：消費性電子 用途：消費性電子控制 資料集：應用 　報告編號：2 　資料格式說明 　報告類型：輸入 結束資料集 | USAGE_PAGE(1), 0x0C, USAGE(1), 0x01, COLLECTION(1), 0x01, 　REPORT_ID(1), 2, 　　：資料格式說明 　HIDINPUT, 0x02, END_COLLECTION(0) | 等同 | 0x05, 0x0C, 0x09, 0x01, 0xA1, 0x01, 0x85, 2, 　：資料格式說明 0x81, 0x02 |

除了控制管道和設備的預設端點，其餘都是單向通訊，並且是以「主控端」視角，所以**「輸入」必定是指從 USB 設備讀取資料**（對裝置來說，則是輸出資料給主控端）。

USB 裝置的「端點」有下列四種類型，以鍵盤裝置為例，它至少有「控制」和「中斷」兩種端點，中斷端點用於傳送按鍵的狀態給主控端（從主控端的視角，「中斷」是「輸入端點」）。

- Control（控制）：此即上文提到的「端點 0」，也是所有 USB 設備都具備的預設端點，用於提供設備的基本資訊給主控端。

- Interrupt（中斷）：這個「中斷」相當於「定時」，告知主控端固定每隔一段時間（如：每 1ms）前來讀取資料，跟微處理器的中斷概念完全不同。

- Bulk（大量傳輸）：用於大量傳輸資料的設備，如：隨身碟。

- Isochronous（同步）：用於需要確保資料同步持續傳輸的串流媒體應用，如：USB 網路攝影機和麥克風。

15-2 使用「查表法」編寫旋轉編碼器程式

下文將使用旋轉編碼器製作 USB 裝置，它的訊號輸出格式跟馬達的「霍爾編碼器」相同，但之前編寫的霍爾編碼器程式不能直接用在旋轉編碼器，因為旋轉編碼器是機械式開關，必須處理彈跳雜訊，否則程式會誤判訊號、分不清旋轉方向。下圖是本文採用的旋轉編碼器模組，背後有 3 個上拉電阻；某些旋轉編碼器模組沒有上拉電阻，使用時需要透過程式啟用微控器內部的上拉電阻。

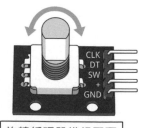

旋轉編碼器模組正面

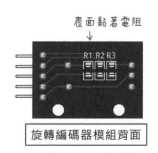

旋轉編碼器模組背面

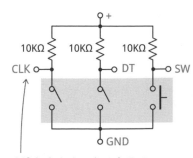

開關未接通時，處於高電位。

提到「彈跳雜訊」，我們會直覺想到用「延時」和「條件判斷」處理，而有些現成的旋轉編碼器程式庫，例如 Ben Buxton 先生編寫的 Rotary（https://bit.ly/4290Ejy），則是採用「查表法」判斷旋鈕是否轉動及其轉向，程式碼更簡潔有效。

「查表法」不個別檢視旋轉編碼器的 CLK 和 DT 訊號，而是把它們**合併成一組「位置碼」**。CLK 和 DT 訊號都是 0 和 1 變化，底下是把其中一個訊號（此例為 CLK）左移 1 位元，再和另一個（DT）合併的訊號示意圖。靜止不動時，CLK 和 DT 合成的位置碼是 3。若編碼器朝順時針轉動一格，CLK 和 DT 將連續產生 4 個位置碼（10 進位）：1, 0, 2, 3（停止）；逆時針轉動一格，4 個連續的位置碼則是：2, 0, 1, 3（停止）。

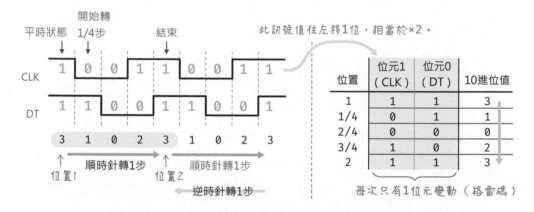

附帶一提，CLK 和 DT 合成的兩個位元訊號，每次只有一個位元變動，這種形式的編碼又稱為**格雷碼（Gray Code）**。為了在程式中區別編碼器的轉向，Ben 先生替 CLK 和 DT 訊號值規劃了如下圖的狀態編號，也因此，順時針旋轉一步，訊號狀態將從 0 2 3 1 0 依序變化。

	順時針 狀態編號	位元1 （CLK）	位元0 （DT）	逆時針 狀態編號	
平時狀態 →	0	1	1	0	← 轉完一步
開始轉動 →	2	0	1	5	
	3	0	0	6	
	1	1	0	4	
轉完一步 →	0	1	1	0	← 平時狀態

將改成 0x20

將改成 0x10

15

但平時、順時針和逆時針轉完一步的狀態編號都是 0，為了區分狀態，順時針轉動結束後的 0 設成 0x10；逆時針轉動結束後的 0 設成 0x20。實際的 CLK 和 DT 訊號值和狀態值表示成如下的 2 維表格：

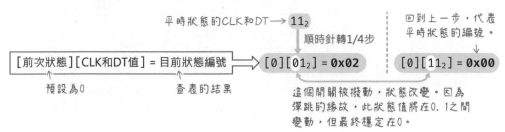

CLK和DT值　　下標"2"表示此為2進位值　　　若CLK和DT都是高電位，其狀態編號必定是0。

前次狀態編號	00_2	01_2	10_2	11_2	
0	0x00	0x02	0x04	0x00	
1	0x03	0x00	0x01	0x00	0x10 ← 代表順時針
2	0x03	0x02	0x00	0x00	
3	0x03	0x02	0x01	0x00	← 目前狀態編號
4	0x06	0x00	0x04	0x00	
5	0x06	0x05	0x00	0x00	0x20 ← 代表逆時針
6	0x06	0x05	0x04	0x00	

若CLK是低、DT是高電位，其狀態編號必定是2或5，不然就是錯誤，回到初始狀態0。

我們來模擬順時針旋轉一步，用「前次狀態」和「CLK 和 DT 值」當作索引，走訪上面的 2 維表格。預設的「前次狀態」為 0、「CLK 和 DT 值」為 11_2，開始轉動時，CLK 和 DT 變成 01_2，查表可得值 0x02。

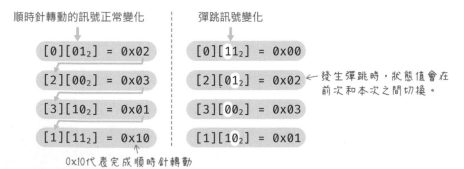

平時狀態的CLK和DT → 11_2

順時針轉1/4步

[前次狀態][CLK和DT值] = 目前狀態編號 → $[0][01_2] = 0x02$

回到上一步，代表平時狀態的編號。

$[0][11_2] = 0x00$

預設為0　　查表的結果

這個開關被撥動，狀態改變。因為彈跳的緣故，此狀態值將在0,1之間變動，但最終穩定在0。

依序帶入「前次狀態」及「CLK 和 DT 值」，最終可得到 0x10 值，由此可看出這個查表法巧妙地完成區分轉向並且濾除了彈跳雜訊干擾。

順時針轉動的訊號正常變化

$[0][01_2] = 0x02$
$[2][00_2] = 0x03$
$[3][10_2] = 0x01$
$[1][11_2] = 0x10$

0x10代表完成順時針轉動

彈跳訊號變化

$[0][11_2] = 0x00$
$[2][01_2] = 0x02$ ← 發生彈跳時，狀態值會在前次和本次之間切換。
$[3][00_2] = 0x03$
$[1][10_2] = 0x01$

透過查表檢測轉動方向的程式

這是 Ben 先生編寫的 Rotary 程式庫裡面，由 7×4 大小的整數陣列組成的編碼表，為了區分順時針與逆時針旋轉，藍底和灰底的數字，分別是順時針和逆時針轉動 1 格產生的 4 個步驟編碼值。

```
從位置1到1/4步
const uint8_t ttable[7][4] = {
  {0x0,  0x02,  0x04, 0x0},        位置2
  {0x03, 0x0,   0x01, 0x0 | 0x10},
  {0x03, 0x02,  0x0,  0x0},          代表順時針旋轉
2/4步
  {0x03, 0x02,  0x01, 0x0},
  {0x06, 0x0,   0x04, 0x0},    3/4步
  {0x06, 0x05,  0x0,  0x0 | 0x20},
  {0x06, 0x05,  0x04, 0x0}          代表逆時針旋轉
};
```

負責查表，取得編碼器狀態（停止、正／反轉）的函式，僅區區數行：

```
uint8_t Knob::process() {
  uint8_t pinstate = (digitalRead(pin2) << 1) |
                      digitalRead(pin1);
  state = ttable[state & 0xf][pinstate];
  return state & 0x30;   // 傳回 0x10（順時針）、0x20（逆時針）或 0
}
```

其中的 pinstate（接腳狀態）變數，由左移 1 位的數位輸入值和另一個輸入值合成，假設 pin1 和 pin2 都是高電位，則 pinstate 值為 11_2：

$$（pin2值 << 1）| pin1值 \Rightarrow \begin{array}{r} 10 \\ \underline{| \quad 1} \\ 11_2 \end{array} \quad \begin{array}{l} \leftarrow 左移1位元 \\ \\ \leftarrow 2進位值 \end{array}$$

讀取 ttable[] 陣列的敘述，即是「查表」，[state & 0xf] 的 state 存放「前次狀態值」，而 state & 0xf 用於過濾「轉動方向」。底下是 0x02 和 0x10（順時針轉動）分別跟 0xf 做邏輯 AND 運算的結果，可看出代表轉向的高位元值都被過濾掉了（全變成 0），而代表「狀態」的部分則完整保留下來。

```
                        0010  ←0x2           00010000  ←0x10
state & 0xf      →   &  1111            &   00001111
~~~~~~~~                 0010                00000000
    ↑
  前次狀態
```

假設 state 值為 1、pinstate 值為 11₂，底下敘述傳回的新 state 值將是
0x10：

```
state = ttable[state & 0xf][pinstate];
```

state 值最後再跟 0x30（二進位 00110000）做 AND 運算，若結果為 0x10，
代表是順時針旋轉、若結果是 0x20，代表逆時針旋轉，其他狀態都傳回 0。

自製旋轉編碼器 Knob 程式庫

筆者把旋轉編碼器的類別命名為 Knob。它的建構式接收三個必要的接腳常
數：

```
Knob(CLK腳, DT腳, 按鍵腳)
```

Knob 類別具有下列公用屬性和方法：

● **DIR_CW**：代表順時針旋轉訊號的常數屬性，其值為 0x10。

● **DIR_CCW**：代表逆時針旋轉訊號的常數屬性，其值為 0x20。

● **begin()**：初始化編碼器接腳與中斷常式。

● **dialValue()**：傳回旋轉計數值。

● **dialChanged()**：傳回計數值是否改變，可能值為 0（沒有）、DIR_CW
  （順時針）和 DIR_CCW（逆時針）。

● **swap()**：翻轉「旋轉計數」的正、負值。

● **clear()**：清除旋轉計數值。

● **swChanged()**：傳回按鍵是否改變，true 代表「是」。

旋轉編碼器程式庫原始碼

Knob 類別定義在 Knob.h 標頭檔，定義 DIR_CW 和 DIR_CCW 常數的敘述前面加上 static（靜態），是因為它們也將用於主程式中，判斷旋鈕轉動方向的 switch…case 敘述，若在 case 敘述中存取不帶 static 定義的常數，C++ 編譯器會提示錯誤。

```cpp
#ifndef KNOB_H
#define KNOB_H

#include <Arduino.h>
#include <FunctionalInterrupt.h>    // 處理中斷常式的函式庫

class Knob {   // 宣告「旋轉編碼器」類別
 public:        // 開始宣告公用成員
  // 建構式，必須設定輸入腳位
  Knob(uint8_t clk, uint8_t dt, uint8_t sw)
      : CLK_PIN(clk), DT_PIN(dt), BTN_PIN(sw){};
  static const uint8_t DIR_CW = 0x10;    // 代表順時針旋轉的常數
  static const uint8_t DIR_CCW = 0x20;   // 代表逆時針旋轉的常數
  void begin();                          // 初始化編碼器接腳與中斷常式
  int16_t dialValue();                   // 傳回計數值
  uint8_t dialChanged();                 // 傳回計數值是否改變
  void swap();                           // 翻轉正反轉
  void clear();                          // 清除計數值
  volatile bool pressed = false;         // 按鈕按下的訊號
  volatile bool released = false;        // 按鈕放開的訊號
  volatile uint8_t state = 0;            // 狀態暫存器

  ~Knob() { // 解構式，解除中斷常式
    detachInterrupt(DT_PIN);             // 解除 DT_PIN 的中斷
    detachInterrupt(CLK_PIN);            // 解除 CLK_PIN 的中斷
    detachInterrupt(BTN_PIN);            // 解除 BTN_PIN 的中斷
  }

 private:                                // 開始宣告私有成員
  const uint8_t CLK_PIN;                 // 儲存輸入腳位的常數
  const uint8_t DT_PIN;                  // 儲存輸入腳位的常數
  const uint8_t BTN_PIN;                 // 開關腳的常數
```

```
volatile int16_t count = 0;          // 儲存脈衝數
volatile int16_t lastCount = 0;      // 儲存「上次」脈衝數
volatile uint32_t lastDebounceTime;  // 按鍵彈跳延遲計時

bool swapped = false;          // 是否翻轉旋轉方向，預設「否」

uint8_t process();          // 處理輸入訊號
void ARDUINO_ISR_ATTR ISR_SW();      // 按鍵的中斷處理常式
void ARDUINO_ISR_ATTR rotate();      // 旋鈕的中斷處理常式

const uint8_t ttable[7][4] = {       // 旋轉編碼器狀態表
    {0x0, 0x02, 0x04, 0x0}, {0x03, 0x0, 0x01, 0x0 | 0x10},
    {0x03, 0x02, 0x0, 0x0}, {0x03, 0x02, 0x01, 0x0},
    {0x06, 0x0, 0x04, 0x0}, {0x06, 0x05, 0x0, 0x0 | 0x20},
    {0x06, 0x05, 0x04, 0x0}};
};
#endif
```

類別程式本體位於 Knob.cpp 檔，處理按鍵中斷的程式邏輯跟之前的 Button
類別（button.hpp 檔）不一樣，這裡採用比較時間差的方式來避開彈跳雜訊，
此外，這個按鍵中斷會在訊號改變，也就是「按下」和「放開」時觸發。

```
#include "Knob.h"
#define DEBOUNCE_TIME 50     // 彈跳延遲時間

void Knob::begin() {         // 初始化旋轉編碼器接腳與中斷常式
  pinMode(CLK_PIN, INPUT);   // 全部接腳都設為「輸入」模式
  pinMode(DT_PIN, INPUT);
  pinMode(BTN_PIN, INPUT);
  // 如果你的旋轉編碼器模組沒有上拉電阻，請把它的接腳設成「上拉」
  /*
  pinMode(CLK_PIN, INPUT_PULLUP);  // 啟用「上拉電阻」
  pinMode(DT_PIN, INPUT_PULLUP);
  pinMode(BTN_PIN, INPUT_PULLUP);
  */
  // 設定中斷常式
  attachInterrupt(CLK_PIN,
                  std::bind(&Knob::rotate, this), CHANGE);
  attachInterrupt(DT_PIN, std::bind(&Knob::rotate, this),
                  CHANGE);
```

```cpp
    attachInterrupt(BTN_PIN, std::bind(&Knob::ISR_SW, this),
              CHANGE);

  lastDebounceTime = millis();    // 設定按鍵彈跳延遲計時
}


void ARDUINO_ISR_ATTR Knob::ISR_SW() {    // 按鍵的中斷處理常式
  uint32_t now = millis();
  // 若彈跳延遲時間已到
  if ((now - lastDebounceTime) >= DEBOUNCE_TIME) {
    if (digitalRead(BTN_PIN) == LOW) {    // 若按鍵被按下
      pressed = true;               // 若按下按鍵，設定「按下」的訊號
    } else {
      released = true;              // 若放開按鍵，設定「放開」的訊號
    }

    lastDebounceTime = now;         // 紀錄觸發時間
  }
}


uint8_t Knob::dialChanged() {      // 查詢計數值是否有變
  uint8_t result = 0;
  if (lastCount != count) {        // 若計數值有變化
    if (lastCount > count) {       // 若計數值有變大
      result = DIR_CCW;            // 傳回順時針旋轉的訊號
    } else {                       // 若計數值有變小
      result = DIR_CW;             // 傳回逆時針旋轉的訊號
    }
    lastCount = count;             // 更新上次的紀錄
  }

  return result;
}

int16_t Knob::dialValue() {  // 傳回計數值
  // 若有「翻轉」訊號，則改變計數正、負值
  if (swapped) return count * -1;

  return count;
}
```

```
void Knob::clear() {   // 清除計數值
  count = 0;
}


void ARDUINO_ISR_ATTR Knob::rotate() {      // 旋鈕的中斷處理常式
  unsigned char result = process();         // 處理輸入訊號
  if (result == DIR_CW) {
    count++;   // 若有順時針旋轉的訊號，計數值加 1
  } else if (result == DIR_CCW) {
    count--;   // 若有逆時針旋轉的訊號，計數值減 1
  }
}


uint8_t Knob::process() {   // 處理輸入訊號
  uint8_t pinstate = (digitalRead(CLK_PIN) << 1) |
                      digitalRead(DT_PIN);
  state = ttable[state & 0xf][pinstate];   // 查表
  return state & 0x30;
}


void Knob::swap() { swapped = true; }      // 設成「翻轉」編碼值
```

此類別程式收錄在 Knob 資料夾，請將它存入
"文件 \Arduino\libraries" 資料夾或 PlatformIO 專案的
lib 路徑備用。

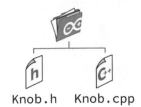

Knob.h   Knob.cpp

動手做 15-1 使用自訂程式庫製作旋鈕介面

實驗說明：使用 Knob 類別建立一個旋鈕介面，轉動時向序列埠輸出計數值
（count）；順時針轉動時 count＋1、逆時針轉動則 count-1。按鍵被按下和放
開時，也向序列埠輸出對應的訊息。

實驗材料

ESP32-S3 開發板	1 塊
附帶按鍵開關的旋轉編碼器	1 個

實驗電路

麵包板示範接線如下：

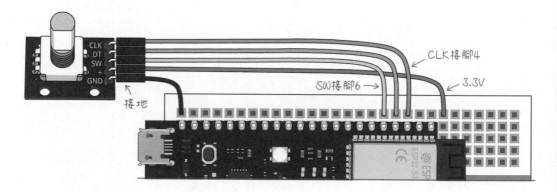

實驗程式

編譯並上傳到 ESP32-S3 開發板，它將在轉動或按一下旋鈕時，在**序列埠監控視窗**顯示對應的訊息。

```
#include <Arduino.h>
#include "Knob.h"        // 旋轉編碼器程式庫
Knob ko(4, 5, 6);        // 建立旋轉編碼器物件

void setup() {
  Serial.begin(115200);
  ko.begin();            // 初始化旋鈕物件
  // ko.swap();          // 選擇性地翻轉旋鈕值
}

void loop() {
  if (ko.dialChanged()) {
    Serial.printf("旋鈕值:%d\n", ko.dialValue());
```

15

```
  }
  if (ko.pressed) {
    Serial.println("按鍵按下了！");
    ko.pressed = false;    // 清除按鈕按下的訊號
  }
  if (ko.released) {
    Serial.println("按鍵放開了！");
    ko.released = false;   // 清除按鈕放開的訊號
  }
}
```

15-3 ESP32 Arduino 開發環境 內建的 USB 程式庫

ESP32 Arduino 開發環境有提供 USB 程式庫，能幫助我們快速開發 ESP32
USB 裝置，其原始碼可在 github（https://bit.ly/43Ls4fw）或者本機電腦的這
個路徑找到：

● Windows：

```
%HOMEPATH%\AppData\Local\Arduino15\packages\esp32\hardware\
esp32\版本編號\libraries\USB\src
```

● macOS：

```
~/Library/Arduino15/packages/esp32/hardware/esp32/版本編號/
libraries/USB/src
```

此路徑包含下列檔案：

● **USBHID.cpp 和 USBHID.h**：實作 USB 人機介面裝置（HID）的類別，能
讓 ESP32 充當鍵盤、滑鼠、遊戲把手或其他輸入裝置。

- **USBHIDConsumerControl.cpp** 和 **USBHIDConsumerControl.h**：實作 USB HID 消費電子控制（Consumer Control）類別，讓 ESP32 傳送媒體控制指令，例如：播放、暫停、音量調整等。

- **USBHIDSystemControl.cpp** 和 **USBHIDSystemControl.h**：實作 USB HID 系統控制類別，允許 ESP32 發送系統控制命令，例如：關機和睡眠。

- **USBHIDVendor.cpp** 和 **USBHIDVendor.h**：實作 USB HID 製造商（Vendor）類別，讓 ESP32 將我們自訂的 HID 報告傳給主機。

- **USBMIDI.cpp** 和 **USBMIDI.h**：實作 USB MIDI（用於數位樂器的通訊介面）類別，讓 ESP32 透過 USB 發送和接收 MIDI 訊息。

- **USBVendor.cpp** 和 **USBVendor.h**：實作 USB 製造商類別，讓 ESP32 使用特定製造商的協定與主機進行通訊。

- **tusb_hid_mouse.h**：定義 USB HID 滑鼠報告的資料結構和常數。

動手做 15-2 USB 多媒體旋鈕開關

實驗說明：沿用動手做 15-1 的旋鈕電路，搭配 USB HID Consumer Control 消費電子控制類別，製作一個 USB 介面的多媒體旋鈕開關。

順時針旋轉：調升音量
逆時針旋轉：調降音量
按一下：播放/暫停

多媒體旋鈕

多媒體按鍵編碼定義在 USBHIDConsumerControl.h 檔，表 15-3 列舉一些 USBHIDConsumerControl.h 檔定義的多媒體控制鍵，本實驗將透過旋鈕開關向主機發送前 3 個按鍵訊息（常數），讀者可自行改成其他訊息。

表15-3

常數名稱	說明	鍵碼
CONSUMER_CONTROL_PLAY_PAUSE	播放／暫停	0x00CD
CONSUMER_CONTROL_VOLUME_INCREMENT	調升音量	0x00E9
CONSUMER_CONTROL_VOLUME_DECREMENT	調降音量	0x00EA
CONSUMER_CONTROL_SCAN_NEXT	下一首	0x00B5
CONSUMER_CONTROL_SCAN_PREVIOUS	上一首	0x00B6
CONSUMER_CONTROL_STOP	停止	0x00B7
CONSUMER_CONTROL_VOLUME	開啟音量	0x00E0
CONSUMER_CONTROL_MUTE	靜音	0x00E3
CONSUMER_CONTROL_BRIGHTNESS_INCREMENT	調高亮度	0x006F
CONSUMER_CONTROL_BRIGHTNESS_DECREMENT	降低亮度	0x0070
CONSUMER_CONTROL_LOCAL_BROWSER	開啟瀏覽器	0x0192
CONSUMER_CONTROL_BACK	下一頁	0x0224
CONSUMER_CONTROL_FORWARD	上一頁	0x0225

USBHIDConsumerControl 類別具有下列建構式和公用方法：

● **USBHIDConsumerControl(USBHID &hid)**：類別的建構式，它接收一個 USBHID 型態物件並初始化「消費者控制介面」。

● **begin()**：向 USB 主機註冊「消費者控制介面」並啟動 HID 報告任務。

● **end()**：停止 HID 報告任務並從 USB 主機取消註冊「消費者控制介面」。

● **press(uint16_t use)**：模擬「按著」按鍵。透過指定的**使用代碼**（**usage code**）向 USB 主機發送消費者控制報告，例如：調高音量、播放／暫停或跳到下一首曲目。

● **release(uint16_t use)**：模擬「放開」按鍵。透過傳送數值為 0 的報告來「放開」先前按下的使用代碼。

```
#include <Arduino.h>
#include <USB.h>
#include <USBHIDConsumerControl.h>
#include "Knob.h"   // 引用「正交脈衝訊號編碼器」類別

Knob ko(4, 5, 6);                      // 建立旋鈕物件 (CLK, DT, SW)
USBHIDConsumerControl CC;               // 建立 USB HID 消費者控制物件

void setup() {
  ko.begin();    // 初始化旋鈕物件
  CC.begin();    // 初始化 USB HID 消費者控制物件
  USB.begin();   // 啟動 USB
}

void loop() {
  switch (ko.dialChanged()) {    // 查詢旋鈕是否有變化
    case ko.DIR_CW:              // 若有順時針旋轉的訊號
      // 按下增大音量鍵
      CC.press(CONSUMER_CONTROL_VOLUME_INCREMENT);
      CC.release();              // 放開增大音量鍵
      break;
    case ko.DIR_CCW:             // 若有逆時針旋轉的訊號
      // 按下降低音量鍵
      CC.press(CONSUMER_CONTROL_VOLUME_DECREMENT);
      CC.release();              // 放開降低音量鍵
      break;
  }

  if (ko.pressed) {                         // 若有按鈕按下的訊號
    CC.press(CONSUMER_CONTROL_PLAY_PAUSE);  // 按下播放/暫停鍵
    ko.pressed = false;                     // 清除按鈕按下的訊號
  }
  if (ko.released) {              // 若有按鈕放開的訊號
    CC.release();                 // 放開播放/暫停鍵
    ko.released = false;          // 清除按鈕放開的訊號
  }
}
```

以上宣告 USB HID 消費者控制物件 CC 的敘述，並沒有傳入 USB HID 物件參數給建構式。這是因為「消費者控制類別」的 USBHIDConsumerControl.cpp 裡的建構式預先建立了一個 USB HID 物件，此建構式原始碼如下：

```
USBHIDConsumerControl::USBHIDConsumerControl(): hid(){
  static bool initialized = false;  // 是否初始化，預設「否」
  if(!initialized){        // 若已初始化…
    initialized = true;  // 設為「已初始化」
    // 以預設的「報告描述器 (report descriptor)」新增設備
    hid.addDevice(this, sizeof(report_descriptor));
  }
}
```

啟用 USB-OTG 模式的編譯選項

若使用 Arduino IDE 編譯此實驗的原始碼，『**工具**』主功能表的 USB 相關選項設定如下：

● **USB CDC On Boot**：Enabled（開機啟用 USB CDC）

● **USB Mode**：USB-OTG (TinyUSB)（USB 模式：USB-OTG）

其餘選項照舊。

由於各家微控器系列（如：ARM, AVR 和 RISC-V）的 USB 控制器功能和操控指令不盡相同，為了簡化並加速 USB 程式開發，許多嵌入式系統軟體工程師，都採用專為嵌入式系統設計的開源跨平台 USB 程式庫 TinyUSB（https://docs.tinyusb.org/）。

TinyUSB 相當於驅動程式，負責直接操控最底層的硬體、處理瑣碎的通訊細節，為上層的軟體提供一致的函式（API），獨立於特定的微控制器，因此能簡化程式開發並提升相容性。

我們編寫的程式碼
樂鑫的ESP32 Arduino USB程式庫
TinyUSB程式庫
ESP32-S3開發板

若是用 PlatformIO 開發程式，請在 platformio.ini 檔案中加入如下的 build_flags 參數設置。

```
[env:esp32-s3-n16r8]
platform = espressif32
board = esp32-s3-n16r8    ; ESP32-S3 開發板
framework = arduino
build_flags = -D ARDUINO_USB_MODE=0
              -D ARDUINO_USB_CDC_ON_BOOT=1  ; 選擇性啟用序列通訊模式
```

其中：

● **ARDUINO_USB_MODE** 參數：USB 模式設定，數值 0 代表 OTG 模式，等同 Arduino IDE 裡的 USB-OTG (TinyUSB) 選項；數值 1 代表硬體序列通訊（Hardware CDC and JTAG）模式。

● **ARDUINO_USB_CDC_ON_BOOT** 參數：開機時啟用 USB CDC，數值 1 代表啟用。如果你的程式碼有使用到硬體的 UART 序列埠（TX 和 RX 腳），也就是透過 Serial0 物件進行通訊，就必須加入這個參數並指定 1，否則會出現 **"Serial0" 未定義錯誤**。

USB 模式設定完畢後，編譯上傳到 ESP32-S3 開發板，開發板的 USB 介面連接電腦，轉動旋鈕即可調整音量。

在編譯階段確認 ESP32 開發板具備 USB 功能

ESP32 Arduino 開發環境定義了一個用於檢查 ESP32 板是否具備 USB，以及 USB 模式的巨集 ARDUINO_USB_MODE，程式可利用它判斷編譯目標的開發板是否具備 USB 功能，若沒有，則提出警告或錯誤。

ARDUINO_USB_MODE 巨集有兩個可能值：

- 0：原生 USB 介面被配置為 USB-OTG，代表它可以根據程式設定當作 USB 主機或設備，在編譯過程將自動引用 USBCDC.h 程式庫。

- 1：原生 USB 介面被配置為 CDC（序列通訊）功能，在編譯過程將自動引用 HWCDC.h（HW 代表 Hardware，硬體 CDC）程式庫。

若開發環境沒有定義 ARDUINO_USB_MODE 巨集，代表目前選擇的 ESP32 晶片沒有內建 USB 介面。運用實例如下，把之前的「USB 多媒體旋鈕控制器」程式碼用前置處理器的條件式包圍：

```
#ifndef ARDUINO_USB_MODE    // 若開發環境沒有定義 ARDUINO_USB_MODE
#error "此ESP32晶片沒有原生USB介面"    // 發出錯誤訊息並停止編譯
#elif ARDUINO_USB_MODE == 1           // 若 USB 模式不是 OTG
#warning "本程式僅用於USB OTG模式"    // 提出警告並編譯空白程式碼
void setup(){}
void loop(){}
#else
// 實際的程式碼放在這裡…USB 多媒體旋鈕控制器
#include <Arduino.h>
#include <USB.h>
#include <USBHIDConsumerControl.h>
   :略
#endif
```

如此，編譯器將能判斷目標晶片及其 USB 模式。

15-4 按鍵掃描原理及 Keypad 程式庫

下文將介紹自製 USB 鍵盤，此前先認識一下鍵盤的電路。鍵盤的每個按鍵都是獨立開關，這意味著按鍵越多，佔用微控器的接腳也越多，例如，9 個按鍵就佔用 9 個接腳。

有人想到把開關交織成行、列矩陣來減少佔用微控器的接腳，若再透過如德州儀器開發的鍵盤專用 IC TCA8418（I2C 介面）或 PCF8574，就僅佔用兩個接腳。但如果微控器剩餘的接腳夠用，就能省下這個 IC 的成本了。

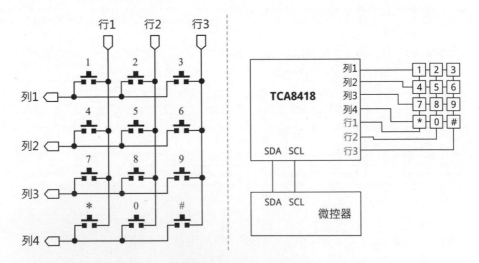

上圖左有 12 按鍵，但只用到 3 ＋ 4 = 7 個接腳；按鍵數量和所需接腳的關係，可透過開平方根計算，例如，假設有 64 個按鍵，則行＋列的接腳數為：$\sqrt{64} + \sqrt{64} = 16$。相反地，行數 × 列數則可算出可連接的最大按鍵數量，例如：3×4=12。如果按鍵數量的開平方根值不是整數（如：$\sqrt{12} \approx 3.46$），就得自行加、減行列腳數。

底下是 68 鍵小鍵盤的矩陣開關電路，行、列總共需要 20 個接腳（每個開關都連接一個小信號二極體，參閱下一章說明）；這個行列組合最多可接 15×5=75 鍵。有一個知名的自製鍵盤開放原始碼專案 "QMK 韌體 "（https://qmk.fm/），支援多款微控制器，以 ATmega32U4 微控制板（如：Arduino Pro Micro）為例，微控器本身具備 25 個 GPIO 腳，也內建 USB 介面，因此無需額外的 IC，矩陣開關的全部接腳直接與微控制板相連，燒錄 QMK 韌體即可完成一個 USB 鍵盤。

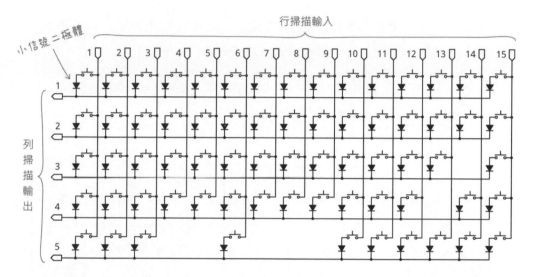

當然囉，也有人採用 ESP32-S3 作為鍵盤的微控器，像 instructables.com 的這篇貼文〈11 Steps to Easily Create Your Own ESP32 Mechanical Keyboard〉（11 個步驟輕鬆建立您自己的 ESP32 機械鍵盤，https://bit.ly/48FwgQb），還有採用典型 ESP32 製作的開源藍牙 BLE 鍵盤專案 "MK2"（https://github.com/Galzai/MK32）。

鍵盤矩陣開關電路的運作原理

為了得知矩陣式接線的哪個按鍵被按下，程式用「掃描」的方式，依序在各行輸入低電位訊號，再依序檢測各列的輸出。以串連三個開關的電路為例，行 1~3 接微控器的輸出腳，開關另一腳都連接到同一個啟用上拉電阻的微控器輸入腳（列 1），若沒有開關被按下，該腳位的輸入訊號是高電位，如下圖左：

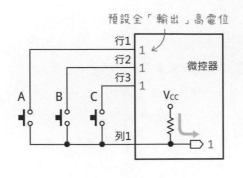
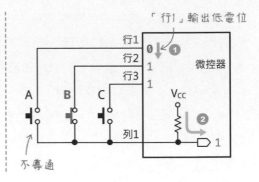

程式從行 1 的接腳輸出低電位，如上圖右，此時開關訊號的「列 1」腳的輸入值仍是「高電位」，代表按鍵 A 沒被按下。

接著輪到「行 2」腳輸出低電位，此時，微控器的輸入腳將接收到低電位，由此可知連接「行 2」的「開關 B」被按下了。

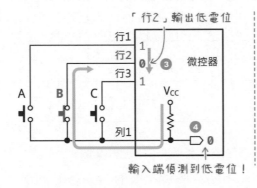
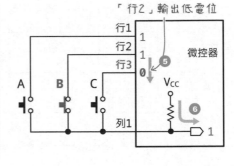

輪到「行 3」腳，由於「開關 C」未被按下，因此微控器的輸入腳接收到高電位。接著，偵測按鍵的程式必須再次回到「行 1」，輸入低電位⋯如此反覆循環掃描，持續偵測到某個按鍵是否被按下。以常見的 4×4 薄膜按鍵模組（hex keypad）來說，需用雙重迴圈分批掃描每行每列；16 個按鍵只佔用 8 個腳位。

15

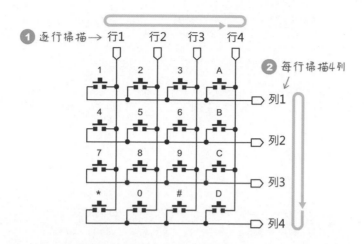

Keypad 程式庫

除了掃描檢測按鍵開關，程式也需要具備消除彈跳雜訊的功能，採用
Keypad 程式庫（https://bit.ly/4a3QeF5）是最普遍的方案。使用 Keypad 程式
庫處理按鍵輸入的步驟大致如下：

1 首先定義鍵盤的列數和行數，以及每個按鍵對應的字元，此處假
設鍵盤的行列數都是 4。根據底下的定義，按下右上角的按鍵時，
電腦會收到字元 'H'。

按鍵對應的字元不必和印刷相同

```
#define ROWS 4 // 按鍵模組的列數
#define COLS 4 // 按鍵模組的行數

char keymap[ROWS][COLS] = { // 按鍵映射陣列
  {'1', '2', '3', 'H'},
  {'4', '5', '6', 'E'},
  {'7', '8', '9', 'L'},
  {'*', '0', '#', 'O'}
};
                    // 對應按鍵的字元
```

接著定義鍵盤模組的行、列連接 ESP32 的腳位，實際接線請參閱下文。

```
byte colPins[KEY_COLS] = {7, 6, 5, 4};      // 按鍵模組，行 1~4 接腳
byte rowPins[KEY_ROWS] = {18, 17, 16, 15}; // 按鍵模組，列 1~4 接腳
```

這樣就能透過 Keypad 建構式宣告鍵盤物件了：

> 按鍵映射陣列　　　列腳位陣列　行腳位陣列　列數　　行數

```
Keypad kp = Keypad( makeKeymap(keymap), rowPins, colPins, ROWS, COLS );
```

↖程式庫內建的巨集，將按鍵映射陣列轉換成建構式接受的型態。

Keypad 建構式第一個參數裡的 makeKeymap()，是此程式庫內建的巨集，負責將字元陣列轉換為指向字元的指標 ((char*))。

底下列舉 Keypad 物件常用的方法：

● **getKey()**：讀取目前按下的鍵，傳回值型態：char（與按鍵對應的字元）。

● **getKeys()**：擷取所有按鍵的狀態，若有任意鍵被按下則傳回 true，否則傳回 false。

● **getState()**：傳回最後一個按鍵事件的狀態，可能值為 KeyState 自訂型態定義的常數（定義在程式庫的 Key.h 檔）：

　　● **PRESSED**：按下。

　　● **HOLD**：持續按住。

　　● **RELEASED**：放開。

　　● **IDLE**：放空，代表恢復成「未被按下」狀態。

● **setDebounceTime(uint)**：設定按鍵的消除彈跳時間，預設 10 毫秒。

● **setHoldTime(uint)**：設定「持續按著（HOLD）」按鍵的時間，預設 500 毫秒。

● **setScanTime(uint)**：設定鍵盤掃描時間，預設 0 秒。

- findInList(char keyChar), findInList(int keyCode)：搜尋鍵盤映射中的特定鍵字元（keyChar）或鍵碼（keyCode），傳回找到的索引值，如果找不到則傳回 -1。

- waitForKey()：等待任意鍵被按下並傳回被按下的按鍵字元。

動手做 15-3 密碼小鍵盤

實驗說明：採用 4×4 薄膜按鍵模組製作一個密碼輸入鍵盤，在**序列埠監控視窗**顯示使用者輸入的字元，按下 # 鍵確認輸入；若密碼正確，顯示 "通關"，否則顯示 "密碼錯誤，請重新輸入 "；按下 * 鍵可清除輸入。

實驗材料

ESP32-S3 開發板	1 片
薄膜矩陣鍵盤	1 個

實驗電路

麵包板示範接線如下：

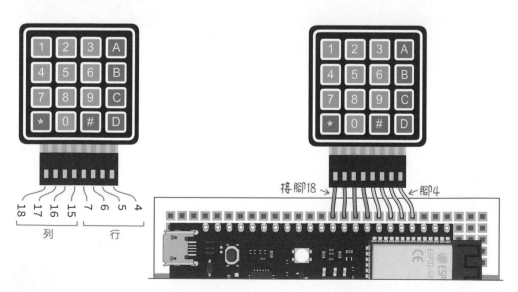

```
#include <Keypad.h>      // 引用 Keypad 程式庫
#define ROWS 4           // 按鍵模組的列數
#define COLS 4           // 按鍵模組的行數

const String password = "1212";   // 密碼
String key_in = "";               // 儲存用戶輸入的密碼

// 依照行、列排列的按鍵字元（二維陣列）
char keymap[ROWS][COLS] = {
  {'1', '2', '3', 'H'},
  {'4', '5', '6', 'E'},
  {'7', '8', '9', 'L'},
  {'*', '0', '#', 'O'}
};

// 定義並初始化 Keypad 物件
Keypad myKeypad = Keypad(makeKeymap(keymap), rowPins,
                         colPins, ROWS, COLS);

void setup(){
  Serial.begin(115200);
}

void loop(){
  char key = kp.getKey();      // 取得被按下按鍵的對應字元

  if (key){                    // 如果有按鍵被按下
    Serial.println(key);       // 顯示按鍵的對應字元

    if(key == '*') {           // 清除輸入
      key_in = "";             // 清除輸入的字串
      Serial.println("清除輸入");
    } else if(key == '#') {    // 確認輸入
      if(password == key_in) {
        Serial.println("通關！");
      } else {
        Serial.println("密碼錯誤，請重新輸入。");
      }
```

```
    key_in = "";   // 清除輸入的字串
  } else {
    key_in += key; // 串接用戶輸入的字元
  }
 }
}
```

編譯上傳程式後，開啟**序列埠監控視窗**，按下按鍵測試看看。

15-5 製作 USB 媒體與系統控制鍵盤

下文將示範製作一個具備系統控制（如：令電腦睡眠與喚醒）功能的小鍵
盤，本單元先介紹模擬按鍵動作的相關程式敘述。ESP32 Arduino 開發環境
的鍵盤編碼定義在 USBHIDKeyboard.h，表 15-4 列舉一些按鍵常數名稱，有些
常數（如：擷取螢幕畫面的 KEY_PRINT_SCREEN）可能未定義在舊版程式庫。

表 15-4

常數名稱	說明	鍵碼
KEY_LEFT_CTRL	左 Ctrl 鍵	0x80
KEY_LEFT_SHIFT	左 Shift 鍵	0x81
KEY_LEFT_ALT	左 Alt 鍵	0x82
KEY_LEFT_GUI	左 GUI 鍵 ⊞	0x83
KEY_UP_ARROW	上方向鍵 ↑	0xDA
KEY_DOWN_ARROW	下方向鍵 ↓	0xD9
KEY_LEFT_ARROW	左方向鍵 ←	0xD8
KEY_RIGHT_ARROW	右方向鍵 →	0xD7
KEY_RETURN	Enter 鍵	0xB0
KEY_F1	F1 功能鍵	0xC2
KEY_PRINT_SCREEN	擷取螢幕畫面 PrtScr	0xCE

相較於《**超圖解 ESP32 深度實作**》第 16 章的 ESP32-BLE-Keyboard 程式庫，USBHIDKeyboard.h 有幾個不同：

● 此程式庫沒有定義英文、數字和符號等「可見字元」的鍵碼，USB 程式庫的 print(), write() 和 press() 等方法會自動轉換這些字元。例如：

```
Keyboard.print('a');   // 輸出按鍵 a 的編碼
Keyboard.print('A');   // 輸出一個 Shift 鍵加上一個 a 鍵的編碼
```

● 修飾鍵和一些控制字元按鍵的編碼跟 USB HID 標準規範不同。以 Enter (Return) 鍵為例，在此程式庫定義成 0xB0，而 USB HID 規範的定義是 0x28。這是因為此程式庫會自動轉換 ASCII 編碼落在 0~0x7F (0~127) 之內的字元，而 0x80~0x87 (128~135) 分別代表 8 個修飾鍵，超過 0x87 之後的鍵碼，會先減去 0x88 (136) 再送出。

```
KEY_UP_ARROW（上方向鍵）⟹ 0xDA - 0x88 = 0x52  ← USB HID
     KEY_RETURN（Enter鍵）⟹ 0xB0 - 0x88 = 0x28     規範的鍵碼
        KEY_F1（F1功能鍵）⟹ 0xC2 - 0x88 = 0x3A
```

- 缺乏某些按鍵的定義，例如擷取螢幕的 [PrtScr] 鍵以及數字鍵盤的按鍵。自行設定這些按鍵編碼的規則跟上文一樣，都要把 USB HID 規範的鍵碼加上 0x88。表 15-5 列舉一些符合此程式庫的自訂按鍵常數名稱與編碼值。

表15-5

常數名稱	說明	鍵碼
KEY_PRINTSCREEN	螢幕截圖	0xCE
KEY_NUM_LOCK	數字鎖定	0xDB
KEY_KP_SLASH	數字鍵盤斜線（除號）	0xDC
KEY_KP_ASTERISK	數字鍵盤星號（乘號）	0xDD
KEY_KP_MINUS	數字鍵盤減號	0xDE
KEY_KP_PLUS	數字鍵盤加號	0xDF

若要模擬同時按下多個按鍵，可藉由多個 press() 方法實現。底下敘述等同按一下 [Ctrl] + [Alt] + [Delete] 鍵：

```
Keyboard.press(KEY_LEFT_CTRL);   // 按著左 Ctrl 鍵
Keyboard.press(KEY_LEFT_ALT);    // 按著左 Alt 鍵
Keyboard.press(KEY_DELETE);      // 按著 Del 鍵
delay(50);                       // 選擇性地維持一下
Keyboard.releaseAll();           // 放開全部按鍵
```

控制系統關機和睡眠的訊息，定義在 USBHIDSystemControl.h 標頭檔。假設 ESP32-S3 發出 SYSTEM_CONTROL_STANDBY 訊息，將令電腦進入睡眠狀態。

- SYSTEM_CONTROL_NONE：無，代表沒有對應的系統控制指令。

- SYSTEM_CONTROL_POWER_OFF：關機。

- SYSTEM_CONTROL_STANDBY：睡眠。

- SYSTEM_CONTROL_WAKE_HOST：喚醒主機。

USB 介面入門與人機介面裝置實作

製作具備系統控制功能的
媒體控制鍵盤

實驗說明：採用 ESP32 Arduino 開發環境內建的 USB 程式庫，搭配 ESP32-S3 開發板製作一個媒體控制鍵盤，實驗材料與電路跟動手做 15-3 相同。

實驗程式

本範例程式僅偵測 9 個按鍵，其餘按鍵的功能請讀者自由發揮：

- ⁕ 鍵：降低音量
- # 鍵：調高音量
- A 鍵：擷取目前的視窗畫面（ Alt + PrtScr 鍵）
- C 鍵：啟動或關閉 Copliot 助理（ Alt 鍵，等同 ⊞ + C 鍵）
- 1 鍵：敲出 "love DIY!" 一行字
- 7 鍵：滑鼠左鍵
- 2 鍵：滑鼠往上移動 1 像素
- 0 鍵：滑鼠往下移動 1 像素
- 4 鍵：睡眠

完整程式碼如下：

```
#include <USB.h>
#include <USBHIDConsumerControl.h>   // 多媒體控制程式庫
#include <USBHIDKeyboard.h>          // 標準鍵盤程式庫
#include <USBHIDMouse.h>             // 滑鼠程式庫
#include <USBHIDSystemControl.h>     // 系統控制程式庫
#include <Keypad.h> // 引用 Keypad 程式庫
#define ROWS 4   // 按鍵模組的列數
#define COLS 4   // 按鍵模組的行數
```

```
USBHIDConsumerControl ConsumerControl;   // 「多媒體控制」物件
USBHIDSystemControl SystemControl;       // 「系統控制」物件
USBHIDKeyboard Keyboard;                 // 「標準鍵盤」物件
USBHIDMouse Mouse;                       // 「滑鼠」物件

// 依照行、列排列的按鍵字元（二維陣列）
char keymap[KEY_ROWS][KEY_COLS] = {
  {'1', '2', '3', 'A'},
  {'4', '5', '6', 'B'},
  {'7', '8', '9', 'C'},
  {'*', '0', '#', 'D'}
};

// 按鍵模組，行 1~4 接腳
byte colPins[KEY_COLS] = {7, 6, 5, 4};
// 按鍵模組，列 1~4 接腳
byte rowPins[KEY_ROWS] = {18, 17, 16, 15};

Keypad myKeypad = Keypad(makeKeymap(keymap),
                         rowPins, colPins, KEY_ROWS, KEY_COLS);

void setup() {
  ConsumerControl.begin(); // 初始化多媒體控制物件
  Keyboard.begin();        // 初始化普通鍵盤物件
  SystemControl.begin();   // 初始化系統控制物件
  USB.begin();             // 初始化 USB 物件
}

void loop() {
  char key = myKeypad.getKey();   // 讀取按鍵的字元

  switch (key) { // 若有按鍵被按下…
    case '*':    // 降低音量
      ConsumerControl.press(CONSUMER_CONTROL_VOLUME_DECREMENT);
      ConsumerControl.release();  // 送出「放開按鍵」訊號
      break;
    case '#':    // 調高音量
      ConsumerControl.press(CONSUMER_CONTROL_VOLUME_INCREMENT);
      ConsumerControl.release();  // 送出「放開按鍵」訊號
      break;
```

```
    case '5':
      Keyboard.print("love DIY!"); // 送出 "love DIY!" 字串
      Keyboard.write(KEY_RETURN);  // 送出 "return" 字元
      break;
    case '4':  // 睡眠
      SystemControl.press(SYSTEM_CONTROL_STANDBY);
      SystemControl.release();      // 送出「放開按鍵」訊號
      break;
    case '7':  // 滑鼠左鍵
      Mouse.click(MOUSE_LEFT);
      break;
    case '2':  // 滑鼠往上移動 1 像素
      Mouse.move(0, -1);
      break;
    case '0':  // 滑鼠往下移動 1 像素
      Mouse.move(0, 1);
      break;
    case 'C':  // 啟動 Copliot 助理 (AI 鍵)
      Keyboard.press(KEY_LEFT_GUI); // 按著左 Windows 鍵
      Keyboard.press('c');          // 按下 'C' 字鍵
      Keyboard.releaseAll();        // 送出「放開按鍵」訊號
      break;
    case 'A':  // 截圖
      Keyboard.press(KEY_LEFT_ALT);
      Keyboard.press(0xCE);         // KEY_PRINT_SCREEN 的鍵碼
      Keyboard.releaseAll();        // 送出「放開按鍵」訊號
      break;
  }
}
```

實驗結果

編譯上傳程式，ESP32-S3 將被電腦識別為 USB 鍵盤。補充説明，按下某個
字元的按鍵，例如 C 鍵，也可以寫成：

```
Keyboard.write('c'); // 送出 'c' 字元，相當於按下 'C' 鍵
```

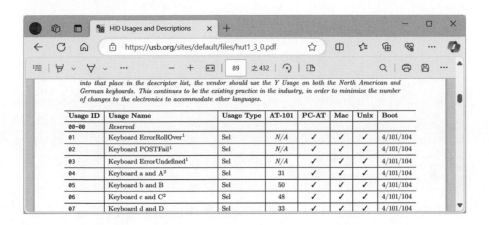

此外，某些程式庫有額外定義可見字元的鍵碼，像是字母和數字鍵，USB 組織的〈HID Usage Tables〉文件（HID 使用代碼表，https://bit.ly/4a6Gl3p）第 10 章，88 頁的〈Keyboard/Keypad Page (0x07)〉單元列舉了所有鍵碼，從中可查到 ⌨ C 鍵的鍵碼是 0x06。

因此，按下 C 鍵的程式也能寫成底下的模樣，只是沒有必要，如同上文提到的，此程式庫會自動把字元編碼轉換成鍵碼。

```
Keyboard.press(0x06);
```

> 按鍵的功能，除了在 Arduino 程式中定義，也可以在電腦端的軟體修改。有個知名、開源的按鍵功能設定軟體 "AutoHotKey"（https://www.autohotkey.com），能讓使用者透過編寫腳本程式自訂快捷鍵和巨集，從而實現自動化操控鍵盤、滑鼠、填表、執行遊戲外掛…等重複性任務。

自訂 USB 裝置的 VID, PID 和產品資訊

使用 ESP32 官方 USB 程式庫編譯的裝置，其 VID 和 PID 預設都是樂鑫公司預設的識別碼。如果需要，可執行 USB 程式庫的 VID() 和 PID() 方法設定製造商和產品代碼，也能透過 productName（產品名稱）和 manufacturerName（製造商名稱）方法設定相關資訊。

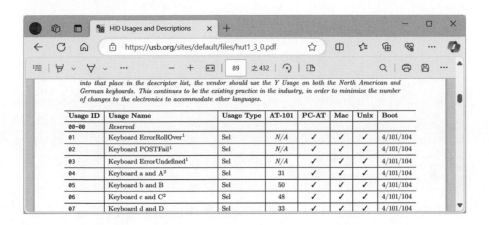

這些方法都必須要初始化 USB 的 begin() 方法之前執行，例如，修改之前的
鍵盤程式的 setup() 函式：

```
void setup() {
  USB.VID(0x045E); // 指定製造商 ID，即 VID (微軟)
  // 指定產品 ID (Natural Ergonomic Keyboard 4000 鍵盤)
  USB.PID(0x00DB);
  USB.productName("Natural Ergonomic Keyboard 4000"); // 產品名稱
  USB.manufacturerName("Microsoft Corp.");  // 製造商名稱
    :略
  USB.begin();      // 初始化 USB 物件
}
```

重新編譯上傳，重新插入 ESP32 的原生 USB 到電腦，將能在**裝置管理員**看
到「符合 HID 標準的系統控制器」，它的 VID 和 PID 都變成程式設定的值。
再次強調，改用其他公司的 VID 和 PID 的裝置，僅限於個人研究使用。

16

製作 USB 機械小鍵盤
以及電玩控制器

本章將從機械鍵盤的組成要素開始談起，一步步製作一個 USB 機械小鍵盤，接著介紹電玩控制器的元素並自製電玩手把，最後以任天堂 Switch 遊戲機的手把為例，解說電玩手把的 HID 報告描述器的內容。

16-1 機械鍵盤的元件和術語

一般的鍵盤由五個關鍵元件組成，下文將逐一介紹它們，並說明如何自製一個 3x3 小鍵盤。

- 鍵帽（keycap）
- 軸體（按鍵開關）
- 定位板（plate）
- PCB 電路板
- 微控制器

軸體有不同尺寸和手感（如：有無段落感）可選，也有內建全彩 LED 的款式，底下是一款德國 Cherry（櫻桃）公司生產的軸體，常見於 DIY 和不同廠牌的機械鍵盤。開關上面的連接軸用顏色區分手感，也有不同的形狀，例如：十字形、長方形、帶十字的圓形…等。

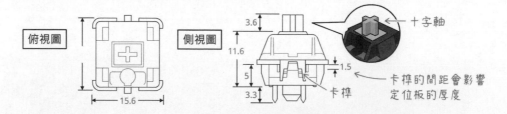

鍵帽也有不同的款式（profile）可選，除了要搭配開關連接軸的形式，主要是高度和角度的分別。筆記型電腦的鍵帽都是扁平型（chiclet），而外接鍵盤的鍵帽則有 Cherry, XDA, OEM,… 等款式，各個款式又依照它們所在的鍵盤列（row），大多分成 R1~R4 不同高度；鍵帽的基本單位為 1u，以「櫻桃」軸體來說，1u=19.05mm，下圖右列舉常見的鍵帽寬度尺寸。

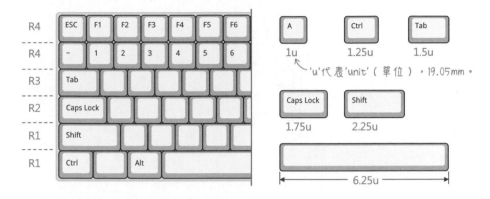

底下是 XDA 和 OEM 鍵帽側面的外觀比較，XDA 鍵帽的 R1~R4 高度相同。

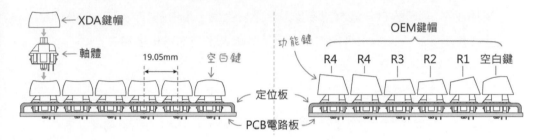

機械鍵盤的定位板

鍵盤的大小和形狀、按鍵的佈局主要由定位板決定。定位板負責固定按鍵軸體，也會影響打字手感，常見的材質有金屬（如：鋁、不鏽鋼）和塑膠（如：壓克力或 3D 列印），也有人用木片。底下是用 2×2 格定位板呈現嵌入鍵盤軸體開關的樣子：

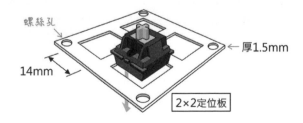

壓克力板材的價格和加工難度隨著厚度增加，最簡單便宜的 DIY 方案之一是用雷射切割 1.5mm 厚（適用於「櫻桃」軸體）的壓克力當作定位板，再切割 5~6 片同樣厚度的壓克力，疊起來包圍開關底部，整體用螺絲固定。底下是定位板的按鍵預留空間與開孔尺寸示意圖。

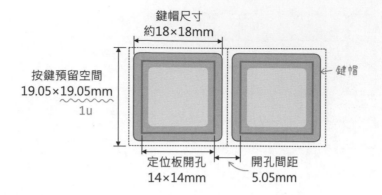

鍵帽尺寸
約18×18mm

按鍵預留空間
19.05×19.05mm
1u

鍵帽

定位板開孔
14×14mm

開孔間距
5.05mm

另一個常見的 DIY 方案是用 3D 列印定位板和包圍按鍵軸體的部分，但普遍用於 3D 列印的 PLA 素材容易受濕度影響壽命，筆者的 3D 列印機本體的主要機構就是 PLA 素材列印而成，用了數年幾乎全部脆化斷裂。

自製鍵盤定位板

定位板不需要從頭自己測量、繪製，有兩個網站可以協助編輯佈局、產生雷射雕刻機所需的繪圖檔：

- 鍵盤佈局編輯器（keyboard-layout-editor.com）：可讓你編輯鍵盤佈局，也就是自訂鍵盤按鍵的位置、印刷文字、大小、顏色、旋轉角度…等。你也可以從最上方的 **Preset（預制）** 功能表選擇預先設定好的鍵盤佈局。

「預制」功能表

增加按鍵

刪除按鍵

原始資料

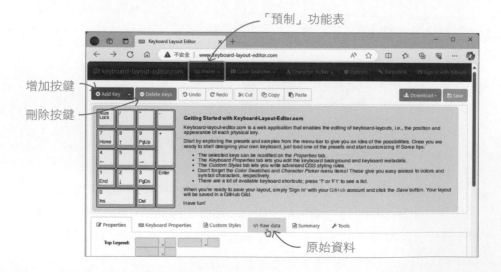

● 定位板和外殼製作器（Plate & Case Builder，builder.swillkb.com）：讓你貼入在「鍵盤佈局編輯器」建立的鍵盤佈局原始碼，並選擇按鍵、邊緣間距、定位板角度、外殼…等參數，生成自定義鍵盤的 CAD 檔案。

以產生標準 3×3 櫻桃軸的定位板為例，你可以使用**鍵盤佈局編輯器**首頁的編輯器，修改預設的佈局樣板成 3×3 鍵。但此鍵盤範例很簡單，所以直接點擊首頁的 **Raw Data（原始資料）**，輸入佈局的原始碼：

鍵盤佈局原始碼類似 C 語言的陣列，每一列按鍵用中括號包圍，每個按鍵用逗號分開，按鍵的印刷文字用雙引號包圍，像這樣：

```
["1","2","3"],
["4","5","6"],
["7","8","9"]
```

佈局的原始碼還支援寬度（width）、角度（angle）、鍵軸類型（switch）…等參數，參數用大括號包圍，放在按鍵定義前面，例如，底下的原始碼設定兩個按鍵，Enter 鍵寬 2u。一般來説，我們不必深究鍵盤佈局原始碼，只要透過首頁的介面操作即可；製作定位板，也不需要考究鍵帽的顏色和文字位置。

產生定位板佈局

開啟**定位板和外殼製作器**網站（builder.swillkb.com），在 **Plate Layout**（定位板佈局）欄位貼入上一節的鍵盤佈局原始碼，並依照下圖選擇設定選項：

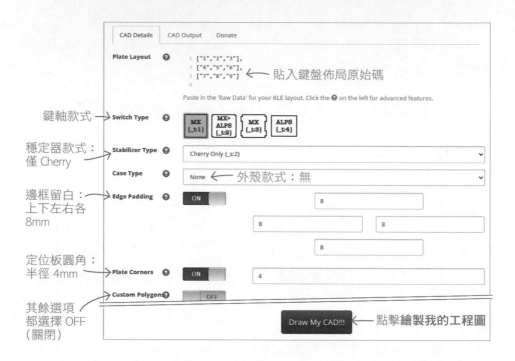

網站將產生如下模樣的定位板，並提供 SVG, DXF 和 ESP 三種向量圖格式下載。

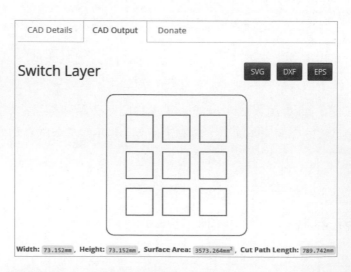

筆者下載 SVG 格式，然後使用開放原始碼的 Inkscape 向量繪圖軟體（https://inkscape.org/）修改圖檔，在四個角落加上 3mm 直徑的螺絲孔，以及一個 7mm 直徑的旋鈕開關開孔。最後用另一個開放原始碼的 LaserGRBL 雷射雕刻軟體（https://lasergrbl.com/）開啟圖檔，用桌上型雕刻機（CNC 3018 Pro）搭配雷射雕刻模組，在 1.5mm 厚的黑色壓克力板切割出鍵盤定位板。

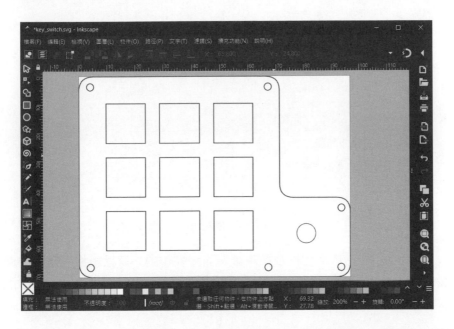

底下是組裝好的小鍵盤模樣，1.5mm 厚的壓克力板略顯單薄、柔軟，但四個角鎖在 PCB 板，整體就變得穩固了。我試過用 2.0mm 厚的壓克力板材當作定位板，雖然鍵盤軸體無法扣住板材，但也能因為被擠壓而被固定住。補充説明，這些鍵帽都是 R3 款式。

這個小鍵盤的軸體和微控器分開成兩片 PCB 板，試作完成後我也納悶：當初為何不直接放在同一片 PCB 板？我會再稍加修改，然後裁切一片壓克力當作底盤。

動手做 16-1　自製 USB 小機械鍵盤

實驗材料

ESP32-S3 或 S2 開發板	1 塊
MX 鍵盤軸體	9 個
壓克力鍵盤定位板	1 塊
PCB 洞洞板（至少 9 x 7 cm）	1 個
（選擇性的）旋轉編碼器模組	1 組

〈動手做 15-3〉薄膜開關以及採用微觸開關製作的小鍵盤模組，有著共同的問題：無法正確辨識同時按下的多個按鍵。底下是偵測按鍵 1 被按下的情況，程式掃描到行 1、列 1 時，讀取到低電位；掃描到行 1、列 2 時，讀取到高電位，所以正確判斷「行 1」只有一個按鍵 1 被按下。

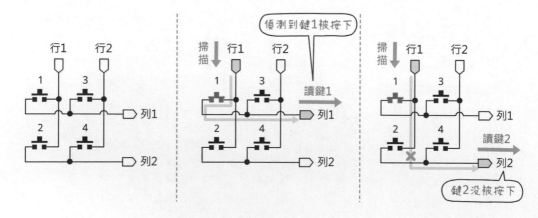

但如果同時按下 1, 3 和 4 鍵，會形成通路連通行 1 與 列 2, 掃描行 1、列 2 時，沒有被按下的 2 鍵，也被讀取到低電位，導致程式誤判：

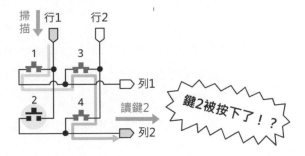

當然，一般採用小鍵盤的輸入場合，幾乎沒有同時按下多個按鍵的需要，像是 ATM 提款機、門禁密碼鎖…等的按鍵，所以可以採用這種電路類型的小鍵盤。但如果要當作電腦或手機等的小鍵盤，就不太合適。解決辦法是在每個按鍵開關的輸出腳，連接一個小訊號二極體（通常選用 1N4148）：

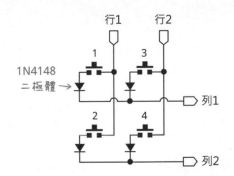

如下圖左所示，二極體可阻擋電流從鍵 1 流向鍵 3，因此掃描到行 1、列 2 時，程式不會誤判。

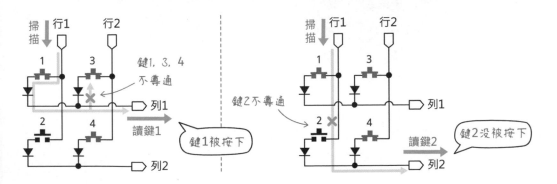

底下是按鍵軸體的外觀，底部有兩個針腳；導線和二極體可直接焊在針腳，但我想要製作一個具備熱插拔的小鍵盤，因此額外購入下圖右的「機械鍵盤軸體熱插拔底座」。「熱插拔」代表鍵軸本體沒有焊死在鍵盤的電路板，可在不關機的情況下替換，某些機械鍵盤內部有預留這種底座插孔，我則是將底座兩邊露出的端子焊在 PCB 板。

熱插拔底座的結構類似電源插座，插孔裡面有可夾住鍵軸導線的銅片：

焊接完成 PCB 洞洞板模樣如下，是個可插拔鍵軸的 3×3 小鍵盤電路板。

這是洞洞板的接線和電路圖：

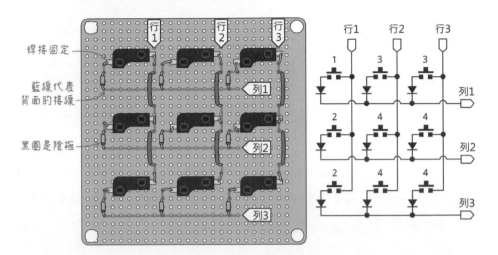

熱插拔底座的腳位和洞洞板不相容，但它們的擺放位置必須配合鍵盤軸體，所以我先把底座插入軸體，並在每個軸體背面中間沾上一點 AB 膠（不要沾到軸體針腳）。

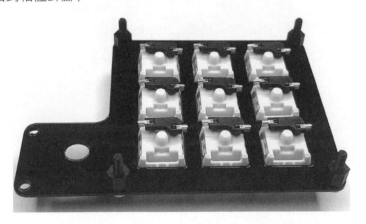

然後壓在 PCB 板上，四邊用螺絲固定。為了確認每個底座都有確實緊貼 PCB 板，我用長嘴鑷子輕壓每個底座和 PCB 板並微調位置。

我用的 AB 膠是 5 分鐘
快乾型，過了 10 多分
鐘之後，小心翼翼地把
鍵盤軸體從底座拔開：
為了避免底座從 PCB 板
脫落，拔除過程我用鑷
子夾住底座和 PCB 板。

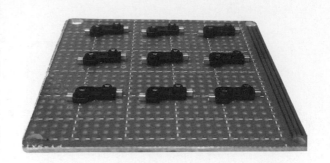

最後再焊接二極體和導線。每個熱插拔底座兩邊的端子，也都用導線焊接
固定在洞洞板，確保長時間使用下也不會脫落，這樣就完成小鍵盤電路
板。我另外裁切一個小洞洞板，焊接旋轉編碼器電路、插接 ESP32-S2 mini
開發板的母排，以及一個連接 3×3 小鍵盤電路板的排線母座；如同上文提
到的，我覺得它們倆直接放在一塊 PCB 板更好，不用分離。

補充說明，因為鍵盤的空間有限，旋轉編碼器我沒有直接使用前一章那款
已經焊接好上拉電阻的模組，而是依照底下的電路圖，把 10KΩ 電阻焊接
在洞洞板。旋轉編碼器的程式碼和之前的一樣，不再贅述。

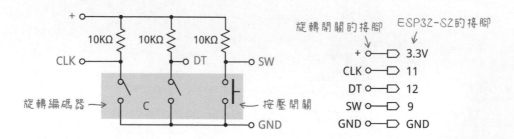

ESP32-S2 mini 開發板簡介

USB 鍵盤的微控器可使用 ESP32-S3，本文採用搭載 ESP32-S2 的 LOLIN S2 mini 開發板，主因是這個板子的尺寸迷你、接腳多，而且價格幾乎是 S3 板的 1/3，但 S2 不具備藍牙。LOLIN S2 mini 共有 27 個 GPIO 腳，皆可正常使用。下圖腳位標示的 I2C、SPI 和 UART 腳都是開發環境裡的 variants\lolin_s2_mini\pins_arduino.h 標頭檔的預設值，其實就是和採用 ESP8266 的 WEMOS D1 mini，以及 WEMOS D1 MINI ESP32 的這些接腳相容，可共用 D1 mini 的模組。

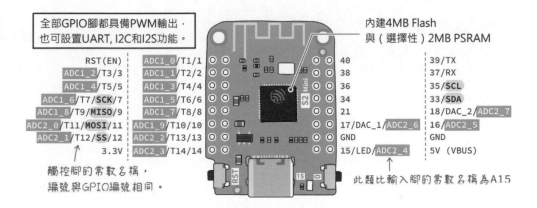

這裡的相容指的是板子上接腳位置的功能性相容，但是腳位編號並不一樣，如果把 ESP8266 的 Arduino 程式用在這個板子，雖然硬體接線不用改，但是腳位編號要改。

跟其他 ESP32 系列一樣，S2 晶片有 ADC1 和 ADC2 兩個類比輸入通道，樂鑫的 ESP32-S2 技術文件的〈類比數位轉換〉單元（https://bit.ly/3S1JVd2）指出，ADC2 模組與 Wi-Fi 共用，因此在 Wi-Fi 連線與斷線階段，類比輸入功能會受到影響。

類比腳的常數名稱為 "A" 加上 GPIO 編號，例如，A15 代表第 15 腳的類比輸入、腳 1 的 ADC1_0 類比輸入的常數名稱為 A1。讀取類比輸入值的敘述可直接寫出類比腳位常數，例如：

```
int val = analogRead(A1);  // 讀取 A1 (GPIO 腳 1) 的類比輸入值
```

這是筆者的小鍵盤和 mini 開發板的接線，避開預設的 I2C（35 和 33）腳，以便將來連接 OLED 顯示器。

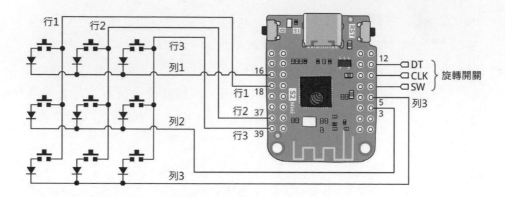

偵測同時按下的多個按鍵

自製機械鍵盤的程式，依然採用 keypad 程式庫，它具備處理最多 10 個鍵被同時按下的功能，主要是 Keypad 物件內部有個 key 陣列，紀錄每個按鍵物件的狀態（程式庫自己會管理這個 key 陣列），它的架構大概像這樣：

如果按鍵物件的 stateChanged 屬性值為 true，代表該按鍵的狀態改變了。按鍵狀態的實際狀態紀錄在 kstate 屬性，有 4 個可能值，其常數名稱如下：

● PRESSED：按下。

● HOLD：持續按住。

● RELEASED：放開。

● IDLE：放空，代表恢復成「未被按下」狀態。

Keypad 物件的 getKeys() 方法，可傳回被按下的按鍵代碼（字元），如：'0'，'*'，'A'，…等，但程式無法直接從這個傳回值進一步取得按鍵的狀態，而要透過一個迴圈掃描、檢查 key 陣列紀錄的按鍵。範例程式如下：

```
#include <Keypad.h>
#define COLS 3    // 3 行按鍵
#define ROWS 3    // 3 列按鍵

byte colPins[COLS] = {18, 37, 39};  // 按鍵模組，行 1~3 接腳
byte rowPins[ROWS] = {16, 3, 5};    // 按鍵模組，列 1~3 接腳

char keys[ROWS][COLS] = {  // 定義每個按鍵的代表字元
  {'0', '1', '2'},
  {'3', '4', '5'},
  {'6', '7', '8'}
};

// 定義鍵盤物件
Keypad kp = Keypad(makeKeymap(keys),
                   rowPins, colPins, ROWS, COLS);

void setup() {
  Serial.begin(115200);
}

void loop() {
  String msg = "";       // 訊息字串

  if (kp.getKeys()) {  // 若有任何鍵被按下…
    // 掃描 key 陣列的每個按鍵元素
    for (uint8_t i = 0; i < LIST_MAX; i++) {
      if (kp.key[i].stateChanged) {  // 若有按鍵的狀態發生變化…
        switch (kp.key[i].kstate) {  // 紀錄按鍵的狀態
          case PRESSED:
            msg = "按下";
            break;
          case HOLD:
            msg = "按著";
            break;
```

```
        case RELEASED:
          msg = "放開";
          break;
        case IDLE:
          msg = "放空";
          break;
      }

      // 顯示按鍵的狀態和名稱
      Serial.printf("%s %c\n", msg, kp.key[i].kchar);
    }
  }
 }
}
```

編譯上傳程式到 ESP32，開啟**序列監控視窗**，隨便按幾個鍵，它將顯示發生變化的那些按鍵及其狀態。

可處理同時按下多個按鍵的 USB 鍵盤

定義鍵盤排列組合的 keys 陣列，其元素型態為 char，其值就是按鍵代表的鍵碼。因此，我們可以像底下這樣定義 keys 陣列，其中包含 4 個方向鍵（的鍵碼）、3 個字母、左 Crtl 鍵和右 Windows 鍵。

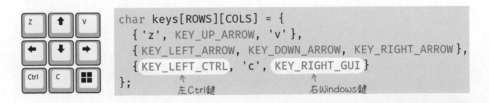

```
char keys[ROWS][COLS] = {
  { 'z', KEY_UP_ARROW, 'v' },
  { KEY_LEFT_ARROW, KEY_DOWN_ARROW, KEY_RIGHT_ARROW },
  { KEY_LEFT_CTRL, 'c', KEY_RIGHT_GUI }
};
```
左 Ctrl 鍵   右 Windows 鍵

可同時按下多個按鍵的 USB 鍵盤的完整程式碼如下，編譯上傳到 ESP32-S2/S3 開發板，將能依照正常的鍵盤操作方式，按下 Ctrl 和 C 鍵，複製選取內容。

```
#include <USB.h>
#include <USBHIDKeyboard.h>      // 標準鍵盤程式庫
#include <Keypad.h>
#define COLS 3      // 3 行
#define ROWS 3      // 3 列

byte colPins[COLS] = {18, 37, 39};   // 按鍵模組，行 1~3 接腳
byte rowPins[ROWS] = {16, 3, 5};      // 按鍵模組，列 1~3 接腳

char keys[ROWS][COLS] = {   // 定義按鍵的鍵碼
  {'z', KEY_UP_ARROW, 'v'},
  {KEY_LEFT_ARROW, KEY_DOWN_ARROW, KEY_RIGHT_ARROW},
  {KEY_LEFT_CTRL, 'c', KEY_RIGHT_GUI}
};

// 定義鍵盤物件
Keypad kp = Keypad( makeKeymap(keys),
                    rowPins, colPins, ROWS, COLS );
USBHIDKeyboard Keyboard;   // 「標準鍵盤」物件

void setup() {
  Keyboard.begin();        // 初始化普通鍵盤物件
  USB.begin();             // 初始化 USB 物件
}

void loop() {
  if (kp.getKeys()) {
    for (int i = 0; i < LIST_MAX; i++) { // 掃描每個按鍵
      if ( kp.key[i].stateChanged ) { // 若有按鍵的狀態發生變化…
        switch (kp.key[i].kstate) {   // 檢查該按鍵的狀態
          case PRESSED:
            Keyboard.press(kp.key[i].kchar);    // 按下此按鍵
            break;
          case RELEASED:
            Keyboard.release(kp.key[i].kchar); // 放開此按鍵
            break;
        }
      }
    }
  }
}
```

16-2 USB 遊戲控制器

下文將説明自製和改造遊戲控制器，在此之前，先認識一下它的基本元素。其實遊戲控制器不只用在遊戲，有些工業機器甚至軍武設備，如：拆彈機器人、無人機和潛艇，也都有使用市售的遊戲控制器當作操控介面。

搖桿（Joystick）和**遊戲手把（Gamepad）**是電玩遊戲常見的兩種人機介面裝置（HID），底下是一款飛行搖桿，飛行桿可控制飛行器的 X, Y, Z 軸姿態，飛行桿上面的幾個按鍵可控制武器系統，其中的 HAT（**帽子開關，也稱「苦力帽」**）是個小搖桿或方向鍵。

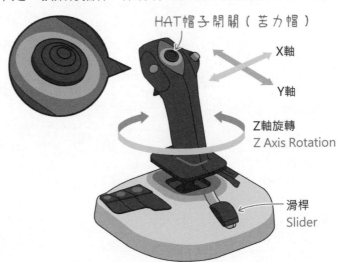

下圖是常見的遊戲控制器造型，右邊的 A, B, X, Y 四個鍵合稱「動作鍵（action button）」，也有人稱它們 "face buttons"（表面按鍵），由於不同廠家的定義不大相同，像 A, B 鍵的位置，還有 Sony 用△, ○, □標示動作鍵，因此程式原始碼用東、南、西、北來定義它們。此外，Xbox 控制器的左、右肩鍵叫做 LB（Left Bumper）和 RB（Right Bumper），"bumper" 指「保險桿」；板機（trigger）鍵在某些控制器或遊戲軟體裡面稱為 "throttle"（油門）。下圖標示的 BUTTON_MODE（模式鍵）、BUTTON_START（啟動鍵）…等，都是 ESP32 的 USBHIDGamepad.h 程式庫（https://bit.ly/3oTRQ1k）定義的常數名稱。

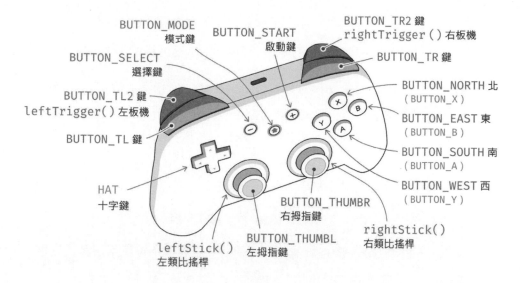

「飛行搖桿」上的帽子開關,在這種控制器上稱為「十字鍵」,英文稱為 HAT 或 D-Pad。控制器上的多數按鈕都是開關按鍵,只有「按下」和「放開」兩種狀態,而左、右類比搖桿以及部分左、右板機鍵則有不同層次變化,通常是 8 位元,0~255 的變化值。某些類比搖桿的本體也具備按鍵開關,可被下壓;板機鍵也可以僅表達按下和放開兩個狀態。

控制器上的兩個類比搖桿,習慣上用左邊和右邊區分,例如,左搖桿的 X 軸值稱為 Left_X、右搖桿的 X 軸則稱為 Right_X 之類,但某些技術文件和程式碼沿用「搖桿」的 X, Y, Z 軸來區分。

左搖桿通常用於控制主角:

● X 軸(X-axis):控制左、右水平移動。

● Y 軸(Y-axis):控制上、下垂直移動。

右搖桿通常用於控制視覺角度、瞄準或其他輔助功能:

● Z 軸(Z-axis):控制左、右水平移動。

● Zr 軸(Zr-axis):控制上、下垂直移動。

USBHIDGamepad.h 程式庫提供的遊戲控制器方法

底下列舉 ESP32 開發環境內建的 USBHIDGamepad.h 程式庫的函式（方法）：

- **USBHIDGamepad(void)**：USBHIDGamepad 類別的建構式，用於初始化 USB 遊戲控制器的功能。底下敘述宣告一個名叫 gamepad 的遊戲控制器物件：

```
USBHIDGamepad gamepad;
```

- **void begin()**：初始化遊戲控制器物件的 USB 連線。

- **void end()**：終止遊戲控制器的 USB 連線，若程式不再使用遊戲控制器的功能，可透過執行此方法釋放資源。

- **bool leftStick(int8_t x, int8_t y)**：移動左搖桿，水平（x）和垂直（y）位移參數的有效範圍都介於 -127~128。若執行成功則傳回 true，否則傳回 false。

- **bool rightStick(int8_t z, int8_t rz)**：移動右搖桿，控制水平（z）和垂直（rz）位移。

- **bool leftTrigger(int8_t rx)**：左類比板機，觸發位置 rx 的有效範圍介於 -127~128。若執行成功則傳回 true，否則傳回 false。

- **bool rightTrigger(int8_t ry)**：右類比板機。

- **bool hat(uint8_t hat)**：設定十字鍵，0~8 數字代表 8 個方向和「未按下」狀態，下圖顯示方向的代表數字及其常數名稱。若執行成功則傳回 true，否則傳回 false。

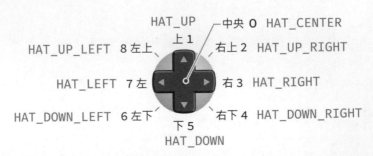

- bool pressButton(uint8_t button)：按下遊戲控制器上的指定按鍵，button 參數是按鍵的識別數字，通常傳入常數名稱，如：BUTTON_START 代表「啟動」鍵。若執行成功則傳回 true，否則傳回 false。

- bool releaseButton(uint8_t button)：放開指定的按鍵，button 參數是按鍵的識別數字。若執行成功則傳回 true，否則傳回 false。

- Send()：用於一次送出全部按鍵和搖桿的狀態。若執行成功則傳回 true，否則傳回 false。

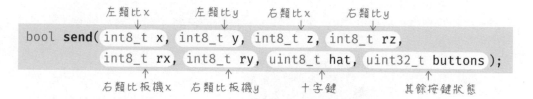

- 此函式的類比搖桿和板機的資料型態是 8 位元帶號整數，有效範圍介於 -127~128。最後一個「其餘按鍵狀態」參數是 32 位元無號整數，每一個位元對應一個按鍵，最多可定義 32 個按鍵。USB 遊戲控制器原始碼（USBHIDGamepad.h）定義了 15 個鍵，它們的意義及所在位置如下，0 代表該按鍵處於「放開」狀態。

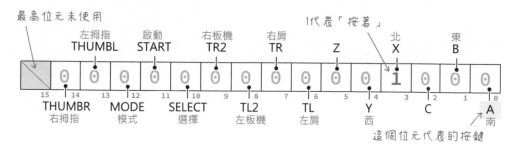

動手做 16-2　自製 USB 遊戲控制器

實驗說明：使用 ESP32 開發環境內鍵的 USB 遊戲控制器程式庫（USBHIDGamepad.h）製作一個簡單的搖桿。

實驗材料

採用 ESP32-S3 或 ESP32-S2 的開發板	1
類比搖桿模組	1
輕觸開關	2

實驗電路

本實驗採用由兩個可變電阻和一個輕觸開關組成的類比搖桿模組,模組上
標示 5V 的接腳,代表「正電源」,請務必**接開發板的 3.3V**,不能接 5V!

你可以像下圖自行安排搖桿模組和微觸開關的 ESP32 接腳,但因為程式邏
輯都一樣,所以本實驗只用一個類比搖桿模組和兩個按鍵示範:

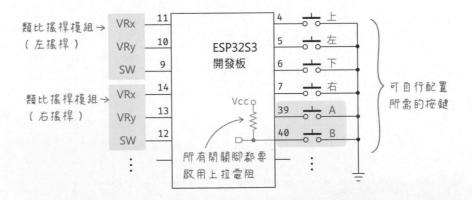

麵包板組裝電路示範如下(因 ESP32-S2 mini 無法用於麵包板,所以用樂鑫
官方 ESP32-S3 示範):

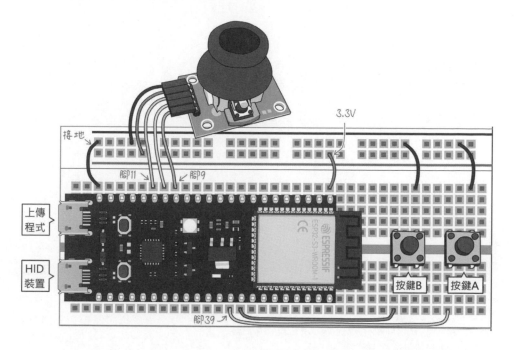

除了使用這些「常規」材料，你也能使用光敏電阻、震動開關、霍爾感應元件來組裝獨特的操控介面，就像知名的 Makey Makey 開發板（https://makeymakey.com/），運用電容觸控介面把香蕉、芭樂…等日常生活物件變成控制介面，它們背後的控制程式原理大同小異。

附帶一提，並非所有搖桿都是「類比式」，像這種常見於格鬥遊戲的街機搖桿，內部通常由 4 個微觸開關組成，相當於大型的「十字鍵」。

USB 遊戲控制器的程式

編譯並上傳底下的程式到 ESP32-S3 開發板，它的 USB-OTG 介面就會被電腦識別成 USB 遊戲控制器，其中的自訂函式 scanBtn()，負責讀取搖桿和所有按鍵狀態，並傳送給 USB 主控端（電腦）。

```cpp
#include <USB.h>
#include <USBHIDGamepad.h>
#define LEFT_X_PIN  11      // 左類比搖桿 VRx 腳
#define LEFT_Y_PIN  10      // 左類比搖桿 VRy 腳
#define LEFT_SW_PIN  9      // 左類比搖桿 SW 腳
#define A_PIN 39            // 微觸開關 A
#define B_PIN 40            // 微觸開關 B
#define BUTTONS_TOTAL 15    // 一共 15 個按鍵

uint16_t btnState = 0;        // 暫存按鍵狀態
uint16_t btnStateTemp = 0;

USBHIDGamepad gp;             // 宣告遊戲控制器物件

// 宣告 15 個按鍵接腳的陣列，按鍵必須依此順序排列
// 本範例只連接 3 個按鍵，未使用的按鍵腳位設成 -1
int8_t buttons[BUTTONS_TOTAL] = {
  A_PIN,  // A
  B_PIN,  // B
  -1,     // C（自定義）
  -1,     // X
  -1,     // Y
  -1,     // Z
  -1,     // 左肩
  -1,     // 右肩
  -1,     // 左板機
  -1,     // 右板機
  -1,     // 選擇
  -1,     // 啟動
  -1,     // 模式
  LEFT_SW_PIN,  // 左拇指
  -1      // 右拇指
};

// 讀取全部搖桿和按鍵的狀態
void scanBtn() {
  // 讀取左搖桿值，原始資料範圍是 0~1023，要轉換成 -127~128
  // 水平（X）搖桿的輸入值
  int8_t x = analogRead(LEFT_X_PIN) / 4 - 127;
```

```
   // 垂直 (Y) 搖桿的輸入值
   int8_t y = analogRead(LEFT_Y_PIN) / 4 - 127;

   // 暫存全部按鍵的狀態，參閱下文說明
   for (uint8_t i = 0; i < BUTTONS_TOTAL; i++) {
     if (buttons[i] != -1) {
       // 讀取所有按鍵
       btnStateTemp |= (!digitalRead(buttons[i])) << i;
     }
   }

   // 假如按鍵的狀態跟上次不同…
   if (btnStateTemp != btnState) {
     btnState = btnStateTemp;  // 儲存本次狀態
   }

   btnStateTemp = 0;  // 按鍵狀態清零
   gp.send(x, y, 0, 0, 0, 0, 0, btnState);  // 送出遊戲控制器的狀態
}

void setup() {
   // 把全部有接線的按鍵接腳都設為「啟用上拉電阻的輸入模式」
   for (uint8_t i = 0; i < BUTTONS_TOTAL; i++) {
     if (buttons[i] != -1) {
       pinMode(buttons[i], INPUT_PULLUP);
     }
   }

   analogSetAttenuation(ADC_11db);  // 設定類比輸入電壓上限 3.6V
   analogReadResolution(10);        // 設定類比輸入解析度

   gp.begin();    // 啟用遊戲控制器
   USB.begin();   // 啟用 USB 介面
}

void loop() {
   scanBtn();    // 掃描按鍵
   delay(5);
}
```

回顧上文提到的 send() 方法（傳送控制器的所有狀態）的最後一個「其餘按鍵狀態」參數，假設開發板要傳送「B 鍵」和「左拇指鍵」被按下的訊息，這個參數的第 2 和第 13 位元值為 1，其餘為 0：

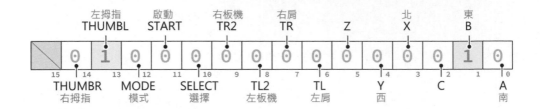

此 scanBtn() 自訂函式裡的 for 迴圈的工作，就是把讀到的按鍵值移到代表該按鍵的位元位置，再跟既有的資料合併（即：執行 OR 運算），下圖顯示處理「左拇指鍵」狀態值的運算過程：

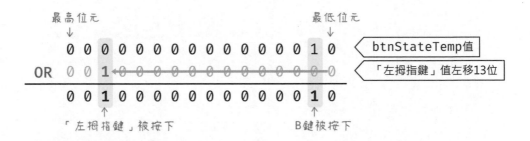

測試遊戲控制器

Windows 系統具備測試遊戲控制器的功能，按下 ⊞ + R 鍵，輸入 "joy.cpl" 後按下**確定**：

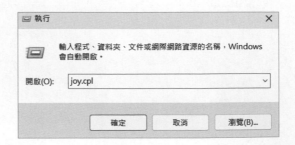

將開啟**遊戲控制器**面板，從中可看到化身成遊戲控制器的 ESP32 開發板。

按下**內容**，即可看到如下的遊戲控制器測試面板。

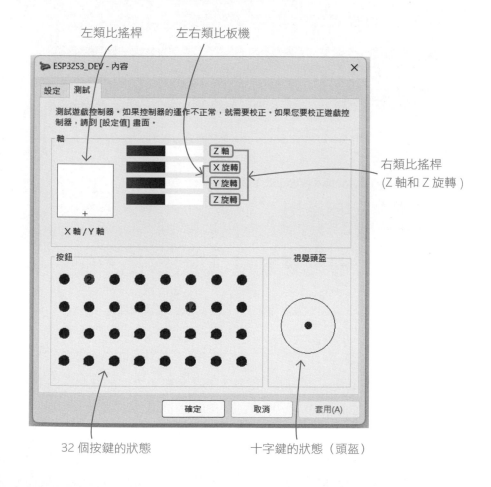

左類比搖桿　　左右類比板機

右類比搖桿
（Z軸和Z旋轉）

32 個按鍵的狀態　　　　十字鍵的狀態（頭盔）

ESP32S3 的 USB HID 底層的報告定義 32 個按鍵，所以即便我們的 Arduino
程式僅定義 14 個有效按鈕，電腦系統（USB 主控端）收到的報告仍是 32
個按鈕，多餘的按鍵定義不會造成影響，因為沒有實質作用。試著移動搖
桿、按下按鍵，這個測試面板將會有反應。

在瀏覽器中測試遊戲控制器

採用支援 USB 遊戲控制器的瀏覽器，如：Chrome 和 Edge（蘋果的 Safari
瀏覽器不支援），連上 Gamepad Tester 網頁（https://hardwaretester.com/
gamepad）也能測試遊戲控制器的功能。

按下控制器的任何按鍵，網頁將顯示所有按鍵和類比搖桿的狀態值。

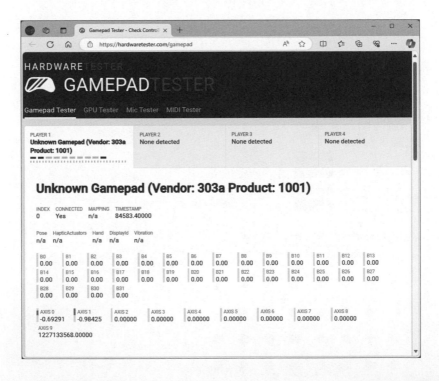

底下則是連接模擬任天堂 Switch 相容手把（參閱下文）的 ESP32-S2 開發
板的測試畫面，它被識別為「標準遊戲控制器」，因此網頁會呈現手把的
外觀插圖（按鍵與搖桿位置跟實際不同，但不影響測試）。

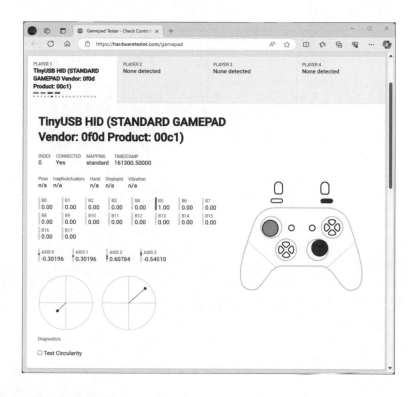

動手做 16-3　一鍵完成「必殺技」的 USB 遊戲控制器

實驗說明：許多遊戲的操作需要在短時間之內依序完成特定的按鍵組合，以「快打旋風」格鬥遊戲為例，玩家需要按下 →, ↓, ↘ 和 A 鍵之類，才能讓角色使出絕技。

對我這種手腳有些笨拙的人，有些遊戲控制器提供「連發」（按著某鍵即可連續射擊）或「必殺技」的快捷鍵，只要按一下就使出特殊招式。本實作單元將在遊戲控制器新增一個自動依序輸出 →, ↓, ↘ 和 A 鍵的快捷鍵，實驗材料基本跟動手做 16-2 一樣，增加一個微觸開關。

微觸開關：動手做 16-2 的電路不變（下圖沒有畫出來），在 ESP32 的腳 41 連接一個微觸開關。

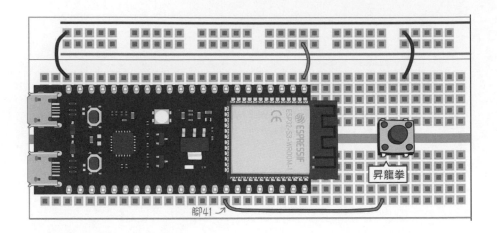

實驗程式

在程式開頭新增一個微觸開關的接腳定義。

```
#include <USB.h>
#include <USBHIDGamepad.h>
  :略
#define COMBO_PIN 41      // 組合鍵微觸開關
```

按鍵組合設置以及輸出按鍵的程式碼，寫成名叫 combo 的自訂函式，被呼叫時，它將依序輸出 hat 陣列（十字鍵）元素，最後送出按下 Ａ 鍵的訊號，如果尚未按下最後的 Ａ 鍵，它將在執行後傳回 false；按下最後的 Ａ 鍵之後，它將傳回 true，代表「組合鍵」完成。

```
bool combo() {
  static uint8_t i = 0;   // 十字鍵的索引
  uint8_t hat[] = {HAT_RIGHT, HAT_DOWN, HAT_DOWN_RIGHT};
  // 十字鍵
  uint8_t total = sizeof(hat);   // 十字鍵數

  if (i < total) {
    gp.send(0, 0, 0, 0, 0, 0, hat[i], 0); // 送出十字鍵的狀態
    i++;
  } else {
    i = 0;
    gp.send(0, 0, 0, 0, 0, 0, 0, 0x1);      // 送出 A 鍵被按下
```

```
    delay(500);     // 延遲 0.5 秒，方便觀察狀態
    return true;    // 組合鍵完成
  }

  delay(500);       // 延遲 0.5 秒，方便觀察狀態
  return false;     // 組合鍵尚未完成
}
```

送出按鍵訊息暫停 0.5 秒，是為了稍後觀察按鍵的輸出狀態，測試成功後，再把延遲時間改成 10 或 5 毫秒。

底下是主程式片段，在 loop() 函式定義一個紀錄組合鍵是否完成的 comboDone 靜態變數，預設為 true，代表已完成。

```
void setup() {
  pinMode(COMBO_PIN, INPUT_PULLUP);   // 設定組合鍵的接腳模式
    : 略
}

void loop() {
  // 指出「組合鍵」是否完成的靜態變數
  static bool comboDone = true;
  scanBtn();    // 掃描按鍵

  // 按下組合鍵會變低電位
  bool comboBtn = !digitalRead(COMBO_PIN);
  if (comboBtn || !comboDone) {   // 若組合鍵被按下或尚未執行完畢…
    comboDone = combo();          // 執行組合鍵並儲存執行結果
  }
  delay(5);
}
```

實驗結果

編譯上傳程式後，開啟**遊戲控制器**面板，或者瀏覽到遊戲控制器測試網頁，然後按一下**組合鍵**的微觸開關，將能看到控制器按照設定依序輸出按鍵組合。

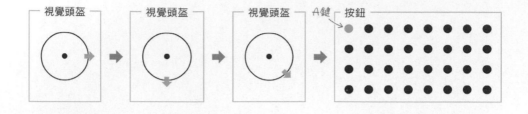

視覺頭盔　視覺頭盔　視覺頭盔　A鍵　按鈕

16-3 改造現有 USB人 機周邊介面

除了用模組或者新的素材製作 USB 周邊，我們也可以改造重新活化利用原有的設備，像早期非 USB 介面的 PC、Mac 鍵盤，還有遊戲機的各種稀奇古怪的輸入裝置，例如：跳舞墊、光線槍、街機大型搖桿、太鼓達人、電車駕駛器…等。不過，早期的遊戲機都採用專屬的介面和通訊協定，像下圖伴隨 PS2 主機銷售的 DualShock 2 控制器，所幸網路上有許多玩家研究並分享這些介面的接腳定義和訊號格式，也不難找到對應的 Arduino 程式庫，比如解析 PS2 控制器資料的 PsxNewLib 程式庫（https://github.com/SukkoPera/PsxNewLib）。

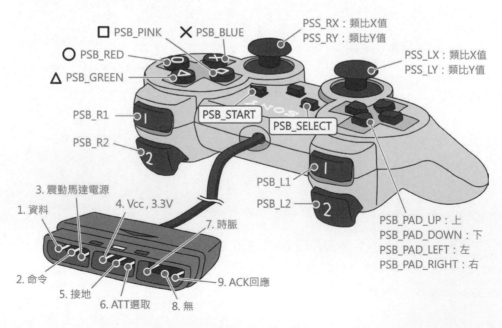

PSB_PINK　PSB_BLUE
PSS_RX：類比X值
PSS_RY：類比Y值
PSB_RED
PSS_LX：類比X值
PSB_GREEN
PSS_LY：類比Y值
PSB_R1
PSB_START
PSB_SELECT
PSB_R2
PSB_L1
PSB_L2
3. 震動馬達電源
1. 資料
4. Vcc , 3.3V
7. 時脈
PSB_PAD_UP：上
PSB_PAD_DOWN：下
PSB_PAD_LEFT：左
PSB_PAD_RIGHT：右
2. 命令
9. ACK回應
5. 接地
6. ATT選取
8. 無

16

也有玩家研究出 PlayStation 3 和 4 藍牙通訊協定，開發出能讓 ESP32 與之配對、用 PS4 手把操控 ESP32 的 PS4_Controller_Host 程式庫（https://bit.ly/4chiuoW），還有知名的 bluepad32 開源專案（https://bit.ly/49L0Yl9），可讓 ESP32 藍牙連接各種無線手把。

製作任天堂 Switch 相容控制器

筆者打算把不支援 Switch 遊戲機的 Wii Classic（傳統）手把，透過 ESP32-S2 轉接 Switch，所以 USB 端的程式庫要改成支援 Switch 遊戲機的 switch_ESP32 程式庫（https://bit.ly/48VvNIT），而解析遊戲手把訊號也需要對應的程式庫，大致架構如下：

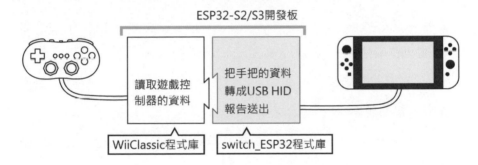

switch_ESP32 程式庫可讓 ESP32-S3 或 S2 開發板被任天堂 Switch 遊戲機識別成相容遊戲手把。底下列舉這個程式庫提供的函式（方法）：

● **void begin()**：初始化遊戲手把連線，必須在 setup() 函式中執行一次。

● **void end()**：終止遊戲手把和主機的 USB 通訊。

● **void loop()**：更新手把資料給主機，必須放在 Arduino 的 loop() 函式中執行。

● **bool write()**：傳送手把狀態，若成功則傳回 true，否則傳回 false。

● **bool write(void *report, size_t len)**：傳送指定長度（len）的遊戲手把報告描述器（report）。如果成功則傳回 true，否則傳回 false。

● **void press(uint8_t b)**：按下遊戲手把的某個按鍵，參數 b 是按鍵的識別碼，稍後說明。

- void release(uint8_t b)：放開遊戲手把的某個按鍵。

- void releaseAll(void)：放開遊戲手把的全部按鍵。

- void buttons(uint16_t b)：一次設定所有按鍵的狀態；參數 b 當中的每個位元代表一個按鍵。

- void leftXAxis(uint8_t a)：設定左類比搖桿 X 軸的位置，參數值範圍：0~255。

- void leftYAxis(uint8_t a)：設定左類比搖桿 Y 軸的位置。

- void rightXAxis(uint8_t a)：設定右類比搖桿 X 軸的位置。

- void rightYAxis(uint8_t a)：設定右類比搖桿 Y 軸的位置。

- void allAxes(uint32_t RYRXLYLX)：同時設定所有類比搖桿的位置，用 32 位元長度整數表示右 Y, X 和左 Y, X 座標。

- void allAxes(uint8_t RY, uint8_t RX, uint8_t LY, uint8_t LX)：另一種同時設定所有類比搖桿位置的方法。

- void dPad(NSDirection_t d)：設定十字鍵的狀態，參數 d 的可能值和常數名稱：

NSGAMEPAD_DPAD_UP 　中央 0xF NSGAMEPAD_DPAD_CENTERED
上 0
NSGAMEPAD_DPAD_UP_LEFT 7左上 　　 右上 1 NSGAMEPAD_DPAD_UP_RIGHT
NSGAMEPAD_DPAD_LEFT 6左 　　 右 2 NSGAMEPAD_DPAD_RIGHT
NSGAMEPAD_DPAD_DOWN_LEFT 5左下 　 右下 3 NSGAMEPAD_DPAD_DOWN_RIGHT
下 4
NSGAMEPAD_DPAD_DOWN

- void dPad(bool up, bool down, bool left, bool right)：設定十字鍵狀態的另一種方法，4 個參數分別代表上、下、左、右方向鍵是否被按下。

這個程式庫定義的按鍵常數名稱，都寫成 "NSButton_ 按鍵名稱" 的格式。例如，這常數 NSButton_A 和 NSButton_B 分別代表 A 和 B 鍵，底下列舉一些常數名稱：

16

- NSButton_LeftThrottle：左板機。

- NSButton_RightThrottle：右板機。

- NSButton_LeftTrigger：左肩。

- NSButton_RightTrigger：右肩。

- NSButton_Plus："+"鍵或「啟動」。

- NSButton_Minus："-"鍵或「選擇」。

連接 Wii Classis（傳統）手把

任天堂 Wii 遊戲機的控制器都採用 I2C 通訊，只是它的接頭是專屬設計，
需要購買一個轉接板連接。

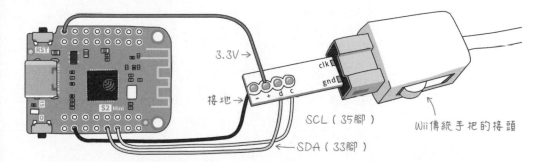

Wii 傳統手把的按鍵布局及其資料格式說明，請參閱筆者網站〈Wii 傳
統手把（Classic Controller）連接 Arduino〉貼文，網址：https://swf.com.
tw/?p=572。底下程式採用該貼文的 WiiClassic 程式庫解析控制器訊號，交
給 switch_ESP32 程式庫轉傳給 Switch 遊戲機。

```
#include <switch_ESP32.h>  // 扮演 Switch 控制器的程式庫
#include <Wire.h>          // I2C 通訊的程式庫
#include <WiiClassic.h>    // 連接 Wii Classic 控制器的程式庫

NSGamepad gamepad;              // 宣告 Switch 遊戲控制器物件
WiiClassic wii = WiiClassic(); // 宣告 Wii Classic 控制器物件

void setup() {
```

```
    Wire.begin();       // 初始化 I2C 通訊
    wii.begin();        // 初始化 Classic 控制器連線
    gamepad.begin();    // 初始化 Switch 控制器物件
    USB.begin();        // 初始化 USB 通訊
}

void loop() {
    wii.update();       // 取得 Classic 控制器最新資訊

    if (wii.aPressed())  // 若傳統手把的 A 鍵被按下…
        gamepad.press(NSButton_A);      // 按下 [A] 鍵
    else    // 否則…
        gamepad.release(NSButton_A);    // 放開A鍵

    if (wii.bPressed())  // 若傳統手把的B鍵被按下…
        gamepad.press(NSButton_B);      // 按下 [B] 鍵
    else  // 否則…
        gamepad.release(NSButton_B);    // 放開 B 鍵

    // 處理不同按鍵的程式邏輯都一樣，請直接參閱範例原始檔

    // 送出十字鍵訊號
    gamepad.dPad(wii.upDPressed(), wii.downDPressed(),
                 wii.leftDPressed(), wii.rightDPressed() );

    // 左右搖桿
    uint8_t leftX = map(wii.leftStickX(), 0, 63, 0, 255);
    // 上下相反
    uint8_t leftY = map(wii.leftStickY(), 0, 63, 255, 0);
    uint8_t rightX = map(wii.rightStickX(), 0, 31, 0, 255);
    // 上下相反
    uint8_t rightY = map(wii.rightStickY(), 0, 31, 255, 0);

    gamepad.leftXAxis(leftX);       // 設定左搖桿 X 軸
    gamepad.leftYAxis(leftY);       // 設定左搖桿 Y 軸
    gamepad.rightXAxis(rightX);     // 設定右搖桿 X 軸
    gamepad.rightYAxis(rightY);     // 設定右搖桿 Y 軸

    gamepad.loop();     // 送出 USB 遊戲控制器訊息
    delay(20);          // 必須加入延遲時間
}
```

16

Wii 傳統手把的類比搖桿的垂直數值定義，跟普通的控制器上下相反。此外，程式最後設定的延遲時間，我最初設成 10 毫秒，在 Windows 系統上測試無誤（如下圖），但任天堂 Switch 遊戲機偵測不到它，改成 20 毫秒才行。

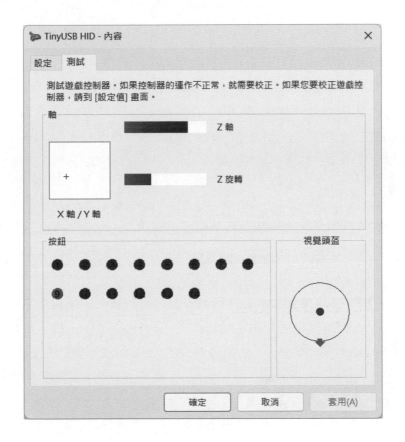

Switch 遊戲機相容控制器的 HID Report Descriptor（報告描述器）

本文將補充說明 USB 遊戲控制器的 HID 報告描述器格式。《**超圖解 ESP32 深度實作**》第 16 章的〈人機介面裝置（HID）程式庫的原理說明〉提到，初次連接主機時，人機介面裝置會傳送一個 **HID 報告描述器**（Report Descriptor）給主機，報告描述器相當於「資料對照表」，讓主機知道 HID 報告資料的格式，例如，第 1 個位元是 Y 鍵、第 2 個位元是 B 鍵⋯等。

USB HID報告

| Y | B | A | X | R | L | ZL | ZR | - 略 | 十字鍵 | 左搖桿 | 右搖桿 |

14個按鍵的狀態

HID 報告描述器要按照 USB 組織協會制定的格式編寫，其內容是一連串 2
進位資料，以本單元的任天堂 Switch 相容控制器為例，包含 14 個按鍵、
十字鍵和左右類比搖桿的狀態資料。此報告的內容長度是 7 位元組，根據
實機測試，整個長度必須要用「保留」位元填充成 8 位元組（64 位元），
否則電腦或 Switch 遊戲機都無法解析。

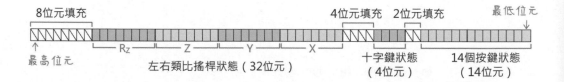

8位元填充　　　　　　　　　　　　　　　　4位元填充　2位元填充　　　最低位元

↑
最高位元　　　　　Rz　　　　Z　　　Y　　　X　　　　十字鍵狀態　　14個按鍵狀態
　　　　　　　左右類比搖桿狀態（32位元）　　　　　　（4位元）　　　（14位元）

《**超圖解 ESP32 深度實作**》有介紹報告描述器的語法，所以本單元僅重
點補充。這個程式庫的報告描述器寫在 switch_ESP32.cpp 檔，定義為名
叫 report_descriptor 的 uint8_t 常數陣列。ESP32 的 BLE（低功耗藍牙）程
式庫（HIDTypes.h 檔，https://bit.ly/490R04j）有定義報告描述器的關鍵字常
數，像 USAGE_PAGE（用途類型）, REPORT_ID（報告 ID）, HIDINPUT（HID
輸入），… 等等，但這個程式庫直接用 16 進位代碼編寫。例如，**USAGE_
PAGE（用途類型）**要寫成 0x05，而 "0x05, 0x01" 代表「**通用桌面控制類型
（Generic Desktop）**」。

此報告開頭說明了這個 HID 裝置是一種 Gamepad（遊戲手把），因為 USB 組
織官方〈HID Usage Tables〉（人機介面用途表，https://bit.ly/3wVdHJJ）文
件第 48 頁有規定，Gamepad（遊戲手把）類型的 USAGE（用途）編碼是
0x05；Joystick（搖桿）的 USAGE（用途）編碼則是 0x04。

16

```
static const uint8_t report_descriptor[] = {
  0x05, 0x01,  // Usage Page（用途類型：通用桌面控制）
  0x09, 0x05,  // Usage（用途：遊戲手把）
  0xA1, 0x01,  // Collection (Application)，開始定義應用集合
```

集合（Collection）開頭之後，通常會跟著報告的唯一識別碼（REPORT_ID），例如，底下敘述把報告 ID 設為 0x03。報告 ID 可以省略，因為多數 HID 裝置只有一個報告描述器。

```
  0xA1, 0x01,  // Collection (Application)，開始定義應用集合
  0x85, 0x03,  // 此報告的識別碼：0x03
```

底下的敘述說明了這個遊戲手把有 14 個按鍵，邏輯和實體的數值稍後再說明。

```
  0x15, 0x00,  // Logical Minimum（邏輯最小值：0）
  0x25, 0x01,  // Logical Maximum（邏輯最大值：1）
  0x35, 0x00,  // Physical Minimum（實體最小值：0），此行可省略
  0x45, 0x01,  // Physical Maximum（實體最大值：1），此行可省略
  0x75, 0x01,  // Report Size（報告大小：1）
  0x95, 0x0E,  // Report Count（報告數量：0x0E，即 10 進位 14）
  0x05, 0x09,  // Usage Page（用途類型：按鍵）
  0x19, 0x01,  // Usage Minimum（用途最小值：0x01）
  0x29, 0x0E,  // Usage Maximum（用途最大值：0x0E）
  0x81, 0x02,  // Input（絕對可變資料）
  // 填充兩個位元，讓這段資料長度變成 16 位元
  0x75, 0x01,  // Report Size（報告大小：1）     // 此行可省略
  0x95, 0x02,  // Report Count（報告數量：2）
  0x81, 0x01,  // Input（保留）
```

報告大小為 1，代表每個按鍵資料佔 1 位元，這個遊戲控制器只有 14 個按鍵，但因為報告描述器資料的基本單位是位元組，所以額外定義了兩個「保留輸入」填充成 16 位元。

HID 裝置的 Logical（邏輯）、Physical（實體）值、Unit（單位）和 Unit Exponent（單位指數）

電玩控制器的十字鍵，通常定義了 8 個狀態，每個方向用一個數字代表，例如：0 代表「上」、2 代表「右」、5 代表「左下（同時按**左**和**下**）…等等。

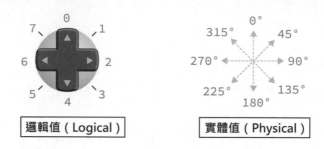

邏輯值（Logical）　　　實體值（Physical）

左上圖遺漏一個「全都未按下」的狀態，本例用 0xF 表示。這些代表「哪些鍵被按下的狀態值」稱作**邏輯（Logical）**值，各個按鍵對應的實際角度，叫做**實體（Physical）**值。

若僅定義按鍵的邏輯值，**省略實體值，代表實體值等同邏輯值**，而按鍵開關實際上也只有「開」和「關」兩個狀態。底下是十字鍵的報告描述內容，Unit 用於定義數值的單位，此處代表實體值的單位是「角度」。

```
// 8方向十字鍵（HAT）
0x05, 0x01,          // Usage Page（通用型桌上型控制裝置）
0x25, 0x07,          // Logical Maximum（邏輯最大值：7）
0x46, 0x3B, 0x01,    // Physical Maximum（實體最大值：315）
0x75, 0x04,          // Report Size（報告大小：4）
0x95, 0x01,          // Report Count（報告數量：1）
0x65, 0x14,          // Unit（英制角度，公分）
0x09, 0x39,          // Usage（用途：十字鍵）
0x81, 0x42,          // Input（絕對可變資料）
```

「實體最大值」設成 315，16 進制為 0x013B，但報告描述器的資料排列順序採用**小頭派**（Little-Endian，也譯做**小端序**），也就是低位元組在前、高位元組在後，因此 0x013B 要寫成 0x3B, 0x01。

16

USB 組織定義了如下表的單位類型，請參閱官方〈Device Class Definition for Human Interface Devices (HID)〉文件（HID 裝置類別定義，https://bit.ly/4c8Cgmy）第 37 頁，其中的「國標」代表**國際標準（SI）**。

「位數」編號 → 半位元組0的可能值

		0	1	2	3	4
0	制式	無	國標線性	國標旋轉	英制線性	英制旋轉
1	長度	無	公分	弧度	吋	角度
2	質量	無	克	克	斯（slug）	斯
3	時間	無	秒	秒	秒	秒
4	溫度	無	絕對溫度（K）	絕對溫度	華式（F）	華式
5	電流	無	安培	安培	安培	安培
6	照度	無	燭光	燭光	燭光	燭光
7	保留	無	無	無	無	無

單位值的定義，以**半位元組（4 個位元，稱為 "nibble"）**來劃分，第 0 個「半位元組」定義單位的**制式（system）**。對照上表，4 代表「英制旋轉」；2 代表「國標旋轉」。

第 0 個「半位元組」**以外的位數代表單位的類型**，例如，第 1 個「半位元組」位數代表「長度」、第 3 位數代表「時間」。請看看底下兩個例子：

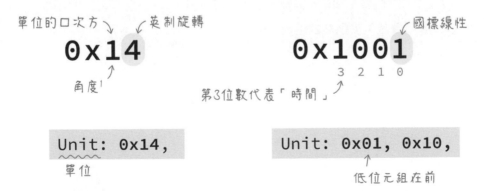

左上圖的單位 0x14 值，代表這個單位是「角度」；右上圖的 0x1001 則代表這個單位是「秒」。由於國標和英制的時間單位都是「秒」，所以這個單位設定值的第 0 個「半位元組」可以是 1~4 任意數字。

有些單位定義需要用到「指數」，像「奈米」單位，因為奈米是 10^{-9} 公尺，USB 官方定義的長度單位是公分，所以我們要先把奈米換算成 10^{-7} 公分。USB 組織定義了如下的代碼來表示指數數字 -8~1（正整數的 0 次方值都是 1，所以忽略不計）。

代碼	1	2	3	4	5	6	7	8	9	A	B	C	D	E	F
指數	1	2	3	4	5	6	7	-8	-7	-6	-5	-4	-3	-2	-1

因此，定義「奈米」單位的 HID 報告描述寫法如下，「單位」指定為**公分**（**0x11**）、「單位指數」設成 **0x09**，代表「指數」為 **-7**，而「底數」則固定為 10。

1 奈米 $= 1 \times 10^{-9}$ 公尺 $= 1 \times 10^{-7}$ 公分 ➡ **0x11**

單位口次方「公分」

國標線性

1 0

↑

第1位數代表「長度」

```
UNIT: 0x11,
UNIT_EXPONENT: 0x09,
```

代表 10^{-7}

單位指數

如果要設定單位的指數，例如，面積單位的「平方公尺」，指數代碼要寫在 **UNIT**（單位）值所在的位數，例如：

單位冪次方「公分²」

1 公尺$^2 = 1 \times 10^2$ 公分^2 ➡ **0x21**

```
UNIT: 0x21,
UNIT_EXPONENT: 0x02,
```

代表 10^2

因為十字鍵的資料只有 4 個位元，所以要填補 4 個位元，湊成一個位元組。

```
0x65, 0x00,          // Unit（單位：無）
0x75, 0x04,          // Report Size（報告大小：4），此行可省略
0x95, 0x01,          // Report Count（報告數量：1）
0x81, 0x01,          // Input（保留）
```

類比搖桿與 2 的補數

Switch 控制器包含兩個類比搖桿，由 x, y 以及 z, rz 軸構成，分別佔 8 位元，有效值介於 0~255。類比搖桿的報告描述如下：

```
// 左、右類比搖桿
0x26, 0xFF, 0x00,    // Logical Maximum（邏輯最大值：255）
0x46, 0xFF, 0x00,    // Physical Maximum（實體最大值：255）
0x09, 0x30,          // Usage（用途：X 軸），左搖桿
0x09, 0x31,          // Usage（用途：Y 軸）
0x09, 0x32,          // Usage（用途：Z 軸），右搖桿
0x09, 0x35,          // Usage（用途：Rz 軸）
0x75, 0x08,          // Report Size（報告大小：8 位元）
0x95, 0x04,          // Report Count（報告數量：4）
0x81, 0x02,          // Input（絕對可變資料）
```

其中**邏輯最大值 LOGICAL_MAXIMUM (255)** 的描述採用兩個位元組：0x00FF（寫成 0xFF, 0x00），這是因為 HID 報告的資料值採 **2 的補數** 格式，若最高位元為 1，則該數字將被視為負值，例如，0xFF 代表 -1，而非 255。下表列舉用 2 的補數法表示的 -8~7：

2進位	16進位	10進位		2進位	16進位	10進位
0000	0	0		1000	8	-8
0001	1	1		1001	9	-7
0010	2	2		1010	A	-6
0011	3	3		1011	B	-5
0100	4	4		1100	C	-4
0101	5	5		1101	D	-3
0110	6	6		1110	E	-2
0111	7	7		1111	F	-1

最高位元 →（指向 0001 左側）

2 的補數的「負數」轉換方式為：先把 2 進位數字反相再加 1。以數字 2 為例，經過這個步驟得到的 1110（0xE），代表 -2：

$$2\text{（10進位）} \longrightarrow 0010\text{（2進位）} \quad \xrightarrow{\text{反相再}\atop\text{加1}} \quad \begin{array}{r} 1101 \\ +\quad 1 \\ \hline 1110 \end{array} \longrightarrow -2\text{（10進位）}$$

在 0xFF 的前面加上 0，它就不是負數了，所以 255 在此寫成 0x00FF。附帶說明，2 的補數的 0x00~0x7F，代表 10 進位的 0~127；0xFF~0x80 代表 -1~-128。

補充說明，左右類比搖桿的報告描述也能寫成：

```
0x15, 0x00,          // 邏輯最小值：0
0x26, 0xff, 0x00,    // 邏輯最大值：255
0x35, 0x00,          // 實體最小值：0
0x46, 0xff, 0x00,    // 實體最大值：255
0x75, 0x08,          // 報告大小：8位元
0x09, 0x01,          // 用途：游標（Pointer）
0xA1, 0x00,          // COLLECTION（Physical），游標的座標資料集合
0x09, 0x30,          // 用途：X 軸
0x09, 0x31,          // 用途：Y 軸
0x09, 0x32,          // 用途：Z 軸
0x09, 0x35,          // 用途：Rz 軸
0x95, 0x04,          // 報告數量：4
0x81, 0x02,          // 輸入：絕對可變資料
0xc0,                // 結束資料集合
```

其中的 Pointer（指標）代表：能產生多軸（如：X, Y, Z 和 Rz）方向值來驅動應用程式物件的東東，而這個指標的所有控制軸都歸納在 COLLECTION (Physical) 類型的集合裡面。

報告最後補上 8 位元，讓整個長度成為位元組的偶數倍。

```
0x75, 0x08,          // Report Size（報告大小：8 位元）
0x95, 0x01,          // Report Count（報告數量：1）
0x81, 0x01,          // Input（保留）
```

NSGamepad 類別建構式

最後補充說明 NSGamepad 類別建構式的原始碼，程式片段如下，附加在建構式第一行最後的 hid()，代表 hid 物件會在 NSGamepad 物件初始化的同時建立。

```
NSGamepad::NSGamepad(void) : hid() {
    // 確保底下的初始化敘述僅會被執行一次
    static bool initialized = false;
    startMillis = 0;
    USB.VID(0x0f0d);          // 設定製造商 ID，代表 "HORI" 公司
    USB.PID(0x00c1);          // 設定產品 ID，代表 "HORIPAD" 手把
    // 定義 USB 的類型及其行為，這裡的設定代表這是個「客制化裝置」
    USB.usbClass(0);          // 設定 USB 類別
    USB.usbSubClass(0);       // 設定 USB 子類別
    USB.usbProtocol(0);       // 設定 USB 通訊協定
    end();    // 初始化結束

    if (!initialized) {       // 若尚未初始化
        initialized = true;   // 設成「已初始化」
        // 新增 NSGamepad 物件成為 USB HID 裝置並傳入報告描述器的大小
        hid.addDevice(this, sizeof(report_descriptor));
    }
}
```

任天堂遊戲機僅認可特定的 VID 和 PID 周邊，這個程式庫把 VID 設定成 HORI 公司（知名的遊戲周邊製造商）0x0f0d，PID 設成 HORIPAD 手把 0x00c1。我試過改成任天堂官方的 Switch Pro 控制器的識別碼，VID 是 0x057E（任天堂）、PID 是 0x2009，在 Windows 系統上測試可用，但無法在 Switch 遊戲機使用。

USB 類別（class）定義了 HID（人機介面）、CDC（通訊裝置）、MSD（大量儲存設備）、Audio（音訊）…等裝置分類，**USB.usbClass(0) 代表這個裝置不屬於任何既有分類，而是客制化裝置。**

每一種 USB 裝置類別可再細分成不同子類別（subclass），例如，大量儲存裝置分成硬碟、軟碟；HID 裝置分成鍵盤、滑鼠。**USB.usbSubClass(0) 代表這個裝置不隸屬於特定子類別。**

USB 協定（protocol）指定主機和裝置之間如何交換資料，例如，Bulk（大量）傳輸協定用於檔案傳輸、Interrupt（中斷）協定用於低延遲通訊裝置（如：鍵盤）、Control（控制）協定用於傳送配置和控制命令。**USB.usbProtocol(0) 代表此裝置不遵循 USB 類別和子類別中的任何特定協定。**

程式庫原始碼的其餘部分不難理解，請試著用 ESP32 和 Arduino 製作有趣的遊戲控制器吧！

16

17

CAN 匯流排通訊實驗

CAN bus（Controller Area Network，控制器區域網路匯流排）是一種專為在充滿雜訊的惡劣環境中，實現可靠的高速通訊而設計的序列匯流排。CAN 匯流排最初用於連結汽車內部的電子裝置，現已廣泛用於各種交通工具，例如輪船、飛機，以及自動控制領域，如電梯、工具機與工廠自動化設備。

17-1 認識 CAN 匯流排和 ECU

約莫從 20 世紀 70 年代開始，汽車製造商陸續在汽車內部安裝各種電子感測和控制裝置，取代機械式操控，那些電子裝置統稱**電子控制單元**（Electronic Control Unit，簡稱 **ECU**）。早期安裝在汽車的 ECU 數量不多，彼此之間用點對點的方式直接相連，各大車廠的 ECU 接線和控制方式也沒有標準。

隨著感測器和 ECU 增多，連接元件的走線變得冗長、複雜、沉重且不易檢修，於是德國 Bosch（博世）公司從 1983 年著手研發 CAN 匯流排。從接線方式來看，CAN 匯流排只用兩條資料線把 ECU 串接在一起。

匯流排上的一個 ECU 也稱為一個「節點」。每個 ECU 都具備一個微控器，下圖的節點只是舉例，並不是説一個微控器只偵測或控制單一元件。

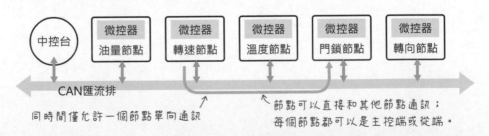

這些節點宛如一同參加會議的成員，每位成員都能聽到所有人的發言，但節點也可以自行過濾不想接收的訊息。**CAN 匯流排的節點本身沒有識別碼和位址**；我們熟知的 I2C 匯流排是透過唯一的位址編號來分辨節點，例如，本書採用的微型 OLED 顯示器的位址可能是 0x3C 或 0x3D，如果一個設備

採用許多 I2C 元件，在設計初期，就得考量每個元件的位址，日後更新設計時，也要避免位址重複。

在 CAN 匯流排上**帶有識別碼的是訊息**，也就是傳輸資料，比方說，車輛行駛速度訊息的識別碼可能是 0x0D、引擎轉速的識別碼是 0x0C、行駛里程的識別碼是 0x31⋯這些訊息在匯流排上廣播，需要的節點可自行取用。例如，假設「速度感測器」節點每隔 0.5 秒發出訊息，當「門鎖」節點得知轉速超過 20Km/h 時，就自動上鎖。

這裡有一個重點：**CAN 匯流排並沒有規定每一種訊息的識別碼和資料的編碼格式**。以汽車行業來說，下一章會提到有一個規範制定了幾十種訊息的識別碼，但有更多的訊息採用廠商自訂、非公開的識別碼。因為維護保養也是車廠的重要收入來源，原廠投入許多資源研發、測試、認證、行銷和教育推廣，所以「正廠」零件通常都比「副廠」貴。為了保障利益，也避免消費者安裝未經認證的零件引發的安全疑慮，原廠不會、也沒有義務公開零組件的資訊。因此，某些元件只能用原廠，某些故障只有原廠設備才有辦法檢修。

除了博世，各家汽車大廠也有自行研發、制定類似的通訊協定，所以一部車子裡面可能有採用不同通訊協定的裝置，請參閱維基百科的〈Vehicle bus（交通工具匯流排，https://bit.ly/3zDZzCK）〉條目。

CAN 匯流排從研發、推廣到制定國際 ISO 標準、讓多數廠商採用，歷經漫長的過程，而 CAN 協定也持續升級，截至本書撰稿時，新的 CAN XL 協定仍在開發中。**ESP32 支援的標準是 CAN 2.0（A 和 B）**，2.0A 和 2.0B 協定的差異在於識別碼的長度，下文再說明。

ESP32 支援 CAN 匯流排（TWAI 介面）

CAN 匯流排上的一個 ECU，由微控器、**CAN 控制器（controller）**和 **CAN 收發器（transceiver）**構成。ESP32 晶片內部有 CAN 控制器，**CAN 收發器晶片要外接**。

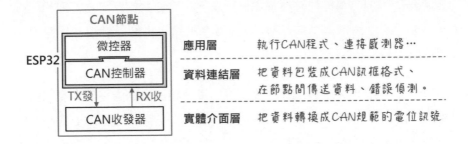

ESP32 官方 API 文件（https://bit.ly/3MhO8YU）把 CAN 匯流排稱作 **TWAI**（Two-Wire Automotive Interface，雙線式自動車介面）。TWAI 本質上就是 CAN，有一說法是樂鑫（ESP32 晶片開發商）沒有繳納 CAN 匯流排的權利金，所以改稱它叫 TWAI。維基百科 CAN 匯流排條目的 Licensing（授權，https://bit.ly/3GjnriZ）單元指出，博世擁有 CAN 匯流排的專利，CAN 相容微處理器的製造商需要支付博世使用 CAN 商標的許可費。本文統一使用 CAN 匯流排來稱呼它。

外部 **CAN 收發器晶片**透過 **CAN-TX（序列傳輸）**和 **CAN-RX（序列接收）**接腳連接 ESP32，實際的腳位由程式設定。

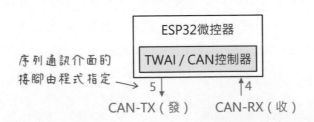

CAN 匯流排訊號的電位

CAN 匯流排跟 USB 一樣,都採用「差分訊號」格式,CAN 的兩條訊號線分別叫做 **CAN High**(高電位,以下簡稱 **CAN_H**)以及 **CAN Low**(低電位,以下簡稱 **CAN_L**),它的邏輯電位跟單端訊號不同,所以需要 **CAN 收發器**晶片轉換。

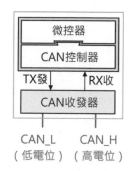

CAN 匯流排用 CAN_H 和 CAN_L 之間的**電位差**來表示邏輯狀態,它的 0 和 1 狀態叫做**顯性(0)**和**隱性(1)**。

● 隱性(recessive)狀態:CAN_H 和 CAN_L 訊號的電位差約為 0 或小於 0.5V,也定義成 CAN_H ≤ CAN_L,代表**邏輯 1**。

● 顯性(dominant)狀態:CAN_H 電位大於 CAN_L,代表**邏輯 0**。右下圖顯示採用 5V 供電的 CAN 收發訊晶片的 CAN_H 和 CAN_L 電位,電位差高過 2V。理論上,顯性狀態的 CAN_H 和 CAN_L 的電位差為 2V,但實務上,此電位差可介於 1.5V~3V。

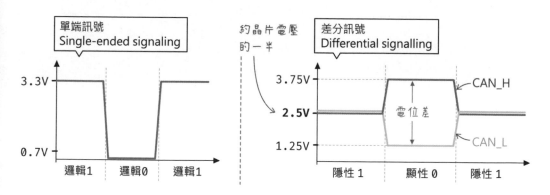

"dominant" 有「統治」和「支配」的含意,從上面的波形圖可看出,"dominant"(顯性)看起來比較強勢,在稍後的說明可知,「顯性」也代表「高權限」。

CAN 匯流排的接線和速率

CAN 傳輸速度取決於通訊導線長度和節點數，導線越長或者節點越多，傳輸率越低，右表顯示速率和連線長度的關係。**多數汽車的 CAN 匯流排速率都是 500Kbps。**

表 17-1

速率	線長
1Mbps	40 公尺
125Kbps	500 公尺
50Kbps	1000 公尺

CAN 的國際標準 ISO 11898-2 規定，匯流排通訊線材要採用**雙絞線**，以強化抗干擾能力，該標準還規定，CAN 線路兩端必須各並聯一個 **120Ω 電阻**（也稱為「終端電阻」，容許阻值範圍：108~132Ω）。

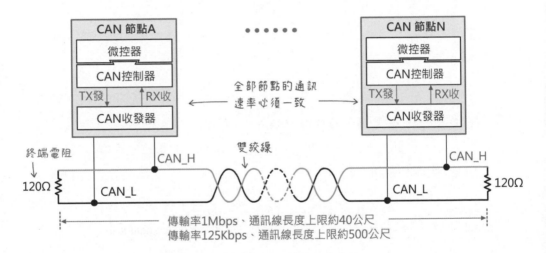

終端電阻有下列兩個作用，如果沒有接電阻，訊號會失真：

● 消除匯流排末端的訊號反射（雜訊）。

● 維持匯流排的直流電位。

有些雙絞線材內部有包覆鋁箔當作屏蔽（這種線材簡稱 STP，Shielded Twisted Pair，**遮蔽雙絞線**），CAN 匯流排導線的屏蔽可有可無。為了進一步避免電磁干擾，德州儀器（TI）的技術文件也建議採用這種串接兩個 60Ω 電阻，中間連接一個電容，構成**低通濾波器**（參閱《**超圖解 Arduino 互動設計入門**》第四章〈用 RC 濾波電路消除彈跳雜訊〉單元），過濾高頻雜訊。

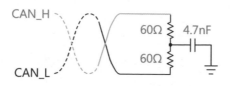

其實我們不用操心匯流排終端電阻的設計，以汽車來說，終端電阻已經裝設在車內的匯流排。

CAN 匯流排的資料格式（訊框）及其識別碼

編寫 CAN 程式之前，必須對在匯流排上傳送的資料格式有基本的認識。網際網路上的資料以**封包（packet）**為單位傳送，而 CAN 匯流排的資料傳送單位則是**訊框（frame）**，下文會交替採用這兩個詞來代表匯流排上的訊息。先強調，我們的程式不用定義或者建立訊框，產生或者解析訊框是 **CAN 控制器**（硬體）的工作，只是寫程式之前還是得有基本的認識。

底下是筆者整理的三種 CAN 訊框的簡化版，訊框不只有這三種類型，而下圖也只是便於理解的版本而非真實的格式，實際的格式會在本章末尾說明。

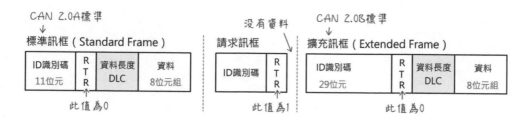

要知道的是，**一筆資料的長度上限是 8 位元組**（64 位元），而**依識別碼長度，訊框分成「標準」和「擴充」兩種**，標準訊框可定義 2^{11}，即 2048 個不同識別碼，而擴充訊框則可定義 2^{29}，超過 5 千萬個識別碼，這兩種訊框都用於傳送資料，稍後介紹的 CAN 程式庫有提供建立「標準」和「擴充」訊框的函式。

「請求訊框」用於節點向其他節點請求指定識別碼的資料，請求訊框本身不帶資料。RTR 欄位代表 **Remote Transmission Request（遠端傳輸**

請求），用於指出這個訊框是不是「請求」訊息。DLC 代表 **Data Length Code**（**資料長度代碼**），用於指出後面的「資料」欄位的位元組數量（可能值為 0~8）。我們的程式碼只需要指定**訊框類型**、**ID 識別碼**和**資料內容**，其餘的工作都交給程式庫和硬體搞定。

17-2 CAN 匯流排收發器 IC

一些 IC 設計大廠都有推出符合 ISO 11898 國際標準的 CAN 收發器晶片，它們大多是表面黏著元件形式，無法直接用於麵包板實驗，所以要購買現成的模組。表 17-2 列舉三種市面販售的 CAN 收發器模組採用的 IC，CAN 晶片不只有這三種，例如，你也可以買到 LTC2875 和 MAX13041，但它們沒有現成的模組，所以未列入考量。

表 17-2

	MCP2551	TJA1050	SN65HVD230
連接節點數	112	110	120
傳輸速率上限	1Mbps	1Mbps	1Mbps
工作電壓 Vcc	4.5 ~ 5.5V	4.75 ~ 5.25V	3.0 ~ 3.6V
工作電流	10 ~ 75mA	25.0 ~ 75.0mA	0.36 ~ 0.6mA
顯性 CAN_H	2.75 ~ 4.5V	3.0 ~ 4.25V	2.45 ~ Vcc
顯性 CAN_L	0.5 ~ 2.25V	0.5 ~ 1.75V	0.5 ~ 1.25V
隱性 CAN_H	2.0 ~ 3.0V	2.0 ~ 3.0V	2.3V
隱性 CAN_L	2.0 ~ 3.0V	2.0 ~ 3.0V	2.3V

主要留意的是電源電壓，除了 SN65HVD230，其他兩個收發器的工作電壓都是 5V，而它們的 TXD（CAN 序列傳送）腳的高電位輸出也是 5V（MCP2551 技術文件提到，TXD 的輸出電壓約 IC 電源的 ±0.3V）。因此，使用 5V 收發器模組連接 ESP32 時，TXD 腳要串接一個 2KΩ 左右的電阻或如下的分壓電路，避免損壞 ESP32 的 RX 接腳。

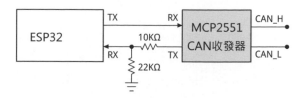

SN65HVD230 的 CAN_H 與 CAN_L 接腳的電位極限值是 -4~16V，所以同一 CAN 匯流排可混和使用表 17-2 的 CAN 收發器晶片。要留意的一點是，普通汽車的電力系統採用 12V，但**大型卡車、貨櫃車、房車和輪船的電力系統是 24V；SN65HVD230 不能用於 24V 電力系統**。這是 SN65HVD230 的 CAN 匯流排輸出電位：

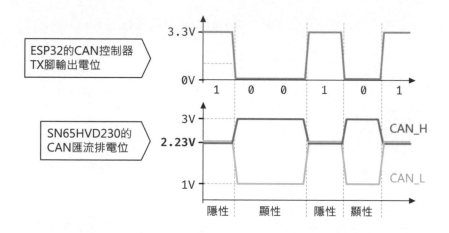

附帶一提，**沒有內建 CAN 控制器的開發板（如：Arduino Uno R3），需要額外連接 CAN 控制器 IC**，如下圖的 MCP2515，市面有販售結合 MCP2515 控制器和 TJA1050 收發器的模組。ESP32 不需要使用這類型模組。

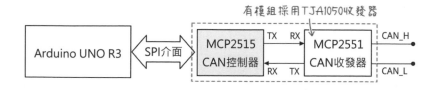

上文提到 ESP32 支援 CAN 2.0 規範，2.0 也稱為 **Classical CAN（經典 CAN）**，CAN FD 則是較新的規範，FD 代表 "Flexible Data-Rate"，直譯為「彈性資料率」。CAN 2.0 和 CAN FD 的主要差別在於傳輸速率和資料量。

表 17-3

	CAN 2.0（經典 CAN）	CAN FD（彈性資料率）
傳輸速率	固定速率，上限 1Mbps	可變速率，上限 5 Mbps
資料長度	上限 8 位元組（64 位元）	上限 64 位元組（512 位元）

若要將 ESP32 應用在 CAN FD 匯流排，必須外接支援 CAN FD 協定的控制器和收發器晶片。例如，支援 CAN 2.0 和 CAN FD 協定的 MCP2517FD 控制器，透過 SPI 介面連接 ESP32，本文沒有使用這個晶片。

SN65HVD230 模組電路

本書範例採用 SN65HVD230 模組，它的外觀和電路圖如下：

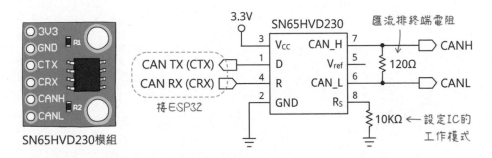

SN65HVD230模組

此模組的 CAN 匯流排有連接一個終端電阻，所以做實驗時可直接用兩個模組形成一個 CAN 匯流排，但**位於中間節點的模組，必須移除終端電阻。**

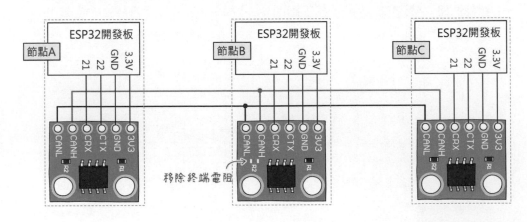

SN65HVD230 的工作模式

SN65HVD230 的 Rs 接腳用於設置此 IC 的工作模式，模組的 Rs 腳已銲接 10KΩ 電阻。

● 高速模式：Rs 腳接低電位（接地或小於 1.2V），此 IC 將以最快的速度切換高、低訊號。

● 待命（standby）模式：Rs 腳接高電位（3.3V 或大於 0.75 倍 V_{CC}），關閉驅動電路。

● 變化率（slope）模式：在 Rs 與接地之間串連一個 10K~100KΩ 電阻。如果擔心匯流排導線在沒有屏敝的情況下，高速切換訊號會引發電磁干擾（亦即，匯流排訊號以電波形式輻射出去），可以透過 Rs 連接電阻來調整訊號的變化率。

下圖取自技術文件第 30 頁，顯示 SN65HVD230 在 250kbps 傳輸速率下，不同 Rs 電阻值的 CAN 訊號輸出波形。

動手做 17-1　ESP32 CAN 匯流排通訊實驗

實驗說明：在麵包板上建立兩個 CAN 節點，一個每隔 1 秒發出 0x13 識別碼的訊框，內容是 "hello"，另一個節點接收訊框，在**序列埠監控視窗**顯示資料內容。

實驗材料

ESP32 開發板	2 片
SN65HVD230 模組	2 個

實驗電路

CAN 收發器模組的麵包板接線示範如下，兩個 ESP32 的接線相同；兩個
CAN 收發器模組的 CAN-H 和 CAN-L 直接用導線相連即可。

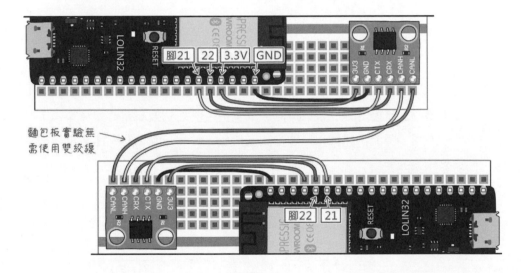

ESP32 支援 ISO 11898-1 標準，傳輸速率上限為 1Mbps。樂鑫官方的 ESP32 開
發工具 IDF，定義了 25K, 50K, 100K, 125K, 250K, 500K, 800K 和 1Mbps 傳輸率的
巨集（如：CAN_TIMING_CONFIG_1MBITS() 巨集），實驗時的 CAN 匯流排接線我
採用 20 公分長的非雙絞線，通訊速率設為 500Kbps 沒問題，設成 800Kbps 就
無法通訊了。

ESP32 適用的 Arduino CAN 程式庫

本文採用 Sandeep Mistry 編寫的 Arduino CAN 程式庫（https://bit.ly/3lebbkq），
它支援 ESP32 內建的 CAN 控制器。下載並安裝此程式庫後，在程式檔的開
頭引用 CAN.h 標頭檔，然後在 setup() 函式裡面執行 CAN 類別的兩個方法
初始化 CAN 匯流排連線：

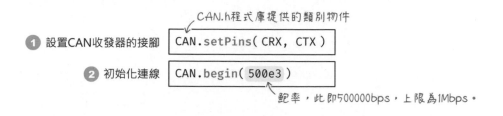

CAN.h程式庫提供的類別物件

① 設置CAN收發器的接腳　　`CAN.setPins( CRX, CTX )`

② 初始化連線　　`CAN.begin( 500e3 )`

鮑率，此即500000bps，上限為1Mbps。

由於 CAN 類別繼承了 Stream 類別（繼承以及 Stream 類別的介紹，請參閱《**超圖解 ESP32 深度實作**》第 12 章），因此它具備以下這些方法，另一個繼承 Stream 類別的 Serial 類別也具備這些方法，所以讀者會感到眼熟：

● available()：探詢 CAN 匯流排是否有新的封包。

● begin ()：初始化 CAN 匯流排通訊。

● read()：讀取一個字元或位元組。

● parseInt()：讀取位元組陣列並傳回轉換後的整數值。

● parseFloat()：讀取位元組陣列並傳回轉換後的浮點數值。

● print()：輸出字元陣列（字串）、或整數、浮點數字等位元組陣列。

● write()：輸出一個位元組或字元。

此外，CAN 類別也有專屬的方法，下文將會使用到這些：

● beginPacket()：建立與傳送標準訊框（封包）。

● beginExtendedPacket ()：建立與傳送擴充訊框。

● endPacket()：結束封包。

● filter()：篩選出特定 ID 的標準訊框。

● filterExtended()：篩選出特定 ID 的擴充訊框。

● onReceive()：註冊「收到新封包」的事件處理程式。

● packetId()：取得封包的識別碼。

● packetExtended()：若封包屬於「擴充訊框」則傳回 true；false 代表「標準訊框」。

- parsePacket()：解析封包，傳回資料的位元組大小。

- packetDlc ()：僅傳回資料的位元組大小。

- packetRtr()：若此封包是「請求封包」則傳回 1，否則傳回 0。

- setPins()：指定連接 CAN 收發器元件的腳位。

傳送標準 CAN 訊框的程式碼

若初始化連線成功，CAN.begin() 將傳回 1，底下是標準的初始化 CAN 匯流
排程式片段：

```
#include <CAN.h>
#define CTX_PIN   21   // CAN 收發器傳送腳
#define CRX_PIN   22   // CAN 收發器接收腳

void setup() {
  Serial.begin (115200);
  CAN.setPins(CRX_PIN, CTX_PIN);   // 指定 CAN 收發器的接腳

  if (!CAN.begin(500e3)) {          // 嘗試用 500Kbps 連線
    Serial.println ("CAN初始化失敗～");
    while (1);   // 若初始化失敗，程式將停在這裡
  } else {
    Serial.println ("CAN初始化完畢");
  }
}
```

CAN 匯流排初始化完成，便能進行發送或接收封包。建立和發送一個資料
封包有 3 個步驟：

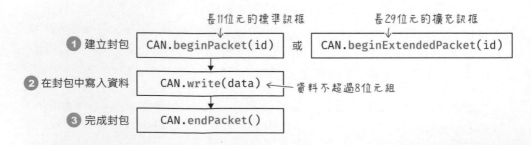

底下左右兩段程式的功能一樣，它將每隔 2 秒，在 CAN 匯流排發送附帶 "hello" 訊息（5 個位元組）的標準訊框，其識別碼設為 0x13。

```
void loop() {                          自訂的封包ID
  CAN.beginPacket( 0x13 );
  CAN.write('h');
  CAN.write('e');
  CAN.write('l');            建立並傳送一個
  CAN.write('l');            標準訊框封包
  CAN.write('o');
  CAN.endPacket();
  delay(2000);
}
```

```
void loop() {
  CAN.beginPacket( 0x13 );
  CAN.print( "hello" );
  CAN.endPacket();
  delay(2000);
}
```

接收 CAN 訊框的程式碼

接收與處理 CAN 封包的流程以及函式名稱如下：

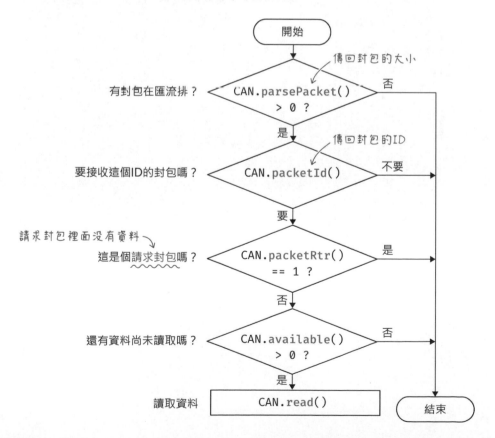

接收端的完整程式碼：

```
#include <CAN.h>
#define CTX_PIN    21
#define CRX_PIN    22

void setup() {
  Serial.begin (115200);
  CAN.setPins(CRX_PIN, CTX_PIN);     // 指定 CAN 收發器的接腳

  if (!CAN.begin(500e3)) {           // 嘗試用 500Kbps 連線
    Serial.println ("CAN初始化失敗～");
    while (1);
  } else {
    Serial.println ("CAN初始化完畢");
  }
}

void loop() {
  int packetSize = CAN.parsePacket();
  if (packetSize) {
    int id = CAN.packetId();

    if (CAN.packetExtended()) {      // 看看是不是擴充訊框
      Serial.print("這是「擴充訊框」");
    }

    if (!CAN.packetRtr()) {
      if (id == 0x13) {
        while (CAN.available()) {
          Serial.print((char) CAN.read());
        }
        Serial.println();
      }
    }
  }
}
```

實驗結果

編譯、上傳程式碼，開啟接收端的**序列埠監控視窗**，每隔一秒即可收到傳入的封包資料。

事件驅動接收 CAN 訊框

CAN 類別支援「事件驅動」模式接收 CAN 封包，也就是程式無需不停地查詢是否匯流排是否有新的封包，而是在有封包的時候，自動觸發接收封包的函式。修改上一節的 setup() 函式，在初始化 CAN 物件之後執行「註冊回呼」敘述：

```
void setup() {
    :前面的程式不變，故略…
    CAN.onReceive(onCAN);      // 註冊回呼
}

void loop() {  }   // 刪除 loop 函式裡的全部敘述
```

筆者把處理「收到訊框事件」的函式命名為 onCAN。**事件處理函式必須接收一個整數型態的「封包大小」參數、沒有傳回值**，請把這段程式放在 setup() 前面：

```
void onCAN(int packetSize) {
  int id = CAN.packetId();   // 讀取封包的 ID

  if (!CAN.packetRtr()) {     // 若不是「請求封包」
    if (id == 0x13) {         // 若 ID 是 0x13
      while (CAN.available()) {
```

```
            Serial.print((char) CAN.read());   // 讀取並顯示資料內容
        }
        Serial.println();
    }
  }
}
```

實驗結果

編譯並上傳程式到 CAN 接收端的開發板後,開啟**序列埠監控視窗**,將能持續收到相同的 "hello" 訊息。

「事件驅動」的 CAN 接收程式寫法比較簡潔,但是「事件處理函式」彷彿「中斷」般的突發事件,必須盡速處置完畢,然後回到正常的工作流程。

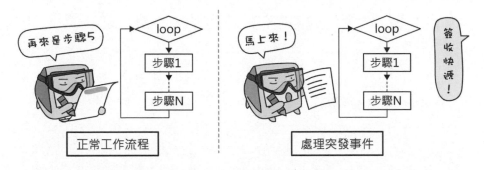

實際上,如果事件處理函式執行時間過長,將會引發 **Watchdog Timer 看門狗計時器超時錯誤**(參閱《**超圖解 ESP32 深度實作**》第 17 章),所以下文的 CAN 封包接收與處理程式,仍採用輪詢方式編寫。

動手做 17-2　傳遞以及解析浮點數資料

實驗說明:使用 DHT11 溫濕度感測器產生溫度值和濕度值兩個浮點數值訊息,透過 CAN 匯流排傳送。

實驗材料

動手做 17-2 的材料外加一個 DHT11 溫濕度感測器

實驗電路

在麵包板電路連接範例如下，DHT11 的資料腳接在 ESP32 的腳 19。

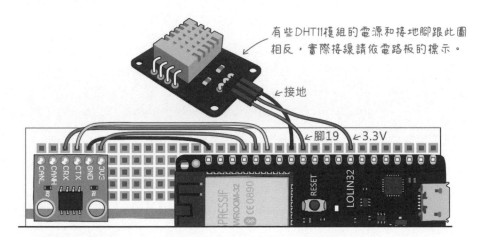

有些DHT11模組的電源和接地腳跟此圖
相反，實際接線請依電路板的標示。

← 接地

← 腳19 ← 3.3V

實驗程式

本程式採用與《**超圖解 ESP32 深度實作**》動手做 11-2 單元相同的 Adafruit
DHT11 程式庫（https://bit.ly/43Aekoo）。讀取 DHT11 感測器資料的程式碼寫
在 canDHT() 函式裡面，傳送 CAN 訊息的自訂函式命名為 canTX()，完整程
式碼如下：

```
#include <CAN.h>
#include <DHT.h>          // 引用 Adafruit 的 DHT 程式庫
#define CTX_PIN    21
#define CRX_PIN    22
#define DHTPIN     19    // DHT11 的資料接腳
#define DHTTYPE DHT11    // 感測器類型是 DHT11

DHT dht(DHTPIN, DHTTYPE);  // 建立 DHT11 物件
```

```
/*
 * 傳送 CAN 訊息的函式
 * 參數 id：訊息的識別碼
 * 參數 num：浮點型態的資料值
 */
void canTX(uint16_t id, float num) {
  CAN.beginPacket(id);      // 建立封包、設定識別碼
  CAN.print(num);           // 寫入浮點資料
  CAN.endPacket();
  Serial.printf("送出浮點資料:%.2f\n", num);
}


void canDHT() {
  float t = dht.readTemperature();   // 讀取溫度
  float h = dht.readHumidity();      // 讀取濕度

  canTX(0x11, t);  // 傳送溫度封包，自訂識別碼 0x11
  canTX(0x12, h);  // 傳送濕度封包，自訂識別碼 0x12
  delay(2000);
}


void setup() {
  Serial.begin (115200);
  dht.begin();       // 啟動 DHT11 連線

  CAN.setPins(CRX_PIN, CTX_PIN);     // 指定 CAN 收發器的接腳
  if (!CAN.begin(500e3)) {           // 嘗試用 500Kbps 連線
    Serial.println ("CAN初始化失敗～");
    while (1);
  } else {
    Serial.println ("CAN初始化完畢");
  }
}


void loop() {
  canDHT();          // 傳送 DHT11 溫溼度訊息
}
```

編譯並上傳到 ESP32 開發板備用。

CAN 訊息接收端

DHT11 CAN 訊息的接收端硬體不變，接收訊息的 canRX() 函式需要分辨訊息的 ID，0x11 代表溫度、0x12 代表濕度，然後把收到的資料（最多 8 個位元組）還原成浮點數字格式。

把位元組陣列還原成浮點數字最簡單的辦法，是透過 CAN 從 Stream 類別繼承而來的 parseFloat() 方法，它能夠把串流資料轉成浮點數字。完整的讀取、解析 DHT11 CAN 訊息的程式碼如下：

```cpp
#include <CAN.h>
#define CTX_PIN    21
#define CRX_PIN    22

void canRX() {
  int packetSize = CAN.parsePacket();
  if (packetSize) {  // 如果有資料進來…
    uint16_t id = CAN.packetId();  // 取得封包的 ID

    if (!CAN.packetRtr()) {         // 確認不是請求封包
      if (id == 0x11 || id == 0x12) {  // 若 ID 是 0x11 或 0x12
        float val = 0;
        while (CAN.available()) {
          val = CAN.parseFloat();  // 把資料轉換成浮點數字
        }

        if (id == 0x11)
          Serial.printf("溫度:%.2f° C\n", val);
        if (id == 0x12)
          Serial.printf("濕度:%.2f%%\n", val);
      } else {  // 若封包的 ID 不是 0x11 或 0x12
        while (CAN.available()) {
          Serial.print((char) CAN.read());  // 顯示訊息內容
        }
        Serial.println();
      }
    }
  }
}
```

```
void setup() {
  : 程式碼不變，故略…
}

void loop() {
  canRX();    // 接收 CAN 訊息
}
```

實驗結果

編譯並上傳程式碼到 ESP32 開發
板，把兩個開發板都接上電腦 USB
介面，然後開啟接收端的**序列埠監
控視窗**，每隔 2 秒將能收到 DHT11
的資料。

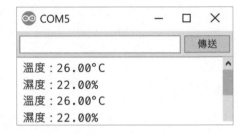

透過 filter() 函式過濾訊框

假設有個節點每隔 1 秒發送一則 id 為 0x90，內容是 "hello" 的訊息，像這
樣：

```
void canMsg() {   // 發送 CAN 訊息封包
  CAN.beginPacket (0x90);
  CAN.print("hello");
  CAN.endPacket();
  delay(1000);
}
    : 略
void loop() {
    : 略
  canMsg();        // 發送 CAN 訊息封包
}
```

請在發送 DHT11 封包的程式檔，加入上面的程式片段並上傳備用。上一節
的 CAN 封包接收端將會在**序列埠監控視窗**顯示 "hello"。

17

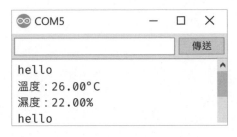

假設 CAN 收訊端對這個 ID 為 0x90 的 "hello" 訊息不感興趣,除了在接收訊息的程式中(如上文的 canRX() 函式),透過 CAN.packetId() 取得訊息 id 並用條件式篩選之外,還能運用 CAN 收發器硬體本身具備**篩選(filter)** id 的機制,設定讓 ESP32 晶片只接收特定 id 範圍值的封包(晶片預設會接收全部封包)。

篩選機制需要設定 id 和 mask(遮罩碼)兩個參數,id 是允許傳入訊息的識別碼,遮罩碼則可視為取 id 碼的相反值,像下圖左的 id 和遮罩碼組合,只允許接收 4 個 id 訊息;下圖右的遮罩碼則允許多組、較大範圍的 id 訊息。

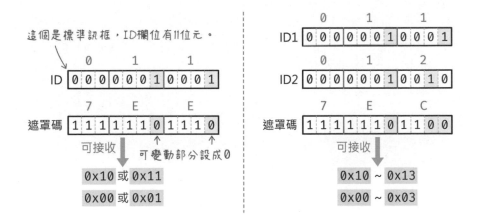

設定篩選的函式叫做 filter(),它接收兩個整數型態參數,你可以用 2 進位值設定,但通常採比較易讀且不易出錯的 16 進位值設定,id 參數可以輸入篩選範圍內的任一 id 碼:

```
CAN.filter( 0x11, 0x7EE );
```

```
CAN.filter( 0x11, 0x7EC );
```

篩選設置函式要放在啟動 CAN 通訊之後，像這樣修改接收 CAN 封包的程式碼：

```
void setup() {
    ：這部分程式不變，故略…
  if (!CAN.begin (500e3)) {              // 嘗試用 500Kbps 連線
    Serial.println ("CAN初始化失敗～");
    while (1);
  } else {
    Serial.println ("CAN初始化完畢");
  }

  // 設定遮罩碼，可收到 0x11, 0x12, 0x13… 等封包
  CAN.filter(0x11, 0x7CC);
}
```

編譯後上傳到接收 CAN 訊息的開發板，**序列埠監控視窗**就看不見 id 為 0x90 的 "hello" 訊息，因為它被硬體過濾掉了。

filter() 用於篩選標準訊框，若要篩選**擴充訊框**，請改用 filterExtended() 方法，語法相同，只是識別碼的範圍比較大。

動手做 17-3　發送接收請求封包

實驗說明：把動手做 17-2，每隔 2 秒持續發送 DHT11 資料的程式改成被動式，只有當其他 CAN 節點向它提出請求時，才送出溫濕度值。

實驗材料

在原有的電路新增一個輕觸開關。

17

實驗電路

DHT11 封包發送端的電路不變，接收封包的電路在腳 19 新增一個按鍵：

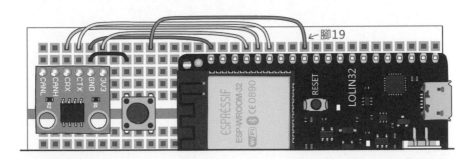

←腳19

實驗程式

請求封包只有 ID，沒有資料，底下這個敘述代表請求 0x11 識別碼的資料：

請求封包的ID　　　　　是否為請求封包

發出一個請求封包
```
CAN.beginPacket( 0x11, 4, true );
CAN.endPacket();
```
請求的位元組大小，上限8。

其中第 2 個參數（請求的位元組大小）比較不重要，在此可任意設置 1~8，因為底下接收請求的程式碼不會讀取此參數值。底下是接收端（發出請求）程式的修改部分，採用第 6 章編寫的 button.hpp 程式庫偵測按鍵：

```
#include <button.hpp>      // 引用 Button 按鍵類別
#include <CAN.h>
  : 略
#define BTN_PIN   19        // 按鍵的接腳

Button button(BTN_PIN);  // 宣告「按鍵」物件

void canRX() {   … 接收CAN訊息的函式 … }

void setup() {
  Serial.begin (115200);
  button.begin();            // 初始化按鍵
```

```
    CAN.setPins (CRX_PIN, CTX_PIN);   // 指定 CAN 收發器的接腳
    if (!CAN.begin(500e3)) {          // 嘗試用 500Kbps 連線
      Serial.println ("CAN初始化失敗～");
      while (1);
    } else {
      Serial.println ("CAN初始化完畢");
    }
    CAN.filter(0x11, 0x7CC);   // 可收到 0x11 和 0x12
}

void loop() {
  canRX();

  if (button.changed()) {   // 若按鍵被「按下」…
    Serial.println ("送出CAN請求");
    CAN.beginPacket (0x11, 4, true);   // 請求溫度
    CAN.endPacket();

    CAN.beginPacket (0x12, 4, true);   // 請求濕度
    CAN.endPacket();
  }
}
```

編譯並上傳到 ESP32 開發板備用。

接收與回應 CAN 封包請求的程式碼

在發送 DHT11 資料的程式中,加入接收與回應請求封包的自訂函式
canRX():

```
: 開頭程式不變,故略…
void canRX() {
  int packetSize = CAN.parsePacket();
  if (packetSize) {              // 確認有封包傳入
    if (CAN.packetRtr()) {    // 確認是請求封包
      uint16_t id = CAN.packetId();   // 讀取封包的 ID
      if (id == 0x11) {
        float t = dht.readTemperature();
        canTX(0x11, t);        // 送出溫度封包
```

```
    } else if (id == 0x12) {
        float h = dht.readHumidity();
        canTX(0x12, h);          // 送出濕度封包
    }
  }
 }
}

void setup() {
    : 程式不變,故略…
}

void loop() {
  canRX();    // 接收 CAN 匯流排訊息
}
```

實驗結果

編譯並上傳程式檔,開啟接收端的
ESP32 **序列埠監控視窗**,按下接在腳
19 的按鍵即可收到溫溼度訊息:

CAN 匯流排的仲裁機制

CAN 匯流排上的所有節點都共用相同的傳輸線,若有多個節點同時傳
輸資料,就會發生衝突。CAN 匯流排透過**仲裁(arbitration)**機制避免
衝突。舉例來說,假設 CAN 匯流排有三個節點,節點 B 想要傳送資料,
它會先偵測匯流排的動靜,發現處於閒置狀態,可以送出資料:

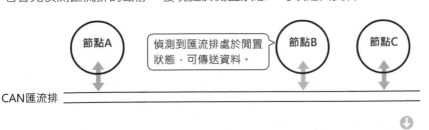

但它沒料到，節點 A 也在同一時間向匯流排送出資料。此時，資料訊框的識別碼（長度為 11 位元或 29 位元，本例僅用 6 位元表示）就充當「優先等級」代碼，**識別碼的數值越小，優先權越高**；優先權最高的訊息，取得發送權。

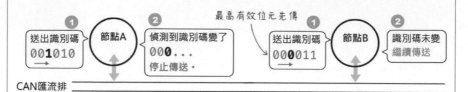

它的原理是：節點每次送出一個位元之後，它將讀取匯流排的變化，然後把傳送值與讀取值做 AND 運算，若結果與傳送值不同，代表有更高權限的節點也在傳送資料，此節點將停止傳送訊息。

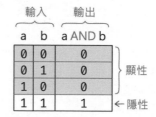

輸入		輸出	
a	b	a AND b	
0	0	0	
0	1	0	顯性
1	0	0	
1	1	1	← 隱性

這就是仲裁機制的大致運作方式。本次沒有取得優先權的節點，將在匯流排再次可用時嘗試傳送，直到取得優先權。回想一下之前的訊號波形，「顯性」的波形比較強勢，所以取得發言權。

資料訊框的結構

資料訊框分成兩種，差別在於 ID 的位元數。

- CAN 2.0A 標準訊框（Standard Frame）：11 位元，能提供 2048 個唯一識別碼。

- CAN 2.0B 擴充訊框（Extended Frame）：29 位元，能提供 536,870,912 個唯一識別碼。

標準資料訊框的結構如下：

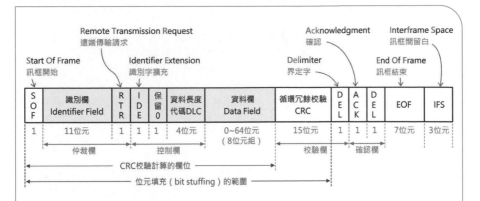

- SOF（訊框開始）：佔 1 位元，用於訊號同步，其值始終為 **0**。

- 識別欄和 RTR 合稱仲裁欄（Arbitration Field）：用於決定訊息傳送的優先權，識別欄位值即是此訊息的識別碼。下圖顯示有 3 個節點訊息同時取用匯流排，持續比較到第 6 次時，可知最後取得優先權的是「訊息 B」。

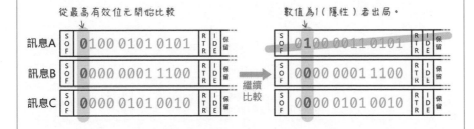

- RTR（遠端傳輸請求）：占 1 位元，0 代表資料訊框或「接收資料」；1 代表遠端（remote）訊框或「要求重送」。

- IDE（識別字擴充）、保留位元和 DLC（資料長度代碼）合稱控制欄（Control Field）：IDE 欄佔 1 位元，用於指出資料訊框的格式，1 表示「標準訊框」；0 代表「擴充訊框」。

- 保留位元：目前沒有意義，其值始終為 **0**。

- DLC（資料長度代碼）：佔 4 位元，有效值介於 0b000~0b0100（即 10 進位 0~8），用於指出後面的「資料欄」的位元組數。

- 資料欄：包含實際傳送的資料，有效長度為 0~8 位元組（0~64 位元）。

- 位元填充：若訊息內容出現連續 5 個相同的位元資料，後面將被自動填入一個相反值；接收端會自行刪除多餘的填充值。

- CRC（循環冗餘校驗）和 DEL（界定字）合稱校驗欄（CRC Field）：CRC 欄包含用於比對接收訊息內容是否正確的驗證碼。**DEL（界定字）欄位值始終為隱性 1**，代表 CRC 的結尾。

- ACK（確認）和 DEL（界定字）合稱確認欄（ACK Field 或 Confirmation Field）：每個節點都會偵測匯流排的動靜，在訊框資料發送到 ACK 位元之後，若任一接收方確認資料驗證正確，就會把 ACK 欄設為 **0**；如此，發送方也將偵測到 ACK 欄變成 0，代表有某個節點確認無誤；若 ACK 為 **1**，傳送端將自動重新發送資料。

- DEL（界定字）：用於資料同步，其值始終為**隱性（1）**，代表 ACK 的結尾。

- EOF（訊框結束）：7 個連續 1。

- IFS（訊框間留白）：3 個連續 **1**，讓接收端有時間處理資料。

底下是擴充訊框的結構，主要是把識別欄分成兩個部分，總長 29 位元。

標準訊框（Standard Frame）CAN 2.0A

S O F	識別欄 Identifier Field	R T R	I D E	保留 0	資料長度 代碼DLC	資料欄 Data Field	循環冗餘校驗 CRC	D E L	A C K	D E L	EOF	IFS

擴充訊框（Extended Frame）CAN 2.0B

S O F	高11位元識別字 Identifier	S R R	I D E	低18位元識別字 Identifier	R T R	保留 1	保留 0	資料長度 代碼DLC	資料欄 Data Field

↑
Substitute Remote Request
替代遠端請求

後面的欄位跟標準訊框相同

18

存取車上診斷系統（OBD）的即時資訊

第 17 章談到一些電子產品的電路板有個方便技術人員檢修、升級韌體的偵錯介面。隨著電子裝置變成各種交通工具不可或缺的組成要素,它們也順理成章地需要一個「偵錯」介面,這就是本章將介紹的**車上診斷系統**(On-Board Diagnostics,簡稱 OBD)。

車上診斷系統支援 CAN 匯流排,本章最後的兩個動手做單元,將示範採用 ESP32 連接汽車的 OBD 介面,取得即時行車資料,如:車速和引擎轉速,分別透過藍牙和 Wi-Fi 傳遞給用戶端顯示。

18-1 OBD 車上診斷系統

令許多人感到訝異的是,最初提議應該在車輛上安裝「診斷」設備這種想法的團體,跟研發、製造與監管交通工具的產業機構沒有直接相關。

在人口密集的都會地區,交通工具是空氣汙染的禍首之一,為了監控燃油車引擎點火失效、汽油燃燒不完全、觸媒轉化器劣化…等可能造成污染排放的情況,美國加州大氣資源委員會(California Air Resources Board,簡稱 CARB)要求從 1991 年起,所有在加州境內銷售的車輛必須裝備稱為 OBD-I(車上診斷系統第一代)的診斷系統。

是的,研發車上診斷系統最初的目的是為了抓出造成空汙的烏賊車;OBD-I 並未明確制訂診斷訊號格式和介面的標準。到了 1994 年,加州大氣資源委員會和自動機工程學會(Society of Automotive Engineers,簡稱 SAE),聯手制定與推行稱為 OBD-II 的第二代車上診斷系統標準。從 1996 年開始,所有在美國境內生產的車輛必須裝備 OBD-II 系統,而歐盟和其他國家也陸續制定類似的法規,台灣則是由環保署主導,規定自 2008 年 1 月開始,所有燃油車必須配備 OBD;自 2017 年 1 月,燃油機車也須配備 OBD。

筆者的汽車的 OBD-II 診斷連結接頭,位於中控台左下方,引擎蓋開啟開關的右邊。不同車款的 OBD-II 接頭的位置可能不同;根據車上診斷系統相關

18

規範的 SAE J1962 標準，診斷接頭應於中控台中央下方，左右不超過車台中間線 300mm，方便從駕駛座取用的位置。有些車款的診斷接頭被藏起來，需要拆開飾板，實際的位置請上網搜尋關鍵字 "車款名稱 OBD2"。

汽車上的 OBD-II 診斷連結接頭

OBD-II 接頭也稱為**診斷連接器**（Diagnostic Link Connector，簡稱 DLC）。

普通燃油轎車的 OBD-II 接頭都是 16 針 D 型外觀，但各燃油機車廠牌的 OBD II 連結器外觀和接腳數都不太　樣，本文只討論汽車的 OBD-II 連結器。

OBD-II 連結器的腳位

OBD-II 連結器是診斷器和外部元件連接車輛內部匯流排的管道，其腳位如下，本文只會用到黑色字體標註的 4 個接腳。

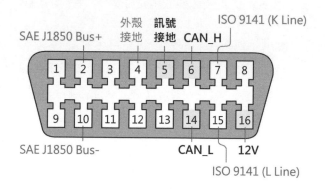

OBD-II 連結器支援 CAN 匯流排與其他下列通訊協定，詳請參閱維基百科〈On-board diagnostics〉條目的〈OBD-II signal protocols〉單元（https://bit.ly/435LMCe）；ESP32 僅支援 CAN 協定，所以不用管其他接腳，那些空白的腳位大都預留給車廠自由發揮。

- ISO 15765-4/SAE J2480 協定，也就是 CAN 匯流排協定，普遍用於 2008 年後生產的汽車。

- SAE J1850 VPW 協定，用於福特（Ford）和通用（GM）汽車。

- SAE J1850 PWM 協定，用於福特和其他廠牌。

- ISO 9141-2 協定，用於 2000~2004 年生產的某些歐洲廠牌汽車。

- KWP2000/ISO 14230-4 協定，主要用在 2003 年後生產的亞洲廠牌汽車。

認識 ELM327 OBD 汽車診斷器

在網路上搜尋關鍵字 " 車上診斷系統規定 "，可找到環保署公布的〈附錄三、車上診斷系統 (OBD) 之規定〉PDF 文件，其中有一條規範：「當 OBD 偵測到相關設備或元件發生故障時，利用燈號顯示之方式來通知駕駛者。」，底下是汽車儀表板的常見燈號，這份文件還有規定指示燈的顏色、點亮和熄滅時機。

引擎故障燈號

胎壓異常

引擎冷卻液溫度異常

機油壓力異常

安全氣囊異常

儀表板的燈號只能顯示汽車某個部分發生異常，實際的故障原因或可能造成的空氣汙染因素，都會被車載 OBD 系統紀錄下來，而這些數據可透過 OBD-II 介面讀取。本章內文將交替使用 OBD 和 OBD-II 一詞，它們都代表相同的東西。

在網上搜尋 "obd 診斷器 " 關鍵字，可找到各種款式和價格的 OBD 診斷儀器，通常分成手持式和連接電腦、手機的轉接器兩種款式，它們大致具備這些功能：

- 解析故障碼：當汽車引擎故障或感測器出問題的時候，錯誤狀況的故障碼就會被 OBD 系統記錄下來。OBD 診斷器可讀取、解析故障碼、顯示錯誤來源。

- 警告指示燈：解析並指出引擎故障燈、ABS 防鎖死煞車系統、安全氣囊等問題。

- 引擎參數：存取引擎冷卻液溫度、空燃比、RPM（每分鐘轉數）等資料。

- 廢氣排放：監控與排放相關的元件，確保符合環境標準。

- 性能指標：揭示汽車的性能、燃油經濟性和整體健康狀況。

- 模組測試：測試汽車系統內的各個模組。

這些診斷器產品通常會強調支援哪些汽車品牌以及款式，日後可透過軟體升級的方式支援新上市的車型，而這項聲明也等於告知：各款車型紀錄的代碼和資料格式沒有統一標準。

另一種常見的 OBD-II 診斷設備是加拿大 ELM Electronics 公司開發的「藍牙 ELM327 OBD 汽車診斷器」（也有 RS-232, USB, Wi-Fi 等介面款式，以下簡稱 ELM327 OBD），底下是 ELM327 OBD 相容品的外觀及其電路板。

目前市面上的 ELM327 診斷器（包括那些標示為「原廠晶片」的商品），多半都是「相容品」。雖然名叫「診斷器」，但 ELM327 硬體本身並不具備診斷功能，它比較像是「訊號橋接器」或者「解碼器」：讀取 OBD-II 訊息，取出其中的資料，轉發到藍牙序列埠；或讀取藍牙序列埠資料，將它包裝成 OBD-II 訊息轉傳給車上診斷系統。

實際負責解析故障訊息和診斷資料的是
藍牙另一端的 App，有智慧型手機和電腦
版。Google Play 和蘋果 App Store 都有可
搭配 ELM327 OBD 使用的免費 App（搜尋
關鍵字 "OBD2"），像右圖這款 Torque，具
備顯示即時資訊（引擎轉速、行車速度）、
查詢故障碼…等功能。

把 ELM327 OBD 插入汽車的 OBD2 介面，
然後開啟手機藍牙、搜尋並新增 OBDII 設
備。藍牙配對成功之後，開啟你安裝的
OBD2 App，然後發動引擎，就能讀取到汽
車的即時資訊。

OBD-II 資料訊框

OBD-II 是車內診斷系統，用於監控元件和汙染排放，而 CAN 匯流排則為它
提供了通訊基礎建設，若把通訊架構簡化為 3 層，OBD-II 是位於 CAN 上
層的應用。在上文的 OBD-II 介面接腳的說明可以看到，CAN 匯流排只是
OBD-II 支援的 5 種通訊協定之一，也是目前最廣泛使用的車內通訊協定。

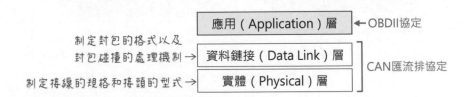

另有一個基於 CAN 匯流排的 CANopen 協定，普遍用於工廠自動化、機器手臂控
制、醫療儀器（如：電腦斷層掃描儀）…等設備，相關說明請參閱維基百科的
〈CANopen〉條目，網址：https://bit.ly/4aV3pbr。CANopen-ESP32-nodes 開源專案
（https://bit.ly/3PU6LD9）支援 ESP-IDF 開發工具，能把 ESP32 變成 CANopen 協定
的一個通訊節點。

隨著影音多媒體等的高速、大量數據傳遞需求增加，某些車款（尤其是電動汽
車）在車內佈署乙太網路，甚至車內診斷系統連接介面也採用乙太網路。

OBD-II 有自己的訊框定義，底下是簡化版，少了訊框的起始和結束位元以及資料驗證（checksum）欄位，程式開發人員知道下圖這些欄位的意義就夠了。

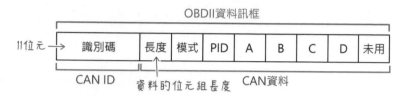

- 識別碼：OBD-II 訊息的識別碼是 11 位元的「標準訊框」，用於區分「請求訊息」（ID 值為 0x7DF），以及「回應訊息」（ID 值為 0x7E8~0x7EF）。引擎或 ECU 單元的回應訊息的 ID 通常是 0x7E8。

- 長度：記載訊框資料區段的位元組大小。

- 模式：用編號指出目前傳送的請求或命令的類型，本文只會用到編號 0x01。

表 18-1

模式編號	模式說明
0x01	顯示即時資料
0x02	顯示凍結的（freeze）訊框資料
0x03	顯示已存的診斷故障碼（Diagnostic Trouble Codes ，簡稱 DTC）
0x04	清除診斷故障碼以及儲存的資料
0x05	顯示氧氣感測器的監測結果
0x06	顯示車載監控（On-Board Monitoring）測試結果
0x07	顯示未處理的診斷錯誤碼（在目前或上一次駕駛週期偵測到的診斷錯誤碼）
0x08	請求控制車載系統或元件
0x09	請求車輛資訊
0x0A	請求永久型 DTC（並非所有車輛都支援）

其中，「凍結」相當於「捕捉」，若把車輛的即時資料比喻成你正在觀看的影片，「凍結」相當於你截取的一張畫面，方便你觀察細節。回到汽車診斷的例子，假如 OBD 儲存了引擎點火失效的診斷故障碼（DTC），

則「凍結訊框資料」可能包括當時的引擎轉速、冷卻液溫度和節氣閥門的位置等資訊。

一般的診斷故障碼可以被清除,例如,引擎故障修復之後,再次執行掃描診斷,就不會出現之前的故障碼,而「永久型 DTC」故障碼則記錄了之前清除過的故障碼。

- PID（Parameter ID,參數識別碼）:用於識別訊息中的資料類型,例如引擎轉速、車速、氧氣感知器電壓等,下一節再說明。

- A、B、C、D 欄:內含回應的資料,每個欄位佔 1 位元組,需要依照 PID 公式轉換成實際值,下一節再說明。

底下是診斷裝置對 OBD 發出「即時行車速度」請求,以及 OBD 回應的「行車速度」資料的訊框範例。「請求」訊框的模式 0x01,代表「即時資料」,而「回應」訊框的「模式」會把請求的模式值（此例為 0x01）和 0x40 做 OR 運算,所以顯示 0x41。

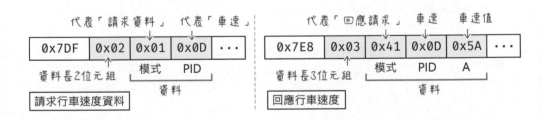

OBD-II 的 PID

PID（參數 ID） 代表車輛內的各種感測器和 ECU 資料的識別碼,允許診斷工具存取和顯示有關車輛性能和狀況的資訊。全部可用的 PID 因車款而異,車廠沒有公開,但 OBD-II 協定有定義一組標準 PID。

例如,0x0C 代表引擎轉速、0x0D 代表行車速度、0x4D 代表 MIL（故障指示）燈亮的行駛時間,完整的命令表列和說明,請參閱維基百科的〈OBD-II PID〉中文條目（網址:https://bit.ly/4a3l40q）,表 18-2 列舉其中的 0x0C 和 0x0D 兩個 PID。

表 18-2

PID	回應資料位元組數	說明	最小值	最大值	單位	公式
0x0C	2	引擎轉速	0	16,383.75	rpm	(256A+B)/4
0x0D	1	行車速度	0	255	Km/h	A

表 18-2 的「回應資料位元組數」不同於「資料長度」，它指的是 A, B, C, D 這些欄位的數量，假設收到如下的「車速」訊框，其回應資料位元組數為 1，就是 A 欄位值，換算成 10 進位為 90km/h：

底下是「引擎轉速」訊框，「回應資料位元組數」為 2，代表 A 和 B 兩個欄位。

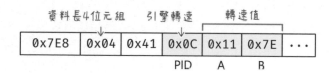

根據公式可換算出轉速值：1119.5rpm。

$$\frac{(256 \times A + B)}{4} = \frac{(256 \times 17 + 126)}{4} = 1119.5$$

在稍後的動手做實驗，我們將使用現成的 OBD-II 程式庫，它會從 PID 編號判讀訊息代表的資料以及單位，並且依照公式自動計算實際值。

ELM327 OBD 的硬體結構

自製讀取 OBD 資料的 ESP32 裝置之前，筆者先用 ELM327 觀察傳送與接收 OBD 的實際回應資料。下圖是 ELM327 OBD 的硬體結構，ELM Electronics 公司曾推出不同款式，第一款採用 Microchip（微晶片科技）公司生產的 PIC18F2480 微控器（8 位元），執行它們研發的 ELM327 韌體，也就是負責轉譯 OBD-II 訊息的程式。

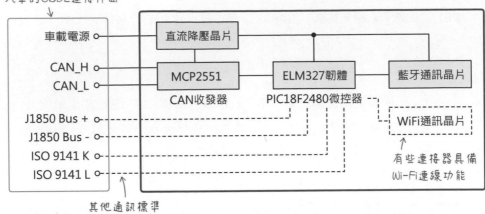

這系列產品受到業界廣泛使用，ELM327 也變成了小型 OBD 診斷器的代名詞。Alex Sidorenko 先生製作了一個 ELM327 相容 OBD 診斷器（專案網址：http://www.obddiag.net/allpro.html），採用 NXP LPC1517 微控器，你可以下載電路圖、PCB 佈線圖以及事先編譯好的韌體自己製作一個，但原始碼不再公開。筆者購買的 ELM327 OBD 則是採用中國廠商自行設計，整合處理器、CAN 收發器和藍牙通訊功能的 IC，商品簡介有提醒：ELM327 僅支援汽油車，不支援柴油車和卡車。

另有一家 OBD Solutions 公司，開發 ELM327 相容晶片 STN1110 和 STN2100，基於 16 位元架構的 PIC 微控器，該公司的產品資料頁（https://bit.ly/43suLTv）指出，STN1110 的軟體執行效能是 ELM327 的 10 倍，Flash 和主記憶體大小分別是 4 和 5 倍。

使用 ELM327 發送與接收 OBD 訊框資料

《超圖解 Arduino 互動設計入門》第 15 章介紹的 HC-05 藍牙序列通訊模組，有 AT 和通透兩種運作模式，**AT 模式**用於設定藍牙模組的參數，**通透模式**則是把輸入資料透過藍牙傳遞出去。

ELM327 OBD（以及相容版）也具有這兩個模式。AT 命令用於查看以及調整 ELM327 的設置，例如，重置（AT Z 命令）、設定過濾指定的 ID 訊息

（AT CF 命令）、讀取匯流排電壓（AT RV 命令）、顯示裝置說明（AT@1 命令）…等，直接輸入 AT 開頭的命令即可。AT 命令不分大小寫，空格可省略，例如："AT Z" 等同 "atz"。

搜尋關鍵字 "elm327 at commands" 即可找到 ELM327 支援的 AT 命令列表和格式說明，通常採用 ELM327 的預設值即可，所以只要知道 ELM327 有 AT 命令，不用太在意它。

若輸入的訊息不是以 AT 開頭，它將被視為 OBD 命令，直接包裝成 OBD-II 訊框轉發給車輛的 OBD 系統。

在 Google Play 商店可以找到下圖的 ELM OBD Terminal 終端機 App，讓我們直接用文字命令跟 ELM327 和汽車的 CAN 系統溝通。上文介紹的 Torque App，在背地裡也是用文字命令和車輛通訊，只是它把收到的資料加上圖像美化。

ELM OBD Terminal 終端機主畫面底下有兩個按鈕，分別可列舉 ELM327 支援的 AT 命令，以及 OBD 命令和簡要說明。

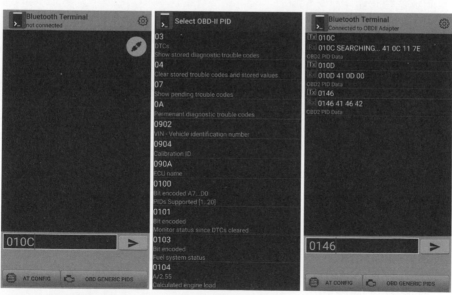

▲ App 主畫面　　　▲ OBD 命令表列　　　▲ 執行 "010C" 和 "010D" 命令的結果

在 ELM OBD Terminal 終端機下達的命令，以及車輛 OBD 的傳回值，都是 16 進位代碼，例如，請求目前的引擎轉速資料，請輸入 "010C"；"01" 代表「請求即時資料」的模式編號，"0C" 是 PID。假設 OBD 系統的回應值為：

```
41 0C 11 7E
```

回應值的前兩碼代表對 "010C" 命令的回應，後兩碼 "11 7E" 才是 RPM 值，套用上文提到的 RPM 值轉換公式可得到 1119.5rpm。

18-2 從 ESP32 連接 OBD-II 介面

Sandeep Mistry 先生替 Arduino 編寫了一個 OBD2 程式庫 esp_obd2（https://bit.ly/3xffR7c），讓 Arduino 得以透過車輛的 OBDII 介面直接存取即時資料，例如：引擎轉速和行駛速度。Magnus Thome 先生將它改寫為 ESP32 版本的 esp32_obd2 程式庫（https://bit.ly/3QMXuxo），此程式庫仰賴 Collin Kidder 編寫的兩個程式庫，請先下載並安裝：

● **can_common**：提供 CAN 程式庫所需的結構體（struct）、類別和基礎功能，專案網址：https://github.com/collin80/can_common。

● **esp32_can**：提供 CAN 通訊功能的程式庫，支援 ESP32 內建的 CAN 控制器，也支援 CAN FD 協定的 MCP2517FD 外接控制晶片，專案網址：https://github.com/collin80/esp32_can。

我們的程式並不直接操作上面兩個程式庫，而是執行 esp_obd2 程式庫提供的類別物件和方法，底下列舉 esp_obd2 程式庫的方法：

● **OBD2Class()**：OBD2 類別的建構式，用於初始化 OBD2 通訊，並傳回 OBD2 類別物件。

● **int begin()**：初始化 OBD2 通訊，傳回整數狀態碼：1（成功）或 0（失敗）。

● **void end()**：終止 OBD2 通訊，釋放所有使用的資源。

18

- **bool pidSupported(uint8_t pid)**：檢查車輛 ECU 是否支援特定的 OBD-Ⅱ PID（參數識別碼），接收一個要檢查的 PID 參數值，如果支援則傳回 true 否則傳回 false。

- **bool pidValueRaw(uint8_t pid)**：檢索特定 PID 的原始值，若讀取成功則傳回 true。

- **String pidName(uint8_t pid)**：檢索特定 PID 的名稱，傳回 String 型態值，例如，傳入 0x0C，傳回 "Engine RPM"（引擎轉速）字串。

- **String pidUnits(uint8_t pid)**：檢索與特定 PID 關聯的單位，傳回 String 型態的單位名稱，例如："rpm" 和 "km"。

- **float pidRead(uint8_t pid)**：讀取特定 PID 的值並傳回浮點型態值。

- **uint32_t pidReadRaw(uint8_t pid)**：讀取特定 PID 的原始（未處理）值，並傳回 32 位元無符號整數型態值。

- **String vinRead()**：傳回 String 型態的車輛識別碼（VIN）。

- **String ecuNameRead()**：傳回 String 型態的電子控制單元（ECU）名稱；在筆者的車子上測試，這個函式的傳回值被判讀為錯誤格式。

- **void setTimeout(unsigned long timeout)**：設定 OBD2 請求的通訊逾時，時間以毫秒為單位。

- **int clearAllStoredDTC()**：清除車輛中所有儲存的診斷故障碼（DTC），傳回 int 狀態碼，例如：1（成功）或 0（失敗）。

這個程式庫還定義了一系列 PID 常數，例如，值為 0x0C 的 ENGINE_RPM（引擎轉速）常數、值為 0x0D 的 VEHICLE_SPEED（行車速度）常數…等，以及 PID 編碼對應的單位名稱字串，例如："rpm" 和 "km/h"，還有轉換公式。

讀取車輛的 OBD 資料

使用 esp_obd2 程式庫讀取車輛 OBD 資料的基本程式流程如下，首先引用必要的程式庫並定義 ESP32 CAN 控制器腳位：

```
#include <esp32_can.h>        // CAN 匯流排程式庫
#include <esp32_obd2.h>       // OBD2 程式庫
#define CRX_PIN  16           // CAN 控制器的 RX 腳
#define CTX_PIN  17           // CAN 控制器的 TX 腳
```

在 setup() 函式中，執行 CAN0 物件的 setCANPin() 方法，設定 ESP32 內建的 CAN 控制器序列通訊腳位，然後執行 OBD2.begin() 方法初始化 OBD-II 連線。

使用esp32_can內建的CAN0物件設定腳位

```
void setup() {
  Serial.begin(115200);
  // 設定CAN控制器腳位              接腳編號必須轉型成(gpio_num_t)型態
  CAN0.setCANPins( (gpio_num_t)CRX_PIN, (gpio_num_t)CTX_PIN );

  while (1) {
    Serial.println("嘗試連線到OBD2 CAN匯流排...");
                      初始化OBD-II通訊
    if ( !OBD2.begin()) {
      Serial.println("無法連線！");
      delay(500);
    } else {
      Serial.println("連線成功！");
      break;      連線成功後，退出while迴圈。
    }
  }
}
```

最後即可執行 OBD2 物件的 pidRead() 讀取指定 PID 編號的資料值。

焊接 OBD-II 插頭以及 5V 直流降壓板

為了讓 ESP32 開發板連接 OBD-II 介面，我們要購買並自行焊接 OBDII 連接器（插頭）。OBDII 連接器分成 A、B 兩種，B 型用於 24V 供電的車輛，下圖是用於 12V 供電的普通汽車的 A 型公頭。

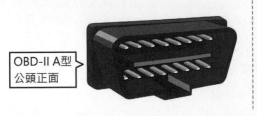

OBD-II A型
公頭正面

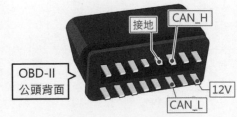

接地 CAN_H

OBD-II
公頭背面

12V

CAN_L

也有附帶連接線的 OBD-II
接頭：

ESP32 開發板加上 SN65HVD230（CAN 收發器）模組，以及 12V 轉 5V 直流
降壓模組，即可透過這個介面的 CAN 接腳存取汽車的訊息。

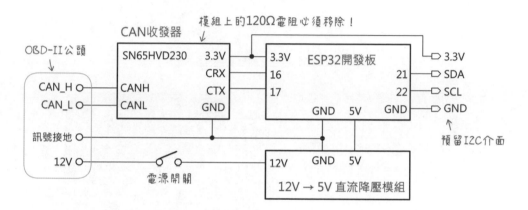

選購直流降壓模組

普通燃油汽車的電源為 12V，需要降壓成 5V 才能給 ESP32 開發板使用。
直流降壓板的主要規格是輸入電壓範圍、輸出電壓以及最大輸出電流。這
個 OBD-II 介面實驗最耗電的裝置就是 ESP32 模組。

根據樂鑫的 ESP32WROOM 技術文件指出，此 ESP32 模組的平均工作電流
約 80mA，供電電流至少要 500mA。搜尋 DC 直流 5V 降壓模組，可以找到
一款如下圖採用 AMS1117 IC 的模組，商家標示輸入電壓上限為 12V：

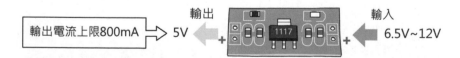

普通轎車的電瓶電壓標示 12V，但**在引擎啟動的瞬間（帶動發電機），可能
飆升到近 16V**。搜尋 AMS1117 的技術文件（datasheet），可知它的輸入電
壓上限為 18V，所以這個模組勉強可用。

另一款常見的 DC 降壓模組採用 MP1584EN IC，商家標示輸入電壓上限為 28V，看這板子的零件數量和用料，猜測它的售價高於上面的 AMS1117 模組。但一輛汽車的價格動輒數十萬台幣，沒必要冒著損壞它的風險節省直流降壓模組的成本，更何況，筆者選購零件時，這兩個模組的售價僅相差台幣 3 元，所以當然選用採用 MP1584EN 的模組。

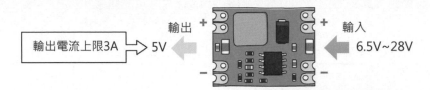

筆者把所有元件都焊接在 PCB 洞洞板，並預留連接 I2C 和 3.3V 電源輸出的排針，以便將來連接 OLED 顯示器或其他模組。但實際安裝在車上測試時，發現排針應該要選用 90 度彎角，不然插接排線時會稍微卡到飾板。

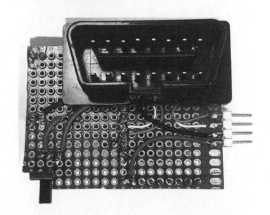

OBDII 連接器的接腳不是 2.54mm 間距，跟洞洞板不相容，所以要自行鑽孔（照片右下方的 3 個電阻和一個電容是筆者做其他實驗加上的，跟本文無關，請忽視它們）。

動手做 18-1 讀取 OBD-II 訊框、轉發到藍牙序列埠

實驗說明：使用 ESP32 開發板連接 OBD-II 介面，讓手機或電腦透過典型藍牙序列埠連線到 ESP32，輸入底下的字串給 ESP32，傳回車輛的即時資料：

● "RPM"：顯示引擎轉速

● "speed"：顯示行車速度

● "pid"：顯示一些即時資料

與汽車 OBD 連線成功之前，開發板的 LED 要呈現閃爍狀態；連線成功之後，則維持長亮。

筆者使用安卓手機上的 Serial Bluetooth Terminal 程式連結本單元的 ESP32，執行結果如右，在啟動引擎之前，ESP32 無法和汽車的 OBD 連線，因此傳回 "無法連線" 的訊息。

實驗材料

ESP32 mini 開發板（支援典型藍牙序列埠）	1 個
OBD-II 公頭	1 個
採用 MP1584EN IC 的 5V 降壓模組	1 組
8 針單排母座	2 個
SN65HVD230（CAN 收發器）模組，去除 120Ω 電阻	1 個
撥動（滑動）開關	1 個
PCB 洞洞板（成品尺寸約 5.5 × 4cm）	1 個

實驗電路和成品如上文「焊接 OBD-Ⅱ 插頭以及 5V 直流降壓板」所示。

實驗程式

底下是本實驗的完整程式碼：

```
#include <BluetoothSerial.h>   // 引用典型藍牙序列通訊程式庫
#include <esp32_can.h>
#include <esp32_obd2.h>
#define CRX_PIN  16          // CAN 控制器的 RX 腳
#define CTX_PIN  17          // CAN 控制器的 TX 腳
#define BT_DEVICE_NAME "ESP32 OBD2"   // 此開發板的藍牙名稱
#define LED_PIN 2            // 開發板內建的 LED 腳

BluetoothSerial SerialBT;  // 宣告典型藍牙序列通訊物件

const int PIDS[] = {            // 儲存要測試的 PID 的常數名稱或編號的陣列
  CALCULATED_ENGINE_LOAD,         // 計算過的引擎負載
  ENGINE_COOLANT_TEMPERATURE,    // 引擎冷媒溫度
  ENGINE_RPM,                    // 引擎每分鐘轉速
  VEHICLE_SPEED,                 // 行車速度
  AIR_INTAKE_TEMPERATURE,        // 進氣溫度
  MAF_AIR_FLOW_RATE,             // 空氣流量感測器（MAF）空氣流率
  THROTTLE_POSITION,             // 油門位置
  RUN_TIME_SINCE_ENGINE_START,    // 引擎啟動後的運作時間
  FUEL_TANK_LEVEL_INPUT,         // 油箱液位輸入
  ABSOLULTE_BAROMETRIC_PRESSURE,  // 絕對大氣壓
  ABSOLUTE_LOAD_VALUE,           // 絕對負載值
  RELATIVE_THROTTLE_POSITION      // 相對油門位置
};

// 計算 PIDS 陣列的大小
const int NUM_PIDS = sizeof(PIDS) / sizeof(PIDS[0]);

void listPID() {   // 向藍牙序列埠輸出引擎負載等各項資料的函式
  for (int i = 0; i < NUM_PIDS; i++) {
    int pid = PIDS[i];   // 逐一取出要測試的 PID 的常數名稱或編號

    SerialBT.print(OBD2.pidName(pid));    // 讀取 PID 的名稱
    SerialBT.print(" = ");
    float pidValue = OBD2.pidRead(pid);   // 讀取 PID 的值
```

18

```
    if (isnan(pidValue)) {  // 若 PID 的值不是數字⋯
      SerialBT.print("資料值有誤！");
    } else {
      SerialBT.print(pidValue);  // 輸出 PID 的值
      SerialBT.print(" ");
      SerialBT.print(OBD2.pidUnits(pid));  // 輸出 PIDv的單位
    }

    SerialBT.println();
  }

  SerialBT.println();
}

void RPM() {       // 向藍牙序列埠輸出引擎轉速資料的函式
  SerialBT.print("引擎轉速：");
  SerialBT.print(OBD2.pidRead(ENGINE_RPM));  // 取得引擎轉速值
  // 取得引擎轉速單位
  SerialBT.println(OBD2.pidUnits(ENGINE_RPM));
}

void speed() {     // 向藍牙序列埠輸出行車速度的函式
  float spd = OBD2.pidRead(VEHICLE_SPEED);
  SerialBT.printf("行車速度：%.2fkm/h\n", spd);
}

void readBT() {    // 讀取藍牙序列埠輸入字串的函式
  if (SerialBT.available() > 0) {
    String input = SerialBT.readStringUntil('\n');
    input.trim(); // 刪除輸入字串前後的空白字元

    if (input == "pid") {
      SerialBT.println("執行一些PID命令⋯");
      listPID();
    } else if (input == "RPM") {
      RPM();
    } else if (input == "speed") {
      speed();
    }
  }
}
```

```
}

void setup() {
  SerialBT.begin(BT_DEVICE_NAME);        // 初始化藍牙序列埠
  pinMode(LED_PIN, OUTPUT);

  CAN0.setCANPins((gpio_num_t)CRX_PIN, (gpio_num_t)CTX_PIN);
  while (1) {
    SerialBT.println("嘗試連線到OBD2 CAN匯流排…");

    if (!OBD2.begin()) {
      SerialBT.println("無法連線！");
      digitalWrite(LED_PIN, HIGH);       // 閃爍 LED
      delay(500);
      digitalWrite(LED_PIN, LOW);
      delay(500);
    } else {
      SerialBT.println("連線成功！");
      digitalWrite(LED_PIN, HIGH);       // LED 保持長亮
      break;
    }
  }
}

void loop() {
  readBT();
  delay(10);   // 不需要頻繁地檢查藍牙狀態，所以加入一點延遲時間
}
```

實驗結果

編譯上傳程式到 ESP32 開發板之後，把開
發板插入汽車的 OBD-II 介面，即可開啟手
機藍牙，連線到 "ESP32 OBD2" 裝置。

然後開啟 Serial Bluetooth Terminal，在 App 內確認連線裝置是 "ESP32 OBD2"，即可連線並發送 "pid", "speed", "RPM" 等訊息，ESP32 將傳回對應的車輛即時資料。

動手做 18-2　在手機瀏覽器呈現即時車速和引擎轉速

實驗說明：透過 ESP32 擷取到的 OBD 資料，可顯示在 OLED 螢幕，本單元則是啟用 ESP32 的 Wi-Fi AP（基站）模式，從手機 Wi-Fi 連線 ESP32，在動態網頁上呈現車輛的即時速度和引擎轉速。

底下是連接 ESP32 之後，開啟手機瀏覽器，輸入 ESP32 AP 模式的網址：192.168.4.1。瀏覽器將顯示 OBDII 傳入的車速和引擎轉速（如左下圖）；從車上取下 ESP32 板（關閉電源），瀏覽器畫面將顯示「中斷連線」的訊息（如右下圖）。

本實驗材料和電路跟動手做 18-1 相同。

規劃顯示 OBD 訊息的版面

介紹程式之前，先說明一下這個網頁的版面規劃。網頁分成兩個區塊：顯示錯誤訊息的 "message"（訊息），以及顯示車速和引擎轉速的 "dashboard"（儀表板）。

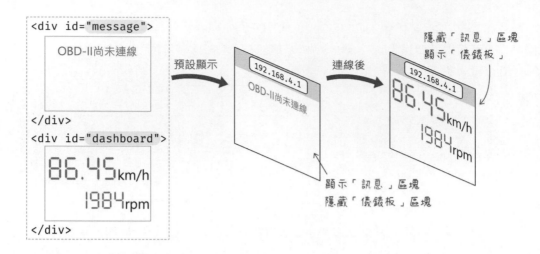

「儀表板」包含兩個動態文字範圍（span），分別命名成 "speed"（行車速度）和 "rpm"（引擎轉速），它們的字體大小採用 "vw" 單位，代表 "% of the viewport width"（顯示範圍寬度的百分比），目的是讓字體大小隨著視窗寬度縮放，另一個 "vh"（% of the viewport height）單位，能讓字體大小隨視窗高度縮放。

下載與轉換 WOFF 字體格式

顯示數字的字體，筆者選用 Seven Segment（七段顯示器），可從 CDN | Fonts 網站下載（個人使用免費，網址：https://www.cdnfonts.com/seven-segment.font）。

此字體是 TrueType 格式，可直接嵌入網頁使用，但現代瀏覽器都支援
WOFF（Web Open Font Format，Web 開放字體）以及 WOFF2 格式字體，
它們的檔案比 TrueType 小，顯示速度更快，因此筆者使用 TTF to WOFF
Converter（TTF 轉 WOFF）線上服務（https://bit.ly/4cAmHnX），把字體轉換
成 WOFF2 格式。

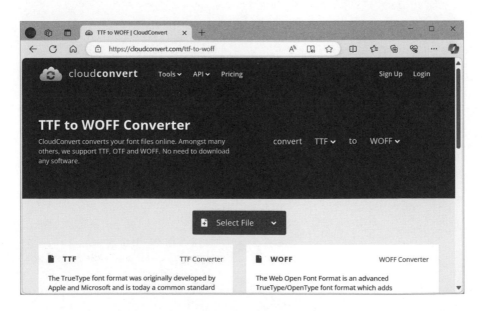

這三種字體格式的檔案大小比較：

SevenSegment.ttf

> 檔案大小：29KB

SevenSegment.woff

> 檔案大小：9KB

SevenSegment.woff2

> 檔案大小：7KB

在 CSS 中使用自訂的字體

在網頁 CSS 中嵌入字體的語法如下，我們可以指定多種字體格式及其下載
網址，讓瀏覽器自行選擇：

```
@font-face {
  font-family:"字體家族名稱";
  src: url("woff2格式字體網址") format("woff2"),
       url("woff格式字體網址") format("woff"),
       url("ttf格式字體網址") format("truetype");
}
```

新版的瀏覽器都支援 WOFF2，所以筆者僅在 ESP32 中嵌入 WOFF2 格式字
體。字體檔案存在專案資料夾的 data/www/fonts/ 路徑：

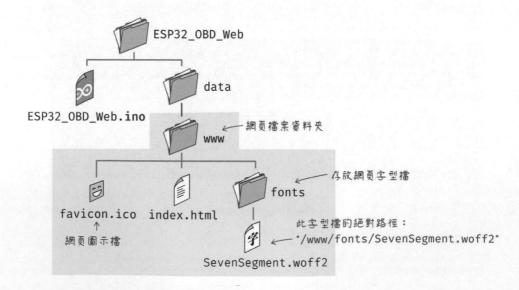

在網頁 CSS 中引用此字體檔的敘述：

```
@font-face {
  font-family: 'Seven Segment';       設定字體名稱
  src: url('fonts/SevenSegment.woff2') format('woff2');
}
```
這是「相對路徑」格式，前面不用加"/www/"。

替 "speed"（行車速度）以及 "rpm"（引擎轉速）文字區域套用此「七段顯示」字體的 CSS 敘述如下：

```
#speed {
  // 指定字體以及替代字體名稱
  font-family: 'Seven Segment', sans-serif;
  font-size: 30vw;    // 字體大小，隨視窗寬度改變
  color: #E94560;     // 字體顏色
}

#rpm {
  font-family: 'Seven Segment', sans-serif;
  font-size: 20vw;
  color: #DDE6ED
}
```

接收與顯示 OBD 資料的 JavaScript 程式

這個網頁的 JavaScript 程式僅接收來自 ESP32 的 WebSocket JSON 訊息，並不傳送資料給 ESP32，因此程式相對簡單。JSON 訊息格式如下：

$$\{ \text{"spd":86.45, "rpm":1985} \}$$
　　　　行車速度　　　引擎轉速

JavaScript 程式將在收到 WebSocket 資料時，更新網頁 "speed" 和 "rpm" 文字區域的內容，完整的程式碼如下，讀者閱讀其中的註解即可理解：

```
<script>
  // 存取網頁的 "speed" 區
  var speed = document.getElementById("speed");
  // 存取網頁的 "rpm" 區
  var rpm = document.getElementById("rpm");
  // 存取「訊息」
  var message = document.getElementById("message");
  // 存取「儀表板」
  var dashboard = document.getElementById("dashboard");

  var hostName = location.hostname;   // 取得連線的主機名稱或 IP
  var wsURL = "ws://" + hostName + "/ws";   // WebSocket 連線網址
  var ws = new WebSocket(wsURL);   // 建立 WebSocket 物件

  ws.onopen = function (evt) {      // 跟伺服器開啟連線時觸發…
    dashboard.style.display = "block"; // 顯示「儀表板」區
    message.style.display = "none";    // 隱藏「訊息」區
  }
  ws.onclose = function (evt) {           // 中斷連線時觸發…
    // 設定「訊息」區內文
    message.innerText = "ESP32伺服器中斷連線";

    message.style.display = "block";    // 顯示「訊息」區
    dashboard.style.display = "none";   // 隱藏「儀表板」區
  }
  ws.onerror = function (evt) {   // 通訊出錯時觸發…
    // 設定訊息內文
    message.innerText = "ESP32通訊出錯了：" + evt.data;

    message.style.display = "block";    // 顯示「訊息」區
    dashboard.style.display = "none";   // 隱藏「儀表板」區
  }

  ws.onmessage = function (evt) { // 收到新的 Socket 訊息時…
    let msg = JSON.parse(evt.data);   // 取得訊息資料

    speed.innerHTML = msg.spd; // speed 區內文設成訊息的 spd 資料
    rpm.innerHTML = msg.rpm;   // rpm 區內文設成訊息的 rpm 資料
  }
</script>
```

底下是完整的 index.html 網頁程式碼，省略上文已解釋過的部分：

```html
<!DOCTYPE html>
<html>
<head>
   <meta charset="UTF-8">
   <meta name="viewport" content="width=device-width,
        initial-scale=1.0">
   <title>車速</title>
   <style>
     @font-face {  /* 引用字體 */
       font-family: 'Seven Segment';
       src: url('fonts/SevenSegment.woff2') format('woff2');
     }

     body {          /* 設定內文的樣式 */
       font-family: sans-serif;  /* 採系統預設的「無襯線字體」 */
       font-size: 8vw;      /* 字體大小 */
       color: #9DB2BF;        /* 字體顏色 */
       background-color: #222831;  /* 背景顏色 */
       margin: 0 0 0 0;    /* 四周不留白 */
     }

     #message {  /* 顯示錯誤訊息的區塊 */
       text-align: center;  /* 文字居中對齊 */
       color: #E94560;        /* 字體顏色 */
       padding-top: 10vw;    /* 內文上方留白 10vm */
     }

     #dashboard {        /* 儀表板區塊 */
       display: none;  /* 預設不顯示 */
       width: 95%;      /* 寬度設為視窗的 95% */
       text-align: right;    /* 文字齊右 */
       white-space: nowrap;  /* 不換行 */
     }

     #speed {  /* 顯示行車速度的文字區域 */
       … 略 …
     }
```

```
      #rpm {   /* 顯示轉速的文字區域 */
        … 略 …
      }
    </style>
</head>
<body>
    <div id="message">
        OBD-II尚未連線
    </div>
    <div id="dashboard">
        <div>
            <span id="speed">86.45</span>km/h
        </div>
        <div>
            <span id="rpm">1984</span>rpm
        </div>
    </div>
    <script>
        // 接收與顯示 OBDII 資料的 JavaScript 程式…略
    </script>
</body>
</html>
```

請將專案資料夾裡的 data 資料夾上傳到 ESP32 開發板備用。

讀取車速和引擎轉速的 Arduino 程式

底下是完整的 Arduino 程式，它將啟用 ESP32 的 Wi-Fi AP 模式、建立 HTTP
和 WebSocket 物件，每隔 1 秒更新 OBD 資料，運作邏輯跟第 4 章的「動態
PID 調整網頁」應用雷同，閱讀程式碼註解即可理解。

```
#include <WiFi.h>
#include <AsyncTCP.h>
#include <ArduinoJson.h>
#include <ESPAsyncWebServer.h>
#include <WebSocketsServer.h>
#include <SPIFFS.h>
#include <esp32_can.h>
#include <esp32_obd2.h>
```

```
#define INTERVAL 1000    // 發送 Socket 訊息的間隔毫秒時間
#define CRX_PIN  16      // CAN 模組的 RX 腳
#define CTX_PIN  17      // CAN 模組的 TX 腳
#define LED_PIN  2       // 開發板的內建 LED 腳

const char* ssid = "ESP32-OBDII";    // 自訂的 AP 熱點名稱
const char* password = "87654321";   // 自訂的連線密碼

AsyncWebServer server(80); // 建立 HTTP 伺服器物件
AsyncWebSocket ws("/ws");  // 建立 Web Socket 物件

void onSocketEvent(AsyncWebSocket *server,
                   AsyncWebSocketClient *client,
                   AwsEventType type,
                   void *arg,
                   uint8_t *data,
                   size_t len)
{
  switch (type) {
    case WS_EVT_CONNECT:
      Serial.printf("來自%s的用戶%u已連線\n",
        client->remoteIP().toString().c_str(), client->id());
      break;
    case WS_EVT_DISCONNECT:
      Serial.printf("用戶%u已離線\n", client->id());
      break;
    case WS_EVT_ERROR:
      Serial.printf("用戶%u出錯了:%s\n", client->id(),
        (char *)data);
      break;
    case WS_EVT_DATA:
      Serial.printf("用戶%u傳入資料:%s\n", client->id(),
        (char *)data);
      break;
  }
}

void notifyClients() {
  JsonDocument doc;
```

```
  doc["spd"] = OBD2.pidRead(VEHICLE_SPEED);   // 讀取行車速度
  doc["rpm"] = OBD2.pidRead(ENGINE_RPM);      // 讀取引擎轉速

  String output;
  serializeJson(doc, output);   // 將 doc 轉成 String 字串格式
  ws.textAll(output);           // 向所有連線的用戶端傳遞 JSON 字串
}

void setup() {
  Serial.begin(115200);
  pinMode(LED_PIN, OUTPUT);

  if (!SPIFFS.begin(true)) {   // 初始化 SPIFFS 記憶體
    Serial.println("無法載入SPIFFS記憶體");
    return;
  }

  WiFi.softAP(ssid, password);   // 建立 AP 熱點

  // 設置首頁
  server.serveStatic("/", SPIFFS, "/www/")
        .setDefaultFile("index.html");
  server.serveStatic("/favicon.ico", SPIFFS, "/www/favicon.ico");
  // 處理載入自訂字體檔的請求
  server.serveStatic("/fonts/SevenSegment.woff2", SPIFFS,
                     "/www/fonts/SevenSegment.woff2");
  // 查無此頁
  server.onNotFound([](AsyncWebServerRequest * req) {
    req->send(404, "text/plain", "Not found");
  });

  ws.onEvent(onSocketEvent); // 附加事件處理程式
  server.addHandler(&ws);
  server.begin(); // 啟動網站伺服器

  // 處理 OBD(CAN) 通訊
  CAN0.setCANPins((gpio_num_t)CRX_PIN, (gpio_num_t)CTX_PIN);

  while (1) {        // 嘗試連線到 OBD2 CAN 匯流排…
    if (!OBD2.begin()) {  // 若無法連線，則閃爍 LED
      digitalWrite(LED_PIN, HIGH);
```

18

```
      delay(500);
      digitalWrite(LED_PIN, LOW);
      delay(500);
    } else {   //連線成功，點亮LED。
      digitalWrite(LED_PIN, HIGH);
      break;
    }
  }
}

void loop() {
  static uint32_t prevTime = 0;    // 前次時間，宣告成「靜態」變數
  uint32_t now = millis();         // 目前時間

  if (now - prevTime >= INTERVAL) {   // 預設每隔 1000 毫秒…
    prevTime = now;
    notifyClients();   // 向網路用戶端傳遞感測資料
  }

  ws.cleanupClients();
}
```

實驗結果

把 ESP32 插入汽車的 OBDII 介面，再啟
動汽車。接著開啟手機的 Wi-Fi 連線到
"ESP32-OBDII" 網路，系統會提示「網際
網路可能無法使用」，不用理它，因為
AP 模式確實只連上 ESP32，沒有連接網
際網路。

連線之後，再開啟瀏覽器連結 192.168.4.1 網址，即可顯示 ESP32 提供的動
態網頁。

 M E M O

超圖解
ESP32
應用實作
THE ULTIMATE GUIDE TO ESP32